Smith 생명공학

제5판

Smith 생명공학

제5판

(John E. Smith)

오계헌 (吳溪憲)
김종설 (金鐘說)
송홍규 (宋弘珪)
이병욱 (李柄旭)
공역

월드사이언스
worldscience.co.kr

Smith 생명공학 제5판

인 쇄 | 2010년 7월 20일
발 행 | 2010년 7월 30일

공 역 | 오계헌(吳溪憲) · 김종설(金鐘設) · 송홍규(宋弘珪) · 이병욱(李柄旭)
발행인 | 박선진
발행처 | 도서출판 월드사이언스

주 소 | 서울특별시 서초구 방배4동 864-31 월드빌딩 1층
등록일자 | 1988년 2월 12일
등록번호 | 제 16-1601호
대표전화 | (02) 581-5811~3
팩스 | (02) 521-6418

E-mail | worldscience@hanmail.net
URL | http://www.worldscience.co.kr

정가 | 15,000원
ISBN | 978-89-5881-158-9

이 도서의 국립중앙도서관 출판사 도서목록 (CIP)은 e-CIP 홈페이지(http://www.nl.go.kr/cip.php)에서 이용할 수 있습니다.(CIP 제어번호 : 2010002580)

역자 약력

오계헌 (吳溪憲)

(美) Ohio State University (Ph.D)
(美) Purdue University (Post-doc)
(英) University of Wales, Bangor (Visiting Professor)
(美) University of California, Riverside (Visiting Scholar)
(現) 순천향대학교 생명공학과 교수

김종설 (金鐘設)

(美) State University of New York at Albany (Ph.D)
(美) Wadsworth Center, NYS-DOH (Post-doc)
(現) 울산대학교 미생물학과 교수

송홍규 (宋弘珪)

(美) Rutgers University (Ph.D)
(美) Rutgers University, AgBiotech. Center (Post-doc)
(美) Rice University (Visiting Scholar (Ph.D))
(現) 강원대학교 생명과학부 교수

이병욱 (李柄旭)

(美) Georgia University (Ph.D)
(美) Stanford University (Post-doc)
(美) University of Rhode Island (Visiting Professor)
(現) 고신대학교 생명과학과 교수

차 례

서 문

이 Smith 생명공학 5판의 본질적인 목표는 생명공학(biotechnology)의 진정한 의미를 올바르게 재설정하는데 있다.

생명공학은 본질적으로 생물학적 정보를 해독하고 사용하는 분야이다. 생물학, 미생물학, 생화학, 분자생물학, 유전학, 화학, 화학 및 공정공학을 포함하는 많은 학문분야에 기초를 두고 있기 때문에 매우 다학제적인 학문이다. 생명공학은 또한 생물체 (특히 미생물) 또는 세포 구성요소를 실제로 응용하고, 서비스 산업과 환경관리를 가능하게 하는 일련의 기술로서 고려되기도 한다. 역사적으로 생명공학은 과학보다도 장인적 기능에 속하였는데, 포도주, 맥주, 치즈 등의 제조가 좋은 예이다. 이 제조기술은 산업에 잘 이용되었지만, 그 생물학적 기작은 잘 알려지지 않았다. 이들 생명공학 공정의 과학적인 기초가 발달함에 따라 이 과학적 기초는 아직도 생명공학의 주요 재정적 이익을 주고 있는 전통적 공정을 통한 좀더 효과적인 생산 (예, 빵, 매주, 포도주, 치즈 등)을 가능하게 하였다. 현대생명공학 공정을 통해서 항생물질, 재조합 단백질, 백신, 단일항체 등의 새롭고 신기한 다양한 종류의 생명공학 산물들이 생산되었으나, 이를 물실은 개량된 발효공법에 의하여 최적화를 통해서 생산되었다. 생명공학은 생물체를 새로운 분자생물학적으로 변형시켜 새로운 분자적 기술혁신에서 더욱 커다란 변화를 가져오고 있다. 유전체학(genomics)과 단백질체학(proteomics)에 대한 충분한 이해를 통해서 폭넓은 범위의 변형미생물, (유전적으로 변형된) 농작물과 동물, 중요한 새로운 재조합 단백질 약제를 개발하였으며, 전통 식품 및 음료산업에서 급격한 변화를 가져왔다. 환경분야에서 생명공학기술의 혁신은 물과 토양관리에서 많은 발전이 이룩하였으며 또한 과도한 산업화(over-industrialization)에 의한 오염을 감소시키고 있다.

분자진단학, 의학뿐만 아니라 식물과 동물, 그리고 환경에서도 많은 투자가 이루어져 왔다. 치료의학을 위한 줄기세포의 엄청난 가능성이 조만간 현실화 될 것인가?

최근까지 생물학적 시스템의 기본을 정하는데 많은 관심을 기울여왔나. 현재 시스템생물학은 복잡한 생물시스템의 운용을 설명하고 이해하며, 궁극적으로 인간의 질병과 생명공학에서 사용되는 복잡한 발효조 장치의 예측모델을 개발하는 일에 목표를 삼고 있다.

유전공학 같은 일부 생명공학의 새로운 분야는 윤리적, 도덕적, 정치적 특성에 관한 사회적 민감한 부분을 자극하였다. 세계 도처의 감독기관은 지금 이러한 새롭고 혁명적인 기술이 의미하는 바를 조사하고 있다. 상식의 보편화되기를 바란다.

확실히 현대생명공학은 대중의 이해와 인식, 그리고 그 기술에 대한 지식의 기초를 통해서 사람들이 이익을 얻도록 그 가능성을 최대화 할 수 있다. 참여 과학자들은 생물체의 복잡한 본질을 밝히고 대중들과 솔직히 의사소통을 해야 함을 알아야 한다. 그렇게 함으로서 자신감이 더욱 커지고 과학자 집단과 대중 간에 신뢰가 충분히 생길 것이다.

이 Smith 생명공학 5판의 내용은 크게 보강되었으며, 복잡하고, 다방면으로 제시된 주제들에 대하여 전체적인 개요를 소개하고, 젊은 독자들에 대하여 호기심을 불러일으키고, 충분히 납득시키고, 가치가 있는 방향을 제시하는데 목표를 두었다. 생명공학은 확실히 21세기의 주요 기술이 될 것이고 일반인에게 그렇게 인식되도록 해야 한다.

원고를 잘 정리해주고, 지속적인 헌신으로 참고 견디어 준 Elizabeth Clements에게 깊은 감사를 표한다.

저자

역 자 서 문

생명공학(biotechnology)은 미생물학, 동물, 식물 등의 생물체가 가지고 있는 생명현상을 규명하고 나아가 고도의 섬세한 조작기술을 이용하여 생물체가 갖게 되는 독특한 능력을 인류의 복리증진에 활용하는 21세기 최첨단 학문이다. 21세기에 들어서면서 유전체학(genomics), 단백질체학(proteomics), 생물정보학(bioinformatics)에 근거한 유전자 재조합 기술의 급속한 발전과 산업화에 따른 환경파괴로 인하여 생명에 대한 인식이 변화하면서 질병예방, 식량생산·환경개선·생물에너지 개발 등의 인류가 당면한 모든 문제를 생물을 이용하여 해결하고자 하는 방향으로 초점이 집중되고 있으며 이에 따라 생명공학에 대한 관심과 기대가 커지고 있다. 생명공학은 다양한 학문을 배경으로 만들어진 종합적인 학문으로 유전공학의 발달에 따라 생명체의 고부가가치가 재인식되고 있으며 현대의 고도산업사회에 있어서 앞으로 무한한 발전가능성을 가진 매우 중요한 학문분야이다.

John E. Smith가 지은 이 책은 인류가 당면한 많은 문제를 생명공학적 접근을 통해서 해결할 수 있음을 제시하고 그와 관련된 산업적 측면에 대하여 구체적 예를 들어 설명하고 있어, 생명공학을 통하여 인간이 당면한 문제들을 슬기롭게 극복할 수 있는 방향을 제시하고 미래 산업에 대한 예측을 가능하게 해 준다.

이 책 "Smith 생명공학"은 여러 가지 전통 및 최신 생명공학을 전반적으로 간결하게 소개하고 있다. 제1장부터 제4장까지는 생명공학의 소개와 사용되는 기질, 생산공정에 관한 내용을 기술하고 있다. 제5장부터 제11장까지는 가까운 미래에 당면하게 될 문제로서, 효소, 연료, 환경, 식물 및 삼림, 동물 및 곤충, 식품 및 음료, 의학 등 최신의 다양한 생명공학 현안문제들을 기술하고 있으며, 이와 관련한 문제점들을 생명공학적 측면에서 해결하기 위한 방안을 제시하고 있다. 제12장에서는 줄기세포를 이용한 의학생명공학에 관한 내용을 소개하고, 제13장과 제16장에서는 생명공학의 안전성과 미래에 관한 내용을 수록하고 있다. 급속도로 발전하는 최신의 생명공학과 산업에 대한 올바른 이해와 그 변화를 파악하는 일은 매우 중요한 일이며 이에 따라 이 책은 다방면에 걸친 생명공학 분야를 생명산업과 연결하여 알기 쉽게 기술하고 있어 생명공학, 생명과학, 의학, 약학, 농학, 축산학, 원예학, 농화학, 수산학, 수의학, 전자공학,

식품공학, 환경공학 등 각기 다른 학문을 탐구하는 전공자들 뿐만 아니라 현대를 살아가는 일반인들에게도 흥미로운 내용으로 구성되어 있다. 따라서 이 책에 담겨있는 내용들이 독자들의 최신의 생명공학에 대한 올바른 이해와 학문적 밑거름이 되기를 바란다.

끝으로 이 책을 발간하는데 많은 도움을 주신 (주)월드사이언스의 박선진 사장님과 한용희 부장님, 그리고 편집부 여러분들께 감사드린다.

역자 일동

1

생명공학의 특성

[1.1] 서론

인류 역사에서 중요한 사건들의 상당 부분은 기술에 의해 주도되어 왔다. 농업과 금속세공술의 발전으로 인간은 석기시대로부터 벗어날 수 있었으며 19세기에는 수많은 종류의 기계들이 산업혁명을 통해서 개발되었으며, 대도시들도 꾸준히 증가하였다. 20세기는 명백한 화학과 물리학의 시대로서 산업활동의 결과로 석유화학제품, 의약품, 비료, 원자폭탄, 통신장치, 레이저, 마이크로칩 같은 제품들이 양산되었다. 20세기 후반부에 알게된 생명현상에 대한 기초지식은 21세기를 생물학과 관련 학문시대를 이룩하게 될 것이라는데 대하여 의문을 제기하지 않게 되었다.

사회는 점차 과학기술의 발전으로 변화되어가고 있다. 현재 새로운 생물학의 발전은 일부 과학자들에게만 국한된 것이 아니라 많은 일반 대중에게도 그 영향을 미치고 있다. 생명과학과 관련 기술들, 그리고 새로운 기술혁신을 수용하거나 거부함으로써 도래할 결과들이 어떤 것들인가에 대한 폭넓은 이해가 점차 중요해지고 있다.

이 책에서는 인간과 동물의 질병 치료법의 개발, 질병 예방과 오염방지를 위한 진단시험의 디자인, 효율적인 동식물 사육 및 재배법의 개발, 환경의 정화 및 개선, 청정 산업제조공정의 디자인, 생물학적 연료생산 공정, 줄기세포 기술 개발 등에 대하여 새로운 생명공학자들이 어떻게 접근하는지 살펴볼 것이다. 생명공학은 명백히 인간이 접하는 가장 혁신적인 기술이 될 것이다. 생명공학 제품의 개발은 지식 및 자원 집약적인 특성을 가진다.

생명공학은 인류의 발전 (영양, 의학, 산업)에 중요한 기회를 제공할 것이라는데 대하여 의심할 비 없지만, 무직질한 사용은 인간 권리에 대한 위험으로 다가올 수 있기 때문에 사회적/윤리적 우려를 가져올 수 있다. 유전공학, 특히 인간 유전체 연구(Human Genome Project)의 발달은 독특한 중요성이 부여되고 있다.

[1.2] 생명공학이란 무엇인가?

현대생물학은 모든 자연과학 가운데 가장 다양한 학문이며, 여기에는 미생물학, 식물 및 동물해부학, 생화학, 면역학, 세포생물학, 분자생물학, 식물 및 동물생리학, 발생학, 계통분류학, 생태학, 유전학 등이 포함된다. 현대생물학이 다양하게 된 것은 2차 대전 후에 물리학, 화학, 수학 같은 다른 과학 분야가 생물학과 접목된 것이 주요 원인이며, 그로 인해 세포와 분자 수준에서 생명현상을 밝히는 것이 가능해졌다. 지난 20년간 이 분야에서 이룩된 업적으로 20개 이상의 노벨상이 수여되었다.

새롭게 얻어진 생명과학 지식은 이미 인간의 건강과 복지에 크게 기여하고 있다. 그러나 건강관리, 식품과 에너지, 농업과 임업 분야의 생명과학은 세계 경제의 30% 이상에 영향을 미치며, 이러한 경제적 영향이 생명공학에 새로운 영향을 미칠 것이라는 사실을 아는 사람은 그다지 많지 않다. 생명공학은 생명과학을 포함한 모든 분야에 더 많은 영향을 미칠 것이며, 21세기 초까지 세계 시장에서 수 조 달러 이상을 기여하게 될 것이라는 것이 현실적으로 받아들여지고 있다.

이 책에서는 맥주, 포도주와 치즈의 생산 같은 간단하고 전통적인 산업으로부터 신약개발 또는 변형 농작물이나 동물의 상업적 생산에 이용되는 재조합 DNA 기술을 다루는 복잡한 분자적 공정에 이르기까지 다양한 측면을 다루고 있다. 양조업 같은 전통적 산업은 현대 유전공학과 연계하여 새로운 계기를 마련하고 있으며, 따라서 Guinness, Carlsberg, Bass 등과 같은 대기업에서 생명공학 연구에 깊숙이 관여하고 있는 것은 놀라운 일이 아니다. 생명공학은 놀라운 속도로 발전하고 있으며, 경제적 차원에서 뿐만 아니라, 현대 생활의 발전을 위해서도 필요한 부분으로 자리잡게 될 것이다.

생명공학이 여러 가지로 정의되고 있으나 (표 1.1), 기본적으로 물질의 합성, 분해, 전환을 위해 미생물, 동물 또는 식물 세포와 효소를 이용하는 것이다.

유럽 생명공학 연합(European Federation of Biotechnology, EFB)에서는 생명공학을 '산물과 서비스를 위한 개체, 세포, 세포의 일부분 및 분자들과 자연과학의 통합'으로 간주하고 있다. 이 연합의 목표는 다음과 같다:

(1) 대중의 이익을 위한 생명공학의 발전;
(2) 생명공학의 모든 분야에서 지식, 정보전달 및 협력의 촉진;
(3) 정부와 국제기구에 생명공학적 정보와 의견의 제공;
(4) 대중의 생명공학에 대한 이해 증진.

EFB 정의는 '전통적 또는 고전적'과 '새로운 또는 현대적' 생명공학에 모두 적용된다. 전통적 생명공학은 맥주, 포도주, 치즈와 기타 많은 식품 생산에 수 세기동안 이용되었던 재래식 기술을 지칭하며 '현대적' 생명공학은 '전통적' 생명공학적 공정의 현대적 발전과 더불어 DNA 재조합과 세포융합 기술에 의한 유전적 변형의 모든 방법을 포함한다.

표 1.1 생명공학의 정의
제조 및 서비스 산업에 생물학적 개체, 체제 또는 공정의 적용.
미생물, 배양조직과 그 일부의 기술적 (산업적) 적용능력을 얻기 위한 생화학, 미생물학과 기술과학의 통합적 이용.
다양한 종류의 유용한 물질의 제조와 복제를 위해 생물학적 현상을 이용하는 기술.
제품과 서비스 제공을 위해 생물적 요소에 의한 물질의 가공에 과학 및 공학 원리의 적용.
미생물과 그들의 활성 요소의 작용에 근거한 생산 공정 및 고등생물의 세포와 조직의 사용을 포함한 생산 공정의 과학. 의학기술, 농업과 전통적 작물 사육은 일반적으로 생명공학으로 간주되지 않는다.
실제로 여러 기술과 공정의 조합에 주어진 이름에 지나지 않음.
농업, 식품생산과 여러 산업공정에 살아있는 생물과 그들의 구성요소의 사용.
생물학적 지식의 해독 및 이용.
실질적 요구를 충족시키기 위한 생물학의 지식과 이해의 적용

불행하게도 '생명공학'이 어떤 분야에서는 유전자 변형 또는 유전공학 대신 사용되고 있다. 이 현상은 일반인들에게 이 새로운 유전자 조작이 나쁘다고 생각하지 않게 하기 위해서 오래 전부터 미국에서 시작되었다. 종간 유전자 변형을 지칭할 때 생명공학이란 용어의 사용은 보다 친근하게 들리고 걱정을 덜 불러일으키는 것으로 간주된다! 그래서 이 용어는 언론과 정치인들이 사용하기 시작하였으며 그 후 정부 문서와 법률에 사용되고 있다. 이 책의 명확한 목적은 생명공학의 정확한 이해를 재정립하는 것이다.

사실 유전자 변형은 인류가 선택적 육종을 이용하여 식물과 동물을 더 좋게 하기 위해 만년 이상 사용해왔다. 불과 지난 50년 이내에 이 과정은 유전적 조성을 변화시키기 위해 배수체화(polyploidization), 돌연변이 유발 및 X-선 조사 같은 새로운 방법을 이용하기 시작하였다.

유전자 조작/변형/공학은 현대적 분자생물학 기술을 이용하여 동일 종 또는 종 사이에 유전자를 선택적으로 이동시키는 현대적 방법이다.

단일 과학 분야와 달리 생명공학은 미생물학, 생화학, 분자생물학, 세포생물학, 면역학, 단백질공학, 효소학, 비밀 사육기술과 생물공정 기술의 전 분야 같은 다양한 관련 분야로 이루어져 있다(그림 1.1). 생명공학은 전자공학처럼 그 자체가 생산품이 아니며 그 대신 많은 산업 부분에서 중요하게 기여할 가능한 기술의 범위로 간주되어야 한다. 이 책의 후반부에서 보듯이 그것은 새로운 적용을 찾는 기술이며 주된 이득은 미래에 얻어지게 된다.

*Journal of Bio/Technology*의 전 편집자였던 McCormick (1966)은 '생명공학 같은 것은 없다, 생명공학들이 있을 뿐이다. 생명공학 산업은 없으며 새로운 산물과 경쟁적 장점을 위해 생명공학들에 의존하는 산업들이 있다'라고 주장하였다.

그림 1.1 생명공학의 다학제적 특성.

생명공학은 새로운 무엇이 아니며 인간이 부지불식간에 처음으로 빵과 맥주 같은 음식과 음료를 만들기 위해 미생물을 사용하고 그리고 바람직한 특성을 위해 지속적 선택을 통해 식물과 동물을 변형시키기 시작한 수천 년 전부터 (많은 경우에) 발달되고 확장되는 일련의 기술을 대표하는 것으로 인식되어야 한다. 생명공학은 미생물의 사용이 오랜 세월동안 어느 정도 경험적으로 발달되었던 양조, 제빵, 포도주 제조, 간장 같은 동양 식품과 치즈의 생산, 하수 처리 같은 여러 전통적인 공정을 망라하고 있다 (표 1.2). 이런 공정이 활발한 과학적 조사와 분석의 대상이 된 것은 아주 최근의 일이며 전통적 경험론을 완전히 대체하기 위한 현대적 과학에 기초한 실행을 위해서는 분명히 어느 정도 시간이 걸릴 것이다.

새로운 생명공학 혁명은 1970년대와 1980년대 초에 시작되었는데 과학자들이 전통적 증식기술이 아닌 방법에 의해 살아있는 생물체의 유전정보를 정확하게 변형시키는 방법을 알게 되었다. 이 '유전공학(genetic engineering)'은 전통적 생명공학의 거의 모든 분야에 매우 큰 영향을 미쳤으며 특히 전통적 사육법에 의해 불가능하였던 의학과 농업에서 획기적인 진전을 허용하였다. 가장 흥미있는 발전은 많은 질병에 보다 나은 처리를 목표로 한 새로운 의약품과 치료법의 개발과 건강식품, 선택적 농약과 혁신적 환경기술의 개발 등이다.

한편으로 생명공학은 일관되고 논리적인 방식으로 적용된 과학과 공학의 지식과 생각의 통합으로서 간주될 것이라는 상당한 위험도 있다. 그러나 그것은 반드시 그렇지 않을 수 있는데 관련된 생물학, 화학 및 공학 분야의 범위는 산업 현장에 적용되는 정도가 다양할 수 있다.

전통적 생명공학은 거대하고 확장되고 있는 세계 시장을 형성하였으며, 재정 측면에서 보면 모든 생명공학의 재정적 이득의 대부분을 차지한다. 분자생물학, 유전공학과 발효공정기술상의 최근의 발전에 기초한 생명공학의 새로운 측면은 점차 산업적 적용을 늘려가고 있다. 관련된 넓은 생물학과 공학의

표 1.2 생명공학의 역사적 발전

식품과 음료의 생명공학적 제조
기원전 6000년에 수메르인과 바빌로니아인들이 맥주를 마셨다; 이집트인은 기원전 4000년에 발효시킨 빵을 만들었다; 기독교 성경의 창세기 시기에 근동지역에서 포도주가 알려졌다. 단순 현미경을 발전시킨 Anton van Leeuwenhoek에 의해 17세기에 미생물이 처음으로 관찰되었으며 미생물의 발효능력은 1857년과 1876년 사이에 생명공학의 아버지-Pasteur에 의해 알려졌다. 치즈 생산은 버섯 재배와 같이 고대로부터 기원하였다.

생명공학 공정은 초기에는 비멸균 조건에서 개발되었다
에탄올, 초산, 부탄올과 아세톤은 19세기 말까지 노출된 미생물 발효공정에 의해 생산되었다. 폐수처리와 도시 고형폐기물의 퇴비화는 전 세계적으로 시행되는 가장 큰 규모의 발효용량을 가진다.

생명공학 공정에 멸균의 도입
1940년대부터 항생물질, 아미노산, 효소, 스테로이드, 다당류, 백신, 단일클론 항체 등의 생산에 오염 미생물을 배제하기 위해 미생물의 대량배양에 복잡한 공학적 기술이 적용되었다.

응용유전학과 재조합 DNA 기술
중요한 산업미생물의 전통적 균주 개량이 오랫동안 시행되어 왔다; 재조합 DNA 기술은 원형질 융합과 더불어 생물체에 새로운 생물학적 특성의 도입을 가능하게 한다.

지식과 견해는 생산적 활용에 투여될 준비가 되어 있으나 그것이 적용될 속도는 과학적 또는 기술적 고려, 또한 관련 산업에 의한 적절한 투자, 생물 특허 체제의 발전, 판매 기술, 현재 적용기술과 비교할 때 새 방법의 경제성, 그리고 아마 가장 중요한- 대중의 인식과 수용 같은 요인에 의해 결정될 것이다.

1980년대부터 대부분의 선진국에서 생명공학은 전략적 기술로 인식되고 받아들여지고 있다. 전략적 기술에 대한 투자로부터의 경제적 이득은 연구개발(R&D)을 수행하는 기업들만 얻는 것이 아니라, 보다 중요하게 사회 전체에 돌아오는 것이 훨씬 더 큰 것으로 추산된다.

현재 가장 영향을 많이 받는 산업 활동은 인간과 동물 식품 생산, 석유화학 공급원을 대체할 화학원료의 공급, 대체 에너지원, 폐기물 재순환, 오염 제어, 농업, 수중양식과 임업을 포함한다. 의학 측면에서 생명공학은 화학물질 대신 생물학적 화합물의 개발에 초점을 맞추고 있다. 살아있는 생물이나 심지어 생체 밖에서 만들어진 것으로부터 나타나는 단백질, 호르몬 및 관련 물질들이 사용될 것이다. 신기술은 또한 의학, 수의학과 약학의 여러 부분을 혁신시킬 것이다. 최근의 인간 유전체 지도의 완성은 인류 역사에서 가장 중요한 계기 중의 하나로 인식되어야만 한다.

기존의 특정 공정을 대체하기 위한 미생물의 사용은 많은 산업을 보다 효율적이고 환경 친화적으로 만들고 산업적 지속성에 크게 기여할 수 있다. 폐기물은 감소될 것이며, 에너지 소모와 온실기체 방출은 저감될 것이며, 재생가능 원자재가 보다 많이 이용될 것이다. 유럽연합(EU)에서 이는 '백색 생명공학(white biotechnology)'이라 부르며, 건강과 농업관련 생명공학은 각각 '적색 생명공학(red biotechnology)'과 '녹색 생명공학(green biotechnology)'이라 한다.

많은 생명공학 산업들이 재생가능하고 재순환될 수 있는 물질에 크게 기초하게 될 것이며 따라서 에너지가 귀해지고 점차 비싸지는 사회에서의 요구에 적응될 수 있을 것이다. 여러 가지 측면에서 생명공학은 일련의 발생 중인 기술이며 그 발달에 많은 숙련된 제어를 요구하지만 그 잠재력은 매우 크고 다양하며 의심할 바 없이 많은 미래의 산업공정에 매우 중요한 부분을 담당하게 될 것이다. 기후 변화, 바이오에너지, 건강한 노년 및 농업 지속성 같은 현실 세계 문제에 생명공학이 기여할 수 있을까? 이 의문에 대한 답은 이후의 장에 나올 것이다.

[1.3] 생명공학: 학제간 분야

생명공학은 학제간 분야이다. 최근 수십 년간 과학과 기술의 발달의 특징은 다양한 문제의 해결을 위한 다학제적 전략이 증가한 것이다. 이는 학문의 새로운 학제간 분야의 발생을 유도하였으며 궁극적으로는 독자적인 개념과 방법론을 가진 새로운 분야가 만들어졌다.

화학공학과 생화학은 생물학적 체제의 화학적 작용과 생화학적 기초에 대한 우리의 이해를 넓히는데 크게 기여한 2가지 잘 알려진 분야이다.

'다학제적(multidiscipline)'이란 용어는 어떤 분야에서 흔히 일어나는 문제에 대한 접근방법들의 양적인 확대를 가리킨다. 그것은 여러 독립된 분야의 개념과 방법론의 규합과 그들을 다른 분야의 특정한 문제에 적용시키는 것을 포함한다. 반면에 '학제간(interdisscipline)' 적용은 다학제적 협력 중 발생하는 아이디어의 혼합이 고유의 개념과 방법론을 가진 새로운 학문분야의 형성을 유도할 때 일어난다. 실제로 다학제적 기획은 거의 틀림없이 임무 지향적이다. 그러나 진정한 학제간 합성이 일어날 때 새로운 분야는 여러 가지 참신한 탐구영역을 열게 될 것이다. 생명공학의 여러 다양한 세부 영역은 생물학과 공학의 여러 분야 사이의 상호작용을 통해 생겨났다.

생명공학자들은 화학, 미생물학, 생화학, 화학공학과 컴퓨터과학으로부터 유래한 기술들을 사용할 수 있다 (그림 1.1). 주된 목표는 생화학적 촉매반응이 근본적이고 비가역적 역할을 하는 공정의 혁신, 발전과 최적 가동일 것이다. 생명공학자는 또한 의학, 영양, 의약품과 화학 산업, 환경보호와 폐기물 공정기술 같은 다른 관련 분야의 전문가들과 밀접한 협력관계를 맺는 것을 목표로 해야 한다.

생명공학의 산업적 적용은 다른 분야의 기술적 언어를 이해하기 위해서, 특히 다른 분야의 한계뿐만 아니라 잠재력을 이해하기 위해서 각 기여하는 분야에 점차 의존하게 될 것이다. 예를 들면, 발효 생물산업에서 이제까지 화학공학도와 산업공장 디자이너들을 위한 전통적 교육이 생물학적 공정을 보통 포함시키지 않았었다. 그러나 현재는 요구되는 물질의 특성, 생물반응조와 작동조건들이 매우 다르기 때문에 완전한 재교육을 필요로 한다 (그림 1.2).

생명공학은 지속적인 성장을 위해 숙달된 인력과 대중의 지원을 필요로 하는 요구 산업이다. 대중의 이해를 장려하고 경쟁력 있는 노동력을 제공하는 경제는 생명공학으로부터 장기간의 이득을 얻어야만 한다. 생명공학과 관련된 기업의 주요 종류는 7가지로 분류될 수 있다 (표 1.3).

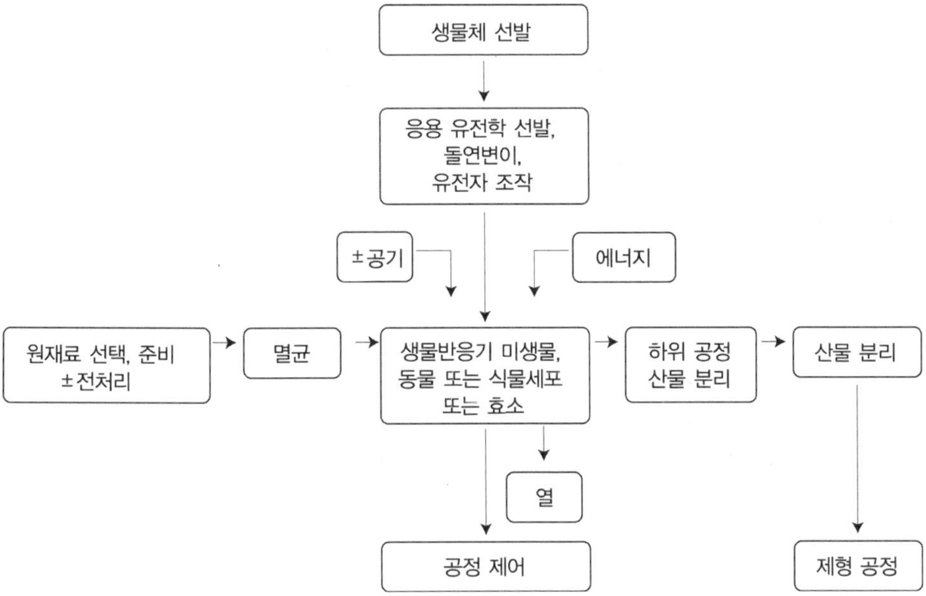

그림 1.2 생명공학 공정의 전체 도식도.

표 1.3 생명공학과 관련된 기업의 종류

구분	생명공학 관련
질병 치료	항생물질, 백신과 유전자 치료를 포함한 인간 질병의 치료나 제어를 위한 의약품
진단	임상시험과 진단, 식품, 환경, 농업
농업/임업/원예	새로운 작물 또는 동물 품종, 농약
식품	다양한 식품, 비료, 음료, 첨가물
환경	폐기물 처리, 생물학적 정화, 에너지 생산
화학	대사물질효소, DNA/RNA와 특별한 화학물질 등을 포함한 시약
장치	생명공학을 지원하는 기계장치, 생물반응조, 운영 프로그램과 소모품들

생물학과 생명공학의 구분에 중요한 요소는 그들의 작용 규모이다. 생물학도는 보통 ng과 mg 사이의 범위에서 일을 한다. 백신 생산에 관여하는 생명공학도는 mg의 수율에 만족할 수 있으나 많은 다른 일들은 kg 또는 ton 수준을 목표로 한다. 따라서 생명공학의 주요 측면의 하나는 생물학적 작용의 대규모화(scaling-up)이다. 생명공학은 그것의 실제 활용과의 관계와 다학제간 협동이라는 2가지 분명한 특징을 가지고 있다.

오늘 날 많은 생명공학 공정들이 맥주 양조와 빵, 치즈, 요구르트, 포도주와 식초 제조 같은 오래되고 전통적인 발효에 그들의 기원을 두고 있다. 그러나 발효기술에 가장 큰 진전을 가져온 것은 1929년의 항생물질의 발견과 1940년대의 그들의 대규모 생산이었다. 그 이후 이 기술에서, 항생물질 뿐만 아니라 유기산, 다당류, 효소, 백신, 호르몬 등 유용한 많은 단순한 또는 복잡한 생화학적 산물의 생산에서 획기적인 발전을 목격하게 되었다 (표 1.4). 발효공정의 발달에 고유한 것은 생화학도, 미생물학도와 화학공학도 사이의 밀접한 관계의 증진이다. 이같이 생명공학은 갑작스런 발견이 아니며 수십 년 전에 시작된 기술시대의 도래의 결과이다. 미래를 보면, 20세기의 산업이 물리학과 화학에 기초한 것처럼 21세기의 특징적인 산업으로서 발족하게 되었다고 The Economist 지는 이 새로운 기술에 대해 소개하고 있다.

만일 생명공학이 그 기원이 매우 오래되었으며 커다란 성공적인 산업적 성과를 갖는다는 것을 인정한다면 왜 최근에서야 이 분야에 대해 대중이 알게 되었는가? 틀림없이 가장 주된 이유는 분자생물학, 특히 자연에 대해 인간의 우세함을 부여하는 재조합 DNA 기술의 빠른 발전에서 비롯된 것이라 할 수 있다. 이들 신기술 (나중의 장에서 설명됨)에 의해 다른 종류의 생물체들 간에 세포의 유전물질인 DNA를 생체 밖에서 직접 조작하여 이전에는 자연에 존재하지 않던 새로운 혼성 DNA 분자를 만드는 것이 가능해졌다. 대학 실험실에서 처음 개발된 이 일련의 기술의 잠재력은 현재 산업, 농업과 의학에서 신속하게 이용되고 있다. 그 이득은 거대하지만 자연을 변경시키는 본질적인 위험은 항상 주의하고 경계해야만 한다.

이론적으로는 어떤 생물체의 특정 유전자를 미생물, 식물 또는 동물의 어느 생물체에건 이전하는 기술이 있으나, 실제로는 어느 유전자를 클로닝할 것인지 그리고 어떻게 그들을 선택할 것인지 등의 수많은 제한 요소들이 존재한다. 유전공학의 적용에 가장 중요한 한 가지 제한 요인은 유전자 구조와 기능의 기초적인 과학적 지식의 결핍이다.

생명공학의 발달은 1970년대 중반의 전자공학의 발전과 유사한 속도로 일어나고 있다. 비록 매우 유사할 것 같지만, 생명공학이 상업적으로 전자산업과 동일하게 대단한 속도로 발달할 것이라는 예상은 상당히 조심스럽게 완화되어야만 한다. 새로운 생명공학의 잠재능은 의심할 바 없지만 의미있는 상업적 실현은 현재 서서히 일어나고 있을 뿐이며 21세기를 통해 가속화될 것이다. 새로운 생명공학은 생명과학의 모든 산업적 활용에 상당한 영향을 미칠 것이다. 각각의 경우 경쟁력 있는 생산방법의 상대적 장점은 생명공학 산업의 경제적 측면에 영향을 미칠 것이다. 생명공학은 분명히 모든 분야에서 장기적으로 큰 이득을 가져올 것이며, 무엇보다 수많은 생명들을 구할 것이다.

현대 생명공학에 대한 이해의 증진은 1973년 이후 유류 가격의 상승으로부터 발생한 경제적 상황의 심각한 전 세계적 변화와 어깨를 같이 한다. 장래에 화석연료와 기타 재생불가능한 자원 공급이 제한될 것이라는 예측이 점차 현실화되고 있다. 이는 아마 생명공학이 충족시킬 수 있는 싸고 보다 확실한 에너지원과 화학원료의 요구를 불러일으킬 것이다. 빠른 생물량 생산에 적합한 기후 조건을 가진 나라들이 기후적으로 덜 적합한 지역에 대해 경제적 장점을 가지게 될 것이다. 특히 열대지역은 이런 측면에서 높은 미래의 잠재능을 가진다.

표 1.4 생물학적 제품에 대한 세계 시장, 1981년

제품	매출 (백만 $)
알콜 음료	23,000
치즈	14,000
항생제	4,500
페니실린	500
테트라사이클린	500
세팔로스포린	450
진단시약	2,000
면역시험	400
단일클론항체	5
종균제	1,400
고과당 시럽	800
아미노산	750
제빵효모	540
스테로이드	500
모든 비타민	330
비타민 C	200
비타민 B_{12}	14
구연산	210
효소	200
백신	150
인간 혈장 알부민	125
인슐린	100
유로키나제	50
인간 factor VIII 단백질	40
인간 성상호르몬	35
미생물농약	12

생명공학에 대한 관심의 증가와 관련된 또 다른 기여 요소로 현재 서양에서의 정체 특히 부분적으로는 에너지 비용의 증가로 인한 화학과 공학 분야의 하락이다. 생명공학은 새로운 생명공학적 방법과 새로운 원재료를 이용한 국지적, 지역적, 국가적 또는 심지어 전 세계적 규모로 경제를 자극시키는 하나의 중요한 방법으로 간주되고 있다. 부분적으로는 1950년대와 1960년대의 산업 부흥은 값싼 기름 때문이었으며, 1970년대와 1980년대의 정보기술의 진전은 전자공학의 발전으로부터 비롯되었다. 21세기가 생명공학의 시대가 될 것이라는 견해는 점차 커지고 있다. 분명히 분자생물학적 연구, 새로운 생명공학 기업, 국가, 기업 및 개인에 의한 대규모 투자는 데이터베이스와 정보원의 빠른 확장, 그리고 광범위한 언론 보도와 더불어 전 세계적 증가를 보이고 있다.

생명공학의 새로운 분야에 대해 과도하게 집중하면서, 이미 전 세계적으로 가동하며 대부분 국가의 국민총생산 (GNP)에 상당한 정도로 기여하는 대규모의 전통적 생명공학 산업기반에 주의를 덜 기울이는 것은 아쉬운 일이다. 실제로 생명공학의 많은 새로운 혁신은 신제품으로 나타나지 않을 것이며 대신 양조와 항생물질 생산 같은 오랫동안 정착된 생명공학 산업에서 생물체와 공정의 개선의 결과로 나타날 것이다.

생명공학의 새로운 적용은 건강관리와 의학 분야에 가장 먼저 나타나고 있으며 그 다음 분야는 농업과 식품기술이다. 생명공학에 근거한 흥미있는 새로운 의학적 치료와 약품의 등장은 지속적으로 증가추세에 있다. 1982년 이전에 인간 당뇨병을 위한 인슐린은 소와 돼지 이자로부터 얻었다. 그 후부터 인간 인슐린 유전자를 분리하고 미생물에 클로닝하여 발효에 의해 대량생산하고 있다. 천연 인간 호르몬과 동일한 이 유전자 조작 인간 인슐린은 재조합 DNA 기술의 최초의 상업적 의약품이며 현재 세계적으로 수백만의 인슐린 사용자들에게 이 중요한 호르몬의 안전하고, 믿을 수 있으며 무제한적인 공급원으로 제공되고 있다. 생명공학은 또한 인간, 동물과 식물 질병의 검출과 진단을 보다 쉽게 만들고 있다. 임상진단에서 간단한 가정용이나 혈액탐색과 같은 복잡한 병원 실험실용을 위한 수 백 가지의 특별한 키트가 이용되고 있다.

지난 10년간 미국 식품의약국 (FDA)의 승인을 받은 생물의약 제품은 그 수와 종류가 크게 증가하였는데 1996년에는 불과 39개 제품이 있었는데 2006년에는 100개 이상이 시판되었다. 유사하게, 형질전환 작물의 재배도 늘어나 전 세계의 재배면적이 1996년 4백만 에이커에서 불과 10년 후 2억2천2백만 에이커 이상으로 증가하였다. 미국에서 생명공학의 수익은 1996년 $150억에서 2004년 $600억으로 증가하였다.

생명공학은 세계 인구의 안전하고 영양 많은 식품을 위한 현재와 미래의 요구를 충족시키고 한편으로는 식품 생산 효율의 지속적 개선을 확보하는 것을 요구받고 있다. 참신한 생산방법으로부터 유래한 이득을 소비자들이 쉽게 볼 수 있을 때 새로운 생명공학을 이용하여 생산된 새로운 식품 제품의 수용이 용이해질 수 있다. 생명공학 방법은 현재 식물과 다양한 식품의 영양, 맛과 모양을 개선하며 특정한 바이러스와 해로운 곤충에 대한 저항성을 증진시키며 안전한 제초제를 생산하고 있다. 식품 안전을 위해 새로운 탐침이 *Salmonella*, *Listeria* 같은 식품 내 특정 미생물 병원체와 아플라톡신(aflatoxin) 같은 진균독소를 신속하게 검출하고 정확하게 동정할 수 있다.

점차 생명공학은 에너지와 원료 소모를 줄이고 폐기물과 배기가스 발생을 최소화하는 화학적,

물리적 기술과 경쟁할 수 있는 강력하고 다양한 접근법으로 발전할 것이다. 생명공학은 장래에 가치있고 필수적이며 산업적 지속성의 획득에 기여할 것이다. 원자재 소모의 다양성과 규모는 점차 커질 것이며 이는 환경에 대해 증가하는 압박을 최소화하기 위한 행동이 시급하다는 것을 의미한다. 화학물질 생산, 연료와 에너지 생산, 오염 제어와 자원 회수에의 활용은 아마 개발에 시간이 많이 걸릴 것이며 현재 이용되고 있는 기술의 상대적 경제성의 변화에 의존할 것이다.

생명공학의 환경 측면에의 이용은 대비되는 효과를 가져올 수 있다. 오염의 감소, 향상된 재순환과 토양 이용 등과 같이 환경보전에 많은 긍정적인 영향이 있을 수 있으나, 또 다른 면에서는 유전자 변형 생물의 방출이 자연 개체군의 대체, 다른 종에 바람직하지 않은 유전적 특성의 전이와 생태학적 상호작용 같은 일부 잠재적 환경위험을 가져올 수 있다.

그림 1.3은 생명공학 산업에 미국이 현재 어떻게 연구개발비를 투자하고 있는지를 보여주고 있다.

생명공학에 근거한 산업은 노동집약적이지 않으며 비록 가치있는 신규 일자리를 창출하지만 근육 대신 두뇌를 더욱 요구한다. 현대적 생명공학의 많은 것들이 큰 회사 및 기관에 의해 개발되고 활용되고 있다. 그러나 많은 소규모와 중규모 기업들은 생명공학이 미래의 과학이 아니며 오늘날 그들의 산업에 실제 이득을 가져올 수 있다는 것을 깨닫고 있다. 많은 산업에서 전통적 기술이 환경 훼손을 일으키는 물질을 생산하지만 생명공학 방법이 '녹색' 대안을 제공할 수 있어서 긍정적인 대중적 인식을 촉진시키고 새로운 환경적 처벌을 피할 수 있게 할 수 있다. 생명공학 혁신의 지식은 산업의 모든 분야로 퍼져나가야 한다.

많은 새로운 첨단기술 생명공학 기업들이 유력하고 재능있는 개인들이며 그들의 1차적 목표가 신기술의 개발인 기업가나 대학으로부터 설립되고 있다. 새로운 생명공학 기업은 다른 곳에서 쉽게 볼 수 없는 일정한 특징을 가지고 있다 (표 1.5). 대학과 산업 간의 경계에서 새로운 생명공학의 위치는 매우 넓은 범위로부터 정보 입수를 위한 독특한 요구를 창출하며 따라서 기업은 정보 관리에 많은 비용을 투자한다.

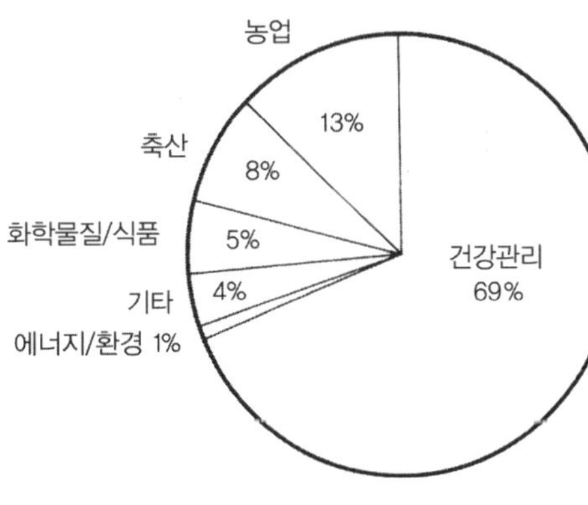

그림 1.3 미국내 생명공학 산업에서 연구개발비의 분포.

표 1.5 생명공학 기업의 일부 독특한 특징

기술 기반과 다학제적: 제품 개발은 분자생물학자, 임상 연구자, 제품 판매능력을 포함한다.
규제당국, 대중의 인식; 건강과 안전 문제; 위해성 평가를 관리해야만 한다.
신속한 변화와 상당한 위험으로 특징지어지는 기업환경 - 하나의 생명공학 혁신이 다른 것을 빠르게 밀어낸다.
생명공학 사업 성장은 벤처자본에 크게 의존한다 - 보통 이익이 생기기 전에 매우 높은 수준의 투자를 요구한다.

생명공학은 매우 우수한 첨단기술이다. 다음 10년 동안 신 생명공학의 가장 흥미롭고 잠재적으로 유익한 면은 현재 지식과 기술의 가장 첨단에서의 연구와 개발을 포함할 것이다. 실제 활용으로 전환시키는 연구는 쉽지 않지만 불가피하며 독특한 투자자와 환경을 요구한다.

1970년대 후반에 분자생물학자들은 이 과학 분야의 놀라움에 대해 막연한 약속을 하였으나 현실적 기술은 아직도 개발 중이며 막대한 수준의 연구와 제품개발 비용을 요구하였다. 많은 극복할 수 없었던 문제들이 예측되었던 것 보다 쉽게 해결되고 연구실 실험으로부터 대규모 산업공정으로의 많은 전환이 성공적으로 수행된 이래로 생명공학도들은 현재 보다 확신을 가지고 예측을 하고 있다. 진정으로 새로운 생명공학이 성년에 도달하였다.

생명공학이 상업적으로 성공하고 활용되기 위해서 두 분야 모두 전문 인력의 채용이 필요하며 법률, 특허, 의학, 농업, 공학 등 넓은 범위의 다른 분야에서 이해되고 적용되기 위한 기술을 위해서도 또한 필요하다. 고등교육이 생명공학을 포함한 전문적 분야의 범위를 제공할 것이며 일부 과정은 순수한 전문화 보다는 약간 낮은 수준의 전문가 분야의 많은 것을 포괄하는 생명공학 졸업자들을 만들어낼 것이다. 또한 생명공학에 근거한 산업에서 이미 고용한 많은 인력들이 정기적으로 최신의 내용을 교육받고 재훈련 받는 방법을 가져야만 한다. 이런 측면에서, 생명공학의 특별한 분야에 대해 현재 많은 책들과 소프트웨어 프로그램이 있다. 유럽에 근거한 BIOTOL(Biotechnology by Open Learning)이 넓은 범위의 학습 프로그램을 만들어내고 있다. 그런 프로그램은 학생들의 요구뿐만 아니라 기업 훈련활동을 위해서 기획되었으며 사용자에 친숙한 형태의 우수한 공개학습 자료로 만들어졌다. 전 세계적으로 생명공학의 보급은 교육받고 능숙한 인력과 계속 늘어나는 지식과 자원 토대에 대한 쉬운 접근이 될 것이다. 과학은 우리가 살고 있는 세상과 특히 생명공학이 우리 문화에 필수적이며 용인된 활동이 될 것이라고 정의하고 있다.

[1.4] 생명공학: 3가지 중심 개념

많은 생명공학 공정은 3가지 중심 개념을 가지는데 그 중 1가지는 특별한 기능 또는 작용을 위한 최적 생물학적 촉매를 얻는 것이고, 두 번째는 그 촉매가 기능을 수행하는데 있어서 최상의 조건을 조성하는 것이며, 세 번째 개념은 하위공정(downstream process)으로 발효공정으로부터 얻어지는 필수적인 산물 또는 산물들의 분리 및 정제와 관련된다.

현재까지 개발된 예의 대부분에서 생명공학적 공정을 위한 가장 효율적이고 안정적이며 편리한 형태의 촉매는 전체 생물체이며 그런 이유로 그렇게 많은 생명공학이 미생물 작용 주위를 선회하는 것이다. 이는 고등 생물의 사용을 배제하는 것은 아니며, 특히 식물과 동물 세포배양이 생명공학에서 점차 중요한 역할을 할 것이다.

미생물들은 광합성 에너지의 1차 고정자와 또한 거의 모든 종류의 천연 및 합성 유기물의 화학적 변화를 일으키는 체제의 두 측면으로 보아야 한다. 전체적으로 그들은 거의 무제한적인 합성 및 분해 잠재능을 제공하는 거대한 유전자 집합소를 가지고 있다. 더욱이 미생물들은 동식물 같은 어떤 고등생물들보다 훨씬 높은 생장률을 가지고 있다. 따라서 짧은 시간 내에 적당한 환경조건하에 거대한 양이 생산될 수 있다.

일반적으로 사용되는 방법론들은 자연환경 저장소로부터 우수한 미생물의 선택, 돌연변이에 의한 미생물의 변형, 그리고 보다 최근에는 분자생물학으로부터 비롯된, 완전히 새로운 생화학적 잠재능을 가진 미생물, 식물과 동물을 만드는 것을 궁극적으로 허용하는 획기적인 일련의 새로운 기술의 동원을 가능하게 한다. 이 새로운 기술들은 대부분 지난 20년 이상에 걸쳐 분자생물학의 기초적 연구결과로부터 비롯되었다.

조작되고 개량된 생물체들은 거의 변화하지 않은 채로 유지되어야만 하며 이는 생물체의 보전, 산업공정 중 필수적인 성질의 손실, 그리고 무엇보다 장기간의 활성과 생존력의 유지를 위해 또 다른 기술들을 포함한다. 많은 예에서 촉매는 분리되고 정제된 형태, 즉 효소로 사용되며 각 효소의 대규모 생산, 분리 및 정제와 인위적 방법에 의한 그들의 안정화에 대하여 많은 양의 정보가 축적되어 왔다.

생명공학의 핵의 두 번째 부분은 그 내부에서 촉매가 작용해야 하는 용기 체제 또는 생물반응기의 모든 측면을 포함한다 (그림 1.2). 여기서 생명과학도와 생물공정공학의 복합 전문가 지식이 상호작용하여 온도, 포기, pH 등과 같은 물리-화학적 환경의 유지 및 제어를 위한 디자인과 방법을 제공하며 그에 따라 촉매의 생물학적 특성의 최적 발현을 가능하게 한다. 생물반응기 내에서 생물량 또는 생화학적 산물 같은 생명공학적 공정에서 요구되는 최종 목표를 달성하는 데에는 대부분의 경우 거의 수용상인 환경으로부터 유기산물을 분리하는 것이 필요하다. 이 생명공학의 세 번째 측면 – 하위공정(downstream processing)은 기술적으로 어렵고 값비싼 과정으로 생명공학에서 가장 널 이해된 분야이다. 하위공정은 우선적으로 생물반응기액 또는 배지의 액상과 고형상으로의 일차적 분리 및 차후의 농축과 산물의 정제와 관계된다. 공정은 보통 하나 이상의 단계를 포함한다. 발효산물의 하위공정 비용 (판매가의 대략적 비율로서)은 상당히 달라서 예를 들면, 효모 생물량, 페니실린 G와 특정 효소의 공정비용은 판매가 비율로 각각 20, 20~30, 60~70% 정도가 된다.

성공적인 생명공학적 공정에서는 관여하는 여러 세부 분야 중 하나 이상의 분야에 크게 의존한다. 생명공학 활용의 주요 분야는 표 1.6에서 보는 바와 같으나 그림 1.4는 어떻게 많은 분야가 다른 가능하게 하는 기술들과 함께 생명공학적 공정에 도입되는가를 보여주고 있다.

생명공학은 건강관리와 의학, 농업과 임업, 정제 및 대량 화학물질 생산, 식품 기술, 연료와 에너지 생산, 오염제어와 자원 회수를 포함한 넓은 산업 분야에서의 상업적 개발과 이득을 위한 흥미있는 새로운 기회를 지속적으로 창출할 것이다. 생명공학은 세계가 직면한 많은 문제를 해결하는데 커다란 희망을 제공하고 있다!

표 1.6 생명공학 활용의 주요 분야들

생물공정 기술
역사적으로 가장 중요한 생명공학 분야, 즉 양조, 항생물질, 포유동물 세포배양 등; 다당류, 의학적으로 중요한 약품, 용매, 단백질-보강 식품 같은 착상된 새로운 산물의 광범한 개발이 진행 중. 생산성 최적화를 위한 참신한 발효조 디자인.

효소 기술
매우 특이한 화학 반응; 효소의 고정화; 특정한 분자적 전환기 (생물반응기)의 창조 등의 촉매를 위해 사용. 생성된 산물은 L-아미노산, 고과당 시럽, 반-합성 페니실린, 녹말과 셀룰로오스 가수분해, 등을 포함. 생물검정용 효소 탐침.

폐기물 기술
오랜 역사적 중요성을 가지나 현재는 이 공정들을 자원의 보전과 재순환과 연계시키는데 보다 중점을 둠; 식품과 비료, 생물학적 연료.

환경 기술
오염 제어, 독성 폐기물 제거 같은 많은 환경 문제의 해결을 위한 생명공학적 개념의 활용을 위해 넓은 범위가 존재; 광산 폐기물과 저품위 광석에서 금속의 회수.

재생가능 자원 기술
에탄올, 메탄과 수소 같은 화학적 자원물질과 에너지의 새로운 공급원을 만들기 위해 재생가능한 에너지원, 특히 리그노셀룰로오스의 사용. 식물과 동물 물질의 전체적 활용. 청정기술, 지속가능 기술.

식물과 동물 농업
개선된 영양, 질병 저항성, 품질 유지를 위한 유전적 조작 식물; 향상된 수율과 스트레스 내성이 상업적으로 점차 가능해질 것이다. 가축 사육의 향상된 생산성 등. 식품 품질, 향기, 맛과 미생물 안전의 개선.

건강 관리
신약과 질병 부위로 약품의 전달을 위한 보다 나은 치료법. 질병 진단, 인간 게놈의 이해-유전체학과 단백질체학, 정보 기술의 개선

[1.5] 제품 안전

생명공학에서 정부규제는 제품의 시판에 필요한 시간과 전체 비용의 중요한 결정요인이 될 것이다. 규제당국은 새로운 생명공학 제품의 개발과 가용성을 위한 문지기로서 작용할 수 있으나 또한 산업적 개발에 상당한 장애가 될 수도 있다. 실제 그런 장애는 규제 기준을 맞추기 위한 제품시험 비용, 규제 허가의 지연과 불확실성, 그리고 심지어 안전에 근거한 신제품의 공공연한 허가취소로부터 비롯된다. 제품 안전의 확보를 위해 요구될 수 있는 매우 상당한 비용은 만일 장래의 신제품이 충분한 경제적 이득을 가져오지 못할 것 같다면 종종 새로운 연구를 방해하거나 또는 제품 개발을 중지시킬 수 있다. 미국에서는 과도하고 아마도 비현실적인 규제요구가 일부 생명공학 분야의 미래 산업적 개발을 저해하며 결과적으로 그들의 규제요구를 체계적으로 점감시키는 것에 대해 관심이 집중되고 있다. 재조합 DNA 기술의 사용은 가능한 안전에 대한 관심의 가장 커다란 분야를 만들어 내었다. 생명공학에 대한 일반 대중의 태도는 유전적 조작기술의 인지된 또는 상상의 위험문제와 종종 연관된다.

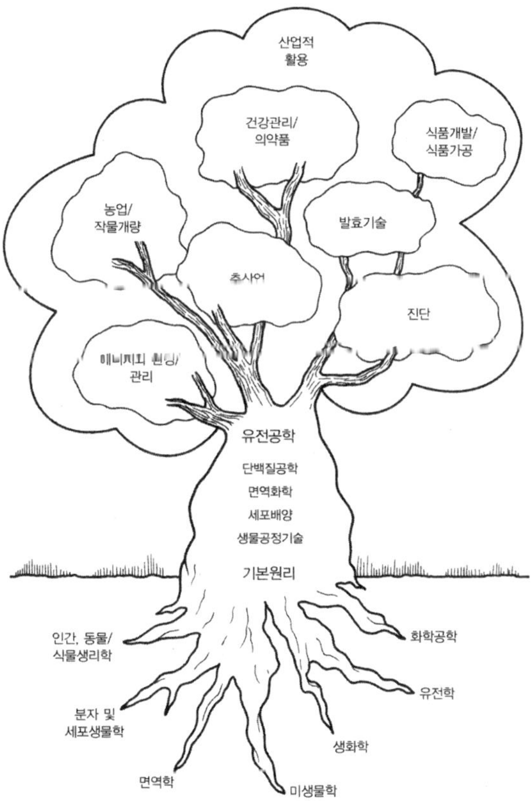

그림 1.4 생명공학 나무.

[1.6] 생명공학의 대중 인식

건강관리와 작물, 비료, 농약, 백신과 다양한 동물과 어류종의 유전공학에 의한 식량의 생산, 가공 및 품질에 대한 엄청난 잠재력을 생명공학이 제공하지만 제공되는 기술적 이득 뒤에 이 새로운 생명공학 공정들의 또 다른 연관성이 존재한다. 신기술의 수행은 소비자에 의한 동의에 의존할 것이다. 과학기술자문위원회(Advisory Committee on Science and Technology, ACOST) (1990)가 '생명공학의 발전'이라는 보고서에서 '생명공학의 대중인식은 유전적 변형 산물의 개발 속도와 방향에 주된 영향력을 발휘할 것이며 또한 그에 대한 우려도 커지고 있다. 유전적 조작과 연관된 것은 안전, 윤리 및 복지에 대한 다양한 의문이다'라고 밝힌 바 있다.

새로운 생명공학이 성장하고 또한 틀림없이 예측가능한 미래의 생명공학이 연구되기 위해 대중적 논쟁은 필수적이다. 이 새로운 기술에 대한 대중의 이해는 대중의 수용을 보다 촉진시킬 수 있을 것이다. 그러나 저수준의 과학적 교양 (예를 들면 미국에서 7%만이 과학적 교양을 가지고 있다)은 대부분의 일반인들이 중요한 생명공학 문제에 대한 충분한 결론을 이끌어낼 수 없다는 것을 의미한다. 결과적으로 소수의 활동가들이 유전공학에 대하여 감정적이고 비이성적인 방향으로 반대하여 대중과 정치인들을 오도하는 것이 가능하거나 또는 실제로 일어나고 있다. 생명공학 집단은 대중과 가까이 하고 함께 일하며 대중에 주목할 필요가 있다. 사람들은 선거를 통해 또는 대중여론을 통해 정부에 의한 의사결정에 영향을 미친다.

최근까지 대부분의 생명공학 기업들은 금융 지원, 연구, 임상시험 (만일 관련 있다면), 제조 문제 및 규제 장벽에 거의 전적으로 매달렸다. 그러나 대부분의 기업은 누가 신제품을 구매하며 이 사람들이 무엇을 이해하는 것이 필요한가 등의 필수적인 영업상의 의문을 등한시하였다. 이들 기업의 대부분은 일반 대중이 신 생명공학이 내포하고 있는 기본적 과학적 개념을 이해하지 못한다는 것을 깨닫지 못하고 있다. 그들은 이제 신 생명공학의 과학적 의미를 특히 신세대들이 보다 잘 이해하도록 신중하게 자원을 투자해야만 한다. 생명공학이 대중과 필요한 것은 대화이다! 대중의 이해를 무시하는 것은 산업에 위기가 될 것이다!

궁극적으로 생명공학의 이득은 이 책의 다음 부분에서 보이는 것처럼 그 자신의 의견을 나타내게 될 것이다.

[1.7] 생명공학과 개발도상국

성공적인 농업은 부국과 빈국 간의 빈곤의 차이에 대한 답을 쥐고 있다. 선진세계에서는 농업과학이 잘 발달하여 고품질 산물을 다량 생산하고 있다. 농업 생명공학은 품질, 품종과 수확량을 더욱 향상시킬 것이다. 유전공학에 의해 개량된 이 새로운 식물종이 개발도상국에서 더 높은 생산성,

더 큰 질병 저항성 및 보다 나은 시장성을 보장할 수 있을까? 풍요한 국가가 점차 더 풍부한 식량을 갖게될 것이라는 것 이외에 무엇이 일어날 지는 아직 확실하지 않다. 전 세계적으로 모두를 위해 충분한 식량이 있게 될 것이나 항상 그것이 반비례적으로 분포하는 것이 지속될 것인가? 생명공학의 발달은 재정과 숙련된 인력의 높은 유입을 요구하나 대부분의 개발도상국에서는 이 2가지가 모두 부족하다. 불행하게도 고도의 산업화 국가와 개발도상국의 생명공학에 근거한 수요 사이에는 차이가 점차 증가하고 있다.

많은 개발도상국들이 과거에 서방 생명공학 기업들과 성공적으로 협력해왔으나 1986년과 1991년 사이에 미국 생명공학 기업들에 의해 개발도상국에 이행된 일의 비율은 20%에서 3%로 급감한 것을 주목하는 것이 바람직하다. 새로운 생명공학의 많은 약속을 그들 자신에게 할 수 있는 개발도상국의 능력은 자신의 수요와 우선순위에 따라 자신의 연구와 혁신 체제 내에서 생명공학의 현대적 발전을 종합하는 그들의 능력에 크게 의존할 것이다.

UN 새천년발전목표(UN Millenium Development Goal)는 2015년까지 빈곤의 완화, 환경지속가능성과 더불어 교육과 건강의 개선을 목표로 한다. 이런 목표에 기여할 수 있는 생명공학의 주요 분야가 표 1.7에 나열되어 있다. 다음 장들에서는 생명공학의 가장 중요한 분야들의 일부가 이 새로운 기술 분야에서 도달한 것과 미래의 목표에 대한 전반적 이해 측면에서 소개될 것이다. 그러나 생명공학 발달이 과학과 기술의 진전에만 의존한 것은 아니며 상당한 정치적, 경제적, 그리고 무엇보다 더 대중의 수용에 의할 것이라는 것을 명심해야 한다. 마지막으로, 새로운 접근이 신속하고 근본적인 확장으로의 문을 열 때 대부분의 과학 분야가 황금기로 들어섰다고 알려져 있다. 생명공학은 지금 이 황금기로 막 들어서고 있으며 극적인 미래가 우리 앞에 펼쳐지고 있다.

표 1.7 개발도상국에서 인간의 건강 개선을 위한 생명공학의 상위 8가지 분야
분자 진단
재조합 백신
병원체 유전체의 서열분석
성병에 대한 여성-제어 보호
생물정화
생물정보학
영양분이 증가된 유전자 변형 작물
재조합 치료 단백질

출처 : Acharya 등 (2003) Nature Biotechnology, 21, 1434–6.

2

생체물질: 생명공학에 사용되는 기질?

[2.1] 생체물질 전략

전 세계적으로 광합성을 통한 식물 생체물질(biomass)의 연간 순 생산량은 육상에서 약 1200억 톤, 그리고 해양에서 약 500억 톤이 생산되는 것으로 추산된다. 육상에서 생산되는 생체물질의 50% 정도는 리그노셀룰로스(lignocellulose)의 복합 형태이다.

육상에서 생산된 생체물질 가운데 가장 커다란 비중을 차지하는 부분 (44%)은 삼림에서 생산되는 생체물질이다 (표 2.1). 1차 광합성을 통해서 생산되는 농작물은 불과 6% 정도에 지나지 않지만, 사람과 동물이 얻는 대부분의 식량과 필수 구조물, 의복, 제지산업 등이 이로부터 얻어진다는 것은 매우 놀라운 일이다 (표 2.2). 생명공학에 대한 올바른 인식으로 많은 농산물은 이용가능성이 더욱 증대될 것이며, 특히 현재 전통식품가공 과정에서 발생하는 많은 양의 폐기물은 새로운 생명공학 기술의 출현으로 이용가능하게 될 것이다.

표 2.1 전세계의 1차 생산성 분석

	순 생산성 (전체의 %)
임업과 삼림 지대	44.3
목초지	9.7
경작지	5.9
사막과 반 사막 (semi-desert)	1.5
담수	3.2
해양	35.4

표 2.2 농업과 임업 생산물의 대략적인 연간 세계 생산량

영역	생산물	톤	가치 (10억 달러)
식량과 사료	곡류 (쌀가루 포함)	18억	250
	당 (사탕수수와 사탕무)	1억2천만	–
	어류	8천5백만	17
	미가공 전분	10억	–
	정제 전분	2천만	–
재료	잠재성 목재	130억	–
	수확된 목재	16억	–
	연료 목재	100	
	톱밥으로 만든 목재	–	60
	판넬	–	35
	종이	–	110
화합물	기름, 지방	7천만	–
	콩기름	천7백만	8
	야자기름	천만	3
	해바라기 기름	800만	4
	채종유	800만	3
	전분	200만	–
	콩류	400만	4
기타	절화 (자른 꽃)와 구근	–	15
	담배	400만	10

출처: OECD (1992), Biotechnology, Agriculture and Food.

농업, 양식업, 임업에서 생산되는 생체물질은 열대 지역과 아열대 지역에 있는 여러 국가들의 경제력 향상에 크게 기여할 것이다 (그림 2.1). 실제로 생명공학의 발전은 식물의 성장이 빠른 지역에 있는 나라에서 경제력의 균형에 커다란 변화를 초래할 수 있다.

현대 사회가 크게 의존하고 있는 재활용이 불가능한 에너지 자원 (석유, 가스, 석탄)은 석유화학 공업의 원료로서 오랜 기간 동안 생체물질로부터 만들어진 것이다. 현대국가는 다양한 방법으로 생산되는 에너지와 원료를 모두 지하자원에서 얻는다. 100여년 정도 내외의 기간 동안 선진국에서는 심해나 깊은 땅속에서 수백 만 년에 걸쳐 생성된 화석연료를 대량으로 채취하여 사용해 왔으나, 국가간 소비패턴을 고려해 볼 때 적질히 이루어지지 않았다. 현재 세계 인구의 6%와 8%를 차지하는 미국과 서유럽에서 세계 석유와 가스 생산량의 35%와 25%를 사용하고 있다.

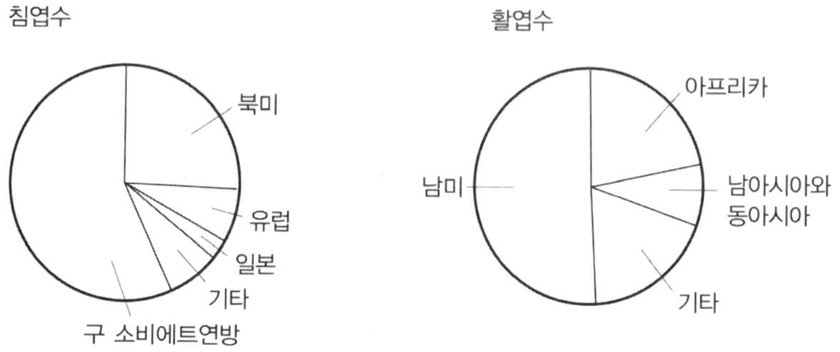

그림 2.1 전세계 임업자원의 분포도.

표 2.3 생물자원에서 유래하는 중요한 산물

연료	메탄 (생물가스) 특히 개발도상 국가에서
	열분해 산물 (가스, 숯)
	에탄올 (사탕수수 즙과 셀룰로스 발효에 의한)
	기름 (수소화로부터)
	폐 생물자원의 직접 연소
공급원료	에탄올 (산업의 잠재적 공급원료)
	합성가스 (화학적 가스화로부터)
비료	퇴비
	슬러지
사료	직접적인 사료 보강제
	단세포단백질

석탄 비축량은 수백 년 동안 사용이 가능할 것으로 보이지만 석유와 가스는 그렇지 못하여, 현재의 소비추세로 미루어 볼 때, 알려진 석유와 가스의 세계 매장량은 금세기 말에는 거의 고갈될 것으로 예상된다. 이러한 문제는 광합성(photosynthesis)에 의하여 생성되는 생체물질을 에너지와 산업의 원료로 사용하여 해결해야 한다. 현재 사람들이 소비하는 에너지보다 10배 이상의 에너지가 매년 광합성에 의해 생성되고 있다. 오늘날 값싼 화석연료대체물, 생체물질의 이질성, 제한된 지역에서의 생산 등으로 인하여, 연료와 에너지 공급원으로서 생체물질의 대량이용이 제한되고 있다.

생체물질을 에너지원으로 직접 사용하는 나라는 남미, 중국, 인도, 아프리카와 같은 개발도상국들로서, 과거부터 사용해 왔다. 선진국에서는 농업과 임업에서 생산된 생체물질을 주로 산업생산에 활용하거나 식량으로 사용해왔다 (표 2.3).

현재 생체물질은 산업적으로나 상업적으로 중요한 생산품을 제조하기 위해 사용하고 있으며 (표 2.3), 생명공학적 방법으로 생산되는 제품들은 다음 장에서 설명 할 것이다.

[2.2] 천연 원료

대부분의 천연 원료(natural raw material)는 농업과 임업에서 유래한다. 이 원료는 다양한 화학적 복합체의 탄수화물로서, 당, 전분, 셀룰로스, 헤미셀룰로스, 리그닌(lignin) 등을 포함한다. 원료에서 얻어지는 다양한 부산물과 생명공학공정에서 이용되는 사항들은 표 2.4에 나타나 있다.

사탕무우, 사탕수수, 그리고 사탕조(sugar millet)와 같은 당분을 포함하는 원료들은 생명공학공정에서 원료물질로 적절하게 이용될 수 있다. 전통적 설탕소비 분야에서 설탕을 대체하는 물질이 개발되면, 선물(先物)거래시장에서 남아도는 설탕을 소비하기 위한 새로운 방안을 모색하게 될 것이다. 만약 설탕시장이 사라지면 열대국가의 경제는 무너지게 될 것이다. 사탕수수의 당분은 이미 브라질 가소홀 프로그램(Brazilian Gasohol program)에서 기질로 사용되고 있으며, 많은 국가에서 이러한 새로운 기술의 가능성에 대하여 예의주시하고 있다.

표 2.4 생명공학의 기질로서 사용될 수 있는 부산물의 범위

농업	임업	산업
밀짚	목재 폐기물 가수분해물	당밀
당분을 찌고 남은 찌꺼기	아황산염 펄프폐액	증류 폐기물
옥수수 속	나무껍질, 톱밥, 나무가지	유청
커피, 코코아, 코코넛	종이, 셀룰로스	식품 산업으로부터 나온 산업 외피 섬유폐기물 (올리브, 야자유, 감자, 감귤, 대추야자, 카사바)
과일 껍질과 잎		세척수 (낙농, 통조림 제조, 과자 제조, 제빵, 음료수 제조, 풀칠, 맥아제조, 옥수수 침지)
차 폐기물		육류 부산물
유채 찌꺼기		도시 쓰레기
목화 폐기물		하수
밀기울 어업 방류물과		폐기물도살장 폐기물
폐기물		
펄프(토마토, 커피, 바나나, 파인애플, 감귤, 올리브)		
동물		

옥수수, 쌀과 밀, 감자와 같은 다양한 형태의 곡물류, 고구마와 카사바와 같은 다른 근채(根菜) 농작물은 전분을 함유한다. 전분은 발효 전에 소화나 가수분해를 통해서 단당류나 올리고당으로 분해되어야 하는 단점을 가지고 있다. 현재 연료생산과 같은 전분을 사용하는 생명공학공정들이 개발 중에 있다.

농업과 임업에서 얻어지는 셀룰로스는 연료와 화학물질을 생산하기위한 생명공학공정에서 중요한 원료로 사용된다는데 대하여 의심할 여지가 없다. 그러나 셀룰로스는 매우 복잡한 구조물이며, 자연에서 리그닌과 밀접하게 연관되어 합성된다. 리그노셀룰로스 복합화합물은 자연적 분해능에 대하여 매우 강한데, 이는 리그노셀룰로스를 포함하는 나무의 내구성을 통해서 입증된다.

리그노셀룰로스는 세계적으로 가장 풍부하고 재생가능한 천연자원이다. 이 풍부한 화합물을 경제적 측면에서 이용하는데 선결해야할 커다란 기술적 어려움이 있다. 현재 미생물을 이용한 이 복잡한 화합물을 분해하기 위해서 많은 에너지를 필요로 하는 전처리 공정을 거쳐야 한다. 셀룰로스는 화학적 또는 효소에 의한 가수분해를 통해서 가용성 당분으로 분해되어, 에탄올, 부탄올, 아세톤, 단세포단백질(SCP), 메탄, 기타 다양한 산물들로 발효될 수 있다. 세계적으로 많은 연구실에서 활발한 연구가 진행 중인 만큼, 이러한 어려움은 시간이 지나면 극복될 수 있을 것이다. 지구상에서 매년 약 3.3×10^{14} kg의 이산화탄소가 고정되며, 이중의 약 6%에 해당하는 매년 약 220톤의 셀룰로스가 합성되는 것으로 추산된다. 세계적으로 보면, 육상 식물은 매년 사람 한명에 대하여 24톤 정도의 셀룰로스를 할당할 수 있는 양을 생산한다. 리그노셀룰로스는 시간이 경과함에 따라 생명공학에서 가장 유용한 탄소원이 될 것이라는 사실을 확실하게 보여줄 것이다.

[2.3] 폐기물의 이용

생명공학공정에서 사용되는 기질에는 많은 농업 생산물들 (예, 당분, 전분, 기름 등)이 있지만, 농업에서 발생하는 다량의 폐기물에 대한 재사용과 이용가능성에 대한 고려가 크게 부각될 것이다. 농업과 임업 폐기물은 곡물의 짚, 옥수수 껍질, 옥수수 대, 콩 부스러기, 코코넛 껍질, 왕겨, 커피콩 껍질, 밀기울, 사탕수수 찌꺼기와 가지치기 산물, 톱밥, 나무껍질 등의 다양한 형태로 발생된다 (표 2.4). 그동안 이러한 폐기물의 일부만이 경제적 또는 군사적으로 이용되어 왔다.

생명공학의 일차 목적은 엄청난 양의 농업, 산업, 가정에서 유래하는 유기폐기물을 처리하고 이용하는데 있다. 생명공학적으로 이러한 폐기물에 오염된 수질을 정화하고, 폐기물을 유용한 자원으로 전환시켜 재활용하게 될 것이다.

이러한 공정은 생물계(biosystem)만으로 운용되지는 않는다. 최근 역삼투와 한외여과법 공정의 도입이 점차 늘어나고 있다. 역삼투(reverse osmosis)는 물을 다공성의 막으로 통과시켜 농축시키는 방법으로 염은 용해되지 않는다. 한외여과법(ultrafiltration)은 액체와 저분자 화합물은 통과시키고 고분자 화합물과 현탁고형물(suspended solid)을 분리시켜 액체에서 고분자와 저분자 화합물을 분리하는 방법이다. 현재 이러한 기술들은 희석된 공장 폐수의 농축, 소금물의 정제, 희석 방류수로부터 식용 고형물의 분리에 이용되고 있다.

폐기물은 종종 경제성과 환경적 이유 때문에 중요하다. 예를 들어, 식품산업에서 발생하는 폐기물은 경제적 가치가 낮기 때문에 종종 배수구로 투기되어 심각한 환경문제를 일으킨다. 그러나 이 폐기물은 원료로서 탄수화물을 다량 포함하기 때문에 그 폐기물의 저렴한 취급 비용과 적당히 맞아떨어진다면 경제적 공정이 가능할 수 있다. 더욱이 폐수처리 통제 법안이 보다 엄격해지고 폐수투기 증가로 인하여 폐기물에 대한 '음성적 비용(negative cost)'을 지불해야 하는 것이 세계적인 추세이다. 폐기물의 조성과 저농도 때문에 폐기물 발생지로부터 가공을 위한 산업시설로 수송하는 일은 생각하기 어려운 일이다. 이러한 경우에 생명공학은 오염으로부터의 위험을 줄이는데 도움이 될 것이다.

각 폐기물은 다양한 생명공학공정에 적합하게 이용여부가 평가되어야 한다. 폐기물은 다량으로 장기간 공급이 가능한 경우에만 적당한 이용방법이 고려될 수 있다 (표 2.5).

발효공정에서 알려진 대표적인 폐기물은 당밀(molasses)과 유청(whey)이다. 당밀은 설탕 산업으로부터 발생하는 폐기물이며, 약 50%의 당분을 포함한다. 당밀은 항생물질, 유기산, 제빵에서 사용되는 효모 생산 등의 발효를 위해 널리 사용되는 원료물질이며, 동물 사료로서도 사용된다. 치즈 생산공정에서 얻어지는 유청도 중요한 발효원료물질로서 사용된다.

짚과 당분을 짜고 남은 찌끼기인 바가스(bagasse)와 같은 구조적으로 더욱 복잡한 폐기물은 널리 이용하게 될 것이며, 리그노셀룰로스를 분해하는 공정의 개선으로 널리 사용하게 될 것이다 (표 2.6). 목재 폐기물은 펄프 생산과정에서 생기는 아황산폐액(sulphite waste liquor)과 같은 액상 폐기물 뿐만 아니라, 저등급의 목재, 나무껍질, 톱밥 등을 포함하며, 이에 대한 생명공학 공정은 이미 유럽과 과거 공산주의 국가에서 찾아볼 수 있다.

총 폐기물 가운데 가장 커다란 부분을 차지하는 폐기물은 동물 사육과정 (분변, 소변)에서 생기며, 그 다음으로 생성되는 폐기물로는 농업 폐기물, 식품산업으로부터 유래하는 폐기물, 가정폐기물 순이다. 전통 농업에서 동물로부터 파생되는 폐기물은 처리하는데 문제가 없으며, 중국에서 오래전부터 폐기물을 처리하는 방법으로 사용되어온 퇴비화(composting) 방법은 좋은 예이나. 그러나 집약적인 동물사육을 하는 곳에서는 심각한 오염문제가 발생하기도 한다.

표 2.5 적절한 유기성 폐기물의 사용을 위한 생명공학 전략

1. 사람에 의한 음식 폐기물의 질적 향상
2. 가금류, 돼지, 물고기, 또는 한 개의 위를 가진 동물에게 음식폐기물을 직접 주거나 가공 후에 주는 것
3. 셀룰로스의 양이 많거나, 독성이 있거나, 다른 이유 때문에 한 개의 위를 가진 동물에게 적당하지 않다면, 음식물을 소나 다른 반추동물에게 음식폐기물을 먹이로 주는 것
4. 고비용의 전처리 없이 사료로서 적당치 않을 경우는 생물가스 (메탄)와 다른 발효 산물의 생산에 이용
5. 연료, 건축 재료, 화학적 추출 등과 같은 직접 사용을 위한 그 밖의 선택된 목적들

표 2.6 발효를 위해 적당한 기질로 사용되기 전에 요구되는 전처리

기질	전처리
당으로 된 재료	
사탕수수, 사탕무, 당밀, 과일 주스, 유청	최소한의 희석과 살균이 요구됨
전분 재료	
곡류, 쌀, 야채, 가공 액상폐기물	산이나 효소에 의한 가수분해의 일부 측정 전분이 아닌 조성의 초기 분리가 요구됨.
리그노셀룰로스 물질들	
옥수수대, 귀리 껍데기, 짚, 사탕수수 찌꺼기, 목재 폐기물, 아황산 폐액, 제지 폐기물	통상 다양한 화학적 또는 효소적 가수분해 이전에 입자 크기의 감소를 포함한 복잡한 전처리가 요구됨. 에너지 집약적이며 고비용.

표 2.7 폐기물의 이용을 위한 기술적인 고려사항

생물학적 가용성	저 (셀룰로스) 중 (전분, 유당) 고 (당밀, 제지 당)
농축	고형 (제분 잔류물, 음식 찌꺼기) 농축됨 (당밀) 약함 (유당, 제지 당) 매우 희석됨 (처리와 식물 세척액)
특질	청결함 (당밀, 유당) 중간 (밀짚) 더러움 (음식 찌꺼기, 가축 사육장 폐기물)
위치	수거됨 (대량 설비, 소공간) 특정지역에 수거 (올리브, 야자 기름, 대추야자, 천연고무, 과일, 야채) 분산됨 (밀짚, 임업)
계절적 가용성	긴 기간 (야자유, 유당) 매우 짧은 기간 (야채 통조림 폐기물)
대체 사용	일부 (밀짚) 없음 (음식 쓰레기) 음성 (비용이 많이 드는 유해 방출물)
지역 기술잠재력	높음 (미국) 중간 (브라질) 낮음 (말레이시아)

미래 생명공학공정에서는 자연에서 재생산되거나 현재 환경오염원으로 고려되는 값싼 폐기물에서 얻어지는 유기물질을 널리 사용하게 될 것이다. 표 2.7은 폐기물을 활용하는데 있어서 고려해야할 기술적인 측면을 요약해 놓은 것이다. 일부 공정에서는 화석연료의 특별한 물질로서 동물폐기물을 더욱 경제적으로 이용하게 될 것이다.

1960년대 화학 및 석유화학으로부터 유래하는 원료들은 세계적 공급과잉에 있었으며 대체 용도를 적극적으로 찾았다. 이 시간에도 전세계적으로 단백질 부족은 관심의 대상이 되고 있었다. 이 과잉공급원료를 생산하는 에너지 회사는 세균 단백질인 단세포단백질(single cell protein, SCP)을 생산하기 위해서 발효기질로서 석유화학원료를 사용하는 개념을 생각해 내었다. n-파라핀, 메탄올, 에탄올 등도 중요한 상업적 관심대상이 되어왔으며, 많은 국가에서 대량으로 이용할 수 있다. 대량 발효프로그램이 선진국에서 시작되어 운용되고 있지만 1970년대의 유류가격의 변화와 전세계적인 단백질 부족으로 인하여 완전한 상업화는 되지 않았다.

[2.4] 원료와 생명공학의 미래

미래에 생명공학이 대규모로 발전해 나가기 위해서는 원료의 충분한 공급과 적당한 가격을 분리하여 생각할 수 없다는 것은 분명한 사실이다. 20세기 초반과 중반에 걸쳐 값싼 원유를 이용하여 원유관련 산업은 획기적으로 발전하였으며, 이전에 미생물 발효를 통해서 얻어졌던 많은 생산품들은 보다 값싸고 효율적인 화학적 방법으로 대체되었다. 그러나 1970년대 원유가격의 상승으로 이들 공정에 대한 심도 있는 재평가가 있었으며, 원유가격이 주요 식품가격과 비슷해지면서 (그림 2.2), 에탄올과 관련 생산품을 발효공정을 통해 생산하는데 관심이 다시 생겨났다. 그러나 1986년에 원유가격이 진정되면서, 다시 그 가격차이가 벌어짐에 따라 산업 입안자들의 사고방식은 2가지 공정에 대한 망설임으로 남게 되었다. 그러나 다시 한번 유류가격이 급등하여 또다시 떨어질지는 분명하지 않다. 유류는 명백하게 제한된 지속성을 가진다.

생명공학공정에서 원료 선택에서 가장 중요한 사항은 가격, 이용가능성, 원료의 조성과 형태, 탄소원의 산화상태 등이다. 표 2.8은 1984년 중반에 생명공학에서 관심의 대상이 되었던 원료의 가격내역을 보여준다. 현재 가장 널리 사용되며 상업적 가치가 높은 것으로 평가되는 원료는 옥수수, 전분, 메탄올, 당밀, 원당 등이다.

곡물류, 특히 옥수수, 쌀, 밀 등이 생명공학공정에서 중요한 중기 및 단기 원료가 된다는데 대하여 의심할 여지가 없다. 이 곡물들이 사람과 동물의 식량으로서 이용에 별문제 없이 공급될 수 있을 것으로 믿고 있다. 세계적으로 식량생산과 분배는 불균형 상태에 있다. 곡물이 과잉 생산되는 곳은 주로 대규모 생명공학 산업이 활발한 곳이다. 곡물생산이 적은 지역은 현재는 이르지만, 장차 크게 낙관할 정도의 농업생명공학의 발전을 통해 확실한 이익을 보장받을 것이다.

생명공학에서 폐기물 이용에 대한 많은 방안들이 제시되어 왔으나, 여기에서 여러 가지 고려해야할 사항들이 있다. 예를 들어, 농업폐기물을 이용하기 위해서는 계절적, 지리적인 고려가 있어야 한다. 농업폐기물은 실제 가치가 없으며, 독성물질을 포함할 수도 있다. 그러나 자연 상태로 이들 폐기물을 방치하면 심각한 오염을 일으킬 수 있으며, 이 폐기물들을 생명공학적으로 처리하게 되면 경제적인 이익을 주지는 못하지만, 전체 공동체에 커다란 가치를 부여하게 된다.

장기적 측면에서 생명공학에 사용되는 연료나 원료는 셀룰로스와 리그노셀룰로스를 이용하고자 노력하고 있으나, 여전히 기술적인 어려움이 있다. 이들 분자는 화학적으로 매우 복잡하고, 이용 가능한 1차분자로 분해시키는 것이 상당히 어렵다는 것이 밝혀져 있다.

생명공학은 생산원가 감소, 제품의 질과 일관성, 새로운 제품생산으로 농업과 임업 분야에서 충분한 경쟁력을 나타낼 것이다.

표 2.8 생명공학적 처리를 위한 이용 가능한 재료의 가격

기질	1984년 중반 미국 가격 (톤당 달러)	탄소 내용물 (기질 몰 당 C 몰 당 g)	탄소 내용물(%) 포도당 대비	포도당대비 정확한 가격 (톤당 달러)[a]
옥수수 전분	70–100[b]	0.44	100	64–91
포도당	290[c]	0.4	100	290
설탕-정제되지 않은	140[d]	0.42	105	133
설탕-정제된	660[e]	0.42	105	140
당밀	79	0.2[f]	50	140
아세트산	550	0.4	100	550
에탄올	560	0.52	130	430
메탄	n.a.	0.75	188	–
옥수수 기름 (천연)	330	0.8	200	165
야자유	600	0.8	200	300
n-알칸 (n-헥사데칸)	n.a.	0.87	218	–

n.a. 이용자료 없음
[a] 얻어질 수 있는 동등한 전환 효율을 가정함
[b] 습식의 제분 작동에서 대략적인 예상 가격
[c] 건조 중량에 기초를 둔 포도당 시럽
[d] 일일 현물 가격
[e] 정부 관세표에 의한 고정 미국 가격
[f] 발효가능한 당 무게의 48%가 존재하는 당밀에 기초함
출처: Hacking (1986)

목재는 연료와 건축 자재로 이용되며, 제지산업에서는 펄프로 이용된다. 무분별한 산림벌채(deforestation)로 인하여 세계적으로 목재공급이 크게 줄어들고 있다. 산림벌채는 사막화(desertification)와 토양침식(soil erosion)을 일으킬 수 있다. 선택적 육종 프로그램으로 거대번식(macropropagation)과 미세번식(micropropagation)의 새로운 방법과 유전자조작 프로그램을 통하여 튜칼립투스 나무와 아카시아와 같은 '선발된(elite) 수종' 을 개량하여 빠르게 성장하는 활엽수를 생산하고 있다. 빠르게 성장하는 나무들은 전기 생산에 이용하기도 하는데, 이 방법으로 화석연료를 사용하는 것보다 이산화탄소 총량 방출이 감소하여 '온실효과(greenhouse effect)'를 줄일 수 있다.

설탕, 전분, 오일, 지방 같은 농산물이 식품으로 사용되지 않는 경우도 증가하고 있다. 생명공학은 개량식물을 이용, 생합성 경로의 변화, 분자의 화학 변화, 효소공학을 통한 공정개선 등을 통해서 전체 생산량을 증대시키는데 크게 도움을 줄 것이다. 또한 생명공학은 질병에 대한 내성과 질적 조성 향상, 황무지에서도 농산물생산이 가능하여 경제발전에 커다란 기여를 하게 될 것이다. 새로운 산업을 통하여 필요한 식량을 충분히 공급함으로서 빈곤을 줄일 수 있다.

면화(cotton)는 개발도상국에서 중요한 농작물로서, 세계적으로 합성섬유 보다 많이 생산된다. 면화재배에서 농약(agrochemicals)으로 사용되는 살충제가 전세계 살충제 사용량의 약 10%가 된다는 사실을 아는 사람들은 그리 많지 않다. 새로운 분자적 기법을 이용하여 질병내성을 갖는 면화를 개발하는 일은 경제적으로 뿐만 아니라 환경적으로도 중요하다. 면화를 재배하는 국가는 생산량 증대로 상당한 경제적 이익을 얻게 될 것이다.

생명공학에서 생체물질이 원료로서 얼마나 성공적으로 이용될 수 있을까? 경제협력개발기구(Organization for Economic Co-operation and Development, OECD) 보고서 (1992)는 천연(생체물질)과 합성 (화석 생체물질)으로부터 유래하는 산물의 경쟁력을 다음과 같은 사항을 비교하여 결정하였다:

(1) 기본적 원료의 상대적 가격
(2) 원재료의 질, 다양성, 공급과 안전
(3) 농업생산물과 화학물질의 전환에 소요되는 상대 비용
(4) 합성물질과 비교하여 '천연'이라는 것과 생분해성 생산품에 대한 요구증대에 따른 시장에서 형성되는 프리미엄 등이다.

3

유전학과 생명공학

[3.1] 서론

본질적으로 생명체의 모든 특성은 그 유전자의 총합에 의존한다. 유전자에는 크게 구조 유전자와 조절 유전자 2가지가 있다. 구조유전자는 단백질의 아미노산 서열을 암호화하는데 효소로서 작용하여 특정한 합성 또는 분해(catabolic) 반응을 촉매하여 생명체의 생화학적 능력을 결정하거나 아니면 세포구조의 성분으로서의 역할을 한다. 반면에 조절유전자는 세포 내외의 신호에 반응하여 유전자 발현을 조절함으로서 구조유전자의 산물인 단백질의 생산 속도를 결정한다. 이러한 원칙에서 파생된 유형들이 잘 알려진 유전학 기술에 의해서 얻어졌는데 이는 여기서 다루지는 않겠다.

1950년대 초 Watson과 Crick 및 다른 과학자들의 선도적 연구는 DNA의 분자구조를 설명하는 이중나선모델을 이끌어내어 유전자 복제를 이해하기 위한 가설을 만들어 내었다. 그 이후로 DNA 분자의 암호화된 화학적 정보를 세포와 생명체로 표현하는데 필요한 복잡한 상호작용에 대한 눈부신 발견이 이루어졌다. 생명체의 유전적 본체를 이루는 DNA 분자의 변화는 생명체가 진화하여 새로운 환경에 적응하는 방식이다. DNA의 정확한 역할은 유전정보를 저장하는 것이다. 자연에서 생명체의 DNA의 변화는 두 가지 방식으로 일어날 수 있다:

(1) 하나 또는 그 이상의 DNA 분자가 화학적으로 결실 또는 추가되는 돌연변이(mutation)에 의해서 일어난다.

(2) 보통 유성생식(sexual reproduction)에 의해서, 세균에서는 수평 전이(horizontal transfer)에 의한 생명체간의 유전적 정보 또는 DNA의 교환에 의해서 일어난다. 진핵생물에서는 접합의 과정을 통해 유성생식이 되는데 수컷이 공여체(donor) 암컷이 수용체(recipient) 역할을 한다. 이것은 자주 형태적으로가 아니라 생리학적으로 결정된다. 세균의 접합은 주는 세포에서 받는 세포로 DNA의 전달에 의해 일어난다. 도입되는 DNA는 (보통 플라스미드 DNA) 항

상 단일 가닥의 형태이며 받는 세포에서 상보적 가닥이 합성된다. 형질도입은 세균 바이러스 (박테리오파아지 또는 파아지)가 매개하는 DNA의 도입이며 도입된 DNA를 받는 세포는 '형질도입체(transductant)'라고 부른다. 형질전환은 분리된 DNA나 생명체의 환경에 존재하는 DNA가 세포에 흡수되는데 이때 DNA를 받는 세포를 '형질전환체(transformant)'라고 한다. 세균에서 이러한 방식에 의한 유전자 전달은 *Campylobacter*, *Neisseria*, *Streptomyces* 같은 다양한 세균 속의 자연적 특성이다. 자연적으로 형질전환이 되지 않는 세균들은 화학적 처리나 전기천공법(electroporation)을 통해서 분리된 DNA를 흡수하도록 유도할 수 있다.

최근까지는 전통적 유전학이 형질유전을 연구하고 다룰 수 있는 유일한 방법이었다. 그러나 최근의 새로운 기술로 인해 생명체의 유전적 구성에 전례없는 변화가 허용되었으며 실험실에서 서로 다른 생명체 사이의 DNA의 교환이 가능해졌다.

생명체의 유전물질의 조작은 현재 3가지, 즉 개체적(organismal), 세포적(cellular), 그리고 분자적(molecular)으로 정의되는 방법으로 가능하다.

개체적 조작

시간의 역사 이래로 완전한 개체의 유전자 조작은 유성생식에 의해 자연적으로 발생하여 왔다. 거의 모든 생명체의 진화적 발달은 그 생명체의 게놈과 환경간의 활발한 상호작용에 의해 일어난다. 농업에 있어서 유성생식의 활성적 조절은 수 십 년 수 백 년 동안 경험되어 왔다. 더욱 최근에는 효모와 같은 몇몇 산업 미생물로 이용되어 왔으며 선택, 돌연변이, 유성교배, 이종교배 등을 포함한다. 그러나 그것은 매우 무작위적인 과정이며 원하는 결과를 얻는 데에 긴 시간이 걸릴 수 있다. 농업에서 매우 향상된 식물과 동물로 인한 이익은 막대하며, 생명공학산업에서는 항생제나 효소 등의 생산성이 크게 향상되어 왔다.

세포적 조작

DNA의 세포적 조작은 20년 넘게 사용되어 왔으며 이는 세포융합 또는 세포배양과 이 세포들을 통한 완전한 식물체의 재발생 과정을 포함한다. 이것은 개체조작에 비해서 반-무작위적이거나(semi-random) 유도된 과정이며 그 변화는 더 쉽게 식별될 수 있다. 이 방법의 성공적인 생명공학적 사례는 단일항체클론 (추후 참조)과 많은 중요한 식물체의 클로닝이다.

분자적 조작

DNA와 RNA의 분자 조작은 20여 년 전에 처음 시작하였으며 생물학의 역사상 처음으로 유전적 변화를 직접적으로 할 수 있게 하는 유전자 조작의 새로운 시대를 예고하였다. 이것이 바로 유전공학(genetic engineering) 또는 재조합 DNA 기술(recombinant DNA technology)의 분야이며 현재 생명공학에 극적인 변화를 가져오고 있다. 이러한 기술에 있어서 실험자는 만들어지는 유전적 변화에 대하여 훨씬 많이 알 수 있다. 현재, 매우 정확하게 DNA 분자의 일부를 삽입 또는 삭제하여 그 산물을 쉽게 식별하는 것이 가능하다. 현재의 산업 벤처들은 새로운 형태의 생명체 생산이나 의약품에서 일상용품까지 수많은 종류의 화합물 생산에 집중하고 있다.

[3.2] 산업 유전학

생명공학은 지금까지 2가지 구성요소의 상호작용으로 간주되어 왔는데 하나는 특정 공정을 위한 최상의 생물촉매의 선택이고 다른 하나는 촉매의 최적 운영을 위한 최상의 환경을 조성하고 운용하는 것이다.

가장 효과적이고 안정하며 편리한 생물촉매는 완전한 생물개체이다; 생명공학에서 포유류세포 배양이나 식물세포 배양의 사용빈도가 증가하고는 있지만 대부분의 경우 그것은 세균이나 효모 또는 사상균과 같은 미생물이다.

현재의 생명공학공정에 사용되는 대부분의 미생물은 본래 자연환경으로부터 분리되었고 그 후에 산업유전학자들에 의해 특정 생산성을 위해 우수한 개체로 변형되어 왔다. 양조산업, 항생제와 같은 생물에 기초한 모든 산업에서의 품종 선택 및 개발 프로그램의 성공은 기술자와 유전학자 사이의 밀접한 협조에 달려있다. 미래에는 이러한 관계가 새로운 생명체에 요구되는 생리학적 생화학적 특성들을 체계화하는 데에 더욱 더 필요하여 생명공학에 가장 넓은 범위의 생물학적 활성을 부여하게 될 것이다.

생명공학공정에 있어서의 목표는 1차적으로 하나의 생명체에 요구되는 특성, 예를 들면, 특정 효소 생산 또는 부산물 생산 등을 최적화하는 것이다. 생산성 향상을 위해서 유전적 변형이 널리 이용되어 왔다. 1차 대사산물이나 효소와 같은 거대분자의 생산을 향상시키는 일은 항생제와 같은 복잡한 산물의 생산을 향상시키는 것보다 간단하다. 이 분야의 발전은 더 나은 개체를 얻기 위해 검색과 선별 기술을 이용하여 이루어졌다. 선별 시스템에서는 희귀하거나 새로운 종들은 자라지만 나머지는 자라지 않는다; 스크리닝 시스템에서는 모든 종들이 자라지만 관련 산업에 요구되는 우수한 특성을 보이는 종이나 배양균이 선별된다.

대부분의 산업유전학에서 개체의 게놈을 변화시키는 원리는 X-선과 화학물질을 이용한 돌연변이에 의한 것이었으나 그러한 방법들은 보통 원치 않는 형질의 손실을 유발하거나 조절기능의 상실에 의한 생산의 증가를 가져오며 새로운 기능이나 특성은 거의 나타나지 않는다. 따라서 원하는 형질을 갖는 개체는 자연환경에서 선택되어 증식되고 돌연변이 프로그램을 거쳐 최상의 자손이 선택되도록 스크리닝된다.

불행하게도 산업적 중요성을 획득한 많은 미생물들은 명확하게 규정된 생식주기를 갖지 않는다. 특히 항생제 생산 미생물의 경우에 그러한데 이는 생산성을 증가시키기 위해 게놈을 변화시키는 유일한 방법이 광범위한 돌연변이를 거쳐 스크리닝과 선별을 통해 새로운 변종을 탐색하는 것임을 의미한다.

일단 고 생산성 균주를 확보하면 그 종을 유지 보존하기 위해 특별한 관심이 요구된다. 종종 원하지 않는 자연발생적 돌연변이가 높은 빈도로 발생하여 그 종의 산업적 가치를 퇴화시킬 수 있다. 균주 혹은 배양체의 불안정성은 미생물과 동물 세포의 산업적 이용에 있어서 계속되는 문제다. 종의 생존능력과 보존된 생물자원의 생산 잠재력은 산업적으로 항상 강조되어 왔다. 산업적으로 중요한 대부분의 미생물은 액화질소에서 동결건조에 의해 또는 오일상(under oil)에서 장기간 보존되어 원하는 생물학적 특성이 계속 유지될 수 있다.

그러나 정교한 보존 및 증식 방법에도 불구하고 미생물종이 대량생산 생물반응기에서 생장할 때 자연발생적 돌연변이와 선택에 의한 유전적 변화의 확률이 매우 높다. 자연발생적 돌연변이 확률은 아마도 사용되는 산업미생물 종에 수년간 돌연변이 유발성 화학물질을 처리했을 때보다도 높다. 산업미생물의 사용에는 엄청난 비밀이 숨겨져 있으며 외부 기관에 부주의로 유출되지 않기 위해서 지대한 관심이 요구된다.

초기 발효산업의 극단적 경험주의에서 벗어나려는 움직임이 현재 일어나고 있다. 미생물 유전학에 대한 근본적 연구는 산업적 문제점들의 실험적 해결을 위한 지식의 근간을 제공해주고 산업적 미생물종 선별에 있어서의 발전에 계속적으로 이바지하고 있다.

최근 산업유전학은 점차 DNA 조작의 2가지 새로운 방법인 원형질체와 세포 융합, 및 DNA 재조합 기술에 의존하고 있다. 이들은 생명공학 산업과 관련하여 유전학자들의 기술적 레퍼토리를 더해주는 중요한 방법들이다. 현대 생명공학에 점차 없어서는 안 되는 이러한 기술들의 관련성을 간략하게 고찰하고자 한다.

[3.3] 원형질체와 세포 융합 기술

식물과 대부분의 미생물 세포는 세포나 개체에 특징적인 형태를 부여하는 특징적인 세포벽이나 외골격을 갖고 있다. 세포벽 바로 안쪽에 원형질막이 존재하여 핵, 미토콘드리아, 액포와 같은 모든 세포 구성성분들을 유지하게 한다. 여러 해 전부터 현재에는 특별한 기술 (특히, 가수분해 효소)을 이용하여 세포벽을 제거하고 막으로 둘러 싸여진 둥근 구조물인 원형질체를 분리하는 것이 가능하게 되었다. 이러한 원형질체(protoplast)는 매우 부서지기 쉬우나 다양한 시간 동안 분리된 상태로 유지될 수 있다. 분리된 원형질체는 스스로 증식할 수 없고 생식능력을 회복하기 위해서는 먼저 세포벽이 재생되어야 한다.

실제로 서로 상이한 개체들의 유성 접합을 방해하는 것은 바로 세포벽이다. 완전하게 생식이 가능한 변종에서만 세포벽이 퇴화되어 원형질 교환이 가능하다. 따라서 미생물에서 자연적인 유성생식의 장애는 부분적으로 세포벽 제한 때문이며 세포벽을 제거함으로써 세포융합의 가능성은 증가한다.

원형질체는 많은 식물 종, 세균, 효모, 사상성 진균으로부터 일상적으로 얻을 수 있다. 다른 변종들의 원형질체는 때때로 융합하여 자연적인 유성생식의 장벽을 극복할 수 있다. 그러나 원형질체 융합의 범위는 관련 변종들 간의 DNA 호환성에 의해 매우 제한된다. 원형질체 융합은 폴리에틸렌 글리콜(polyethylene glycol)의 화학적 처리에 의해 강화될 수 있는데 최적 조건하에서는 매우 높은 빈도의 재조합 형성이 유도되고 이는 부모(parental) 원형질체의 자외선 조사에 의해서 더욱 증가될 수 있다. 원형질체 융합은 인간 또는 동물 세포 형태에서도 일어날 수 있다.

원형질체 융합은 다른 변종 또는 종들로부터의 생산-증가 돌연변이를 결합시킴으로써 항생제 생산의 향상에 경험적으로 적용될 수 있다. 원형질체는 또한 재조합 DNA의 도입을 촉진하는 유전공학의 중요한 부분이다. 융합은 다른 변종의 거대생물 및 미생물간의 전체 유전자 군의 재분류 방법을 제공한다.

가장 흥미롭고 상업적인 가치가 있는 생명공학 분야중의 하나는 단일클론항체 생성을 유도하는 포유류 세포 융합의 한 형태이다. 척주동물 몸속의 β-임파구는 동물체계 내에서 외부 분자 (항원)를 불활성화 시킬 수 있는 항체를 분비하는 능력이 있는 것으로 알려져 왔다. 항체는 Y-모양의 분자구조를 갖는데 이 구조의 한쪽 부분은 침입하는 항원에 결합하는데 사용되고 다른 한쪽은 항원/항체 복합체를 제거하기 위해 신체의 반응을 일으키는데 사용된다. 하나의 포유류 종은 100만 개의 다른 항체를 생산할 수 있어 대부분의 침입하는 외부 항원이 항체에 결합될 수 있다. 항체는 선별된 항원에 대해 높은 결합 친화력과 특이성을 갖는다. 포유류 체계에서 항체는 질병 유발 생물체나 다른 독성 분자에 대한 주요한 방어이다.

인공배지에서 항체 생산 세포를 배양하려는 시도는 세포가 죽거나 항체생산을 중단하여 일반적으로 성공적이지 못하였다. 현재 개별적 β-임파구 세포들은 단일 형태의 항체를 생산하는 것으로 알려져 있다. 그러나 1975년에 Georges Kohler와 Cesar Milstein은 β-임파구 (항체생산세포)와 골수종양세포의 융합 산물 (잡종세포)로부터 순수한 또는 단일클론항체의 생산을 성공적으로 증명하였다. 1984년 그들에게 뛰어난 과학적 업적으로 노벨상이 수여되었다. 그들의 과학적 발견의 상업적 중요성은 1990년대 말 치료용 항체만으로도 가치가 60억 달러에 달했으며 지속적으로 증가되는 것으로 판단할 수 있다.

단일클론항체 기술은 항체분비세포를 (제한된 세포 수명 하에서) 연속생장 (불멸화)이 가능한 세포로 전환시켜 특정한 항체분비 능력을 유지시켜준다. 이러한 불멸화 과정은 β-임파구 세포가 '불멸의' 암 또는 골수종양세포에 1 대 1의 비율로 융합되어, 배양상태에서 연속생장과 항체생산이 가능한 혼성 또는 잡종세포(hybridoma)를 형성하는 융합 기술에 의해 이루어진다. 그리고 난 후에 단일 혼성세포가 선별되어 잡종세포의 클론 또는 순수배양으로 자랄 수 있다. 그러한 세포는 계속해서 항체를 생산하고, 그 항체는 하나의 특이성을 갖게 되는데 이는 전통적 방법의 면역 후에 동물의 혈액에 일어나는 항체 혼합물과는 다르다.

단일클론항체 형성은 쥐나 토끼에 항원을 주사하고 췌장을 제거한 후에 개개의 췌장세포를 개개의 골수종양세포에 융합시켜 이루어진다. 대략 췌장세포의 1%가 항체분비세포가 되며 최종 잡종세포의 10%가 항체분비세포를 형성한다 (그림. 3.1). 클로닝 또는 세포를 원하는 항체의 대량생산이 가능한 대량의 개체군으로 증식하여 정확한 항체분비 잡종세포를 탐색하는 기술이 이용 가능하다. 이러한 세포는 동결화되어 나중에 재사용된다.

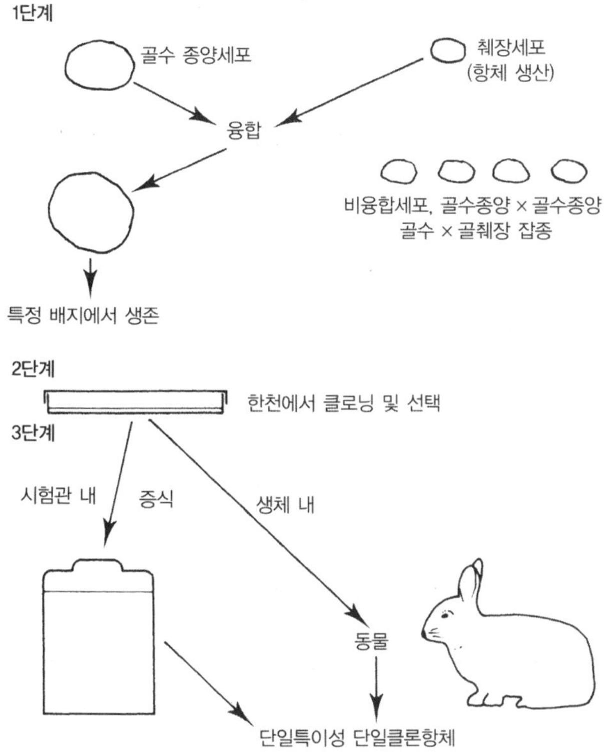

그림 3.1 융합기술에 의한 항체생산 혼성세포의 형성. **1단계:** 골수종양세포와 항체생산세포 (면역화된 동물이나 사람에서 얻는다)를 융합을 촉진시키는 polyethylene glycol이 들어있는 특정 배지에 배양한다. **2단계:** 골수종양 췌장 혼성세포가 선별되어 폐쇄된 한천배지에서 배양된다. **3단계:** 특정 항체를 생산하는 혼성세포가 선별되어 배양기나 (시험관내) 동물에서 (생체내) 증식되고 단일클론항체가 얻어진다.

단일클론항체는 고도의 특이성을 요구하는 많은 진단기술에 현재 널리 응용되고 있다. 특이적인 단일항체는 복잡한 혼합물 내에서도 항원을 직접적으로 결정하기 위해서 이용될 수 있다. 적절하게 표준화되고 통제되는 탐지체계를 이용하여 정량화될 수 있는 표지를 갖는 항체를 선택적으로 식별함으로서 어떤 체계 내의 선택된 항원을 정량화 할 수 있다. 그림 3.2는 단순한 양면효소면역측정법(two-site enzyme-linked immunosorbent assay, ELISA)의 기작을 설명하는 것이다. 첫째 항원이 표면에 고정되어 검사 용액의 항원과 결합하는데 이용된다. 다음에는 항원의 두 번째 자리에 특이적이며 효소로 표지된 항체가 첨가되고 잉여의 표지된 항체는 씻겨 나간다. 효소에 특이적인 기질이 더해지고 이 기질의 전환이 특정한 시간 간격을 통하여 측정되어진다. 일반적으로 분광광도계로 측정할 수 있는 색을 갖는 산물이 만들어진다. 특이적 단일클론항체는 보건분야, 농업, 식품제조업에 진단용 목적으로 시험용 키트에 결합되어 왔다. 단일클론항체는 미래에 세포독성 약품을 암세포로 운반하는 항체치료에도 사용될 수 있다. 발효산업에서는 값비싼 산물에 결합하여 정제하는 친화성 리간드로 이미 널리 이용되고 있다.

첫 단일클론항체의 개발 이래 그 방법론은 순수하게 과학적인 도구에서부터 가장 빠르게 성장하는 생명공학의 한 분야로 발전하여 진단산업에 혁명을 가져오고 다양화시켰다. 단일클론항체의 시장은 빠른 속도로 계속 성장할 것으로 예상되며, 건강관리 분야에서만 예상되는 연간 세계 시장은 향후 10년간 수 십억 달러에 이를 것이다. 단일클론항체는 가장 상업적으로 성공적이며 유용한 현대 생명공학의 한 분야임에 틀림없다.

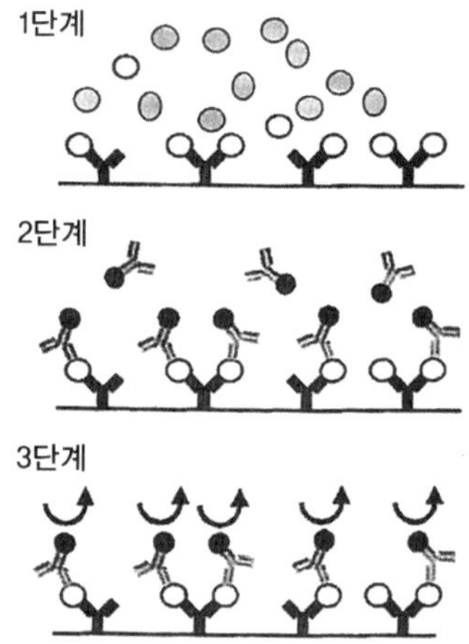

그림 3.2 간단한 양면 ELISA 과정. 첫 단계로 표면에 고정화된 항체가 용액 내의 항원을 포집한다. 초과된, 즉 결합하지 못한 항체를 씻어낸다. 두 번째 단계로 항원의 다른 부분에 특이적인, 효소로 표지된 2차 항체를 넣어준다. 다시 항원에 결합하지 못한 초과된 항체를 씻어낸다. 마지막으로 기질을 넣어주고 주어진 시간 동안 효소에 의해서 전환된 양을 결정한다. 일반적으로 색을 갖는 산물의 형성에 따른 색의 변화가 분광광도계를 통하여 분석된다(출처: Clark, 2006 참고).

[3.4] 유전공학

유전자는 모든 생명체의 근원적 기초이자 모든 살아있는 생명체의 특징을 결정하며 한정된 DNA 단편으로 되어있다. 모든 생명체의 DNA 구조와 구성은 본질적으로 동일하며 유전자를 분리, 변형, 재생하는 기술은 사회의 거의 모든 면에 영향을 준다.

유전자 재조합은 보통의 유성생식에서 일어나듯이 염색체의 DNA 분자의 절단 및 재결합으로 이루어지며 생명체의 유전물질의 재정비를 위해 매우 중요하다. 유전자 조작은 동물과 식물의 선택적 교배를 통해 자연적 변이에 추가적으로 수 백 년간 행해져 왔다. 따라서 유전적 변이의 가능성은 가까운 분류학적 관련 종에 국한된다.

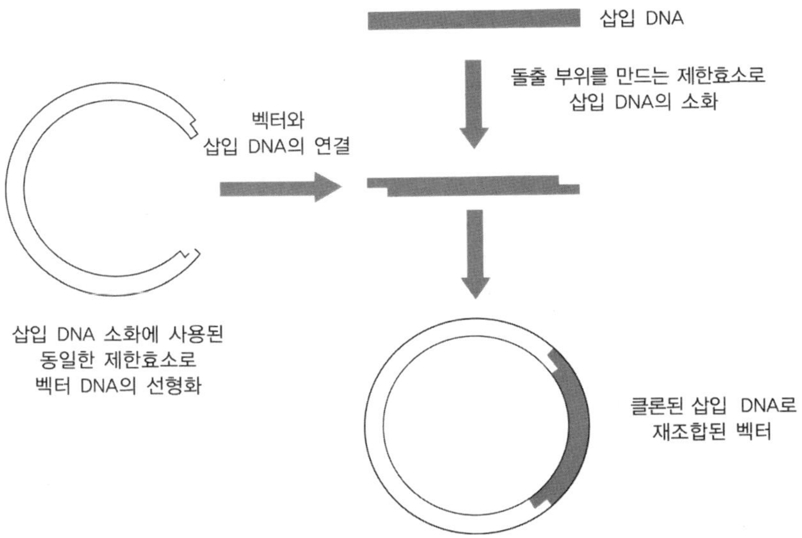

그림 3.3 벡터와 삽입되는 DNA를 이용하여 유전공학의 기본적인 개념을 설명하는 체계도 (출처: Harwood와 Wipat, 2006).

반면에 유전자 클로닝(gene cloning) 또는 유전공학(genetic engineering)으로 명명되는 DNA 재조합기술은 자연상태에서 존재하지 않는 새로운 유전자 조합을 창조할 수 있는 잠재적으로 무제한의 기회를 제공한다.

유전공학은 세포 밖에서 생성된 핵산 분자를 바이러스, 세균 플라스미드 또는 다른 벡터에 끼워 넣어 자연적으로 일어나지는 않으나 계속적인 증식이 가능한 숙주 생물에 도입하도록 하여 유전물질의 새로운 조합을 만드는 것으로 정의되어 왔다. 본질적으로 유전자 기술은 DNA 재조합기술에 의해 한 개체의 유전 형질을 변형하는 것이다. 유전자는 생물학적 소프트웨어라 볼 수 있으며 생명체의 생장, 발생, 기능을 추진하는 프로그램이라 할 수 있다. 정확하고 조절된 방식으로 소프트웨어를 변화시킴으로써 생명체에서 원하는 특성을 변화시킬 수 있게 된다.

이러한 기술은 다양한 기원의 DNA 분자의 연결을 가능하게 하고 유전적 형질전환 기술 등과 결합되어 외부 DNA를 다른 개체에 도입할 수 있도록 하여준다. 숙주의 전체 게놈이 조작된 유전자 외에는 변하지 않도록 외부 DNA 또는 유전자가 숙주 생물의 게놈에 도입된다.

식물, 동물 또는 미생물 (제공자)로부터 DNA를 분리하여 하나 또는 그 이상의 유전자 군의 절편으로 만들 수 있다. 그 절편들은 다른 절편의 DNA [벡터(vector)]와 결합된 후 숙주세포에 전해져서 새로운 숙주 혹은 수용자의 유전물질의 일부가 된다 (그림 3.3). 그러면 숙주세포는 증식하여 전통적인 방법인 선택적 교배나 돌연변이에 의해 얻을 수 없는 새로운 유전형질과 화학적 능력을 갖게 된다. 전통적인 동식물의 유전적 교배기술도 유전암호를 바꿀 수 있지만 그것은 덜 직접적이고 통제된 방식으로 가능하다. 유전공학은 교배자가 원하는 형질의 특정 유전자를 선별하여 그 유전자만 변형할 수 있게 해 준다.

지금까지는 많은 일들이 세균에서 이루어 졌지만 기술이 놀랄만한 속도로 발전하여 효모와 동식물과 같은 다른 생명체에서도 DNA를 도입하는 방법들이 개발되고 있다. 이러한 방식으로 도입된 유전물질이 복제되어 새로운 형태의 세포에서 발현될 수 있다면 유전공학으로 생산할 수 있는 새로운 형질을 가진 생명체의 범위는 사실상 무한하다. '외부' DNA를 가진 생명체를 유전적 변형(transgenic)이라 부르는데 이는 제10장에서 더 자세히 다룰 것이다.

이러한 방법은 생명체의 능력에 완전히 새로운 기능을 첨가할 수 있게 하며 산업 미생물과 농업 동식물의 유전공학의 전망을 밝게 해 준다. 이것은 의심의 여지없이 현대 생명과학 및 생명공학에 있어서 가장 의미있는 새로운 기술이다. 산업 미생물학에서 지금까지 이룰 수 없었던 많은 종류의 인간 및 동물 단백질과 인슐린(insulin)과 키모신(chymosin; rennet) 같은 효소를 미생물에서 생산할 수 있을 것이다. 의학에서는 더 나은 백신과 호르몬을 생산하고 향상된 질병치료가 가능하며 농업에서는 생산성, 생산물의 질, 질병 저항성 등이 향상된 식물과 동물이 가능하게 되고, 품질, 맛, 향, 안전성이 향상된 식품생산이 가능할 뿐 아니라 환경적 측면에서도 오염제어와 같은 넓은 범위의 혜택이 기대된다. 유전공학은 그 자체가 최종산물이라기 보다는 생산과정의 한 수단이라는 것을 주지해야 한다. 유전공학은 전통적인 제품개발방식을 대체하는 것이 아니라, 그것에 부가적인 것이라 할 수 있다. 그러나 유전공학을 정상적 진화과정을 넘어서서 일상적 생물과정을 파괴하는 것으로 간주하는 사람들도 많다. 이러한 내용은 제14장에서 다루어질 것이다.

유전공학은 생명공학의 거의 모든 측면의 범위와 잠재력을 확장할 수 있는 가능성을 지니고 있다. 미생물공학에서 이러한 기술은 배양을 안정화시키고 원치 않는 부산물을 제거함으로써 현재의 미생물 공정을 향상시키는데 널리 사용될 것이다. 10년 내에 DNA 재조합 기술은 새롭고 특이한 대사적 특성을 가진 미생물 종을 개발하는데 기초가 될 것으로 예견된다. 이러한 기술적 발전에 기초한 발효에 의해 생산된 화학제품은 모든 종류의 화합물 생산에 쓰이는 석유화학제품에 대해 경쟁력을 가질 수 있다. 예로 생물연료의 증가된 생산성뿐만 아니라 플라스틱 산업에 쓰이는 에틸렌 글리콜(ethylene glycol)을 들 수 있다. 식품산업에서 향상된 세균과 진균 종들은 현재 제빵 및 치즈 제조와 같은 전통적 공정에 영향을 주고 있으며 맛과 질감을 일정하게 잘 조절하게 해 준다.

DNA 재조합 기술의 작용 개념을 완전히 이해하려면 분자생물학에 대한 충분한 지식이 필요하다. 여기서 간략하게 설명이 될 것 이지만 독자들은 이 분야의 훌륭한 교과서들을 참고하기를 바란다.

시험관 (in vitro)에서 외부 DNA가 숙주세포에 도입되어 발현되는 기초적 분자 기술 [유전자 도입기술(gene transfer technology)]은 DNA를 분리하여 자르고 재결합시켜 숙주세포에 안정적으로 유지될 수 있는 벡터 분자에 집어넣는 과정을 포함하는데 1970년대에 처음으로 개발되었다. 이러한 기술은 다음과 같이 정의될 수 있다.

핵산의 분리 및 정제. 시험관 유전자 기술에서 먼저 요구되는 것은 비교적 순수한 핵을 대량으로 준비하는 것이다. 세포를 파쇄한 후에 원심분리, 전기영동, 흡착 및 다양한 형태의 침전 같은 여러 기술들을 이용하여 핵산을 다른 세포 내용물들과 분리시켜야 한다 (그림 3.4).

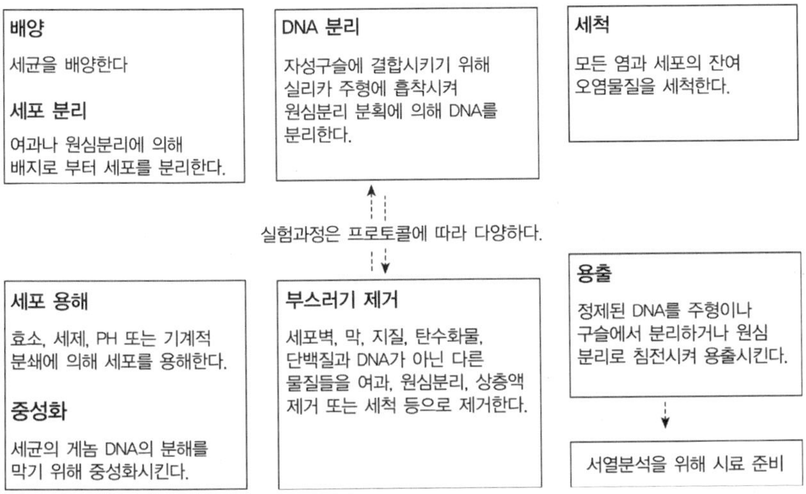

그림 3.4 세균세포로부터 DNA 정제에 필요한 전형적인 시료준비단계의 도표. (출처: Wells와 Herron, 2002)

DNA 절단. DNA는 기계적인 혹은 효소에 의한 방법으로 절단될 수 있다. 비특이적인 기계적 절단은 유전체 라이브러리를 제작하는데 자주 이용되는 무작위적인 DNA 절편들을 생산할 것이다. 이런 거친 방법으로는 밝혀진 유전자나 오페론을 포함하는 특정한 절편을 분리할 수 없다. 반면에 특정한 제한 효소 (restriction endonuclease)를 이용하면 이중 나선 DNA 내의 특정한 목표 염기 서열을 인지하고 절단할 수 있다. DNA 제한효소는 DNA 2가닥의 인산디에스테르(phosphodiester) 골격에 작용하여 3'OH와 5'PO_4 말단을 생성할 수 있다 (그림 3.5). 광범위하게 다양한 세균 종들로부터 많은 수의 다른 제한효소가 분리되어 분류가 되었다. 제한효소는 최초로 분리된 종을 따라서 명명이 되는데, 예를 들면, *Haemophilus influenzae*에서 분리된 효소들은 *Hind*로 명명되고 동일한 종으로부터 여러 효소들이 분리되면 *HindI*, *HindII* 등으로 불린다. 제한효소는 뉴클레오티드의 특정한 서열을 인식해서 자신의 세포로부터 온 DNA와 외부 DNA를 구별할 수 있다. 사용되는 효소에 따라서 긴 DNA를 잘라서 많은 유전자를 포함하는 짧은 절편으로 만들 수 있는 방법이 가능하다. 그러한 DNA 절편들은 다른 분자 무게에 의해 서로 분리될 수 있다.

DNA 연결 (splicing). 무딘(blunt) 말단 혹은 겹쳐지는 점착성(cohesive) 말단을 갖는 DNA 절편은 실험관에서 특정한 DNA ligase의 작용에 의해서 다시 연결될 수 있다. 가장 많이 이용되는 DNA ligase는 파아지 T4에서 암호화된 것이다. 이런 효소들은 1가닥의 3'OH 말단 그룹과 여기에 상보성을 갖는 말단을 제공하는 다른 가닥의 5'PO_4 말단 사이의 인산디에스테르 결합의 형성을 보장한다. DNA의 제공자들은 매우 다를 수 있지만 DNA를 다른 세포에 삽입함으로써 그 DNA를 생물학적으로 복제할 기회를 가질 수 있다.

DNA가 삽입되는 혼성 분자를 그리스 신화의 키메라 사자 머리와 염소의 몸, 뱀 꼬리를 가진 생물체를 유추하여 'DNA 키메라(DNA chimeras)'라고 부른다.

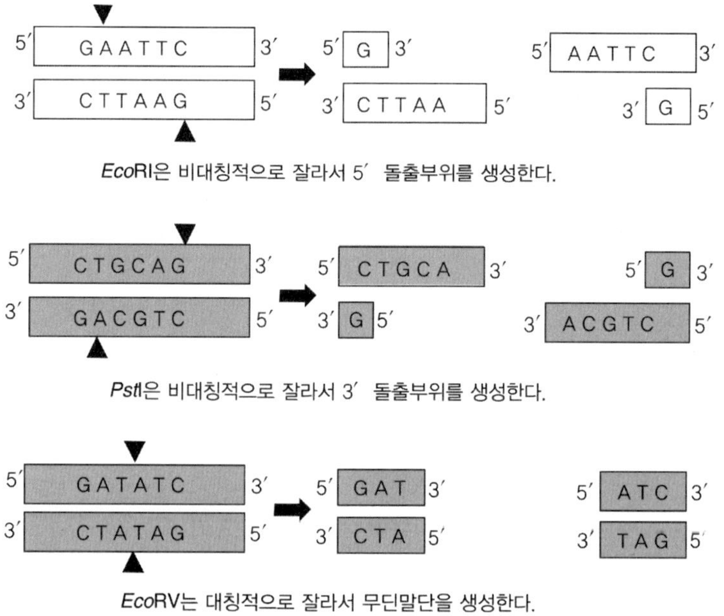

그림 3.5 DNA 분자의 특정한 목표 부위를 절단하여 3' 혹은 5' 돌출 (중복)이나 무딘(blunt) 말단을 만드는 제한효소 (출처: Harwood와 Wipat, 2006).

벡터 또는 운반체. 유전자 도입을 위한 운송 수단으로서 개발된 두 종류의 발현 벡터는 플라스미드 (plasmid) (염색체와 구별되는 작은 DNA 단위)와 박테리오파아지(bacteriophage)이다. 벡터 분자는 보통 세포안에 독립적으로 또는 염색체외적으로 존재하여 생명체의 염색체의 부분이 되지 않는다. 벡터 분자는 숙주세포에 들어가서 그 안에서 복제될 수 있어야 한다. 이상적인 벡터는 작고 조제가 용이하며 외부 DNA가 끼어들었을 때 필수적인 기능이 파괴되지 않는 부위를 적어도 하나는 가지고 있어야 한다. 플라스미드는 생명공학에서 가장 큰 잠재력을 제공하는데 세균, 효모, 사상균 등의 점점 더 많은 종류의 생명체에서 발견되며 대부분은 그람 음성세균에서 주로 연구되었다. 발현 벡터는 친화성 크로마토그래피에 의한 단백질의 분리를 쉽게 하기 위하여 친화성 표지 (affinity tag)을 첨부할 수 있도록 되어있다. 친화성 표지는 나중에 제거된다.

벡터 재조합 DNA의 도입. 새로운 재조합 DNA는 형질전환 (세포가 환경으로부터 직접 DNA를 받는 것)이나 형질도입 (한 개체에서 다른 개체로 DNA가 벡터 등의 운반수단에 의해 전달되는 것)에 의해 숙주세포로 도입될 수 있으며 경우에 따라 클로닝되어 숙주세포 안에서 증식될 수 있다.

DNA를 세포에 집어넣는 새로운 방법은 전기천공법(electroporation)과 기계적 입자 방출(mechanical particle delivery) 또는 유전자총(biolistics)이다. 전기천공법은 전기적 펄스를 가해 세포막에 일시적인 구멍이 만들어지는 과정이다. 그렇게 되면 DNA, RNA, 항체, 약품 등과 같은 외부 분자가 세포질 안으로 들어갈 수 있게 된다. 이러한 기술의 개발은 생물물리학, 생체공학, 세포 및 분자 생물학의 상호 협동작용으로 이루어 졌다. 이 기술은 현재 미생물과 동식물의 형질전환에 널리 사용되며 치료학 및 유전자치료에도 점차 적용이 증가되고 있다. 기계적 입자 방출 또는 '유전자' 방법은 미세한 입자위의 DNA를 표적 조직이나 세포로 운반한다. 이 과정은 세균, 진균, 식물 그리고 동물 종에 새로운 유전자를 도입하는데 점차 사용이 증가되고 있으며 벼, 옥수수, 밀, 면, 대두와 같은 식물 종의 유전공학을 위한 주요 방법이 되었다.

유전공학과 관련된 방법들은 표 3.1과 그림 3.6에 정리되어 있다.

표 3.1 유전공학과 관련된 방법

DNA 절편의 형성	추출한 DNA를 특정 효소 (많은 세균에 존재하는 제한효소)로 작은 서열로 자른다.
DNA를 벡터에 연결	작은 서열의 DNA는 DNA ligase 효소에 의해 벡터 DNA 분자에 연결되어 인공 DNA 분자를 만든다.
벡터를 숙주세포에 도입	벡터는 바이러스나 플라스미드이며, 스스로 복제가 가능하고 염색체 외에 존재한다. 보통 형질도입이나 형질전환에 의해 전달될 수 있다.
새롭게 얻어진 DNA를 선별	재조합 클론의 선별 및 최종적 특성조사

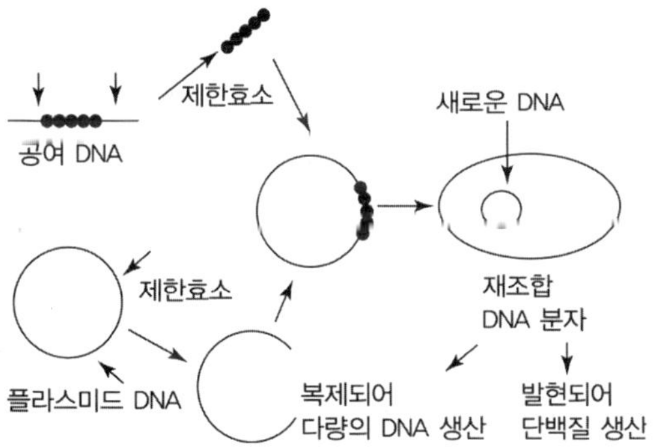

그림 3.6 재조합 DNA: 한 종의 유전자를 다른 종의 유전자와 재조합하는 기술.

관계가 없는 개체간의 유전정보의 교환과 증식에 대한 이론이 더욱 발전되고 있지만 몇몇 응용 분야에서는 아직 어려움이 있다. 그러한 유전적 교환이 일상적으로 수행되고 숙주세포가 대량으로 증식되려면 더욱 많은 연구가 필요하다.

유전공학의 초기 연구는 주로 세균인 *Escherichia coli*로 수행되었으나 다른 세균, 효모, 사상성 진균들이 점차 많이 사용되고 있다. 포유류 체계는 유인원 바이러스 (SV40)와 종양유전자(oncogene;

암 유발 유전자)를 이용하여 점차 발전되어 왔으며, 특히 *Agrobacterium* 시스템과 같이 식물세포를 위한 몇몇 성공적인 방법들이 있다. 따라서 지난 40년 간 분자생물학은 세포기능을 조절하는 기초적 메커니즘과 유전적 시스템의 통일성을 체계적으로 나타내어 왔다. 유전공학은 모든 생명체가 어느 정도 같은 분자들로 이루어짐을 증명하면서 생명 세계의 통일성을 확인하여 준다. 따라서 지구상의 생명의 다양성은 유전자의 발현을 조절하는 조절 시스템의 작은 변화에서 유래한다.

[3.5] 중합효소 연쇄반응과 DNA 서열 분석

최근의 2가지 분자생물학적 기술, 즉 중합효소 연쇄반응(polymerase chain reaction, PCR)과 자동화된 DNA 서열 분석기법의 개발은 DNA 데이터를 유용하는데 있어서 큰 변화를 가져왔다. PCR은 기본적으로 DNA 절편의 양 옆 서열을 알고 있을 때 길이가 약 0.2에서 40 kbp의 DNA 절편을 선택적으로 증폭하는 기술로서 건초 더미에서 바늘을 찾아 특정한 증폭에 의해 바늘 더미를 생산하는 기술로 설명된다. PCR의 발명자인 Kary Mullis는 1993년 노벨 화학상을 공동수상하였다.

PCR 과정은 완전한 DNA 분자를 만드는 2가닥의 길이를 따라서 '염기쌍'의 서열에 의존한다. DNA에는 아데닌 (A), 티민 (T), 구아닌 (G), 시토신 (C)의 4 염기에 따른 4가지 뉴클레오티드가 있다. DNA 분자를 구성하는 가닥 또는 중합체는 염기쌍 사이의 수소결합에 의해 서로 붙어있다. 아데닌은 오직 티민과 구아닌은 시토신과 결합하여 이러한 독특한 배열 체계가 전체 분자를 잘 알려진 이중 나선 구조로 접히도록 해 준다.

PCR은 3가지 과정의 단계로 이루어진다: 열변성(denaturation), 결합(annealing), 그리고 DNA 중합효소에 의한 확장(extension) (그림 3.7a, b). 1단계에서는 이중가닥의 DNA가 가열되어(95~98℃) 2개의 상보적인 단일가닥으로 분리된다. 2단계에서는 (60℃) 합성 올리고뉴클레오티드 프라이머 (화학적으로 합성된 짧은 뉴클레오티드 사슬) - 짧은 뉴클레오티드 서열 (보통 약 20 염기쌍 길이)이 첨가되고 DNA 단일가닥의 상보적인 위치에 결합한다. 3단계에서는 (37℃) 4 종류의 디옥시뉴클레오티드가 있을 때 프라이머가 DNA 중합효소에 의해 확장되어 주형 가닥에 상보적인 새로운 DNA가 합성된다. 세 단계의 완성이 한 주기를 이루며 실제 PCR은 25~30 주기로 되어 이러한 실험적 합성에 의해 DNA를 대량으로 증폭하여 나중에 분석적 목적으로 사용할 수 있다. 최근의 주요한 발전 중 하나는 자동화된 PCR 기계(thermal cycler; PCR machine)인데 이것은 전체 PCR이 수 시간 동안 자동적으로 작동할 수 있게 해 준다.

PCR은 1987년 처음 특허를 취득하였으며 1998년에 American Cetus Corporation에 의해 상업화되었다. 그러나 1991년 Hoffman La Roche와 Perkin Elmer가 PCR에 대한 운영 권리를 3억 달러에 사들였다. PCR의 적용범위는 거의 매일 증가하고 있으며 분자생물학/유전공학; 감염성 기생 질병의 진단; 인간 유전 질병의 진단; 법의학적 입증; 동식물 교배; 환경 모니터링 등을 포함한다. PCR은 잘 알려진 과정인 유전자 또는 DNA 지문법에 널리 쓰여 왔으며 그것의 오류에 대한 가능성이 현재 법정에서 제기되고 있다 (그림 3.7).

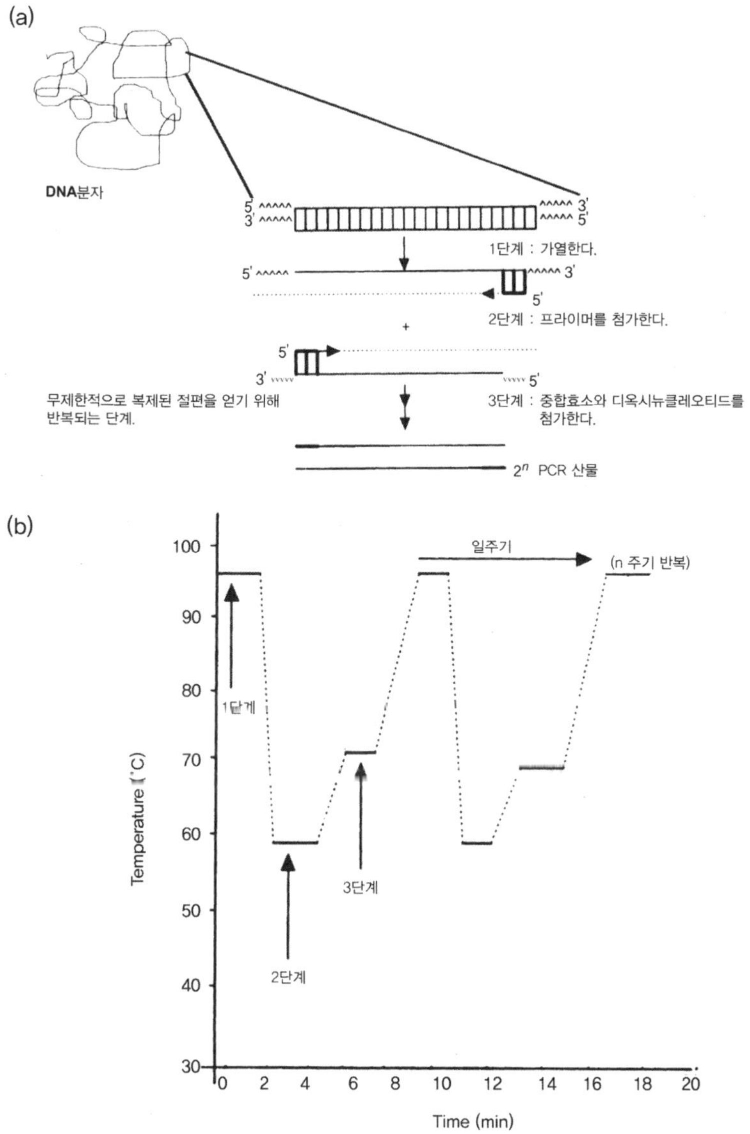

그림 3.7 (a) 중합효소 연쇄반응. 이중가닥 DNA가 가열되어 2개의 단일가닥으로 분리된다. 합성 올리고뉴클레오티드 프라이머가 상보적 서열에 결합하고 화살표 방향으로 신장되어 주형의 본래 짝과 동일한 새로운 DNA 가닥이 생긴다; (b) PCR 온도순환 도식. (Graham, 1994 참조).

PCR은 고고학에서 상당히 독특한 방식으로 사용되고 있는데 Michael Crichton의 영화 쥬라기 공원에서와 같이 고대 동물 유적으로부터 맘모스와 공룡을 부활시킬 수 있을 지는 의문이다.

모든 생명체의 게놈(genome)은 C, G, A, T의 4개의 뉴클레오티드의 수백만 번의 반복으로 되어있다. 인간에게는 30억 개의 뉴클레오티드가 있다. 뉴클레오티드 서열분석(DNA sequencing)은 게놈 DNA를 동정, 분석하고 직접적으로 조작하는데 매우 유용한 기술이다. 분리 및 동정 방법은 원래 젤 전기영동(gel electrophoresis)과 자기방사법(autoradiography)에 의존하였으나 최근 들어 서열분석기술의 발달로 그 공정이 자동화되고 매우 가속화되었다. 형광염료로 표지된 기질이 사용되어 레이저-유도 형광 검출 시스템을 사용할 수 있게 되었다. 많은 경우에 자동서열분석기는 하룻밤에 1000개의 염기서열을 읽을 수 있다. 현재 GenBank와 같은 데이터베이스가 대중에게 통용되고 있어 서열을 동정, 정렬, 비교하는 온라인 서비스를 제공하고 있다. 개별 염색체는 수 천 개의 서열을 포함하고 있으며 그 일부는 유전자로 조성되어 있고 다른 부분은 단지 유전자 사이의 영역 (spacer region)이다.

[3.6] 핵산 탐침자

핵산 탐침자(nucleic acid probe)는 목표 DNA 분자를 탐지하기 위해서 디자인되었다. 핵산 혼성화는 단선의 탐침자 핵산 (DNA 혹은 RNA)이 비상보성의 핵산 분자들 집단 내에서 상보성을 갖는 단선의 목표 서열에 결합 (혼성화)하는 것에 기인한다. 검사할 시료는 처리되어서 세포가 용해되고, 이중 나선 DNA가 방출된 후에 단선 형태로 변형되고, 여기에 특정한 탐침자가 첨가되어야만 한다. 탐침자의 목적은 쉽게 탐지되도록 하는 것이다; 이것은 ^{32}P나 ^{35}S같은 방사성 뉴클레오티드나 형광물질을 도입을 통해서 가능해진다 (그림 3.8). 이런 기술은 생물 동정, 클로닝된 DNA, 질병의 진단 같은 생명공학에서 광범위하게 이용되고 있다.

탐침자에 기반을 둔 기술 체계는 사용자가 쉽게 탐침자를 조작하도록 하기 위해서 검사지(dipstick) 같은 무기화합물에 탐침자를 고정하고 혼성화되지 않은 탐침자는 씻어내도록 함으로서 가능해진다. 이를 고체상 혼성화(solid-phase hybridization)라고 한다.

DNA 칩(DNA chip) 혹은 마이크로-어레이(microarray)는 본질적으로는 기존 핵산 혼성화 검사를 소형화한 형태이다. 마이크로-어레이는 세포 전체나 일부 집단 혹은 유전자들을 나타내는 단일 가닥 DNA의 유리 슬라이드 혹은 망사형의 소형화한 고체 지지대이다. 이 체계의 큰 장점은 적은 양의 시료만 필요하다는 것이다.

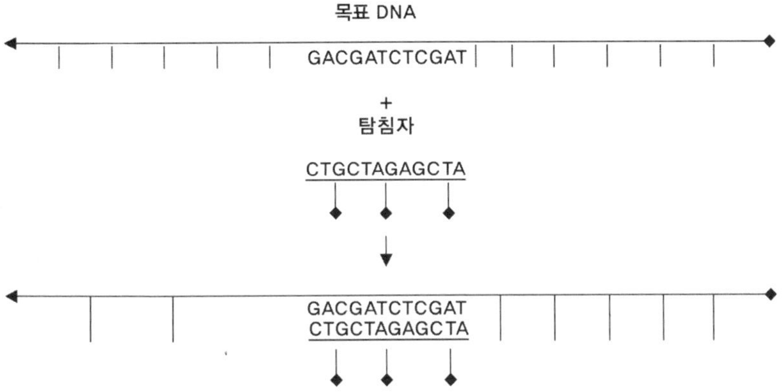

그림 3.8 DNA 시료와 DNA 탐침자의 혼성화.

[3.7] 유전체학과 단백질체학

염색체는 유전 정보의 중요한 저장소이며, 유전자 발현의 장소이고, 유전물질의 운반자이다. 게놈(genome)이라는 용어는 유전 정보 혹은 한 생명체 DNA의 총합을 나타내는 축어적 의미로서 이용된다. 유전체학(genomics)은 지난 20여 년간 강렬하고도 극적인 발전을 목격하고 있으며 세계의 많은 연구계로부터 온 학계와 산업계의 과학자들에 의해서 주목받는 혁명적인 과학의 분야가 되었다. 전형적인 게놈 프로젝트는 주어진 한 생명체의 완전한 DNA 구조를 결정하고 모든 유전자들을 동정하고 지도를 그리는 것이다. 1995년 독립적인 생명체인 *Haemophilus influenzae* 세균의 DNA 서열 또는 완전한 게놈을 결정하는 것이 이전의 기술을 이용하여 가능하게 되었다. 그 이후 수많은 원핵생물과 효모 *Saccharomyces cerevisiae*, 초파리 *Drosophilar melanogaster*, 그리고 식물인 *Arabidopsis thaliana*의 서열이 결정되었다. 그러나 분자유전학의 주요 사건은 2001년 인간게놈서열의 규명이었다. 인간 게놈 프로젝트에는 거의 30억 달러가 사용되었다. 과학적 이익은 계산할 수 없지만 게놈의 가능성을 실질적인 이익으로 전환하기 위해서는, 개인화된 의약품을 언급하지 않더라도, 핵심적인 변이들을 찾기 위한 새로운 서열 분석에 막대한 투자가 필요할 것이다.

이러한 발견에 대해 윤리적 상업적으로 암시되는 바가 있지만 이것은 단지 세포, 조직, 전체 개체 내의 실제의 기능적 활성에 대한 이해의 시작이다. 지난 10 년간의 게놈 연구를 통해 세포조직의 다른 측면에 대해서는 충분히 강조되지 못하였고, 세포기능의 건강과 질병상태에 대한 수수께끼가 유전자들에 대한 지식만으로 이해될 수 있다는 잘못된 과학적 믿음이 팽배하였다.

수십 년에 걸친 생화학적 연구에 의해 세포의 활성은 수많은 특이적인 분자들이 관련되는 수많은 신호 조절 및 대사 경로에 의해 이루어짐이 알려졌다. 개별적인 분자 메커니즘과 경로에 대한 이해와 그것들이 어떻게 정돈된 항상성(homeostatic) 시스템으로 통합되는 것과는 아직도 큰 차이가 있다.

주요한 분자생물학적 관심은 이제 프로테옴(proteome, 단백질체) -한 개체의 세포와 조직 내에서 만들어지는 단백질의 집합체- 연구로 급격하게 전환되고 있다. 단백질체학(proteomics)은 게놈에 의해서 암호화되는 모든 단백질의 구조, 위치, 인간 내에서의 임상적 프로파일, 빈도, 상호작용 및 변형을 기술하는 것을 목표로 한다. 게놈이 세포 단백질을 만드는데 필요한 조리법을 제공하는 것이라면 세포의 벽돌과 회반죽으로서 세포의 기능을 수행하는 것이 프로테옴이다. 프로테옴은 게놈보다 훨씬 더 복잡하다. DNA 알파벳은 4개의 염기로 되어있는데 반해 단백질은 약 20개의 아미노산으로 만들어진다. 유전자는 전사를 통해 단백질의 서열을 결정하는데 그 단백질이 무엇을 하는지 다른 단백질과 어떻게 상호작용하는지는 확실하지 않다. 선형인 유전자와는 달리 단백질은 예측하기가 어려운 3차원 구조로 접힌다. 프로테옴은 매우 역동적이며 외부 또는 내부 환경의 작은 변화에도 프로테옴 기능이 변화한다. 단백질체학(proteomics, 프로테오믹스)에 대한 이해를 통해 세포의 대사에 대해 전체적으로 더 잘 이해할 수 있다.

단백질체학에 대한 주요한 생화학적 접근은 단백질을 지도화하고 정량하는 2차원 전기영동법(two dimensional gel electrophoresis, 2D-PAGE)과 단백질의 아미노산 서열과 번역 후 분자 변형을 확인하는 질량분석기(mass spectrometry, MS)에 기초한 서열분석 기술을 결합시킴으로써 이루어진다. 단백질체학은 단백질 동정을 위해 게놈 데이터베이스를 이용하며 그 결과는 데이터베이스 내의 어떤 유전자가 특정조건에서 중요한지를 말해준다. 유전체학과 단백질체학의 두 분야는 강한 상승적 관계가 있다. 복잡한 단백질의 구성을 파악하고 비교할 수 있는 단백질체학의 잠재력은 현재 주어진 시간에 인간의 체액에 존재하는 단백질의 분자적 지문을 정확하고 자세하게 표현해 준다. 인간과 병원체에 대한 프로테옴 자료들은 건강한 경우와 질병의 상태에 대해서 모든 세포적 측면에서의 이해에 커다란 진보를 제공해 주고 있으며, 질병의 진단과 적절한 약품의 개발에 중요한 영향을 미치고 있다. 이러한 분자 의학은 이번 세기 생명공학에 있어서 가장 두드러진 발전 가운데 하나라 할 수 있다.

DNA를 클로닝하거나 유전자를 조작하여 한 개체 내에서 성공적으로 발현시키는 능력은 현대 생명과학과 생명공학에서 매우 중요한 핵심 기술이다. 새로운 유전자 군을 창조하고 대량으로 발현시킬 수 있는 생명공학의 관점에서 유전공학을 활용하고 수용하는 것은 인류 복지를 위한 훌륭한 기회를 제공할 것이다.

[3.8] 안티센스 및 RNA 간섭

안티센스

안티센스 기술(antisense technology)에 의해서 유전자들을 무력화 시킬 수 있다는 것은 오래전부터 알려져 왔다. 안티센스 유전자는 유전자의 뉴클레오티드 서열을 역으로 만드는 것으로 조립할 수 있다. 안티센스 유전자의 전사는 센스 RNA 서열과 상보적인 RNA 분자를 생산한다. 이 센스와 안티센스 RNA 가닥들은 역평행임으로 이중 가닥의 RNA 분자를 형성하여 센스 RNA의 번역을

표 3.2 시스템 생물학에서 생화학 네트
생화학 네트워크
대사 네트워크
조절 네트워크
신호 네트워크
네트워크의 수학적 표현
네트워크의 수용능력

감소시키는 결과를 가져온다. 안티센스 기술은 유전자변형 식물인 FavrSavr 토마토에서 숙성을 조절하는데 이용되었다. 안티센스 기술은 합성된 이중 가닥의 상보적인 올리고뉴클레오티드를 이용하여 유전자를 무력화시킬 수 있다. 이 기술은 유전자 변형 생물과 유전자 치료 연구에 광범위하게 이용되고 있다.

RNA 간섭

현대 분자생물학의 중심이 되는 특징은 RNA 분자의 전사와 변역이다. 분자들은 단순한 정보의 운반자와 단백질 합성을 위해서 아미노산 같은 물질을 부르기 위한 것으로 보였었다. 지난 10년 동안 게놈은 단백질을 합성하는 이외의 기능을 갖는 수많은 RNA를 생산한다는 것이 분명하게 되었다.

1993년에 작은 선충인 *Coenorhabditis elegans*에서 단백질을 암호화하지 않는 작은 RNA를 발현하는 유전자의 발견은 30%의 포유류 유전자들까지 조절할 수 있는 마이크로 RNA (micro RNA, miRNA)라고 하는 이전에는 알지 못했던 19~21 뉴클레오티드의 내재성 단일 가닥 분자들의 발견을 이끌어 냈다. 발견자인 Craig Mells는 2006년 노벨 생리의학상을 수상하였다. miRNA들은 RNA를 방해하며 동시에 많은 수의 정보들이 번역되는 것을 막는 것으로 나타났고, 여러 질병에서 이런 통제가 없는 것으로 나타났다. 세포 내에서 유전자 활성에 대한 번역 후 간섭이 자연적으로 발생한 형태는 현재 세계적으로 광범위하게 연구 중이며 가능성이 있는 새로운 치료법으로 알려지고 있다. 세포 자신의 유전자를 무력화시키는 장치에 대한 가능성은 임상 연구에서 miRNA를 가장 매력적인 것으로 만든다. 짧은 간섭 RNA (short interference RNA, siRNA)는 이중 가닥으로 많은 종의 세포에 존재하는데 mRNA를 절단하는 것으로 개개 유전자와 상호작용을 할 수 있다.

현재 간섭 RNA (RNAi)는 치료제로서의 가능성이 광범위하게 조사되는 동안에 기초 연구의 가장 가치있는 도구가 되었다. 어떻게 siRNA 복합체가 세포내의 목표에 도달하는가? 올리고뉴클레오티드가 세포막을 통과하고 숙수의 면역 체계에 의한 공격을 피하는 것은 매우 어렵다. 이것이 해결되지 않으면 제약사들은 RNAi를 유망한 치료제로서 인식하기 불가능할 것이다. 목표 세포까지 개발된 RNAi 약품을 전달하는 방법은 어려운 도전이며 대부분의 프로그램들이 아직까지는 전

임상 단계이다. 현재 RNAi의 특허 신청은 거의 기술적 발명에만 관련되어 있고, 복잡한 특허 신청은 현재 뉴클레오티드 삽입을 다루는 곳에 이르렀다.

RNA 전사와 번역의 조절은 분자생물학의 "성배(Holy Grail)"로 생각되었다.

[3.9] 시스템 생물학

현재 게놈 서열은 우리로 하여금 세포나 생명체를 구성하는 생물학적 요소들을 결정할 수 있도록 한다. 시스템 생물학(system biology)은 어떻게 이런 요소들이 상호작용을 하고 네트워크를 형성하며 어떻게 이런 네트워크가 전체 세포와 궁극적으로는 그 생명체의 기능을 만들어 내는지를 조사하는 새로운 분야이다. 시스템 생물학은 한 번에 하나씩 개개의 유전자와 단백질에 집중하는 것이 아니라 특정한 생물 체계 내의 모든 요소의 행동과 관계를 함께 포함하여 본다. 생물 체계는 1차적으로 정보성 유전자들, 암호화되는 생산물 및 이 유전자들의 발현을 조절하는 조절 인자들로 구성된다.

시스템 생물학은 복잡한 생물 시스템을 기능적 정보의 모든 단계가 응집된 모델로 융합하여 해석하려고 시도한다. 20세기에 분자생물학자들은 한 생명체의 유전자 하나 혹은 단백질 하나의 기능적 정보를 얻어내는 환원주의자 접근(reductionist approach)을 발전시켜 왔다. 결과적으로 시스템 생물학의 새로운 접근은 기존 분자생물학적 사고(thinking)의 패러다임이 전환되는 것을 나타낸다.

시스템 생물학에서 넓게 적용되는 접근법은 모든 생물학적 네트워크로부터 아래서부터 상향식으로 모아진 자료들과 (표 3.2) 수학적 용어들로 기술되고 수많은 변화들의 역동적인 상호작용을 허용하는 복잡한 모델들로 통합되어진 생물학적 요소들의 알려진 기능과 행동에 의한 하향식의 컴퓨터 모델링과 시뮬레이션을 통합하는 것이다.

시스템 분석은 역사적으로 생태학, 발생학 및 면역학을 포함하여 생물학의 여러 분야에서 이용되었다. 그러나 유전체학과 단백질체학에서의 혁명은 분자생물학을 시스템 생물학의 흥미로운 영역으로 변화시키는 추진력이 되었다. 인간 질병과 기타 생물 영역에서 시스템 생물학의 효과는 다음 장들에서 강조될 것이다.

[3.10] 실험실에서 유전공학의 잠재적 생물학적 위험

유전자 조작에 대한 초기 연구는 어떤 형태의 실험으로 야기될 수 있는 가능한 위험요소에 대한 관심과 토론을 일으켰다. 그리하여 재조합 DNA 분자를 만들어 미생물에 도입하는 것은 새로운 생명체가 창조되어 의도하지 않게 실험실 밖으로 방출되어 인간이나 환경에 생물학적 위험

(biohazard)이 될 것이라는 믿음이 생겨났다. 반면 부수적인 유전물질을 가진 새롭게 합성된 생명체는 자연에 존재하는 정상적인 종들과 경쟁할 수 없을 것이라는 생각도 있었다. 유전자 조작 연구에 대한 현재의 관점은 이러한 일들이 물리적 생물학적 안전장치를 통해 엄격한 안전 규약 하에서 진행될 수 있음이 실험적으로 보여짐에 따라 점차 완화되고 있다.

초기 재조합 DNA 연구에서 강조된 안전장치의 기준은 불필요하게 제한적이었는데 통상적 유전공학 활동을 규제하는 법규는 꾸준히 완화되어 왔다. 그러나 많은 형태의 연구에 있어서, 특히 병원성 미생물의 경우 그 기준은 계속 엄격해야 할 것이다. 따라서 이러한 형태의 연구와 관련된 실험실은 고도로 숙련된 사람과 음압 실험실, 고압멸균기, 안전 캐비닛 등의 엄격한 물리적 안전장치를 필요로 한다.

외부 DNA의 클로닝에 비병원성 미생물을 사용하거나 또는 환경에서의 생존이나 증식을 제한하도록 의도적으로 미생물의 유전자를 조작하여 생물학적 안전장치를 만들고 강화할 수 있다. 인간은 물론 항온 및 냉온 동물의 장내에 널리 퍼져있는 세균인 *Escherichia coli*는 가장 널리 사용되는 클로닝 숙주이다. 환경에서의 위험이 되는 이러한 클로닝 숙주의 위험 요소를 상쇄하기 위해 안전한 특성을 갖도록 유전자를 조작함으로써 특정한 *E. coli* 균주가 개발되어 왔다. 이러한 균주는 특정한 실험실 조건에서만 생장이 가능하며 실험실 밖으로 노출되었을 때 생물학적 위험이 될 가능성은 없다.

정부 통제하에 있는 보건 및 안전 집행부(Health and Safety Executive)는 영국내의 재조합 DNA 연구를 통제하고 감시한다. 이 위원회는 유전자 조작 자문단(Genetic Manipulation Advisory Group; GMAG)으로부터 자문을 구하며 GMAG는 실험과학 공동체에 일반적으로 널리 인정되는 현실적인 절차상의 지침을 공식화 한다. 재조합 DNA 연구와 관련하여 과학이 발전된 대부분의 국가에서는 유사한 자문 위원회를 두고 있다. 유전자 조작된 생명체를 고의적으로 환경에 방출하는 것은 나중에 다른 장에서 토의될 것이다.

4

생물공정과 발효공학

[4.1] 서론

생물공정(bioprocess) 혹은 발효공학(fermentation technology)은 예나 지금이나 생명공학공정(biotechnology process)에서 중요한 요소이고, 보통 미생물, 포유동물, 식물 등의 살아있는 세포, 세포 소기관, 또는 생체촉매(biocatalyst)로서의 효소 등을 포함한다. 생물공정은 배지로부터 유래된 생화학 물질의 특이적인 화학적, 물리적 변화를 일으키는 것에 목적을 두고 있다. 산업적인 관점에서 실용성을 갖기 위해서, 생물공정은 생산 방법에 있어 화학공학과 같은 산업과의 비교하여 경쟁력이 있어야 한다. 실제로 생물공성 공학은 다양한 제품을 만드는 데에 있어서 매우 실용적인 방법으로 산업적으로 많이 사용되고 있다 (예, 백신, 항생제). 생화학공학은 이러한 생화학 반응이나 전환을 행하는 데 적절한 용기와 장치의 디자인도 포함한다.

발효공학 또는 최근에 인식되기 시작하는 "생물공정 공학"은 미생물을 이용하여 치즈, 요구르트, 사우어크라우트(sauerkraut)와, 피클, 소시지, 콩 소스, 기타 동양 음식들 등의 발효, 그리고 맥주, 와인, 기타 술 등의 음료수와 같은 음식들을 만드는 데에서 유래되었다 (표 4.1). 많은 경우 제품을 생산하는데 있어 생산 공정들은 대부분 유사하다. 이러한 생물공정은 예술 혹은 전통기술로서 알려져 있는데, 현재는 최신의 과학과 기술로 여겨지고 있다. 유용한 물질의 생산과 병행하여 환경과 건강에 이롭지 못한 산물들을 제거하는데 있어서 미생물의 역할을 규명하고, 이것을 물의 정화, 방류수 처리, 고형 폐기물 처리 등의 세계적인 서비스 산업에까지 이용하고 있다.

생물공정은 특정한 세포 시스템에서 많은 효소의 복잡한 촉매반응이 관련된 반응으로, 이러한 반응들은 반응환경 내에서의 물리적, 화학적 조건에 따라 크게 좌우된다. 성공적인 생물공정은 이러한 모든 필수 요소들이 모여서 이루어지게 된다.

비록 식품과 음료 생산과 관련된 전통적 형태의 생물공정 공학이 여전히 상업적으로 중요한 생물상품을 대표하지만, 새로운 더 많은 상품들이 미생물 발효, 동물과 식물 세포의 배양을 통해 만들어지고 있다. 이러한 예에는 다음과 같은 것들이 있다.

표 4.1 산업 분야별 발효 생산물

분야	활성
화학물질	
유기물 (소재)	에탄올, 아세톤, 부탄올
	유기산 (구연산, 아이타콘산)
유기물 (정제)	효소
	향료
	중합체 (주로 다당류)
무기물	금속선별, 생물축적, 침출 (Cu, U)
의약품	항생물질
	진단 시약 (효소, 단일 항체)
	효소 저해제
	스테로이드
	백신
에너지	에탄올(gasohol)
	메탄 (바이오가스)
	생체량
식품	낙농 제품 (치즈, 요구르트, 생선, 육류 생산품)
	음료 (주류, 차, 커피)
	빵 효모
	식품 첨가물 (항산화제, 색소, 조미료, 안정제)
	새로운 식품 (간장, 템페, 미소)
	버섯 제품
	아미노산, 비타민
	녹말 제품
	포도당, 고-과당 시럽
	단백질의 기능적 변형체, 펙틴
농업	동물 사료 (SCP)
	가축 백신
	엔실리지 (사일로 보관 목초), 퇴비화 공정
	미생물 농약
	*Rhizobium*과 다른 질소 고정 세균 접종원
	균근 접종원
	식물 세포와 조직 배양 (체세포 증식, 배아 생산, 유전적 개량)

(1) 아세트산, 젖산, 글리세롤, 아세톤, 부탄올, 유기산, 아미노산, 비타민, 다당류 등 필수 1차 내사산물을 대량 생산하는 데 이용.

(2) 페니실린, 스트렙토마이신, 세팔로스포린, 지베렐린 등 2차 대사산물 (생산하는 생물의 대사에서 분명한 역할이 없는 것으로 여겨지는 대사산물)을 생산하는데 이용.

(3) 산업적으로 유용한 효소를 만드는 데에 이용, 예, 아밀라제(amylase), 펙틴가수분해효소(pectinases), 단백질가수분해효소(protease) 등의 세포외 효소나 전화효소(invertase), 아스파라기나아제(asparaginase), 제한효소 등과 같은 세포내 효소.
(4) 단일클론항체, 백신, 새로운 재조합 생산품을 만드는데 이용, 예, 치료용 단백질.

이러한 모든 생산물질들은 현재 큰 산업 시장을 주도하고 있고 현대 사회에서 필수적인 것들이다 (표 4.1).

최근에 생물공정 기술은 점차 고등 식물과 동물 세포를 이용하여 중요한 생산물질을 만드는데 사용되고 있다. 식물세포는 향, 향수, 약품 등의 2차산물(secondary metabolite)에 초점을 두고 있으며, 반면에 동물세포배양은 백신과 항체생성, 인터페론(interferon), 인터류킨(interleukin), 에리스로포이에틴(erythropoietin) 등의 단백질 재조합 물질을 만드는 데에 중점을 두고 있다.

대부분의 물질들이 다른 화학공정으로는 경제적으로 생산될 수 없기 때문에, 이러한 생물제품의 미래 시장성은 거의 보장된다. 고품실의 균일한 제품을 만들어내기 위하여 유전자공학 생물(genetically engineering organism)을 사용하고, 공정에서 새로운 공학적 기술을 이용한다면 생산성에 있어서 더욱 경제성을 가지게 될 수 있을 것이다. 순수 화학적인 방법과 비교하여 생물학적으로 유기물을 생산하는 방법의 이점은 표 4.2에 나열하였다.

생물공정 공학에서 생산물 형성 단계는 미생물의 종류, 배지, 생산물 등과 관계없이 거의 대부분 유사하다. 모든 경우 조절된 조건 내에서 세포를 대량 배양한다. 각각의 세포들은 물리적 및 기술적으로 제한된 시스템 [생물반응기(bioreactor)]안에서 정확한 배지조성과 온도, 통기 등의 환경적인 성장조절인자를 통해서 배양되고 원하는 물질을 생산하도록 되어야 한다. 생물공정은 생물적 및 공학적인 시스템 간에 연결을 통해서 최적화가 이루어진다. 미생물의 잠재력을 적절하게 이용하여 일정 품질의 특정 산물을 대량으로 생산하기 위해서는 산물을 만드는 생화학적 메커니즘에 대한 세부적인 지식을 필요로 한다.

표 4.2 화학적 방법과 비교하여 생물학적 방법에 의한 유기 화합물 생산의 장점

장점	단점
단백질과 항체와 같은 복합 분자들은 화학적 방법으로 생산될 수 없다.	외부의 원치 않는 미생물 등에 의해 쉽게 오염될 수 있다.
생물 전환이 더 높은 수율을 제공한다.	원하는 생산물이 대개 복잡한 혼합물로 존재하여 분리 과정을 필요로 한다.
생물학적 시스템은 더 낮은 온도와 중성 근체의 pH 등에서 운전된다.	다량의 물을 제공, 취급, 및 처리할 필요가 있다.
촉매 반응에서 매우 높은 특이성을 보인다.	생물공정은 대개 통상의 화학공정과 비교하여 매우 천천히 진행된다.
한 가지 이성질 화합물만의 생산이 가능하다.	

표 4.3 생명공학 산업에서 유형별 제품

유형	예
세포 질량[a]	빵 효모, 단일 세포 단백질
세포 구성물질[b]	세포 내 단백질
생합성 산물[b]	항생물질, 비타민, 아미노산 및 유기산
이화적 대사산물[a]	에탄올, 메탄, 젖산
생물전환[a]	고-과당 옥수수 시럽, 6-aminopenicillanic acid
폐기물 처리	활성 슬러지, 혐기성 소화

[a]전형적으로 공급 원료의 비용 집약적인 공정
[b]전형적으로 회수 단계의 비용 집약적인 공정

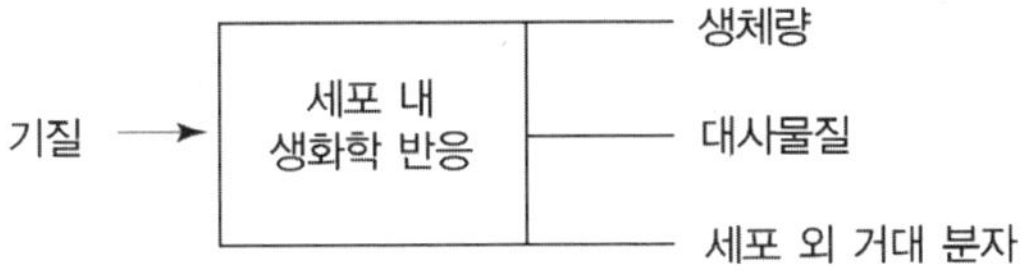

그림 4.1 생명공학 공정.

많은 형태의 생물공정은 각각의 세포 시스템 내 다양한 생화학적 반응에 의해 진행된다. 배지의 기질은 1차, 2차 산물과 세포내 및 세포외의 거대분자와 DNA, RNA 단백질, 탄수화물들의 생체 구성성분으로 전환된다 (그림 4.1).

이러한 반응들은 주변 환경 내에 존재하는 물리적, 화학적 인자들에 의해 좌우된다.

각각의 물질 생산에 맞도록 변환된 동일한 기자재를 통하여 효소, 항생제, 아미노산, 단일세포 단백질(single-cell protein)을 만드는데 사용된다. 가장 간단한 형태로서 생물공정은 단순히 미생물을 배지와 섞어주어 반응이 일어나도록 하는 것으로, 예를 들어 효모를 설탕용액과 섞어서 알코올을 만드는 공정이 있다. 좀더 발전적이고 복잡한 큰 규모의 생물공정을 위해서는 전체 공정의 정확한 조절이 필수적이며, 원료와 미생물의 접종량을 조절하여 지속적으로 일정한 생산물의 양을 효과적으로 항상 정확하게 유지할 수 있어야 한다.

모든 생명공학 공정은 필수적으로 생물반응기 내에서 행해진다. 이러한 공정에서는 다량의 세포가 관여하며 생물반응기는 생장과 산물 생성을 위한 올바른 배지와 조건이 되도록 할 수 있어야 한다. 또한 세포가 외부로 누출되는 것을 막을 수 있어야 한다. 생물반응기의 주된 기능은 제품의 생산 비용을 최소화 하는 것이다. 생물반응기에서 산업적으로 생산되는 다양한 생산물의 종류는 표 4.3에 나타나 있다.

표 4.4 생물공학 공정에 사용되는 세포의 대략적 크기

세포 종류	크기 (㎛)
세균 세포	1 × 2
효모 세포	7 × 10
포유동물 세포	40 × 40
식물 세포	100 × 100

[4.2] 미생물 생장의 원리

미생물의 생장은 부피 혹은 세포 수가 증가하는 것이며, 매우 복잡하면서도 상호 관련된 효소 촉매 생물반응의 결과로 나타난다. 미생물의 생장은 필수 영양분의 세포내 수송 및 이용가능성, 영양분의 흡수력, 온도, pH, 통기 등의 환경적인 인자들의 영향을 받는다.

생물반응기 내에서의 생물체 혹은 특정한 세포 구성요소(X)의 정량은 중량 측정방법 (건조 중량, 습윤 중량, DNA 혹은 단백질 양 등에 의한)에 의해서 결정되거나, 단세포 시스템에서 계수(세포 수에 의해)하여 측정하여 할 수 있다. 배가시간(doubling time, td)은 생물체의 무게가 2배가 되는 데 필요한 시간을 말하고, 세대시간(generation time, g)은 세포수가 2배가 되는 시간과 관계가 있다. 평균 배가시간은 세포의 크기 (표 4.4)와 복잡성이 증가함에 따라 증가한다. 예를 들면, 세균의 배가시간은 0.25~1시간이고, 효모는 1~2시간, 균류는 2~6.5시간, 식물세포는 20~70시간, 포유동물은 20~48시간이다.

생물반응기에서 미생물 생장의 필수적인 양상을 서술하기 위해 수학 식을 도입할 수 있다. Monod (1942)에 의해 서술된 원래의 수학 식은 기질 농도 (S)에 대한 함수로서 비생장 속도(μ)를 구한다.

$$\mu = \mu_{\max} \frac{S}{Ks + S}$$

S는 배지에서 기질의 농도이며, 다른 필수 영양물질과 비교할 때 제한 농도로 존재한다. $\mu_{\max}$는 미생물의 최대 비생장속도이며, Ks는 포화상수를 나타낸다. Ks는 $\mu = \mu_{\max}/2$일 때의 기질 농도이다. 기질 농도는 연속배양에서 중요한데, 만약 기질 농도가 적절한 값으로 일정하게 유지될 수 있다면, 지수 생장은 비생장속도가 0에서 $\mu_{\max}$ 사이의 값을 가질 때 일어난다. 생장에 필수적인 영양물질과 생장에 요구되는 최적 조건은 회분식 배양과 연속배양 생물반응기 시스템 모두로부터 구할 수 있다. 미생물 농도의 증가 속도 (dx/dt)는 생장 속도이며, 비생장속도는 단위 미생물 농도당 증가속도 (1/X)(dx/dt)이다. 생장과 기질 이용 사이에 단순한 관계가 존재한다. 단순한 시

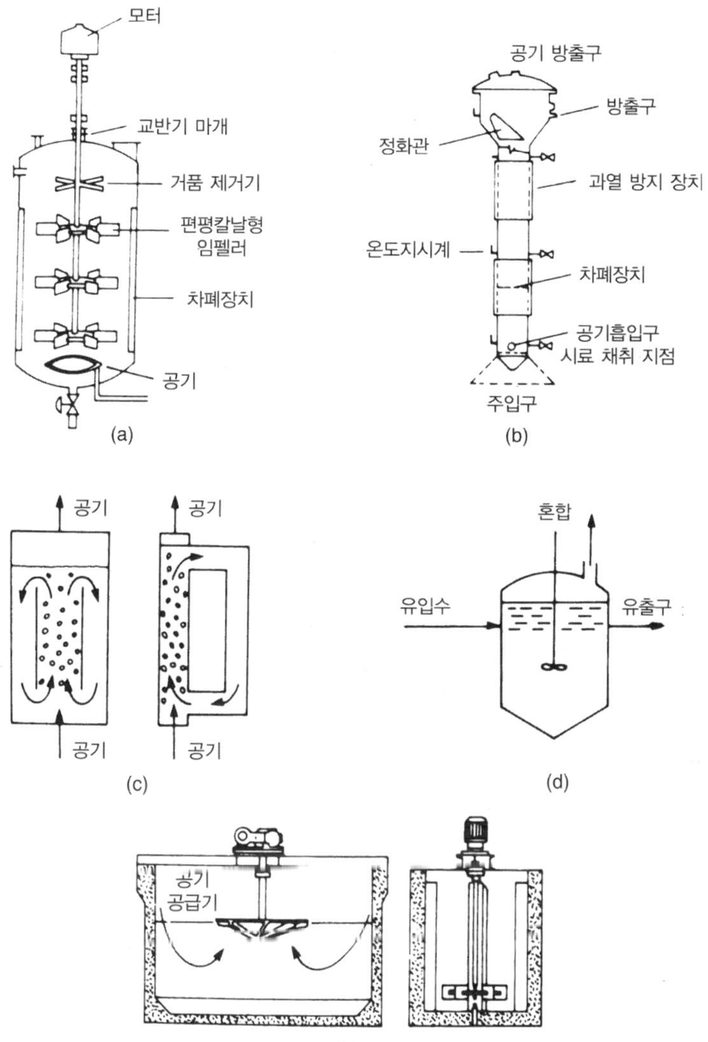

그림 4.4 다양한 형태의 생물반응기. (a) 교반탱크 생물반응기; (b) 타워형 반응기; (c) 루프 (재순환) 생물반응기; (d) 혐기성 소화조 또는 생물반응기; (e) 활성슬러지 생물반응기. (a)와 (b)는 Kristiansen 과 Chamberlain의 허가 하에 인용함.

용기에서부터 고도로 발달된 컴퓨터 조절이 필요한 복잡한 무균통합장치(aseptic integrated system)까지 다양하다 (그림 4.4).

생물반응기는 2가지 종류로 구분된다 (그림 4.4). 첫째로, 생물반응기는 양조, 폐수처리 시스템과 같이 완전한 순수배양에 절대적으로 필요로 하지 않는 기본적인 비 무균장치(non-aseptic system)와, 두 번째로 항생제, 비타민, 다당류 등의 산물을 성공적으로 만드는데 필수적인 무균조건

표 4.7 정교한 발효기 설계에 사용되는 재료의 기준

1. 생물반응기 또는 살아있는 생물 배양액과 직접 접촉되는 모든 재료는 미량 금속 오염을 방지하기 위해 부식에 대한 저항이 있어야 한다.
2. 모든 재료들은 배양 중에 용해되어 생물체의 성장에 영향을 주지 않도록 독성이 없어야 한다.
3. 생물반응기의 재료는 고압증기의 반복적인 멸균에 견뎌야 한다.
4. 생물반응기 교반 시스템, 투입구와 끝판은 가공이 쉽고, 기계적 변형이 없어야 하고 부서지지 않을 정도로 견고해야 한다.
5. 배지와 배양액을 눈으로 점검할 수 있는 이점이 있어야한다. 가능하면 투명한 재료를 사용해야 한다.

(aseptic condition)을 필요로 하는 경우로 나뉜다. 이러한 형태의 무균 공정은 공학적인 건설과 가동 부분에 상당한 어려움을 내재하고 있다.

가장 많이 사용되고 있는 대부분의 생물반응기의 외형적인 형태는 지난 40년간 크게 바뀌지 않았다. 그런데 최근에 새로운 형태의 생물반응기가 특별한 공정을 위해서 개발되었고, 그러한 혁신들은 생물공정 공학에서 점차 중요한 위치를 차지하고 있다 (그림 4.4).

모든 발효과정의 궁극적인 목표는 시스템의 모든 부분이 일정한 상태를 유지하도록 하는 것이다. 생물반응기 내에서 미생물은 미생물의 성장과 생산물 형성에 필요한 필수 기질을 포함하는 수용성 영양 배지와 섞이게 된다. 산소를 포함한 모든 영양분은 각각의 세포로 확산되어야 하고 열, 이산화탄소, 폐 대사산물(waste metabolites)과 같은 부산물은 제거되어야 한다.

미생물 주변의 영양물질 농도는 저 농도일 경우 미생물 대사 속도를 제한하고 동시에 고농도일 경우는 오히려 유해할 수 있기 때문에 적정한 농도 내에서 유지되어야 한다. 생물학적 반응은 환경인자가 최적의 농도에 있을 때에 가장 효과적으로 일어나고, 생명공학 공정에서 이러한 조건은 각각의 세포들에게 균일한 미세규모(microscale)로 유지되어야 한다. 많은 생물반응기 시스템을 대형화하려고 할 때, 전체 배지에 균일한 조건을 만들어 주는 것은 쉬운 일이 아니다. 공정기술자, 생화학공학과 미생물학자가 반드시 함께 일을 해야 하는 이유가 바로 여기에 있다.

발효 반응은 여러 형태로 구분되어, N_2, O_2, CO_2 등을 포함하는 기체상태(gas phase), 단일 혹은 복합 수용성 배지와 액체 기질의 액체상태(liquid phase), 미생물과 고체 기질을 포함하는 고형 미소상태(solid microphase)로 존재한다. 어떠한 경우든 모든 상태는 질량과 열 전달을 빠르게 할 수 있도록 상호 접촉을 유지하고 있어야 한다. 이상적으로 혼합할 수 있는 생물반응기에서 시스템 내로 들어오는 모든 반응물들은 바로 섞이고 반응기내에서 균일하게 분포되어야 한다.

생물반응기 시스템의 최적화를 얻기 위해서 다음의 가동 지침에 따라야 한다:

(1) 생물반응기는 원하는 미생물을 제한적으로 키울 수 있어야 할 뿐 아니라 오염 미생물이 들

어올 수 없도록 설계되어야 하며;
(2) 배양하는 부피는 항상 일정해야 한다. 즉, 새거나 증발이 없어야 하며;
(3) 용존 산소의 양은 호기적 미생물의 생장을 위해 최적의 산소를 공급할 수 있도록 양과 교반 속도를 조절하여야 하며;
(4) 온도, pH 등의 환경인자들은 반드시 조절되어야 하고, 배양액은 반드시 잘 섞여야 한다.

정교한 발효기를 만들기 위해서는 사용되는 자재의 질이 중요하다 (표 4.7).

발효 공학자들은 생물반응기의 환경을 정확하게 조절함으로써 잠재적으로 미생물의 배양을 극대화 하려 한다. 그러나 여전히 미생물 배양 및 최적 산물을 생산해 내기 위한 환경조건에 관한 이해는 아직도 부족한 상태이다. 동물세포와 같이 세균과 비교하여 크기가 큰 생물체는 영양물질에 대한 복잡한 요구조건을 나타내며 낮은 생장 속도를 갖는다. 반면 이들 생물체가 복잡한 단백질을 생산하는 능력은 증가한다.

성공적인 생물공정은 각각의 생장에 관계된 모든 요소들이 조합되어 이러한 정보가 공정을 최적화하고 향상시키는데 사용되었을 때에 가능하게 된다. 성공적으로 생물공정을 상업화하기 위해서는 세포공정의 정량적인 설명이 필수적인 전제조건이다. 세포가 기질을 산물로 전화시키는지는 수율(yield)과 생산성(productivity)이라는 2가지 방법에 의해 정량적으로 측정된다. 수율은 기질로부터 얻어진 생산물의 양을 나타내고, 반면에 생산성은 생산물 형성 속도를 나타낸다.

발효공정을 이해하고 조절하기 위해서는 공정 자체가 순간적으로 어떻게 변화하는지와 미생물들이 이러한 환경조건에서 어떻게 반응하는지에 대해서 알 필요가 있다. 공정의 최적화는 정확하고 빠른 되먹임 조절(feedback control)을 필요로 한다. 미래에는 컴퓨터가 대부분의 생물반응기 시스템에서 중심적인 역할을 할 것이다. 그러나 발효공정에 의해 생성되는 화학적 성분의 on-line 분석을 위한 좋은 감응기 탐침(sensor probe)이 아직은 많이 부족한 상태이다.

생물반응기 내에서 많은 반응들을 빠른 시간 내에 측정할 수 있는 새로운 방법의 개발을 이끄는 거대한 세계 시장이 존재한다. 특히 가장 필요한 것은 혁신적인 미세전자설계(micro-electronic designs)에 의한 방법이다.

기존의 공정 기술이나 설계를 향상시킬 경우, 보통 전체 시스템에 대한 수학적인 모델이 이용된다. 이 모델은 연구되고 있는 시스템에서의 다양한 조건간의 상호 연관성을 보여주는 것이다. 이러한 상호 연관 관계는 흔히 수학공식을 통해서 표현될 뿐 아니라, 특정한 공정 내에서의 특정한 원인/결과의 상관관계를 나타내는 경우도 있다. 상호 연관된 실제적인 변수들은 광범위 할 수 있지만, 공정에서 중요한 요소인 pH, 온도, 기질농도, 교반, 투입률 등이 포함될 수 있다.

생물반응기 구조는 지난 몇 십 년 사이에 상당히 많이 변해왔다. 원래의 발효 시스템은 사람의 힘으로 저을 수 있는 얕은 탱크였다. 이것으로부터 현재 산업적인 목적으로 주로 사용되고 있는 기본 통기탑(basic aeration tower)이 개발되었다. 발효 시스템이 발전함에 따라서 통기와 교반의 문제를 해결하기 위한 2가지 설계 방법이 응용되었다. 첫 번째 방법은 동력이 많이 드는 기계적인 통기와 교반 장비를 사용하는 것으로 중앙교반탱크반응기(centrally stirred tank reactor,

CSTR)가 있는데 일상적인 실험실과 산업적인 발효에 널리 사용되고 있다. 이러한 생물반응기는 기체/액체 물질전달(gas/liquid mass transfer)의 효율성이 좋을 뿐 아니라 상대적으로 열 전달율을 향상시키며 생물반응기 내의 내용물을 고루 섞어줄 수 있다.

CSTR의 수직 축에는 생물반응기의 크기에 따라 하나 혹은 그 이상의 임펠러(impeller)가 붙어 있다 (그림 4.4a). 생물반응기 내에서 다양한 크기의 임펠러가 교반과 균질한 조건을 만드는 영향에 대한 연구가 있어 왔다. 임펠러는 소용돌이와 같은 액체 운동을 피하기 위해 보통 축을 따라 탱크의 직경에 해당하는 간격으로 떨어져 있다. 6개 평편칼날형(Rushton) 터빈 임펠러가 대부분의 생물반응기에서 사용되며 보통 시스템 전체를 통한 혼합과 분산을 좋게 하기 위해 3개에서 5개가 설치된다. 임펠러의 기능은 생물반응기 내에서 휘저음과 혼합을 하는 것과 포기(aeration)를 용이하게 하는 것이다. 휘저음의 일차적인 기능은 세포와 영양물질을 배지 전체에 균일하게 부유시키고, 세포가 산소를 포함한 영양물질을 이용할 수 있게 만들며, 열전달을 가능하게 하는 것이다. 대부분의 산업 미생물은 호기성이며, 대부분의 발효에서 미생물은 높은 산소 요구를 나타낸다. 산소는 수용액에서 거의 용해되지 않기 때문에 (물에서 CO_2이 용해도는 O_2의 용해도보다 30배정도 더 높음) 호기성 발효는 배지의 격렬하고 꾸준한 포기가 있어야만 유지될 수 있다.

호기적 생물반응기 설계의 두 번째 방법은 공기 분산(air distribution) (전력 사용이 적음) 장치를 사용하여 재순환(recycle) 혹은 루프(loop) 생물반응기에서 액체의 흐름을 유도하고 조절하는 것이다. 이러한 방법으로 생물반응기 안과 연결된 외부 재순환 루프(recycle loop)를 통하여 내용물이 순환 조절된다. 따라서 교반은 기계적이거나 공기 압력 펌프를 이용한 기포상승 생물반응기 (airlift bioreactor)로 대체되었다.

중심교반탱크반응기는 원통형 통(cylindrical vessel)으로 구성되어 있어, 여러 개의 교반기(agitator)를 지지해 주는 모터에 의해 구동되는 중앙의 축(shaft)과 발효조의 위 혹은 아래로 관통하는 축으로 구성되었다. 이 발효조의 높이와 직경의 비율은 미생물 배양의 경우 3:5이고, 동물세포의 경우는 비율이 2를 넘지 않는다. 멸균된 공기는 임펠러(impeller) 아래에 위치한 구멍이 있는 고리형 공기취입장치(perforated ring sparger)에 의해서 생물반응기 용액 안으로 분산되어 들어간다. 임펠러의 속도는 세포의 부서지기 쉬운 정도에 따라 결정된다. 동물세포는 대부분의 미생물들과 비교해서 상대적으로 쉽게 부서진다. 대부분의 많은 고부가가치의 제품 생산 공정에서는 생물반응기는 무균 조건하에서 단일 균주를 이용한 회분식 배양의 방법으로 운전된다. 생물반응기는 공정에 따라 20 L에서 250 m^3까지 다양한 크기가 있다. 미생물 배양은 초기에는 작은 생물반응기에서 시작되어 최적화 된 후 점차적으로 큰 생물반응기로 옮겨지며, 이러한 반복 과정을 거쳐 최종 생산 생물반응기로 전달된다. 성공적인 공정을 위해서는 무균 상태를 유지하는 것이 매우 중요하다. 생물반응기는 보통 미생물을 접종하기 전에 멸균되어야 하며, 이어지는 모든 과정 동안 오염이 되지 않아야 한다. 배양 중에 만약 오염이 발생하면 대부분의 경우 오염된 미생물이 빠르게 증식하여 산업균주는 자라지 못하게 된다.

광범위한 생산 공정과 관여하는 다양한 생물 시스템에 견주어 비교할 때, 서로 다른 형태를 갖는 생물반응기의 수는 매우 제한적이다. 산업 현장에서, 생산 장비의 유연성에 대한 필요성보다 특별한 이점의 결과가 더 많지 않기 때문에 CSTR이 현재 우월한 위치를 차지하고 있으며 생산 규모 생물공정에서 실제 거의 유일한 생물반응기 디자인이다.

가정과 산업시설로부터 배출되는 많은 양의 유기 폐수들은 보통 호기적 또는 혐기적인 조건에서 처리된다. 활성슬러지 공정은 하수와 다른 수용성 폐기물의 산화적인 처리에 많이 사용되고 있다 (그림 4.4d). 공정은 유기물질의 산화적 파괴를 최적화하기 위한 공기를 주입하기 위하여 회분식 (batch)이나 연속 교반 생물반응기 시스템(continuous agitated bioreactor system)을 사용한다. 이러한 생물반응기들은 크기가 크고, 최적의 성능을 위해 산소의 흡수와 혼합을 촉진하기 위한 여러 개의 교반기를 가지고 있다. 이러한 생물반응기는 도시의 하수처리 공장에서 많이 사용되고 있다.

혐기적 생물반응기(anaerobic bioreactor) 혹은 생물분해기(digestor)는 하수를 처리하는데 오랫동안 사용되어 왔다. 산소가 없는 상태에서 특정한 미생물 집합체는 생분해성 유기물질을 메탄, 이산화탄소로 변환시키며 미생물의 생장에 이용된다. 대부분의 혐기적 생물반응기는 연속식(continuous) 혹은 반 연속식(semi-continuous) 방법이 이용된다.

메탄을 생산하는 가장 좋은 예는 중국의 생물가스 프로그램(Chinese biogas program) 인데 수백만 개의 가정용 생물반응기가 사용되고 있다. 이러한 생물반응기는 유기질이나 인분 등을 처리하는 데 이용될 뿐 아니라, 요리하고 등불로 이용되는 생물가스(biogas)를 생산하며 쓰레기를 처리하여 좋은 비료를 만드는데도 사용되고 있다.

생물반응기 안에서 일어나는 발효 공정은 특이적인 생장관계인자와 환경인자를 측정하고 기록하여, 공정을 향상시키고 최적화 시키는데 이용한다. 생물반응기 조절은 on-line이나 off-line 방법을 이용한다. On-line 측정은 센서를 공정흐름(process stream)에 직접 연결하여 측정하며, 반면에 off-line 측정은 샘플을 무균 상태에서 채취하여 따로 분석하는 방법이다. 생물반응 공정은 DNA, RNA, 효소, 생체물질 등의 중요한 요소들을 on-line으로 측정해 주는 믿을만한 기구가 없어서 아직도 이용에 한계가 있다. Off-line 분석은 이러한 다양한 요소들을 분석하는데 필수적이지만, 샘플 채취 후에 몇 시간 후에 분석자료가 이용될 수 밖에 없어, 순간적인 조절 목적으로는 사용 될 수 없다. 그러나 온도, pH, 용존산소, CO_2의 on-line 측정은 쉽게 가능하다.

미생물과 동물세포를 이용한 치료제 등과 같은 새로운 생산물질의 지속적인 개발은 새로운 물질을 생합성 할 수 있는 혁신적인 새로운 배양 시스템의 개발에 달려있다. 새로운 소형화 및 자동화된 분석기기를 포함한 컴퓨터로 조정되는 배양기 시스템이 현재 사용되고 있으며, 하나의 유닛으로 수백 개의 실험을 동시에 처리하여 짧은 시간 내에 생산물을 만들 수 있는 최적의 발효조건을 알 수 있게 하여 많은 정보를 얻을 수 있다.

조합생물학(combinatorial biology)을 포함한 새로운 방법을 이용하여 유전적으로 조작된 미생물로부터 새로운 생산물을 만들어 내고 있다. 쉽게 잘 배양되지 않는 특정 미생물로부터 DNA 혹은 유전자를 분리하여 쉽게 배양되는 대리 미생물에 옮겨, 유전자의 재조합을 통한 생합성 기작의 변환을 통해 새로운 신약을 개발할 수 있는 가능성이 제시되었다. 이것은 새로운 항생제 발견하는데 매우 중요하게 응용될 수 있다.

항생제, 치료용 단백질과 같은 대부분의 고부가가치의 생명공학적인 생산물은 엄격한 멸균 조건

하에서 단일 균주로부터 생성되는 반면에, 혼합배양 시스템을 이용하여 새로운 생산물을 합성할 수 있는 방법은 계속 연구되고 있다. 이러한 시스템은 다른 유형의 대사산물을 생산하거나, 경쟁적인 미생물의 반응에 따른 새로운 대사산물의 생산에 이용될 수도 있다. 혼합 형태의 미생물 공정은 복잡성 때문에 학계에서는 그 동안 무시되어 왔다. 무균 조건하에서의 단일배양은 자연계에서 매우 드문 현상이다. 다양한 미생물은 환경 내에서 함께 존재하며 영양분을 이용하기 위해 서로 경쟁적으로 반응하여 자연 환경조건에 적응하는 상태이다.

[4.4] 대형화

대부분의 생명공학 공정은 실험실 수준에서 확인되어 왔으며, 실험실 수준이 궁극적인 상업적 성공으로 이어지기 위해서는 파일럿 (pilot) 수준으로 그리고 완전한 상업적 수순으로 규모를 확대하는 능력에 달려있다. 성공적인 공정의 대형화(scale-up)는 물리적이고 경제적으로 제한된 범위 내에 이루어져야 한다. 특정한 조절 인자는 5~10 L의 실험실 수준의 생물반응기를 통해서 규명되어 파일럿 규모로 커지게 된다. 파일럿 장치(pilot plant)는 실제로 큰 규모의 실험실로서 장비를 수용하고 공정수행을 적용할 수 있는 유연성을 갖도록 설계되었다. 파일럿 규모의 생물반응기(pilot-scale bioreactor)는 100~10,000 L 단위이고 더 큰 파일럿 생물반응기(pilot bioreactor)는 때때로 생산 유닛으로 사용될 수도 있다. 대형 산업 생물반응기(full-scale industrial bioreactor)는 20,000에서 400,000 L의 규모를 가진다. 대형화 과정은 혼합과 통기, 감시와 조절 장치, 그리고 엄격한 멸균 유지에 많은 자본 투자를 필요로 하게 된다.

[4.5] 발효공정의 배지 조성

물은 모든 생명공학 공정에서 가장 중요하고 대부분의 경우에 있어서 미생물이 살아가는 배지의 대부분을 차지하고 있다. 최적의 생산물을 생산한 액체 발효 공정 후, 물의 제거는 생산물의 회수 비용과 하위공정에서 중요한 요소이다. 수질은 미생물의 생장과 개별의 생물제품의 생산과 밀접한 관계를 가지고 있다. 과거 양조장은 전통적으로 천연의 양질의 물이 공급될 수 있는 지역에 세워졌다.

배지를 생산하는 데에 있어 보통 원부재의 질적인 검사가 있게 된다. 물이 전체 배지의 부피에 차지하는 비율이 높기 때문에, 물이 생명공학공정에서 가장 중요한 원료로서 물의 공급 및 사용은 반드시 주의 깊게 다뤄야 한다는 인식이 점차 증가하고 있다.

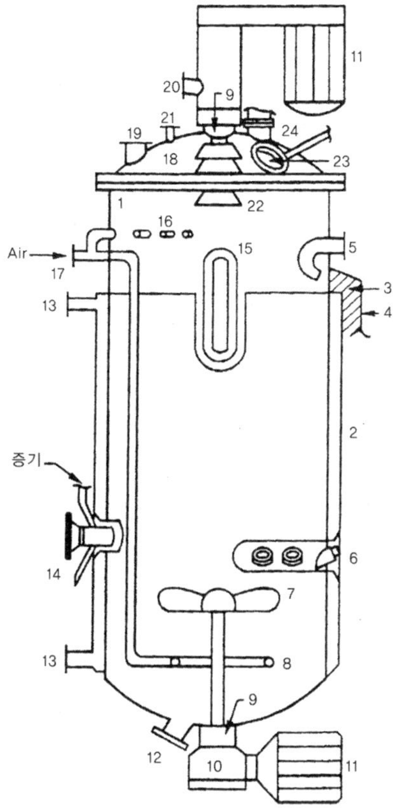

그림 4.5 전형적인 산업용 교반탱크 생물반응기. (1) 반응 용기; (2) 커버(jacket); (3) 단열재; (4) 측판; (5) 접종원; (6) pH, 온도, 용존산소 센서를 위한 구멍; (7) 교반기; (8) 기체 분사기; (9) 기계적 봉합; (10) 감속 기어박스; (11) 모터; (12) 수확 노즐; (13) 커버 연결; (14) 스팀 연결된 시료 밸브; (15) 관찰 유리창; (16) 산, 알칼리, 거품제거 약품의 연결구; (17) 공기 유입구; (18) 제거용 톱; (19) 배지 혹은 주입 노즐; (20) 공기 배출 노즐; (21) 측정기기 부분(다수); (22) 거품 제거기; (23) 전등이 있는 관찰 유리창(나타나 있지 않음)과 증기 연결부; (24) 파열 원판 노즐. (Chisti, 2006의 허가 하에 인용)

미생물의 기초적인 영양요구 에너지는 탄소원, 질소원, 무기 원소이고 어떤 세포들에서는 개별적인 성장인자가 필요하다. 대부분의 생명공학 공정에서 탄소원과 질소원은 값싼 천연 생산물이나 부산물 등의 상대적으로 복잡한 혼합물로부터 얻어진다 (표 4.8).

영양분의 이용가능성과 유형은 발효 반응과 생산물 형성에 있어 생리현상에 직접적인 영향을 미칠 수 있다. 발효시에 들어가는 원료는 계절 및 다른 외부 여건에 따른 가격변화가 심하여, 시기에 따라 제품 생산 비용에 커다란 영향을 미친다.

생체량 혹은 생장과 연관된 산물이 발효의 목적물이라면 배지는 발효과정 전체를 통해서 최대의 생장 잠재능을 가능하게 해야 한다. 반면 유기산, 항생물질 등과 같이 생장의 제한을 받지 않는 화합물의 경우 배지는 초기 생장기 이후에 하나 혹은 그 이상의 영양물질이 결핍되도록 조성되어져야 한다. 공정에 따라 인, 질소, 탄수화물 혹은 미량 금속의 제한이 산물의 형성을 유도할 수 있다. 일부 발효에서는 높은 수준의 포도당이 효소 합성과 같은 대사 억제를 가져올 수 있다. 이것은 다른 천천히 발효되는 탄수화물을 사용하거나 포도당을 양을 증가시키면서 혹은 계속적으로 넣어줌으로써 극복할 수 있다.

표 4.8 산업용 배지의 탄수화물과 질소원

탄수화물원	질소원 (무게당 질소 %)
포도당:	보리 (1.5-2.0)
순수한 포도당 단일 화합물, 가수분해 녹말	사탕무우 당밀 (1.5-2.0)
유당:	
순수한 유당, 유청 분말	옥수수 폐액 (4.5)
녹말:	땅콩가루 (8.0)
보리, 땅콩 가루, 귀리 가루, 호밀 가루, 콩 가루	귀리가루 (1.5-2.0)
	조제배지 (8.0)
자당:	호밀가루 (1.5-2.0)
사탕무우 당밀, 사탕수수 당밀, 조황 설탕,	콩가루 (8.0)
순수한 백설탕	유청 분말 (4.5)

생명공학에 사용되는 배지를 멸균하는 것은 배지의 영양분에 최소한의 열 손상을 주면서, 오염 미생물들을 제거할 수 있어야 한다. 점차적으로 연속 방법이 채택되고 있지만 대부분의 경우 생물 반응기의 회분식 방식의 멸균 방법이 여전히 가장 많이 쓰이고 있다.

배지 준비는 전체 생물공정에서 상대적으로 관심이 적어 보이지만, 실제로 공정 중 가장 중요한 요소이다. 잘못된 배지 조성은 낮은 성장 효율과 그에 따른 제한된 생산물 생산을 초래할 것이다.

[4.6] 고형 기질 발효

이용 가능한 수분이 없거나 조금 있는 고체 기질에서 미생물을 키우는 많은 생명공학공정이 있다(표 4.9). 가장 일반적으로 사용되는 고체 기질은 곡물류, 콩, 밀기울, 짚과 같은 리그닌과 셀룰로오스, 톱밥, 대팻밥과 다양한 범주의 식물성, 동물성 물질이 있다. 대부분의 이러한 화합물들은 물에 녹지 않거나 약간 녹는 중합 분자(polymeric molecule)이며, 대부분 싸고 쉽게 구할 수 있고 미생물이 생장하는데 필요한 영양소를 다량 함유하고 있다.

이러한 많은 발효는 오랜 역사를 가지고 있고 많은 경우에 있어서 수백 년 전의 기록을 가지고 있다. 동양에서는 간장, 템페(tempeh, 콩 발효음식), 대단위의 산업화된 효소 공정을 포함한 많은 발효식품이 있다. 서양에서는 발효공정이 주로 저장목초(silage), 버섯 재배, 치즈, 사우어크라우트 생산, 동식물 폐기물을 비료로 만드는데 집중되어 왔다. 미래에는 지푸라기, 나무, 부산물 등의 원료를 이용하여 에탄올, 메탄과 식용 생체물질을 만들 수 있는 고형 발효가 산업화 될 수 있다.

표 4.9 고형 기질 발효의 예

예	기질	관련 미생물(들)
버섯 생산 (유럽과 아시아)	짚, 거름	*Agaricus bisporus* *Lentinus edodes* *Volvaridlla volvacea*
사우어크라우트	양배추	젖산세균
간장	콩, 밀	*Aspergillus oryzae*
템페	콩	*Rhizopus oligosporus*
온트좀 (ontjom)	땅콩 압착 덩어리	*Neurospora sitophila*
치즈	우유 커드	*Penicillium roquefortii*
금속 침출	낮은 등급의 광석	*Thiobacillus spp.*
유기산	사탕수수, 당밀	*Aspergillus niger*
효소	밀겨 등	*Aspergillus niger*
퇴비화	혼합 유기물질	진균, 세균, 방선균
하수 처리	하수 성분	세균, 진균, 원생동물

고형 발효를 위한 미생물은 단일 순수배양, 동정가능한 미생물의 혼합배양 또는 원부자재에서 유래하는 토착 미생물이 이용된다.

토착 미생물을 사용하는 고형 기질 발효는 1차적으로 사일로(silo) 건초 저장과 퇴비화이다. 사일로 건초 저장은 대부분 목초인 농업 재료의 혐기성 과정으로, *Lactobacillus bulgaricus* 세균이 우점종으로 되면서 잠재적 부패 세균을 억제하는 젖산을 생산한다. 최종 산물인 사일로에 저장한 꼴(silage)은 온대 국가에서 농장 가축의 겨울 사료로 대량 생산된다. 퇴비화에 대해서는 뒤의 장에서 자세히 살펴볼 것이다.

순수 진균 배양이 관여하는 고형 기질 발효는 동양의 코지(koji) 공정에서 오랫동안 행해지고 있는데, 곡물과 콩이 진균인 *Aspergillus oryzae* 에 의해 발효되면서 프로테아제와 아밀라아제 같은 여러 효소를 생산하는 공정이다. 간장 생산에서 곡물은 위의 효소를 생산하기 위해 발효된 후 세균과 효모의 혼합 발효가 진행된다. 버섯 생산에서 기질은 퇴비화 공정에 의해 만들어지며, 여기서 *Agaricus bisporus* 와 같은 특정 진균의 순수 배양에 의한 생장이 이루어진다. 다시 말하면, 고형 기질 발효에 의한 버섯 재배는 세계적으로 큰 산업이다.

일본의 코지 생물반응기는 진균 생장과 산물 생성, 통제된 기계적 휘저음, 적절한 공정 관리, 멸균 조작 조건을 위한 좋은 환경을 제공한다. 대부분 회분식 시스템에서 운전되지만 반연속식 혹은 연속 시스템에 의해 운전될 수도 있다.

표 4.10 액상 발효와 비교하여 고형 기질 발효의 장점과 단점

장점	단점
값 비싼 화석-유래 구성물질보다 가격이 저렴한 단순 배지.	공정은 주로 낮은 수분 상태에서 견디는 곰팡이로 제한된다.
재료의 낮은 수분 함량은 경제적 생물반응기 공간, 적은 방류수 처리량, 낮은 미생물 오염가능성으로 종종 멸균이 불필요, 손쉬운 하위공정을 제공.	대규모 운전에서 대사열 생산이 문제를 일으킨다.
포기 (aeration) 요구 조건은 단순한 기체의 확산이나 연속이 아닌 간헐적 포기에 의해 충족될 수 있다.	수분 함량, 생체량, O_2와 CO_2 수준 등 공정 확인을 정확하게 하기 어렵다.
생산물의 높은 수율을 얻을 수 있다.	잘 개발되지 않은 생물반응기 디자인.
교반 탱크 생물반응기와 비교하여 낮은 에너지 비용.	생산물의 제한. 미생물의 생장 속도가 더 느리다

많은 고형 발효는 원부자재에 함유된 영양소의 이용 가능성을 높이고 원부자재의 부피를 줄이기 위해서 전 처리가 필요한데, 물리적인 측면에서 공정을 최적화 하기 위하여 지푸라기나 채소류를 분쇄하는 경우가 있다. 그러나 전 처리의 비용은 최종 산물의 가치와 균형을 이루어야 한다. 고형 발효를 위한 생물반응기의 설계는 액체 배양을 위한 설계보다는 더욱 단순하다. 보통 (a) 교반이 없는, (b) 때때로 교반이 있는, (c) 계속 저어주는 발효로 분류가 된다. 액체 발효와 비교했을 때, 고형 발효의 상대적인 장단점은 표 4.10에 나타나 있다.

[4.7] 동물 및 식물 세포 배양 기술

포유동물 세포 배양

시험관에서 동물세포를 대량으로 배양하려는 주된 움직임은 1950년대 초 많은 양의 소아마비 백신의 생산이 필요하게 됨으로써 유래하였다. 소아마비 바이러스는 원숭이 영장류의 신경과 신장 조직으로부터 유래된 배양 세포에서 생산되며 소아마비 바이러스 백신은 원숭이의 신장 세포로부터 생산된다. 곧이어 이하선염, 홍역, 아데노바이러스 등 다른 바이러스 백신이 다양한 배양된 동물세포로부터 생산되었다. 20세기 후반에 배지를 만들어 세포 배양을 함으로써 살아있고 활성을 가지고 있는 다양한 세포를 배양하려는 움직임이 있었다. 여기에는 사람, 쥐, 햄스터, 원숭이, 소,

양, 말 등의 포유동물과 물고기와 곤충도 포함되었다. 개별의 세포주(cell line)가 사람의 간, 신장, 폐, 림프절, 심장, 난소, 그리고 그 밖의 다양한 암세포주(cancer cell line)에서 얻어졌다. 세포주는 단일 모세포로부터 유래된 유전적으로 동일한 세포(클론)의 집단으로 볼 수 있다.

동물세포는 자연적인 환경에서는 혈액의 순환을 통해 대사와 성장에 필요한 영양분을 얻는다. 복잡한 혈액 공급의 과정을 모방하는 연구가 계속 되어 왔고, 현재는 세포의 유형에 따라 다른 조성의 많은 배지가 성공적으로 만들어졌다. 대부분의 배지는 보통 아미노산, 비타민, 유기산 등의 유기화합물과 완충작용을 위한 무기염류 등을 함유하고 있다. 특별한 배지는 성장인자와 미세원소, 지질 및 알려지지 않은 인자들을 공급하기 위해서 혈청 (5~20%)을 포함하는 경우도 있다. 그러나 혈청(serum)의 사용은 기본 단위량 마다 영양 물질의 함량 차이가 있어 영양분의 공급이 일정하지 않고, 비리온(virion)이나 프리온(prion) 등의 입자를 포함 할 수 있어 많은 문제를 지니고 있다.

동물세포를 배양할 때, 동물세포는 단일 세포주의 형태로 자라고, 적당한 영양분과 알맞은 환경 조건이 주어지면 분열에 의해 증식하게 된다. 미생물, 식물 세포와는 달리 동물 세포는 단단한 외부 세포벽이 없어서 쉽게 손상을 입고, 삼투압의 변화에 민감하다. 또한 동물세포는 물에 존재하는 불순물에 매우 민감하여 배지의 조성비용과 질에 영향을 받으며, 빠르게 생장할 수 있는 미생물의 오염을 반드시 막아야 한다.

동물세포에 새롭게 분리된 배양을 계대배양(subculture)할 때까지 '1차배양(primary culture)'이라고 한다. 이 단계에서 동물세포는 보통 이질적이지만 여전히 모세포의 유형과 조직-특이적인 성질을 지니고 있다. 새로운 배지에 여러 번의 계대배양 후에, 세포주는 죽거나 혹은 연속성(continuous) 혹은 죽지 않는 세포주(immortalized cell line)로 바뀐다. 이러한 세포주는 1차배양과 비교하여 모양이 바뀌고, 성장 속도가 빨라지고, 염색체가 변형되어 종양형성력(tumorigenicity)이 증가하는 등의 많은 다른 점을 보여준다. 시험관에서의 변형은 주로 무한적인 생명력을 갖게 되는 것이다.

동물세포는 비부착 현탁배양(unattached suspension culture)에서 배양되거나 표면에 부착되어(attached culture) 자라게 된다. HeLa 세포 (사람의 암세포에서 분리된 세포)는 2가지 형태로 성장하는데, 림프아구세포(lymphoblastoid cells)는 현탁배양(suspension culture)에서 자라고, 1차 또는 정상 이배체 세포 (diploid cells)는 고체 표면에 부착되어 성장한다. 동물세포를 이용한 미래의 상업적인 개발은 부착-의존성 세포 유형이 주류를 이루게 될 것이다.

동물세포의 단일층 배양(monolayer cultivation)은 부착할 수 있는 표면적의 크기에 달려있어 장비의 설계는 표면적을 넓히는 방법에 초점을 맞추고 있다. 초기의 설계는 주로 롤러튜브(roller tube) 혹은 병을 이용하여 영양분과 가스를 교환해 주는 방법에 의존해 왔다. 최근의 정교한 시스템은 가스가 통과할 수 있는 코일(coil) 형태의 테플론 튜브(Teflon tubing)에서 세포를 배양하며 각각의 튜브는 10,000 cm^2의 표면적을 가지고 있으며, 최대 20개까지 코일을 배양기 안에 설치할 수 있다. 다양한 세포들이 이러한 배양기를 이용하여 성공적으로 배양되어 왔다.

현탁 배양은 대용량의 생물반응기에서도 성공적으로 이용되어 미생물의 연구로부터 얻어진 교반탱크생물반응기의 모든 공학적인 장점을 이용할 수 있게 되었다. 이러한 연구는 회분식 배양을 중심으로 연구되어왔다.

미세담체(microcarrier)와 다공성 미세담체 비드(porous microcarrier bead)를 이용한 고정화 배양과 현탁 배양의 조합은 동물세포 배양 분야에 새로운 혁신을 몰고 왔다. 이론적으로 부착-의존적인 세포는 특별한 DEAE-Sephadex bead (표면적 7 cm^2/mg)에 붙어, 이들은 현탁액에서 떠다닐 수 있도록 하였다. 이런 방식으로 교반탱크생물반응기의 공학적인 장점을 고정화된 세포에 응용할 수 있게 되었다. 많은 세포들이 이러한 방식으로 배양되었고, 바이러스와 사람의 인터페론 등의 생산에 이용되고 있다. 미세담체 비드를 이용한 성공적인 동물세포 배양은 전통적인 단일층 시스템 (monolayer system)을 대체할 수 있다. 미세담체 비드 개념을 이용한 새로운 생물반응기의 설계는 동물과 사람의 세포 배양의 더 큰 상업화를 유도할 것이다.

이러한 세포주는 동물세포에 대한 심도 있는 생화학적 연구를 유도함과 동시에, 백신 생산 (소아마비, 유행성이하선염, 광견병 등)과 의약품의 독성 및 약학 연구에 필요한 동물 실험을 줄일 수 있게 하며, 인공 장기 및 피부의 개발, 동물세포 세포주를 이용한 진단용 단백질의 생산 (단일 항체), 치료제 생산 (인테페론, 호르몬, 인슐린 등)에 응용된다. 단일 항체는 가장 중요한 포유동물 세포 배양에 의한 당단백질 생산물로, 생명공학 산업의 치료약에서의 성과 중 적어도 1/4이상을 차지하는데 금액으로는 2001년에 미국에서 거의 30억 달러이며 점점 증가하고 있다. 최근에는 동물 세포주에 외래 유전자의 주입이 보편화 되어, 생산성을 높이고 무혈청 배지에서도 배양되고 인간 치료용의 새로운 물질을 생산할 수 있는 방향으로 세포주가 개발되었다 (재조합 단백질에 대한 자세한 내용은 뒷부분 참조).

오늘날 치료 목적으로 사용되고 시장에 나와 있는 모든 생물학적 제품은 포유동물 세포주 아니면 미생물 세포주로부터 제조된다. 포유동물 세포주 (예를 들면, 불멸화된 중국 햄스터 난소 세포, 생쥐 골수종, 인간 배아 신장 세포, 인간 레티날 세포)는 적절한 단백질의 젖힘, 조립, 전사 후 수정이 가능하기 때문에 현재 임상 적용을 위한 재조합 단백질의 생산에서 우위를 점하는 시스템이다. 대부분의 포유동물 배양 공정은 현탁배양을 포함하는 반면, 제조 방법, 특히 세포 배양에 직접 관련된 방법에 있어서는 여전히 상당한 다양성이 있다. 현재 사용되는 거의 대부분의 고수율 공정은 확장된 회분식 현탁배양으로, 배지 성분이 소량 나누어지거나 혹은 반연속적으로 배양에 첨가된다. 생물반응기에서 배양된 포유동물 세포의 생산성은 많은 경우 리터당 g 수준에 달하며, 1980년대 중반의 유사 공정에서의 수율과 비교하면 100배 이상의 수율 향상을 보인다. 이러한 개선은 주로 배지 조성과 공정 관리에 의한 것이다.

조직 공학은 재생 의학의 한 형태로, 피부와 같은 주요 제품은 임상적으로 성공을 거두고 있다. 하지만 그러한 제품은 제조에 많은 비용이 들어가며, 실험용 의약품과 마찬가지로 제품 개발에도 비용이 많이 든다. 필연적으로 대부분 사람 조직 공학 제품은 실험실에서 실제 환자 혹은 기여자로부터 유래된 배양의 세포를 생장시켜 적절한 조립 뼈대에 세포를 심은 후, 세포가 증식하여 피부와 같은 조직을 형성하도록 자극하는 공정을 갖는다. 조립 뼈대는 자연의 생물물질, 합성 혹은 반합성 물질로부터 만들어지는데, 이들은 세포가 생장하고 분화된 형태를 유지할 수 있는 지지대를 제공한다. 조립 뼈대의 구조는 새로운 조직의 모양과 형태를 결정한다. 화상 환자에게는 조직

공학에 의해 자신으로부터 새로운 피부를 만드는 능력은 주요 성공 스토리이다. 가까운 장래에 조직 공학 제품이 장기 이식과 여러 형태의 외과적 재건 수술에 대한 대안을 제공할 수 있을 것으로 예상된다. 하지만 감당할 수 있는 가격의 확실한 제품을 얻기 위해서는 공정 설계와 제조과정에서 여전히 많은 일이 진행되어야 한다.

식물 세포 배양

특정 식물에서 미세번식법(micropropagation)을 통한 식물 세포 혹은 기관 배양 기술의 사용은 뒷부분에서 설명될 것이다. 식물세포 배양을 거쳐 자란 식물세포는 기관발생(organogenesis), 식물 증식(plantlet amplification)을 통하여 토양에서 재배될 것이다. 하지만 많은 식물 종의 식물세포가 성공적으로 생물반응기에서 대용량의 현탁 배양으로 생산되고 있으며, 니코틴, 알칼로이드, 인삼 등을 포함한 식물세포 생산성은 원래의 식물의 생산성과 비교하여 차이가 없다. 대규모의 발효 프로그램을 이용하여 상업적으로 높은 가치가 있는 디기탈리스, 자스민, 스피아민트, 코데인 등을 높은 농도로 생산할 수 있는 가능성을 보여주고 있다. 그러한 공정은 식물 세포 생명공학으로 간주된다.

액체 교반 배양(liquid agitated culture)을 이용한 식물세포 배양 발효 기술은 미생물공학으로부터 크게 시작되었다. 대부분의 다른 발효 특징들은 유사하지만 식물 세포 배양은 미생물에 비해서 매우 느리다 (예를 들면, 배가시간은 24~72시간). 평균적으로 배양되는 식물세포의 양은 세균 세포보다 200,000 배에 달한다. 식물 세포 배양의 일반적인 특징은 생장과 생산 단계가 대개 구분되며, 생장과 생산이 각각 따로 최적화되는 조건의 두 단계 공정을 필요로 한다는 것이다. 회분식과 반연속식 운전이 가장 일반적인 생물반응기 시스템이다. 비록 일부 식물 세포 생산품들이 시장에 나오고 있지만, 짧은 시간 내에 상업적으로 인기가 있을 것으로 기대되지는 않는다.

[4.8] 대사공학

대사공학(metabolic engineering) [시스템 생물학(system biology)]은 세포 특성의 조절을 목적으로 전체 생물 시스템의 분석과 합성을 위한 시스템에 기초한 접근이다. 좋은 예로는 생물반응기의 조절되고 재현 가능한 조건 하에서 광범위한 현대적 생물분석을 수반하는 미생물, 식물, 동물 세포를 이용한 실험적 연구가 있다. 생물반응기 내에서 환경의 정확한 조절은 생물 시스템의 교란을 증진시킬 수 있는데, 반응기 내 생물체가 생산적인 생명공학 공정에 관여할 경우 이를 통해 수율, 선택성, 생산성의 향상을 가져올 수 있다. 그러한 시스템은 또한 흐름 분포의 분석과 수학적 모델링 및 시뮬레이션 실험을 가능하게 한다.

표 4.11 하위공정 운전

분리	여과 원심분리 부양 분쇄
농축	용해 추출 열 공정 막 여과 침전
정제	결정화 크로마토그래피
변형	
건조	

[4.9] 하위 공정

하위공정(downstream processing)은 생명공학적으로 형성된 생성물을 사용하기 알맞은 상태로 추출, 정제하는 과정을 말한다. 대부분의 경우 생명공학 공정에 있어서, 원하는 생성물은 수용액에 희석되어 있어, 하위공정의 정도에 따라 생성물의 유형과 요구되는 수준의 순도가 결정된다. 생성물의 범주는 그 종류와 형태가 다양하며 세포, 아미노산, 비타민, 유기산, 용매, 효소, 백신, 치료용 단백질, 단일클론항체 등을 포함한다. 각각의 생성물들 내에서도 분자의 크기와 화학적 복잡성에 의해 상당한 차이를 지니고 있어, 회수 및 정제를 위한 다양한 분리 방법들이 필요하다. 많은 생성물들이 상대적으로는 안정한 구조를 가지고 있지만, 어떤 것들은 매우 약하고 분리 방법의 선택에 세심한 주의를 해야 한다.

하위공정의 설계와 효과적인 운용은 원하는 생성물을 상업적으로 사용하게 하는데 있어서 중요한 요소이며, 가능한 모든 생성물을 분리 정제 할 수 있어야 한다. 모든 생성물의 하위공정을 통한 생성물의 분리정제 노력은 사람 인슐린 [휴물린(humulin)]을 생산하는 Eli Lilly 공장에 의해 잘 알려져 있다. 200여명의 종업원 중 90% 이상이 회수 공정에 관여하고 있다. 따라서 생명공학적인 공정에서 하위공정은 전체 비용의 대부분을 차지하고 있으나, 그 중요성이 잘 알려져 있지 않다. 하위공정의 향상은 전체 공정의 효율과 비용 면에서 많은 도움을 준다.

하위공정은 기본적으로 생물반응기의 배양액을 액상과 고체로 나누는 초기분리 과정과 그에 따른 생성물의 농축과 정제 과정에 초점을 맞추고 있다. 하위공정은 여러 단계를 거치는 일련의 과정이다 (표 4.11). 발효 배양액은 생물반응기에서 제거될 경우 보통 불안정하며 미생물 오염이 되기 쉽다. 하위 공정은 제품의 화학적, 물리적 특성에 크게 의존한다. 배양액의 초기 전처리 혹은 검사는 세포 혹은 고형질의 응집이나 효소와 같은 세포 내 산물을 방출하도록 세포를 터뜨리는 것을 포함한다. 배양액의 액상에서 구성 성분의 분리는 침전, 여과, 원심분리 혹은 전자역학적 분리 등을 통하며, 공정의 최종 분리 정도는 생산물의 최종 사용 목적에 의존한다. 생산물이 액상과 고체상 (예를 들면, 미생물 생체량)으로부터 분리되면, 나머지 배양액은 표준화된 하수 처리 방식에 의해 폐기된다.

생산물의 최종 분리는 확립된 화학적, 생화학적 기술을 활용한다. 분자 크기 혹은 원심분리는 가장 알맞은 추출 공정을 결정하게 되며, 이러한 공정은 또한 제품의 품질과 전체적인 경제성에 의해 영향을 받는다. 최종 제품의 순도는 제품의 유형과 요구되는 순도의 기준을 반영하게 된다. 다양한 방법이 현재 사용되며, 여기에는 증발과 증류, 침전, 막여과, 흡착, 친화도, 이온교환, 겔여과 크로마토그래피 등이 있다.

하위(downstream) 정제과정에서 얻어진 마지막 생성물은 상업적으로 판매할 수 있도록 어느 정도의 안정성이 확보되어야 한다. 안정성은 대부분의 경우 건조과정을 통해 성취될 수 있다. 실제로 제품의 안정성은 분무건조(spray-drying), 유동상 건조(fluidized-bed drying), 동결건조(freeze-drying)에 의해서 확보된다. 건조 방법의 선택은 생산물과 비용에 달려 있다. 건조된 상태로 팔리는 제품은 유기산, 아미노산, 항생제, 다당류, 효소, SCP 등이다. 많은 생성물들은 쉽게 건조된 형태로 공급될 수 없고, 반드시 액상 상태로 판매되어야 한다. 미생물의 오염 및 품질저하에 세심한 주의가 있어야 하고, 생성물이 단백질인 경우 변성(denaturation)이 되지 않도록 조심해야 한다.

하위공정은 앞으로도 많은 생명공학적인 공정에서 가장 어렵고 많은 노력이 필요한 부분이다. 순도와 안정성은 높은 고부가 가치의 생명공학 생성물의 가장 중요한 요소이다.

생명공학적인 공정은 대부분에서 제한된 영역 혹은 생물반응기 안에 이루어져야 하며, 크게 나아가 이러한 복합적인 시스템의 올바른 선택과 가동에 따라 성공여부가 결정된다. 고부가 가치의 생산물을 생산하기 위해서는 생산자인 미생물을 단일배양(monoculture)을 이용해야 하며, 생산력을 극대화하기 위해서는 완벽한 멸균상태를 유지하여야 한다. 산업적인 측면에서나 경제적인 측면에서 대단위 공정이 바람직하며, 대부분의 경우 생명공학 공정은 상호 연계된 학문으로서 생물학자, 화학자, 공정 또는 생화학 공학자가 서로 긴밀하게 협력하여야 성공적인 공정을 개발할 수 있다.

5

효소공학

[5.1] 효소의 특성

효소는 살아있는 세포에 존재하는 복잡한 유기 분자로서 물질의 화학적 변화를 유발하는 촉매로 작용한다. 1878년에 Kühne는 효모에 의한 빵의 발효를 의미하는 그리스어 *enzumos*로부터 '효소(enzyme)'라는 용어를 도입하였다. 생화학의 발달로 다양한 효소들과 그 작용 방식에 대한 이해가 더욱 심화되어왔다. 효소 없이는 생명이 존재할 수 없다. 효소는 살아있는 세포에서만 만들어지나, 많은 경우 세포로부터 분리되어 시험관 상태에서도 기능을 계속할 수 있다. 분리된 상태로 특정한 화학적 전환을 수행할 수 있는 효소의 특별한 능력으로 인해 산업 및 식품 공정, 생물정화(bioremediation), 의약품 등에 효소의 사용이 계속 증가되어 왔으며, 이러한 효소 생산을 효소생명공학(enzyme biotechnology)이라 통칭한다.

효소의 활성은 그 촉매적 특성에 따른다. 효소는 반응에 소비되지 않고 그 활성을 수행하며 그 반응은 효소가 존재할 때 매우 빠른 속도로 일어난다. 효소는 매우 특이적이며 지정된 유형의 화합물에만 작용한다. 소량의 효소도 많은 양의 기질과 반응할 수 있다. 효소의 촉매 작용은 그 1차적 분자 구조뿐 아니라 전체 효소분자의 복잡한 접힘 구조(folding configuration)에 기인한다. 단백질에 특정 촉매 기능을 부여하는 것이 바로 이러한 구조이며 pH나 온도의 변화는 이러한 구조를 변형시켜 효소 활성을 잃을 수 있다. 어떤 효소는 금속 이온, 뉴클레오티드 등의 '조효소(co-factor)' 라 불리는 부수적 인자를 필요로 한다. 효소는 그 특이성으로 인해 유사한 구조의 화합물을 구별하며 넓은 범위의 온도(0~110℃)와 pH (2~14)에서 반응을 촉매할 수 있다. 효소는 산업적 응용에 있어서 고품질의 생산을 가능하게 하고 부산물을 줄이며 공정과정을 단순화 할 수 있다. 또한 효소는 무독성, 생분해성이어서 특히 미생물로부터 대량생산이 가능하여 특정 화합물에 저항성을 가진 장비가 필요 없다.

효소공학은 생산, 분리, 정제 및 가용성 또는 고정화 형태의 사용 과정을 포함한다. 상업적으로 생산된 효소는 현대사회가 직면하고 있는 가장 중요한 현안인 식품 생산, 에너지 고갈 및 보존, 환경 개선, 의약 분야 등의 문제를 해결하는데 공헌할 것이 틀림없다. 이러한 새로운 기술은 생화학에 그 기원을 두고 있으나 현재의 과학 수준을 달성하기 위해 미생물학, 화학, 공정공학에 상당히 의존한다. 미래에는 효소공학과 유전공학이 유전자와 그 산물의 응용을 다루는 가장 가까운 두 연구 분야가 될 것이다. 이러한 과학은 분자유전학자와 효소학자들의 창의적 발견을 계속적으로 유도할 것이다.

효소에 대한 세계 시장은 $20억이 넘으며 10년 후에는 그 배가 될 것으로 추정된다. 효소 생산과 사용은 현대 생명공학에서 가장 성공적인 분야 중의 하나이며, 과거 10년간 매년 약 12%씩 성장하였다. 현재 효소생산에 관련된 회사는 세계적으로 400개가 넘는데 유럽이 우점하며 (60%) 미국과 일본이 30%를 차지한다. 다양한 산업별 효소 생산의 분포는 표 5.1에 나와 있으며 특정 효소의 생산 규모는 표 5.2에 나타난다.

표 5.1 대량생산 효소의 산업적 비율

분야	백분율(%)
식품	41
세제	34
섬유	11
가죽	3
펄프/제지	1
기타	6

표 5.2 산업적 효소의 세계적 연간 생산량

효소	순수효소(톤)
Bacillus protease	550
Amyloglucosidase	350
Bacillus amylase	350
포도당 이성질화 효소	25
미생물 리넷	25
진균 전분 가수분해효소	20
펙틴 가수부해효소	20
진균 단백질 가수분해효소	15

[5.2] 효소의 응용

수천 년 동안 양조, 제빵, 치즈 생산과 같은 공정에 효소가 사용되어 왔다 (표 5.3). 기원전 700년경에 쓰여진 희랍의 서사시 *오딧세이(odyssey)*와 *일리아드(Iliad)*에서는 치즈를 만들 때 우리가 현재 효소라고 일컫는 것의 사용을 언급하고 있다. 효소적 전환에 의존하는 전통적인 실험과 기술은 이러한 방식으로 잘 정착되어 그 적용에 대한 합리적인 지식으로 발전되어 왔다.

서양에서 효소의 산업적 이해는 효모와 맥아를 중심으로 진행되어 제빵 및 양조 산업의 빠른 발전을 이루었다. 초기 생화학 발전의 많은 부분은 효모 발효 및 전분의 당 전환 공정에 중심을 두고 있다. 동양에서의 산업은 사케(sake) 생산과 식품 발효라 할 수 있는데 이들 모두는 효소활성의 원천으로서 세균이나 사상성 진균을 이용한다. 밀기울(wheat bran)에 *Aspergillus oryzae* 균을 배양하여 얻은 가수분해 효소의 혼합물인 takadiastase가 서양에서 처음으로 시장에 나옴으로써 현대적 미생물 효소 공학이 개시되었다. 1884년 일본 과학자 Jokichi Takamine 박사에 의해 미국 특허청에 이에 대한 특허가 출원되었다. Takadiastase 생산 방법은 아시아에서 수천 년 동안 시행되었던 방법과 거의 다르지 않았으나 그것은 동양에서 서양으로의 중요한 기술 이전의 대표적 예이다.

가죽은 항상 중요한 일상용품이었는데 원래 탈회질(bating)이라고 부르는 무두질(tanning)을 하기 전에 가죽을 부드럽게 하기위해 개나 비둘기의 배설물을 이용하는 더러운 공정이었다. 그러나 20세기에 들어서 독일의 저명한 화학자 Otto Rohm은 개의 배설물속의 활성 성분이 단백질 분해 효소임을 밝혀내었다. 그는 유사한 효소를 생산하는 동물의 기관으로부터의 추출물을 배설물대신 사용할 수 있음을 증명하여, 1905년부터는 돼지와 소의 췌장으로부터 더욱 만족스럽고 믿을만한 효소의 원료를 얻게 되었다.

다양한 공정에서 초기 지역적 효소의 사용은 식물과 동물에 의존하였다. 파파야의 파파인(papain), 무화과의 휘신(ficin), 파인애플의 브로멜라인(bromelain)과 같은 단백질 분해효소(protease)는 아직도 중요한 상업적 원료이다. 동물에도 리넷 (rennet), 펩신 (pepsin), 키모신(chymosin), 라이소자임(lysozyme)과 같은 에스테라제(esterase), 단백질 가수분해효소(protease), 지방 가수분해효소(lipase)를 위한 상당량의 원료가 있다. 이러한 효소의 원료는 계속해서 산업적 중요성이 있는 반면 지속적인 품질과 유용성의 결핍을 비롯하여 식물 효소의 경우 기후나 정치적인 불안으로 야기되는 공급의 변동과 같은 한계점이 있다.

1950년대에 들어서야 특히 미생물 효소 원료를 사용하는 효소공학의 급속한 발전이 이루어졌다. 그 이유는 다양하지만 대개 다음에 의존한다:

(1) 2차 세계대전 시 주로 페니실린 생산 공정과 관련된 미생물로 액침배양(submerged cultivation)에 있어서 중요한 발전이 있었고 이러한 새로운 지식은 다른 미생물의 대규모 배양과 계속되는 미생물 효소 생산에 쉽게 적용되었다.

표 5.3 효소의 산업적 응용

응용	사용효소	용도	문제점
생물학적 세제	세균에서 세포외 형태로 생산되는 단백질 분해효소 Amylase	전-담금 조건과 직접 액체 적용에 사용 전분제거를 위한 식기세척기의 세제	공정작업자의 알레르기 반응 현재 캡슐화 기술로 극복
제빵산업	진균 α-amylase 효소; 보통 50℃에서 불활성화되며 제빵과정 중에 파괴됨 단백질 분해효소	밀가루 전분을 효모가 이용할 수 있게 당으로의 분해를 촉매. 흰빵, 롤빵 등의 생산에 사용 밀가루의 단백질 함량을 낮추기 위한 비스켓 제조	
양조산업	맥주생산 시 담금 단계 중 보리에서 생산되는 효소	전분과 단백질을 분해하여 당, 아미노산, 펩티드를 생산한다. 효모에 의해 사용되어 알코올 생산을 향상	
	산업적으로 생산되는 효소. Amylase, glucanse, 단백질 분해효소, β-glucanase, amyloglucosidase, 단백질 분해효소	현재 양조공정에 널리 쓰인다. 맥아의 다당류와 단백질을 쪼갠다. 여과 특성을 향상시킨다. 맥주저장 시 부옇게 흐림을 방지	
낙농산업	레닌(rennin), 어린 반추동물(소, 양, 염소)로부터 유래 미생물에서 생산된 효소 Lipase Lactase	치즈 제조, 단백질 분해에 사용 현재 낙농산업에서 사용이 증가 푸른곰팡이 치즈(Danish Blue, Roquefort)의 숙성 촉진 유당을 포도당과 갈락토오스로 분해	나이 든 동물은 레닌 생산이 감소되고 치즈 생산에 적합하지 않은 다른 단백질 분해효소인 펩신으로 대체되어 사용될 수 없다. 최근 쇠고기 생산의 증가와 더불어 치즈소비가 급격히 증가되어 레닌이 부족하게 되고 가격이 상승하였다.
전분산업	Amylase, amyloglucosidase, glucoamylase	전분을 포도당과 다양한 시럽으로 전환	

표 5.3 (계속)

응용	사용효소	용도	문제점
	Glucose isomerase	포도당을 과당으로 전환(전분성 물질에서 유래된 고 과당 시럽은 감미료 특성이 향상되었고 칼로리가 낮음)	
	고정화 효소	고 과당 시럽의 생산	미국과 일본에서 널리 사용되나 유럽연합에서는 사탕무 농가 보호를 위해 규제
섬유산업	Amylase 효소	현재 직물을 직조할 때 손상을 막기 위해 섬유상에 접착제로 사용되는 전분을 제거하는데 널리 사용. (전통적으로 전분을 제거하는데 강한 화학물질을 사용함)	
	세균 효소	일반적으로 세균 효소는 100~110℃까지 견디기 때문에 전분 제거에서 선호	
피혁산업	개와 비둘기 배설물에서 발견되는 효소	전통적으로 특정 단백질 성분을 제거하여 가죽을 부드럽게 만들기 위해 사용. (이 과정은 무두질인데 부드러운 가죽을 만들기 위해서 강한 무두질이 요구되며, 구두 제품에서는 약한 무두질이 요구됨)	악취가 나는 제조 과정
	도살장과 미생물로부터의 트립신 효소	현재 무두질을 위한 효소를 대체. 동물 가죽과 표피의 제모에 사용.	
의학 및 제약 사용	트립신	상처의 이물질 제거, 혈전 용해 소화제 성분, 염증 치료 등	
	췌장 트립신	많은 효소가 진단 도구로 임상 화학에서 사용	

(2) 효소 특성에 대한 기초지식은 빠르게 발전되었고 이는 산업적 촉매로서 효소 사용에 대한 가능성을 인식시켜 주었다.
(3) 잠재적으로 산업적 중요성을 가진 대부분의 효소는 몇몇 미생물로부터 생산될 수 있었다.

보다 최근에 효소 산업의 팽창은 유전공학의 출현과 함께 나타났다. 재조합 미생물은 현재 다양하게 활용되는 효소들의 가장 큰 공급원이다.

첨가제로서 효소의 개발은 대개 새로운 가능성을 열기보다는 전통적 공정을 향상시키는 것이었다. 현재까지도 대부분의 가공하지 않은 효소의 대량생산은 주로 전분과 같은 탄수화물의 배당결합(glycosidic link)을 가수분해하는 효소와 단백질의 펩티드결합을 가수분해하는 단백질 가수분해효소(protease)와 관련이 있다.

대략 90%의 효소의 대량생산이 사상성 진균, 세균, 효모와 같은 미생물에서 유래하며 나머지가 동물 (6%)과 식물 (4%)로부터 유래한다.

세포추출 효소는 수많은 연속반응이 관련되는 화학공정에 비해서 많은 이점이 있다. 발효공정에서 미생물 세포를 촉매로 사용하는 것은 많은 한계점이 있을 수 있다:

(1) 기질의 많은 부분이 보통 생체량으로 전환된다
(2) 소모성 부반응(side reaction)이 일어날 수 있다
(3) 미생물의 생장 조건이 산물 생산 조건과 다를 수 있다
(4) 발효액으로부터 원하는 산물을 분리하고 정제하는 것이 어려울 수 있다.

이러한 한계점의 많은 부분은 정제된 효소를 사용하거나 고정화된 형태의 효소를 사용함으로써 완화될 수 있다. 미래에는 많은 전통적 발효공정이 다중 효소 반응기로 대체되어 매우 효율적인 기질사용 속도와 높은 수율 및 상품 균일성을 창출할 것이다.

현재 산업공정, 임상의약 및 실험실에서 고도로 정제된 효소의 사용이 매우 빠르게 확산되고 있다. 현재 상업적으로 이용할 수 있는 정제된 효소의 범위는 급속히 증가하고 있다. 매년 10,000톤 이상 판매되는 효소들은 킬로그램 당 $5~30이고 1 톤 미만의 특수(specialty) 효소는 킬로그램 당 $50,000이며 치료용 효소는 킬로그램 당 $5,000에 달한다.

와인과 주스를 정화하거나 맥주의 냉각가공, 빵 품질의 향상과 같은 많은 작업에서 정제하지 않은 효소를 사용하여도 생산품의 단가에 거의 영향을 주지 않을 것이다. 산업적 규모로 사용되는 효소의 대부분은 세포외 효소이다: 즉 일반적으로 미생물에 의해 분비되어 외부 환경에서 기질에 작용하며 인간이나 동물의 소화 효소와 유사한 효소를 말한다. 미생물이 효소를 생산하여 큰 외부 분자를 동화가능한 형태로 쪼갤 때 그 효소들이 보통 발효배지 밖으로 분비된다. 이러한 방식으로, 세균이나 효모, 사상성 균 등과 같은 특정 미생물의 배양으로부터의 발효액은 단백질 가수분해효소, 전분 가수분해효소(amylase), 셀룰라아제(cellulase) (더 적은 정도), 지방 가수분해효소 등의 주요한 원료가 된다. 대부분의 산업 효소들은 복잡한 조효소(co-factor) 없이 작용할 수 있는 가수분해효소들이다. 세포벽을 파괴하지 않고 미생물에서 쉽게 분리되며 수용성이다.

몇몇 세포내 효소들이 현재 산업적으로 생산되고 있는데 식품보존을 위한 포도당 산화효소(glucose oxidase), 암 치료를 위한 아스파라기나제(asparaginase), 항생제 합성을 위한 페니실린 아실라제(penicillin acylase)가 그 예이다. 대부분의 세포 효소가 본래 세포내 효소이므로 이 분야에서 더 많은 진보가 기대된다.

효소가 세제에 일상적으로 사용되었던 1965년까지 산업용 효소의 판매는 비교적 적었다. 1966년과 1969년 사이 세제에 효소를 사용하는 것이 급격히 증가하였으나 공장에서 효소를 다루던 작업자에게서 알레르기 증상이 발견되어 1969년과 1970년 사이 다시 쇠퇴하게 되었다. 언론의 심한 반응이 있었고 결국 효소는 세제에서 제거되었다. 그러나 공장에서 적절한 주의를 하고 소비자에게 오기 전에 효소를 캡슐화함으로써 예상되는 위험요소가 제거되었다. 세심한 연구의 결과 효소의 사용으로부터 해로운 환경적 효과가 없으며 가정에서도 아무 영향이 없는 것으로 판명되었다. 세제에 효소의 사용이 다시 재개되어 세제산업에서 세척결과를 향상시키는 효소의 사용이 꾸준히 증가하고 있다. 실제로 효소의 가장 큰 사용은 현재 세제 이용, 가정 세탁, 설거지와 산업 및 기관 작업 분야이다.

서유럽에서는 온수 세척 (약 65~70℃)이 대부분의 옷 세탁에 필수적으로 여겨져 왔지만 미국과 캐나다에서는 대부분의 기계가 55℃ 에서 작동한다. 반면에 일본에서는 옷감을 보통 냉수로 더 오랫동안 세탁한다. 따라서 보편적으로 비교적 낮은 온도 (20~30℃)에서 작동하는 세제 효소의 사용에 대한 관심이 증가하고 있다. 세제시장은 단백질 분해효소(protease)가 지배해왔으나 전분과 지방을 제거하기 위하여 amylase와 lipase의 사용이 증가 추세에 있다. 최근에 cellulase가 세제시장에 도입되었는데 특정 얼룩을 분해하는 다른 효소와는 달리 섬유조직에 직접 작용한다. 새로운 면제품은 부드러운 섬유질로 되어있으나 오래 사용하거나 반복되는 세탁으로 미세섬유(microfibril)나 끊어진 섬유가닥이 '보풀'을 만들어 섬유 표면이 거칠해진다. Cellulase는 이것을 제거하여 외관상 좋게 할 뿐 아니라 섬유의 촉감을 부드럽게 해 준다. Cellulase는 또한 여러 번 세탁된 면제품의 색상을 복구하거나 청바지의 '돌 세탁 (stone-wash)'에도 쓰인다.

전분 가공산업에서 옥수수 전분은 가장 널리 이용되는 원료물질이며 밀, 타피오카(tapioca)와 감자가 그 뒤를 잇는다. 다양한 감미료가 전분의 효소 처리로부터 얻어질 수 있다 (그림 5.1). 열에 안정된 α-amylase는 1970년대 초에 발견되었으며 산업적 전분 당화에 혁명을 일으켰으며 산 가수분해를 대체하였다.

옥수수, 밀, 쌀과 카사바(cassave) 같은 재생가능 원료물질로부터의 전분은 포도당으로 가수분해되고 이는 다시 효모 발효에 의해 에탄올로 전환되어 바이오연료 또는 바이오에탄올의 생산에 이용된다 (후반부 참조).

그러나 재생가능한 식물 물질 내에 매우 큰 비율의 화학물질 및 에너지가 복잡한 다당류인 셀룰로오스와 리그닌 같은 페놀성 중합체로 구성된 세포벽 물질의 형태에 고정되어 있다. 바이오에탄올 생산에 전분이 항상 주된 기질로 작용하겠지만 궁극적인 원료물질은 재생가능한 리그노셀룰로오스(lignocellulose)가 될 것이다. 이 복잡한 구조를 상업적으로 가능하게 파괴하기 위해 새로운 가수분해와 효소적 방법이 현재 고려되고 있다. 이 복잡한 생물중합체를 분해하여 현재 화석연료로부터 얻고 있는 다양한 화합물로 전환하기 위해 더 좋고 보다 다양한 촉매 (생물학적 및 화학적)에 대한 요구가 매우 높다 (후반부 참조).

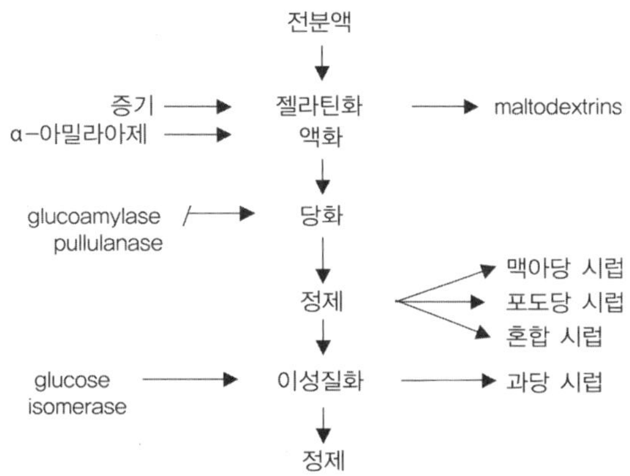

그림 5.1 효소를 이용한 전분의 다양한 감미료로의 전환.

양조 및 식품 산업에서 효소의 관련성은 다음 장에서 설명될 것이다.

지난 10년 동안 효소의 가격은 하락하였는데, 예를 들면 대부분에 식품 분야에 쓰이는 대량의 효소는 현재 1970년대보다 적어도 20~35% 정도 가격이 저렴하다. 저 농도 및 고 순도로 사용되는 보다 특수한 효소는 생산방법이 향상되어 그 사용이 증가되어 왔다. 비용이 계속적으로 절감된다면 대규모로 효소가 촉매로 사용될 것이다. 미국 상무성(US Department of Commerce)에 따르면 현재 세계적인 산업효소의 판매량은 6억5천만 달러에서 7억5천만 달러이다. 금융적인 관점에서 산업효소 판매금액의 80%는 전분 전환(starch conversion) (40%), 세제 (30%), 그리고 낙농업, 특히 리넷 (rennet) (10%)의 3가지 주요 시장으로 흘러들어간다. 치즈제조를 위한 동물 리넷 판매는 $1억에 달하며 동물 리넷은 미생물 또는 유전공학에 의한 리넷과 함께 더욱 증가하고 있다. 그러나 효소판매의 성장은 전분 및 세제 산업에 의해 상당히 영향을 받아 왔으며 앞으로도 계속 그러할 것이다. 재조합 DNA 기술과 같은 혁신과 발효 방법 및 하위공정(downstream processing)의 향상으로 특히 고 비용 효소의 생산 단가가 더욱 감소되어 다른 화학공정에 대해 경쟁력을 갖출 것이다.

많은 특수한 효소들이 임상 및 진단 분야에서 점차 사용이 증가하고 있지만 실제로 필요한 효소의 양은 매우 적다. 이것은 고정화 효소를 사용하고 소형화된 시스템 [효소가 컴퓨터의 마이크로칩(microchip)과 유사한]을 요구하는 자동화 과정의 개발 때문이다. 따라서 효소는 필수적이지만 시장 수요는 상당히 작다.

효소가 대량 첨가제로 사용될 때 1,000 킬로그램의 기질과 반응하는데 보통 1 또는 2 킬로그램이 요구된다. 이러한 방식으로 효소의 단가는 킬로그램 당 3~25 달러이거나 최종 산물 값의 10~14%이다. 그러한 효소는 대개 액체 형태로 판매되며 거의 정제되어 있지 않다. 반면 진단용 효소는 밀리그램 또는 마이크로그램 단위로 사용되는데 킬로그램 당 100,000 달러 정도하며 고도로 정제된 형태로 요구된다.

계속되는 세계 효소 시장의 성장은: (a) 고 용량, 산업적 등급의 효소 제품과 (b) 분석용, 진단용, 치료용의 저 용량, 고 순도 효소 제품에서 이루어질 것이다. 산업효소의 세계 생산량에서 유럽의 작은 두 국가인 덴마크와 네덜란드가 시장을 지배하는 것은 흥미로운 사실이다 (표 5.4).

표 5.4 서양에서의 산업적 효소 생산 (톤)

국가	효소 생산(톤)	%
미국	6,360	12
일본	4,240	8
덴마크	24,910	47
프랑스	1,590	3
독일 (서)	3,180	6
네덜란드	10,070	19
영국	1,060	2
스위스	1,060	2
기타	530	1
합계	53,000	100

[5.3] 효소 생산을 위한 생산균주의 선발과 개발

효소 생산을 위한 배양 수집 (탐색)과 균주 개량의 기본적 전략은 다른 미생물 활성을 위해 수행하는 것과 동일하다. 새로운 분리균주이건 개량된 균주이건 바람직한 균주 선택을 위한 분명히 개선된 만족스러운 시험들은 매우 많다. 효소 기업들은 광범위한 자연적 공급원으로부터 유래한 많은 미생물 균주를 유지하며 요구하는 특성을 미생물에서 선택하기 위해 다양한 농화 방법을 채택할 수 있다. 대부분의 기업들은 유전자 라이브러리를 갖고 있으며 그것은 분자적 탐색과 유전체 서열 분석을 통해 새로운 효소의 발견으로 이어질 수 있다.

대부분의 기업적 효소 생산에서는 효소 활성이 높은 미생물의 선택과 그 균주의 생산으로 연결된다. 일반적으로 진균 효소는 *Aspergillus*와 *Trichoderma* 같은 진균 숙주에서 생산되며- 세균 효소는 보통 *Bacillus* 종 같은 세균 숙주를 이용한다 (표 5.5).

유전공학 또는 재조합 DNA 기술은 유용한 효소의 유전자를 한 생명체에서 다른 생명체로 도입하는 것을 가능하게 하였다. 그리하여 산업적 이용가치가 있는 효소가 일단 선발되면 관련 유전자가 생산에 더 적합한 숙주 미생물에 클로닝되고 (그림 5.2) 산업적 발효가 실행된다. 이러한 방식으로 매우 높은 품질과 순도의 효소를 산업적으로 생산할 수 있게 된다.

표 5.5 선택된 효소 산물을 위한 생산 균주

효소 활성	활용/산업	숙주 생물	공여 생물
아밀라아제 (진균)	제빵, 양조, 전분	*Aspergillus oryzae* *A. niger*	*Aspergillus* 종
아밀라아제 (세균)	전분	*Bacillus amyloliquefaciens* *B. subtilis*	*Bacillus* 종
셀룰라아제	제빵, 양조, 세제, 직물	*Trichoderma tsesei*	*Trichoderma* *Aspergillus*
Pectate lyase	과일과 채소, 직물	*Bacillus licheniformis*	*Bacillus* 종
단백질분해효소 (알칼리성) 세제		*Bacillus subtilis*	*Bacillus* 종
단백질분해효소 (산성)	유제품(우유 응고)	*Bacillus subtilis* *Aspergillus oryzae* *A. niger*	송아지 위 *Mucor*, *Rhizamucor*
Xylanase (hemicellulase)	펄프, 제지, 직물	*Aspergillus niger*, *Bacillus subtilis*	*Actinomedira*, *Trichoderma* 종

출처 : Berka와 Cherry (2006)

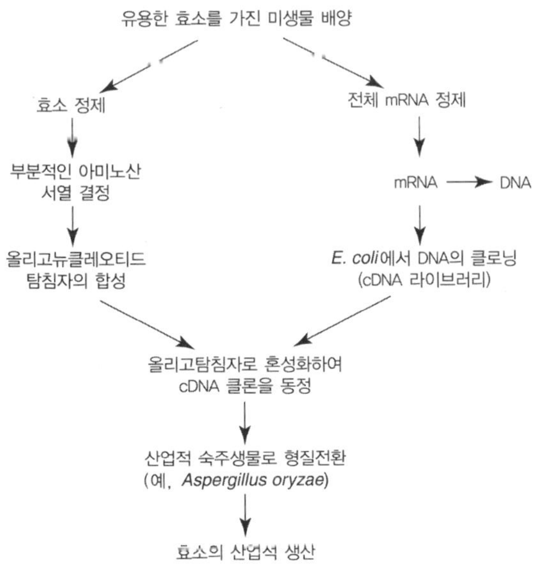

그림 5.2 효소의 클로닝 방법.

재조합 미생물은 현재 다양한 종류의 효소의 주요한 원천이 되고 있다. 유전공학을 손쉽게 적용할 수 있고 또 다양하고 극한 환경의 미생물이나 배양이 까다로운 미생물, 잠재적 병원성 미생물 등으로부터 거의 무제한적으로 다양한 종류의 효소를 이용할 수 있어서 이러한 경향은 앞으로도 증가될 전망이다. 고온 (90~100℃)에서 자랄 수 있는 미생물과 같은 극한 생물(extremophile)로부터의 효소는 중온성(mesophilic) 미생물에서 배양이 가능하며 고온에서 저항성이 있어 산업적 공정에 사용될 수 있는 효소를 생산할 수 있다.

이러한 기술에 대한 최근의 한 예는 Novo Nordisk A/S 사에서 생산되는 직물의 지방얼룩을 제거하는 세제 효소인 리포라제(lipolase)이다. 이 효소는 진균인 *Humicola lanuginosa*에서 처음 발견되었는데 상업적 생산에는 부적합한 수준이었다. 그 효소 유전자의 DNA 절편을 생산균인 *Aspergillus oryzae*에 클로닝하여 상업적 수준의 효소를 얻을 수 있었다. 이 효소는 세탁과 관련해 다양한 온도와 pH 조건에서 매우 안정하다. 더욱이 리포라제는 보통 사용되는 세정 단백질 분해효소의 단백질 분해활성에 놀랄 정도로 저항성이 있다.

효소의 촉매적 특성을 향상시키기 위해 효소를 변형하려는 노력이 수 십 년간 수행되어 왔다. 이것은 과거에 무작위적인 다국적 프로그램에 의해 수행되었는데 최근의 발전된 기술은 이 분야의 주요한 변화를 가져오게 하였다. 표 5.6은 이러한 연구가 지향하는 주요한 목적의 일부를 제시하고 있다.

단백질공학 (protein engineering) 또는 '분자 수술(molecular surgery)'은 효소분자의 활성을 향상시키기 위해 사용되어 왔다. 단백질공학은 특별한 생화학적 특성을 의도적으로 변형시키기 위해 단백질 내의 특정 아미노산의 선택적 대체를 포함한다. 효소의 단백질공학은 정제된 효소의 X-선 결정학 자료로부터 얻어진 3차원 그래픽 모델을 만들어서 이루어진다. 효소 구조를 변화시켜 pH와 온도에 대한 안정성이 증가하고, 예를 들면 산화 안정성이 향상된 아밀라아제 같은 효소를 암호화하는 유전자에서 만들어진 필수적인 분자적 변화를 야기할 수 있다.

표 5.6 변형된 효소 생산의 목적

1. 효소의 활성을 강화
2. 안정성 향상
3. 효소가 변화된 환경에서 작용
4. 최적 pH 또는 온도를 변화
5. 효소 특이성을 변화시켜 다른 기질의 전환을 촉매
6. 촉매반응을 변화
7. 공정의 효율을 높임

출처 : Gray (1990)

효소의 성능을 변화시키기 위해 2가지 주요한 연구 방법이 시도되어 왔다. 1가지 접근 방법은 클로닝된 유전자 산물을 효소 구조의 특정 위치의 아미노산을 돌연변이시켜 적절하게 암호화된 다른 아미노산으로 대체하는 것이다. 변화된 유전자는 적당한 숙주 생물에 형질전환되어 적당한 위치에 필요한 변화를 가진 돌연변이 효소가 생산된다. 두 번째 방법은 천연 효소를 분리하여 화학적 또는 효소학적 방법으로 그 구조를 변형하는 것이다 (종종 '화학적' 돌연변이라 함). 단백질공학의 성공적 예는 고 농도의 산에 저항성을 갖도록 구조적으로 변형된 phospholipase A2이다. 이 효소는 식품 유화제로 널리 쓰인다.

유전공학과 단백질공학은 효소산업에 많은 형태로 극적인 영향을 줄 것임에 틀림없다. 유전공학은 생산 경제를 개선하고 희귀 미생물로부터 효소를 생산할 수 있게 하며 개발 프로그램을 가속화시킬 것이다. 또한 현재 사용되는 효소의 광범위한 시험은 환경에 대해 해로운 영향을 미치지 않고 있다.

[5.4] 효소 생산 기술

비록 많은 유용한 효소가 식물과 동물로부터 얻어지지만 대부분의 효소기술의 향후 발전은 미생물 유래 효소에 의존할 것이다. 현재 몇몇 경쟁력 있는 양조공정에서도 미생물 효소를 사용하고 있으며 전분을 가수분해하는 효소인 amylase는 발아된 보리에서 값싸게 얻을 수 있어 현재의 양조기술은 이를 토대로 개발되어 왔다.

효소생산의 원료로 미생물을 사용하는 것은 다음의 중요한 이유로 발전되어 왔다:

(1) 일반적으로 산물의 단위 건조 중량에 대한 특이적 활성도가 높다.
(2) 기후변화나 정치적 변화에 의한 원자재의 계절적 변동과 부족이 발생하지 않는다.
(3) 미생물은 pH 범위와 고온에의 저항성 등과 같은 넓은 범위의 효소의 특성에 대한 선택이 가능하다.
(4) 산업 유전학은 변종 선택, 돌연변이, 유도 및 생장조건의 선택을 통하여 효소의 수율과 유형을 최적화하는데 기여해 왔는데 최근에는 혁신적인 유전자 도입기술과 단백질공학이 이용되고 있다.

특이한 원료로부터의 새로운 효소는 그 관련 유전자를 *Aspergillus oryzae*와 같이 잘 알려져 있고 생장이 용이한 미생물에 클로닝하여 생산할 수 있다.

서로 다른 미생물들 중에서 선택을 하는 기준은 복잡한데, 효소가 배양액으로 분비되는지 세포 안에 존재하는지에 대한 배양의 경제성과 해로운 효소의 존재 유무와 같은 잘 정의되지 않은 요인들과 관계가 있다. 효소는 원료에 따라서 온도와 pH에 대한 안정성에 큰 차이가 있다. 따라서 *Bacillus subtilis*의 단백질 분해효소는 비교적 열에 안정적이고 알칼리 조건에서 활성적이어서 가루비누 첨가제로 가장 적합하다. 반면 진균 amylase는 열에 매우 민감하여 제빵산업에 더 유용하다.

효소생산의 선택에 있어서 산업 유전학자들은 원하는 특성 (높은 효소 수율, 안정성, 유도제의 사용 유무, 좋은 회수율 등)을 최적화해야 하며 또한 원치 않는 특성 (해로운 부수적 대사산물, 냄새, 색깔 등)을 제거하거나 억제해야 한다. 정교한 유전자 기술은 아직 널리 사용되지 않고 있으며 대부분의 제조업자는 주로 좋은 선별 방법과 결합된 돌연변이 방법에 주로 의존하고 있다. 대부분의 산업적 생산 생물들은 공통적으로 그 유전학에 대한 지식이 거의 없는 실정이다. 그러나 유전자 도입기술과 단백질공학이 이것을 변화시켜 효소공학에 새로운 지평을 열어줄 것이다.

산업적 효소 발효의 원료는 주로 저렴한 비용으로 대량으로 쉽게 얻을 수 있고 영양적으로 안전한 물질에 국한되어 왔다. 가장 흔하게 사용되는 기질은 전분의 가수분해물, 당밀, 밀주, 유장, 곡물 등이다.

미생물로부터 산업효소의 생산은 제4장에서 설명된 주로 액체조건이나 고체-기질 발효에 의존한다.

진균 효소를 생산하는 고체-기질 방법은 특히 일본과 그 밖의 극동국가에서 역사적으로 오래 응용되어 왔다. 실제로 이 방법은 습기가 있는 밀겨나 쌀겨를 영양염과 함께 기질로 사용한다. 보통 항온실에 있는 직사각형 또는 원형의 쟁반에서 생장시킨다. 이러한 방법으로 생산되는 상업적으로 중요한 효소는 진균 amylase, protease, pectinase, cellulase 등이다.

미생물 효소는 대개 부피가 작고 비용이 중간 정도인 산물이므로 액체배양 시스템을 사용하는 생산방법은 일반적으로 항생제 생산 공정에 쓰이는 것과 디자인이나 기능이 비슷한 생물반응기에 의존한다 (그림 5.3). 발효 배지는 탄소 및 질소원 뿐 아니라 에너지를 공급하므로 그 선택이 중요하다. 원료비용은 최종산물의 가치와 밀접한 관계가 있다.

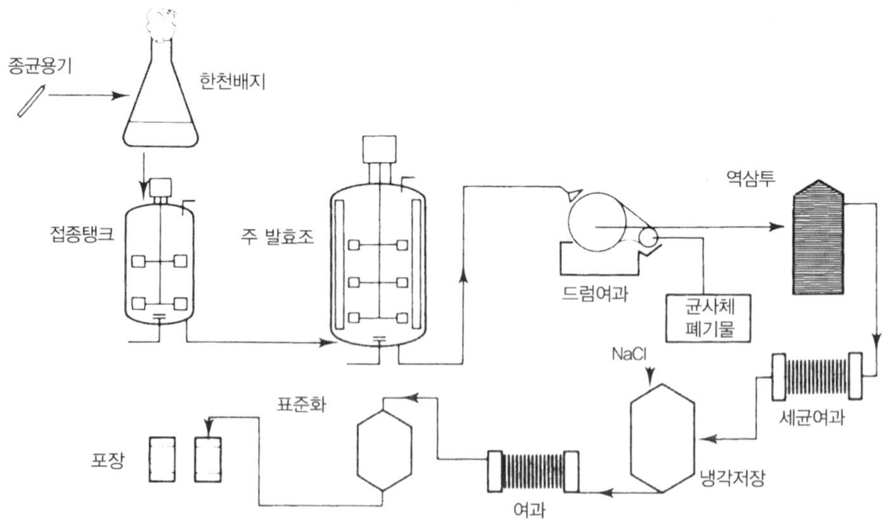

그림 5.3 액체효소의 생산단계.

미생물에서는 종종 효소 합성이 억제된다. 즉, 효소는 대개 기질로 쓰이는 유도인자(inducer)가 존재할 때만 합성된다. 유도인자는 조절 억제인자(repressor)를 방해함으로써 작용하는데 amylase 생산에서 전분이나 invertase 생산에서 자당을 예로 들 수 있다. 되먹임 억제(feedback repression)는 작은 분자의 생합성에서 일어나는데 대개 생산과정의 첫 번째 효소가 최종 산물에 의해 저해된다. 대사물질 억제(catabolite repression)의 경우에는 탄소, 질소 등의 특정한 과잉 영양분이 관련 화합물을 위한 효소 생산을 정지시키거나 억제할 수 있다.

산업효소 생산을 위해 유도인자를 사용하는 것은 종종 곤란한 경우가 있는데 가장 흔한 해결책은 상시발현 변이주(constituent mutant)를 만들어 유도인자 의존성이 없는 조절변이주(regulatory mutant)를 생산하는 것이다. 대사물질 억제를 위해 이러한 현상에 저항을 갖는 돌연변이주가 개발되고 있으며 유가회분식(fed-batch) 배양에 의해 기질을 생물반응기에 공급하여 그러한 기질의 효과를 조절하는 것도 가능하다.

전형적인 효소생산 생물반응기는 스테인레스 강철로 만들어지며 그 용량은 10~50 m^3이다 (그림 5.4). 대부분의 경우에 효소는 30~150 시간 지속되는 회분식(batch) 발효로 생산되며 연속배양(continuous cultivation) 공정은 산업적 효소생산에 거의 적용되지 않고 있다. 생물반응기 시스템의 멸균성(sterility)은 생산과정에 필수적이다.

그림 5.4 덴마크 Novo 사의 효소생산 발효공장.

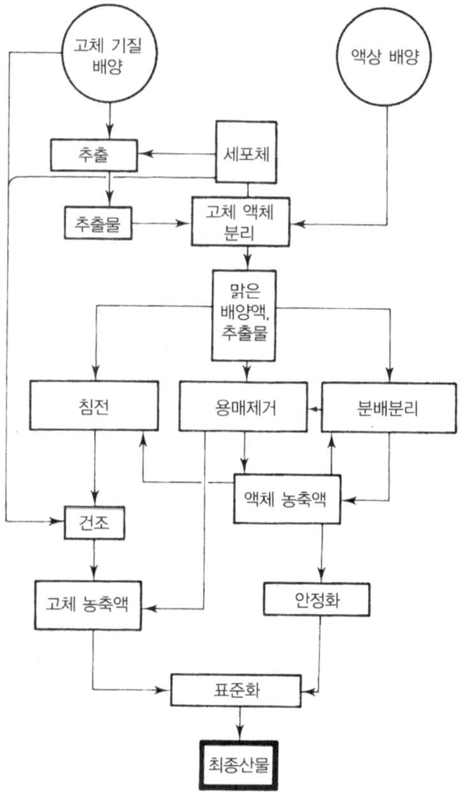

그림 5.5 효소의 추출 및 조제.

발효 종료 시에 효소가 미생물 내에 존재하거나 액체 또는 고체 배지로 분비될 수 있다. 판매되는 상업적 효소는 고체나 액체 형태가 될 것이다. 효소의 정제 및 농축 과정은 그림 5.5에 나타나 있다. 효소의 회수와 정제는 발효단계로서 생산의 경제성과 관련이 있다. 계획적인 효소의 응용을 위해 추가비용에 대한 근거가 있을 때만 효소정제를 하게 된다. 생산, 정제 및 폐기물 하위공정(downstream processing)의 규모에 따라 분리 기술이 선택되는데 일부 공정은 대규모로 작동되기가 어렵다.

식품이나 의약 관련 분야에 사용되는 모든 미생물 효소 제품은 독성에 관한 엄격한 조항이 요구되고 있으며 (표 5.7), 현재 매우 적은 수의 미생물만이 효소생산에 이용된다. 효소제품의 안전에 대한 책임은 제조업자에 있으며 실제로 안전한 효소제품은 알레르기 가능성이 낮고 독성 물질과 유해 미생물이 없어야 한다. 동물 및 식물유래 효소는 독성연구가 요구되지 않으며 식품 및 식품가공에 전통적으로 쓰이는 미생물 유래 효소는 검사가 필요없다 (표 5.7). 그 밖의 미생물 유래 효소는 외독소(exotoxin), 내독소(endotoxin), 곰팡이독소(mycotoxin)와 같은 독성 대사산물에 대한 광범위한 검사와 분석이 요구된다. 모든 대량생산 효소(bulk enzyme)는 효소사용에 대한 잠재적 위험과 취급과정을 다룬 자세한 물질 안전자료 설명서 (Material Safety Data Sheet)와 함께 공급된다. 효소제품 제조자 협회(Association of Manufacturers and Formulators of Enzyme Products, AMFEP)는 효소 생산과 연관된 환경적 건강과 안전 사항에 대한 지침을 정하는 산업 기구이다.

표 5.7 미생물 식품효소 생산자 연합의 분류에 기초한 식품효소의 안전 검사

종류 시험 (×=수행)	(a) 식품 또는 식품가공에 전통적으로 사용되는 오염물질로 인정되는 미생물	(b) 식품에 무해한 미생물	(c) (a) 또는 (b)에 포함되지 않은 미생물
병원성	일반적으로 검사 불필요		×
급성 구강독성, 쥐 (mouse & rat);		×	×
아급성 구강독성			
3개월 구강독성, 쥐 (rat)		×	×
시험관에서 돌연변이 유발성		×	×
기형유발성, 쥐 (rat); 생체 돌연변이 유발성, 쥐 (rat)와 햄스터 (hamster)			(×)[a] (×)[a]
최종식품에 대한 독성연구			(×)[a]
발암성, 쥐 (rat); 수정능력 및 생식			(×)[a] (×)[a]

[a] 예외적인 조건에서만 수행.

출처 : Godfrey와 Reichelt (1983)

[5.5] 고정화 효소

모든 상업적 효소의 거의 95%는 수용성 형태로 판매되며 대부분은 표 5.1에 명시된 분야에서 일회성으로 직접 사용된다. 가용성 효소는 일반적으로 반응이 끝난 후에 회복되지 않으므로 이 같은 효소의 사용은 비경제적이다. 효소 공학의 새롭고도 가치있는 분야는 효소활성의 지지체(support)나 담체(carrier)로 사용하는 막, 입자와 같은 불용성 중합체에 효소를 고정화(immobilization)시키는 것이다. 고정화된 효소는 연속적인 촉매 공정 동안 물리적으로 제한되어 있으며 반응혼합물로부터 회수되어 계속적으로 재사용됨으로써 공정의 경제성이 향상된다 이것은 단순히 생명체의 대부분의 효소가 자연적인 고정화 상태로 되돌아가는 것과 같다. 세포 밖으로 나와있는 상태에서 열에 의해 빠르게 불활성화되는 효소는 비활성 중합체 지지물(polymeric support)에 부착시켜 안정화될 수 있으며 불용성 효소는 비수용성 환경에서 사용될 수 있다. 값싸게 이용될 수 있는 새로운 효소와 생물 시스템의 다양성은 특히 제약 및 진단 분야에서 미래의 가능성이 기대된다.

현재 고정화 촉매의 사용은 주로 산업 공정에 국한된다 (예, L-아미노산, 유기산, 과당 시럽 등의 생산). 고정화 생체촉매(immobilized biocatalyst)에 대한 미래의 가능성은 비-고정화 생체촉매를 사용하는 현재의 공정에 대한 대안이 아니라 새로운 생산품을 개발하고 응용하는데 있다.

고정화 효소는 대개 수용성 효소보다 더 안정적이며, 정제된 형태, 반-정제된 형태, 또는 전체 세포 형태로 재사용이 가능하다. 더 광범위하거나 또는 더 정확한 반응조건에서 작용하도록 고정화 효소의 촉매 특성을 바꿀 수 있다. 예를 들면 고정화된 glucose isomerase는 60~65℃에서 1,000 시간 동안 연속해서 사용될 수 있다.

효소는 어떻게 고정화되는가? 실제로 물리 화학적 방법이 효소 고정화에 일반적으로 사용된다. 물리적으로, 효소는 불용성 기질에 흡수되거나 젤 안에 포함되거나 또는 마이크로캡슐이나 반 투과성 막으로 캡슐화 (encapsulation)된다 (그림 5.6). 화학적으로 효소는 고체 지지체에 공유결합으로 부착되거나 교차 결합(cross link)을 이룬다.

수많은 화학반응이 필수적이지 않은 작용기에 의해 효소의 공유결합에 사용되어 왔는데 세라믹(ceramics), 유리, 철, 지르코늄(zirconium), 티타늄(titanium) 등의 무기 담체나 sepharose, cellulose와 같은 천연 중합체, 나일론(nylon), 폴리아크릴아마이드(polyacrylamide)와 같은 합성 중합체와 그 밖의 반응성 화학작용기를 갖는 비닐 (vinyl) 중합체 및 공중합체(copolymer)에 결합한다. 이러한 많은 과정에서 담체에 대한 효소의 공유결합은 비특이적이다. 즉 효소의 화학적으로 활성있는 작용기에 의한 효소의 결합은 무작위적으로 분포한다. 더욱 최근의 연구에서는 효소가 그 촉매적 활성에 영향을 받지 않고 높은 활성을 가진 담체에 결합하는 효소 고정화 기술이 개발되고 있다. 고정화 효소 기술의 한계성은 표 5.8에 나타나 있다.

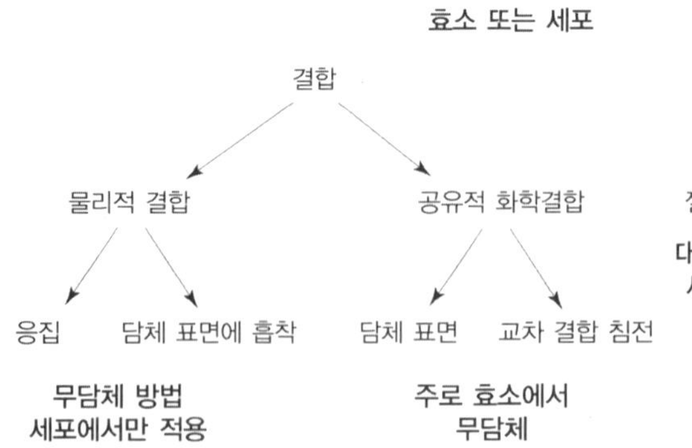

그림 5.6 효소/세포 고정화 기술.

표 5.8 고정화 효소 기술의 한계성

방법	장점	단점
공유결합 부착	배지의 pH, 이온화 강도나 기질 농도에 의해 영향받지 않는다.	활성 부위가 변형될 수 있다; 공정에 비용이 든다.
공유결합 교차연결	효소가 강력하게 결합되어 손실될 우려가 없다.	제조과정 중에 효소활성의 손실 거대분자 기질에 효과적이지 않다; 담체의 재생이 불가능
흡착	효소의 변형이 없어 단순하다; 담체의 재생이 가능; 값 싼 기술	이온화 강도의 변화가 탈착을 야기할 수 있다; 효소가 미생물 또는 단백질 분해효소의 공격에 영향 받기 쉽다.
포획	효소의 화학적 변형이 없다.	활성 부위로 기질, 산물이 확산; 제조가 어려워 종종 효소 불활성화가 일어난다; pore 크기의 분포에 따른 연속적 효소의 손실 거대분자 기질에 효과적이지 않다; 효소가 미생물 또는 단백질 분해효소의 작용에 영향 받기 쉽다.

효소의 존재 하에서 중합화 또는 침전/응고 반응을 통하여 젤 담체(gel matrix)에 효소를 넣을 수 있다 (포획). 폴리아크릴아마이드, 콜라겐(collagen), 실리카(silica) 등은 모두 적합한 주형으로 입증되었고 포획 (entrapment) 과정은 비교적 어려워서 효소의 활성을 감소시킨다.

고정화된 전체 미생물 세포의 사용이 점차 증가되고 있는데 지루하고 시간이 오래 걸리는 비용이 많이 드는 효소 정제 과정이 필요 없다. 세포 고정화는 보통 효소 고정화와 같은 방법에 의해 수행된다. 고정화 세포 시스템의 가장 큰 잠재력은 화학공정의 연속적 모니터링 (효소 전극을 통해)에서의 2차 산물 형성 (즉 반-합성 항체), 수질분석 및 폐수처리, 연속 맥아제조(malting) 공정, 질소 고정, 스테로이드(steroid) 및 다른 값비싼 의약품의 합성과 같은 복잡한 발효공정을 대체하는데 있다. 고정화 생체촉매를 사용하는 이점은 표 5.9에 요약되어 있다.

표 5.9 고정화 생체촉매의 이점

1. 효소 성분을 재활용하게 해 준다.
2. 연속적 작동에 이상적이다.
3. 생산물에 효소가 섞여있지 않다.
4. 촉매 공정을 더 정확하게 해 준다.
5. 효소의 안정성을 향상시킨다.
6. 다중 효소(multi-enzyme) 반응시스템의 개발을 가능하게 한다.
7. 산업적 및 의학적 사용에 있어서 매우 가능성이 크다.
8. 방출수 처분 문제가 감소된다.

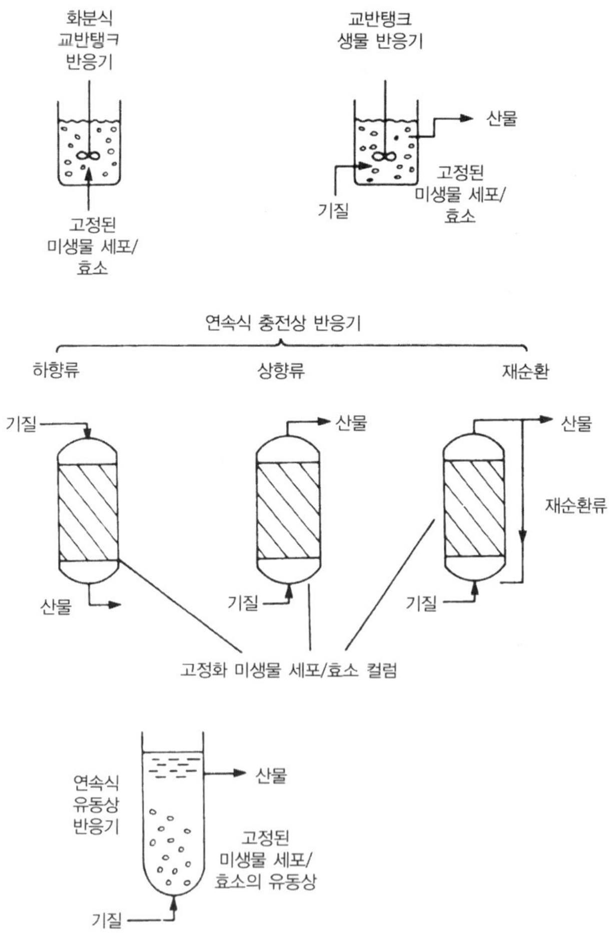

그림 5.7 고정화 세포/효소 생물반응기.

성공적인 고정화 기술의 결과로 효소 캡슐(capsule), 효소 구슬(bead), 효소 관(column), 효소 막(membrane)의 형태로 여러 유형의 생물반응기가 실험실 규모로 그리고 더 적은 정도의 산업적 규모로 개발되었다. 회분식-교반 탱크(batch-stirred tank) 생물반응기, 연속 충진상(continuous packed-bed) 생물반응기, 연속 유동상(fluidized-bed) 생물반응기가 그것들이다 (그림 5.7). 실제 산업적으로, 분리된 효소, 고정화 효소, 또는 고정화 세포의 촉매적 특성은 일반적으로 생물반응기 용기의 영역 내에서 이용된다. 생물반응기 시스템은 반응의 유형와 효소의 안정성에 따라 여러 가지 형태가 있다.

유럽에서는 천연 생산 penicillin G 또는 V로부터 6-aminopenicillic acid (6-APA)를 제조하는데 고정화된 penicillin acylase가 사용된다 (그림 5.8).

이 화합물은 세균성 질병에 대한 싸움에서 필수적인 반합성 페니실린(semi-synthetic penicillin)을 합성할 때 중요한 중간 대사물질이다. Penicillin G (phenyl acetyl-6-APA)와 penicillin V (phenoxy acetyl-6-APA)의 2가지 유형의 penicillin이 산업적 발효에 의해 생산되는데 각각은 하나의 6-APA 핵과 하나의 측쇄(side chain)를 갖는다. Penicillin 분자의 항생제 활성은 측쇄에 의해 결정되는데, 측쇄가 제거되거나 다른 것으로 대체되면 항생 범위와 다른 특성들이 상당히 변화된다. 많은 제약회사들은 현재 산업적 규모의 6-APA 생산에 고정화 효소 공정을 운용한다.

적어도 3,500 톤의 6-APA가 매년 생산되는데 약 30 톤의 효소 생산이 요구된다 (표 5.10).

고정화된 포도당 이성질화 효소(glucose isomerase)는 미국, 일본, 유럽에서 전분 포도당의 부분적 이성질화(isomerization)에 의해 고 과당 시럽을 산업적으로 생산하는데 사용된다. 수천 톤의 고 과당 시럽은 이러한 효소 공정에 의해 매년 생산되며 모든 고정화 효소 중에서 가장 널리 사용된다. 이러한 공정의 산업적 상업적 성공은 다음과 같은 요인에 기인한다: 전분 포도당은 비교적 값이 싸다 과당은 포도당보다 더 달다 고 과당 시럽은 대략 동일한 양의 포도당과 과당을 함유하며 영양적 측면에서 자당과 유사하다. 전분으로부터 과당 생산의 전체적 과정은 그림 5.9에 나타나 있다.

고정화 효소의 또 다른 중요한 사용은 아미노산의 aminoacylase 생산이다. Aminoacylase column은 일본에서 수 천 킬로그램의 L-메티오닌, L-페닐알라닌, L-트립토판, L-발린을 생산하는데 사용된다.

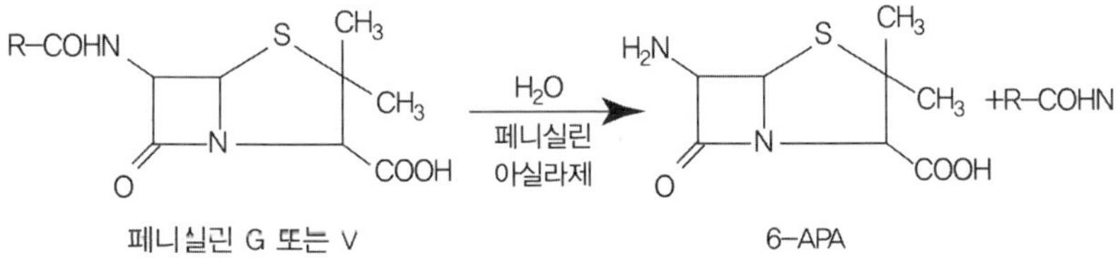

그림 5.8 페니실린의 가수분해에 의한 6-APA의 생성.

효소 중합체 접합체(enzyme polymer conjugate)는 현재 분석 및 임상 화학에서 가장 광범위하게 사용되고 있다. 고정화 효소 컬럼(column) 또는 관(tube)은 기질의 분석시험에서 특정 촉매로서 반복적으로 사용될 수 있다.

표 5.10 고정화 효소의 산업적 응용

산업	효소	고정화 방법	공정
식품	Glucose isomerase	AE-celluose 세포 균질 현탁액이 glutaraldehyde와 교차연결된다	포도당에서 과당으로 전환
	Aminoacylase	DEAE-Sephadex	DL-아미노산을 L형으로 분해
낙농	Lactase	Cellulose acetate 섬유질	유당을 포도당과 갈락토오스로 가수분해
제약	Penicillin G/V acylase	Br CN-활성화된 Sephadex cellulose triacetate 섬유질; Polyacrylamide	Penicillin G로부터 6-APA의 생산
화학	Nitrilase	Polyacrylamide	Acrylonitrile로부터 acrylamide의 생산

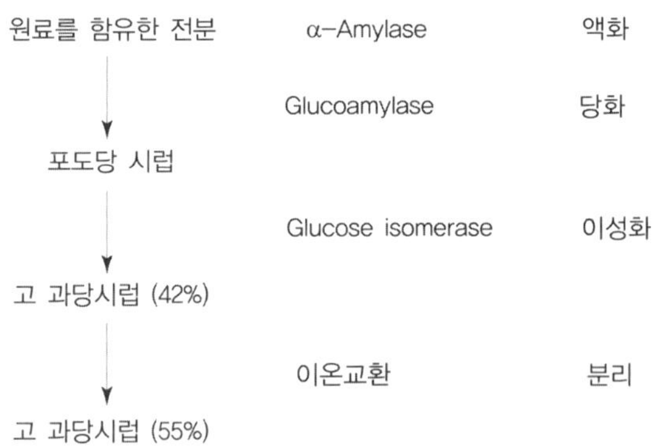

그림 5.9 전분으로부터 과당의 생산.

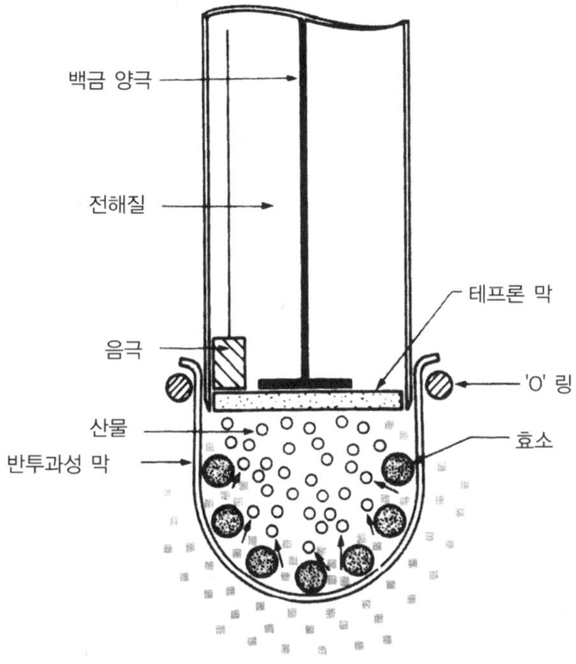

그림 5.10 전기화학적 전극과 반투과성 막에 고정화된 효소를 결합시킨 간단한 바이오센서(Wymer, NCBE Newsletter에서 인용).

효소는 널리 사용되는 기존 검사법부터 복잡한 바이오센서까지 넓은 범위의 진단법에 오랫동안 이용되어 왔다. 분석하고자 하는 화합물(analyte)은 효소-촉매 반응에서 기질이 되어 흡광 변화 같은 검출 가능한 신호가 발생하면 그것이 기록되고 적당한 측정치가 얻어질 수 있다. 검사법의 특이성은 관련된 효소의 기질 특이성과 연관된다. 고정화 효소는 분석 목적으로 흔히 사용된다. 효소는 특별한 종이에 비공유적으로 결합될 수 있으며 혈액, 소변 등 생물학적 시료의 검사를 위한 시험용품이 될 수 있다. 복잡한 바이오센서에 이용될 때 효소는 보통 산화환원효소이며 검출하고자 하는 물질 인식의 특별한 매개체로 작용할 수 있다. 효소 반응 결과는 변환기(transducer)를 거쳐 전기 신호로 전환되어 전자공학적으로 증폭되고 처리된다.

효소 전극(enzyme electrode)은 요소, 아미노산, 포도당, 알코올, 젖산 등의 기질을 전위차(potentiometric) 또는 전류적정(amperometric) 방법으로 분석하도록 고안된 새로운 유형의 검출기 또는 바이오센서(biosensor)이다. 전극은 기질과 특이적으로 반응할 수 있는 얇은 투과성 효소 막과 밀착되어 있는 전기화학적 센서로 설계되어 있다. 막에 장착된 효소는 특정 센서에 의해 쉽게 검출되는 효소 반응에 따라서 산소, 수소이온, 암모늄 이온, 이산화탄소, 또는 그 밖의 작은 분자 등을 생산한다 그 반응의 규모에 따라 기질의 농도가 결정된다 (그림 5.10). 바이오센서의 생물학적 구성요소는 주로 효소 또는 다중 효소(multi-enzyme) 시스템이며 항체, 세포소기관, 미생물 세포, 또는 조직 조각이 될 수도 있다.

양조, 식품가공, 의약품, 제약, 화학 산업, 폐수처리 등과 같은 현재의 공정에 효소공학을 응용하는 것은 엄청난 잠재력이 있으며 이는 다음 장에서 고찰될 것이다.

미래를 예상해 보면, 효소의 생산과 응용은 계속적으로 확장될 것으로 기대된다. 특히 유류와 그 밖의 원자재의 가격 상승과 같은 환경과 천연자원에 대한 세계의 관심이 커짐에 따라 새로운 연구 방법의 개발이 촉진될 것이며 효소는 이러한 문제들을 해결하는데 있어서 중요한 역할을 할 것임에 틀림없다.

6

생물학적 연료생산

[6.1] 지구온난화와 화석연료의 심각성

산업, 상업, 거주 목적의 에너지, 전기생산, 운송을 위한 에너지는 화석연료 (석탄, 가스, 석유)와 원자력에 의해 주로 공급된다. 오늘날 기후변화는 대기중에 존재하는 온실가스의 양과 밀접한 관련이 있으며 화석연료의 연소를 통한 인간활동이 주요한 기여 요인이 되는 것으로 널리 믿어지고 있다.

지구온난화에 65% 정도 기여하는 온실가스는 이산화탄소이다. 화석연료는 수십억년 또는 수천년 전의 에너지 또는 '태고의 햇빛 (ancient sunlight)'의 저장된 형태이며, 인간은 불과 몇 세기 동안 엄청나게, 특히 최근 수십 년간 더욱 많이 연소시켜 왔다. 화석연료는 연소될 때에 그 오랜 기간 동안 고정되어있던 모든 이산화탄소가 일시에 대기 중으로 방출되어 지구에는 온실가스가 크게 증가하였다. 이와 대조적으로 현대 식물 구성물질은 상대적으로 짧은 기간동안 생체물질로 고정된 탄소가 대기중으로 방출되어 이산화탄소가 순환되는 것이다. 그 결과로서 이 시스템은 화석연료의 연소와 같지 않게 상대적인 탄소 중립 (carbon neutral)을 유지한다.

이산화탄소 방출을 감소시키기 위한 교토 협약(Kyoto Agreement)의 결정에도 불구하고, 2000년대를 맞이하여 최초 5년 동안 화석연료로부터 지구로 방출된 이산화탄소의 양은 그 이전 10년 동안과 비교하여 4배가 증가하였다. 지구상의 대기중에 존재하는 이산화탄소의 양은 380 ppm이며, 산업혁명 이전인 200년 전에 비하여 100 ppm 이상 증가한 양이다. 이산화탄소의 양이 약 450~500 ppm으로 증가하면, 되돌이킬 수 없는 기후변화가 일어나는 것으로 알려져 있다.

에너지 문제는 지구적 차원에서 우려되는 상황으로, 대중적 및 정치적 관심은 점차 커져가고 있다. 모든 사람들은 우리가 살아가는 지구의 미래에 관심을 가지고 있다! 에너지 수요는 세계 인구증가와 각 국가의 국내총생산에서 필연적으로 증가하여 2000년과 2050년 사이에는 2배로 증가될 것으로 예상된다. 그 결과, 에너지 공급에 대한 미래수요는 범세계적인 국가에서 그 중요성이 크게 증가할 것이다.

화석연료 에너지원은 모든 산업문명에서 활력의 근원이 되어왔으며, 온실가스에 대한 최근의 우려에 크게 기여해 왔다. 대부분의 산업국가는 탄소의 방출을 줄이기 위한 시도를 하고 있음에도 불구하고, 경제를 발전시키기 위해서는 에너지가 요구된다. 현재 산업적 발달을 자극하는 쓸데없고 지저분한 에너지 기술을 우회적으로 사용하여 생활수준을 개선하고자 하는 시도를 통하여 국가의 경제를 발달시키는데 요구되지만, 그러한 공정은 환경을 볼모로 붙잡고 있다.

[6.2] 광합성 : 궁극적 에너지원

세계의 식물과 조류는 실험실에서 수행하는 화학연구로 반복될 수 없는 화학반응을 실행하지만, 이 생물체들은 태양열의 에너지를 이용하여 물을 수소와 산소로 분리시킨다. 물을 분리하는 반응에 기여하는 효소는 광산화 환원효소(photo-oxidase reductase)이다. 광합성 세포내에서 수소는 대기로부터의 이산화탄소와 결합하여 설탕, 전분, 단백질 등을 포함하는 수많은 종류의 유기 탄소 함유 화합물을 생산하며, 세계의 모든 생명체는 거기에 삶을 의존한다. 대기중으로 방출된 산소는 지구상의 대부분의 생물체에 필수적이며 해로운 자외선 방사로부터 지구를 방어하는 오존층을 유지하는데도 도움이 된다.

육지와 해양의 광합성 생물들은 계속적인 태양 에너지 전환체로 생각될 수 있으며 끊임없이 재생 이용될 수 있다. 식물의 광합성은 2×10^{21} J의 에너지에 해당하는 약 2×10^{11}톤의 탄소를 고정하는데 이는 연간 세계에서 사용하는 에너지의 10배, 그리고 우리의 음식 에너지 소비의 200배에 해당한다. 우리는 소량의 고정 탄소만을 사용하기 때문에 광합성의 중대성과 역할에 대하여 올바로 평가하지 못해왔다. 현재 사용되는 화석 탄소원인 석탄, 석유 그리고 천연 가스는 모두 과거에 광합성에 의해 생산된 것이라는 것을 잊지 말아야 한다. 이같이 환경에서 광합성으로 얻어진 생체물질은 많은 이용 가능한 형태로 존재하며 바이오에탄올, 바이오디젤, 메탄가스와 같은 저장가능한 연료와 화학공급 원료로도 전환될 수 있다. 녹색식물에서 포획된 태양에너지의 실제 효율은 옥수수, 사탕수수에서 높으며, 특히 가장 생산성이 높은 사탕수수 같은 광합성 식물들에서 3~4% 정도 더 효율적이다.

농작물이 바이오연료 생산을 위해 재배될 때, 농작물이 수확되고 재파종 될 수 있어, 재생가능하고 지속가능한 사회의 중요한 부분으로 보여질 수 있으며, 이는 연소하는 동안 생기는 탄소방출이 새로운 식물 성장으로 재흡수되기 때문에 지속가능하다. 그같은 순환이 언제까지나 계속될 것인가!

화석연료 매장량은 한정되어있다. '피크 원유(peak oil) (역자주, 석유 소비는 계속 늘어나는데 생산이 더이상 늘어나지 않는 지점)'는 원유생산이 정점에 이르러 떨어지게 될 때의 그 시점을 알아내기 위해 만들어진 용어이다. 중국과 인도에서 최근에 급격하게 일어나는 산업화와 연관되어 이에 대한 대체에너지와 확실한 공급을 위한 경제성장과 무역압력이 생겨나고 있다. 이것은 지구온난화에 대한 지속적인 세계의 우려가 도를 넘고 있는 것이다.

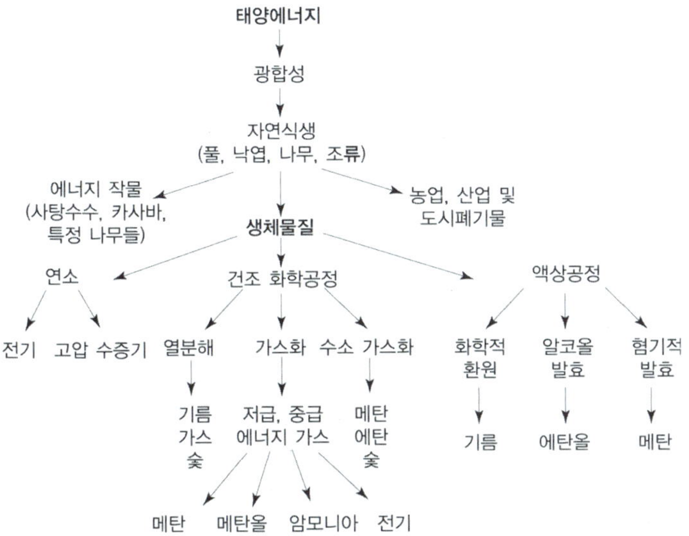

그림 6.1 생체물질이 에너지로 전환되는 범위.

생체물질은 재생가능한 에너지원으로서 고려되며, 직접 연소, 혐기적 분해 시스템, 파쇄증류법(destructive distillation), 가스화, 화학적 가수분해, 생화학적 가수분해 등의 의해 직접적으로 에너지 또는 에너지 담체(energy-carrier) 화합물로 전환될 수 있다 (그림 6.1).

[6.3] 생체물질로부터 바이오연료

바이오에너지 (바이오연료)는 기본적으로 생물학적 물질로부터 가연성 / 쓰기에 편리하게 생산된 에너지이다. 여기에는 액체연료 (예, 바이오에탄올, 바이오디젤), 기체연료 (예, 메탄), 또는 직접 고형 열 에너지 (예, 나무) 등이 포함될 수 있다.

중요한 생물학적 에너지원이나 농작물에는 무엇이 있는가? (Smith, 2006.)

사탕 작물	사탕수수, 사탕무우; 추출된 설탕의 바이오에탄올로 발효.
녹말 작물	옥수수, 보리, 밀, 귀리, 카사바: 전분을 설탕으로 효소에 의해 가수분해시켜 비이오에탄올로 발효.
셀룰로스 작물/폐기물	짚, 바가스, 나무폐기물, 농작물; 헤미셀룰로스를 설탕으로 효소학적으로 가수분해하여 바이오에탄올로 발효.

오일 작물	채종유, 아마씨, 해바라기씨, 피마자유, 땅콩; 기름을 추출하여 바이오디젤로 에스테르전환 시킴.
유기폐기물/거름	메탄/메탄올로 다양한 미생물 발효
고형 에너지 작물	작은 관목숲, 사탕수수, 갈대, 유칼립투스: 1가지만의 직접 연소 또는 기타 석탄과 같은 다른 것들과 함께 연소시킴.

오리나무, 버드나무, 그리고 자작나무와 같은 많은 목본성 농작물은 손쉽게 벌목이 가능하며, 발전소에서 직접적인 연료공급원으로 이용될 수 있다. 몇 가지 성공적인 결과가 스칸디나비아와 캐나다에서 얻어졌다. 곡물 생산이 감소하는 울창한 농토가 있는 유럽의 다른 국가들에서 이 땅은 연료에너지 생산을 위하여 다년생 나무를 재배하거나 작은 관목을 재배하기 위하여 사용되었다.

영국에서 최근 비-식품 농작물(non-food crop)의 시작을 통하여 바이오연료, 건설물질, 포장, 특수 화학물질과 의약품으로 가공하는 농작물의 재배를 장려하고 있다. 유사한 프로그램을 통해서 농작물의 과잉생신을 막기 위한 특별지정구역의 토지를 사용하여 다른 유럽연합국가에서 생겨나고 있다.

생물학적이거나 화학적인 수단 또는 이 두 방법의 조합으로 생체물질은 사용가능한 연료로 전환될 수 있다. 생산물들은 고형 연료, 수소, 저가의 가스, 메탄올, 그리고 긴 사슬의 탄화수소와 같은 초기 생체물질과 사용된 공정에 따라 차이가 있지만 두 가지의 최종 주요 산물은 메탄, 에탄올, 바이오디젤이다.

특별히 에너지를 얻기 위해 재배하는 식물 생체물질은 식물의 높은 고정 탄소 수율이 농업 및 산업 폐기물을 수거나 천연 초목의 채취 보다 잘 계획된 재배 방법에서 상당히 높다는 개념에 근거를 두고 있다. 이와 같은 형태의 프로그램은 현재 광범위하게 계획되고 있고 세계적으로 많은 국가들에서 실행되고 있다. 사탕수수와 카사바는 브라질, 호주, 미국, 남아프리카에서 재배되고 있는 (주로 바이오에탄올 생산을 위해) 2가지 중요한 농작물이고, 반면에 리그노셀룰로스에 근거한 프로그램은 스웨덴, 캐나다, 미국에서 개발되고 있다. 후자의 경우에 삼림을 액체 연료로 전환하기 위한 계획이 진행 중에 있다. 이 모든 공정에 대한 원가를 분석한 결과는 특히 사탕수수의 전환에서 상당한 가치가 있는 것으로 평가되고 있다.

에너지 작물의 조림은 확실히 가까운 장래에 상당량의 에너지를 공급할 것이다. 그러나 물 부족 문제는 매우 현실적이며, 강우는 태양광선의 강도, 일조량, 온화한 겨울, 그리고 양질 토양이 충족된 상태에서 재배하는데 가장 제한적인 요소이다. 일부 국가에서 그같은 조림은 매우 현실성 있게 될 가능성이 있으나 대부분의 나라에서는 유기폐기물의 사용에 대한 집중적 개발이 이루어질 것이다. 원유 에너지의 대체물로서 그리고 화학적인 공급원료로서 생물연료로 전환은 상당히 도움이 될 수 있다.

생체물질의 기술 공정은 습도와 화학적 복잡성 등의 많은 요인에 의존한다. 높은 수분 함량을 가지는 물질에서 수분 처리는 기질을 건조하지 않아도 된다. 알코올 발효로 에탄올, 혐기적 소화로 메탄, 그리고 기름 탄화수소로의 화학적 환원이 모두 가능하다. 나무, 짚, 사탕수수 찌꺼기와 같은 수분이 적은 물질도 가능하며: 열을 얻기 위해서 또는 전기 생산을 위한 증기를 얻기 위하여 태우고; 가스 상태의 기름, 숯, 그리고 메탄올과 암모니아와 같은 에너지가 풍부한 화합물을 생산하기 위해 가스화나 열분해 같은 열화학 공정으로 처리되며; 장차 생물학적 에너지 전환에 사용되는 화학적 공급원료를 생산하기 위해 알칼리나 생물학적 가수분해에 의해 처리된다.

[6.4] 생체물질로부터 바이오에탄올

당과 전분의 발효에 의한 알코올 생성은 옛날부터 전해 내려오는 기술이며 사람에 의해 사용된 최초의 미생물 공정 중의 하나라고 생각된다.

$$C_6H_{12}O_6 \rightarrow 2CH_3CH_2OH + 2CO_2$$

발효에 의한 산업 알코올의 생산은 양조자와 증류주 제조업자의 축적된 지식에 크게 의존한다. 현재 산업용 알코올은 주로 합성으로 생산, 즉, 미생물 없이 석유화학적 공정으로 얻어진다. 석유화학 에탄올은 에틸렌의 수화(hydration)에 의해 생산되며, 알코올의 미생물학적 생산은 1940년대 에틸렌의 대규모 생산이 시작되면서 감소되었다. 대규모 원유 열분해 개발로 20년 이내에 발효 알코올의 산업적 생산은 많은 산업 국가에서 술 생산량보다 적게 되었다. 이같이 기술적으로 더 발달한 나라에서 에탄올은 화학적 방법으로 생산되었다. 값싼 원재료를 이용할 수 있는 많은 개발도상국에서 에탄올 생산에는 산업적인 목적을 위해 아직도 전통적인 발효기법을 사용되고 있다.

에너지의 효율성에 관한 측면에서 연소 시에 독성 일산화탄소를 생성하지 않아서 전통적인 연료보다 훨씬 덜 오염시키는 등의 연료로서 에탄올의 이점이 고려되는데 반하여, 원유 가격적 측면에서 발효공정에 의한 것 보다 석유에서 화학적으로 생산되는 에탄올이 아직까지는 더 싸다. 이러한 면에서 다른 대체 에너지로서 에탄올을 사용하는 것은 지속적인 원유 가격의 향상이 될 때까지 산업 국가에는 경제적으로 저해요인이 된다. 정확하게 예견하는 것도 힘들지만 그렇게 될 것이다. 그러나 지구온난화에 대한 전세계적인 관심은 이제 절박하게도 연료의 선택에 달렸다.

경제적인 면에서 알코올 생산의 커다란 변화는 1970년대 세계 원유가격이 크게 상승함으로써 일어났다. 원유가격은 1975년 이후로 4배 이상 증가한 반면에 탄수화물은 평균보다 많이 오르지 않았다.

원유 수입국은 석유 수입 단가를 줄이는데 고심하고 현재 가정에서 생산된 대체연료에 많은 보조금을 지급한다. 알코올이 원동기의 부분적 또는 완전 대체연료로서 사용될 수 있고, 에틸렌과 그와 관련된 화합물로 즉시 전환될 수 있기 때문에 재활용될 수 있는 자원으로 여전히 매력적인 것처럼 보인다.

역사적으로 에탄올과 그 다음으로 메탄올은 2차 세계대전 이전에 유럽에서 원동기 연료로서 광범위하게 사용되었고, 실제로 Henry Ford 사의 T 모델 자동차는 알코올, 휘발유 또는 그 사이의 어떤 혼합에 의해 작동되도록 설계되었다.

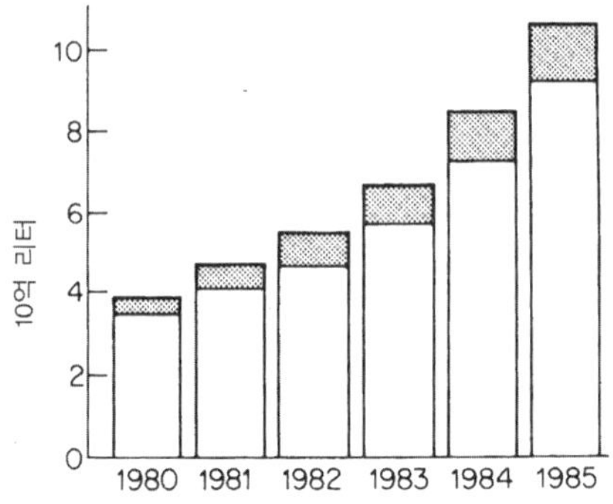

그림 6.2 브라질에서 제안된 에탄올 프로그램.

이것을 브라질보다 더 활발하게 추진하는 곳은 없다. 거대한 생명공학 공정이 국가전역에서 운용되며 효모 발효를 통하여 사탕수수와 카사바를 에탄올로 전환시킨다. 브라질 국가 에탄올 프로그램(Brazil's National Ethanol Programme, PROALCOOL)은 1970년대 오일쇼크에 대한 결과로서 생겨났으며 이제는 자국의 화석연료에 대한 의존을 줄이는데 성공하였다. 바이오에탄올은 현재 브라질의 자동차 연료의 40%를 충당하고 있다. 1980년대 초기에 약 50억 리터의 에탄올 생산량은 2005년 현재 150억 리터로 크게 증가하였다. 브라질의 에탄올 계획은 그림 6.2.에서 보여주고 있다. 특히 원유를 구입하기에는 자금이 부족하지만 그들 소유의 연료 작물을 재배할 수 있는 토지와 기후를 가진 가난한 개발도상국가들 사이에서 브라질이 '녹색 원유(green petrol)' 생산의 확실한 성공에 대하여 세계적인 주목을 받았다. 심지어 오스트레일리아, 미국, 스웨덴, 그리고 프랑스와 같은 선진국에서도 대규모 농업 잔여물이나 임업 폐기물을 이용하는 생물학적 알코올 생산 공정에 투자하고 있다.

미국에서 30억 리터의 연료 알코올이 1987년에 옥수수로부터 발효되었으며, 아메리카에서 사용되는 총 가솔린의 1/3은 10% 폐기물-유래 에탄올 혹은 가소홀이다. 브라질 관리들은 국가 전체 휘발유 필요량이 국가의 광대한 지역의 0.3%에서 재배되는 농작물에서 생산되는 알코올로부터 얻어진다고 추산하고 있다. 500개가 넘는 발효 및 증류 공장이 국가 전역에서 세워져 일년 내내 생산된 농작물을 처리하고 있다. 에너지 생산과 함께 추가적으로 예기치 못한 사항은 브라질의 농촌 지역에 70만개가 넘는 새로운 직접적인 직업과 30만개가 넘는 간접적인 직업이 창출된 것이다.

그러나 브라질 바이오에탄올 프로그램(Brazil's bioethanol programme)의 경제적 시나리오는 최근 세계 원유가격의 불황에 의해 크게 영향을 받고 있다. 1988년에 에탄올 생산은 120억 리터로 증가했고, 새로운 차의 88%가 에탄올 엔진에 의해 운용되었다. 에탄올 생산은 1990년대에 약 120억 리터로 상대적으로 안정되어 왔다. 현재 사탕수수로부터 바이오에탄올을 생산하는 비용은 배럴 당 최소 50 달러라는 것이 실질적으로 평가되고 있다.

표 6.1 에탄올 연료 생산을 위한 잠재적 천연물질.

전분이 함유된 것	셀룰로스 화합물	당이 함유된 것	기타
곡물: 옥수수 사탕수수 밀 보리	목재 톱밥 폐지(廢紙) 삼림 잔재 농업 잔재	설탕과 전화 사탕 옥수수 당밀 사탕무 사료 사탕무 사탕수수	뚱딴지 (해바라기속 식물) 건포도 바나나
제분 생산물: 밀가루 밀가루 제분사료 거친 옥수수 사료	도시 고형 폐기물 집약적 가축 생산 폐기물	유당 유청 포도당 아황산염 폐액	
전분성 뿌리: 카사바 감자			

브라질에서는 가솔린 대신에 바이오에탄올을 사용함으로써 많은 간접적 이익을 얻고 있다. 바이오에탄올이 지구 온난화를 명백히 감소시키고, 가솔린에 무수에탄올(anhydrous ethanol)을 첨가함으로서 옥탄가를 올리기 위한 테트라-에틸납(tetra-ethyl lead)의 필요성이 배제되었다. 연구에 따르면 에탄올로 작동되는 엔진은 가솔린으로 작동되는 엔진에서보다 57%의 일산화탄소, 64%의 탄화수소 그리고 13% 질산화물이 적게 생성되었다 이간이 국제 원유가격이 지속적으로 낮아지는 동안, 바이오에탄올(bioethanol) 프로그램을 유지하기 위한 방향은 환경적인 측면에 집중되어 있다.

브라질의 플렉스 연료(flex-fuel, 에탄올 연료 겸용) 차량들은 지구상에서 100% 바이오에탄올 또는 가솔린을 사용할 수 있는 유일한 곳이다. 경제적 고려사항은 향후 원유 가격 상승과 새로운 개념으로 설계된 알코올 자동차 엔진으로 바이오에탄올 생산에 대한 인식변화가 일어나고 있다는 것이다. 더욱이 세계적인 면에서 볼 때, 녹색 휘발유 생산은 경쟁적 긴장을 줄이고 전쟁까지 방지하며 제3세계를 위한 원유생산 압력을 줄이는데 도움을 줄 것이다.

연료 프로그램에 의한 바이오에탄올 생산에는 상당한 자본 투자가 필요하며 작은 농장 시스템이 아닌 대규모의 농장 시스템이 필요하다 (메탄 생산이 더 적합한 곳).

많은 원재료는 그들의 화학적 구성에 따라 발효 가능한 당을 이용하기 위하여 (표 6.1) 전처리 단계가 필요하다. 사탕수수에서 전처리는 많지 않으며 보통 제분 작용으로 이루어지지만, 전분을 함유하는 옥수수나 카사바는 산 가수분해(acid hydrolysis)나 효소 가수분해(enzyme hydrolysis) 가운데 적합한 당화공정이 필요하다. 목재나 짚 같은 셀룰로스성 원재료는 더 많은 전처리가 필요하며, 여기에 많은 에너지가 필요하다 (표 6.2 참고). 다양한 기질로부터 에탄올을 생산을 위한 흐름도는 그림 6.3에서 보여주고 있다.

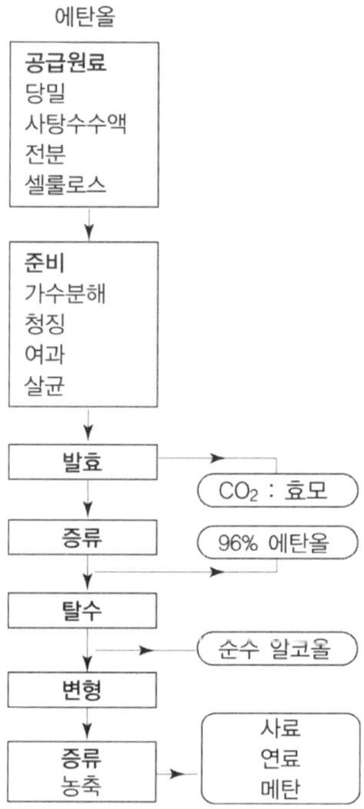

그림 6.3 에탄올 생산을 위한 흐름 공정도.

표 6.2 에탄올 연료 생산을 위한 잠재적 천연물질.

물리적 투입	기질				
	사탕수수	카사바	목재[a]	목재[b]	짚
기질	7.27	19.19	12.67	20.00	4.37
부가 화학물질	0.60	0.89	4.74	6.37	4.74
물	0.30	0.38	0.80	0.30	0.80
전력	7.00	10.47	175.70	7.84	166.74
석유연료	8.00	29.03	42.13	62.40	42.13
자본 투입 (건물 등)	0.46	1.21	3.34	0.64	3.34
총량	24	61	239	98	222

모든 값은 MJ/kg 에탄올 단위로 작성되었음.

[a] 효소 가수분해를 통해 생성된 발효당.

[b] 산 가수분해를 통해 생성된 발효당.

브라질의 프로그램은 거의 회분식 발효 시스템에 근거를 두고 있다. 오늘날 이 발효의 기준은 보통으로 많은 개선의 여지가 남아있다. 연속생산 방법은 많은 장점을 제공하지만 에탄올 생산에 관심을 가진 선진 국가에서만 실제로 수행되고 있다. 연속 발효의 개선은 분리와 재활용에 의해서 또한 발효액의 연속 증발에 의해 생물반응기에서 효모세포의 잔류를 포함하는 많은 접근법들이 사용되었다.

지금까지 브라질 프로그램의 신기술은 본질적으로 전통적인 알코올 발효 과정에서 일부 개량 정도에 지나지 않았다. 그러나 생명공학은 이 분야에서 유전공학 (향상된 알코올 발효, 고온과 고농도 알코올에 대한 저항성, 발효속도와 보다 높은 산출량), 향상된 고정화 효소 반응기 기술, 공정 설계 개선과 같은 새로운 개발 및 많은 연구 프로그램들을 포함하는 상당한 투입이 진행되고 있다. 부분 진공 하에서 발효와 발효성 효모세포의 재활용과 같은 새로운 발효방법의 도입으로 전통적 회분식 발효공정에서보다 10내지 12배의 에탄올 생산이 증가되었는데, 그러한 증가는 발효기 운전을 위한 단가와 에너지 필요성을 감소시킨다. 에탄올 생산에서 이러한 생명공학적 개선법의 적용은 화석 연료의 대체물로서 이들 공정이 더욱 더 경제적으로 매력을 갖게 한다. 이것은 특히 미국에서 현실화되고 있다.

여러 가지 면에서 저장탱크와 선적시설을 가진 항구의 건설, 항구와 설탕생산지역 간의 열차와 파이프라인 연결의 개선과 같은 유통 세포사항은 생산능력보다 더 중요하다. 브라질은 현재 미국, 인도, 나이지리아, 베네주엘라 등으로 바이오에탄올을 수출하고 있으며 조만간 일본으로도 수출이 될 것이다.

원유가격이 지속적으로 농업 공급원료의 가격을 초과할 것이고, 새로운 기술은 에탄올-연료 생산에서 발생되는 폐기물의 처리를 위해 더욱 경제적인 사용을 하게 될 것이므로, 개발도상국에서 특정 농작물 경작으로부터 발효 에탄올에 대한 종합적인 사항을 경제적 측면으로 보면 농업의 확대와 더 많은 일자리 창출이 이루어질 것이다.

많은 양의 폐기물 또는 요탑 폐액(stillage)은 브라질 및 다른 나라의 알코올 프로그램의 결과에서 발생하며, 가치있는 최종 산물을 찾는 많은 연구가 진행 중에 있다. 특히 중요한 사항은 다음이 될 것이다:

(1) 사료 또는 비료로의 증발(evaporation)
(2) 재의 무기화(mineralization)
(3) 메탄올 생산을 위한 혐기적 발효
(4) 미생물에 의한 단세포 단백질(SCP)로의 전환

[6.5] 바이오디젤

중요한 수송 연료인 재래식 디젤은 원유의 증류과정에서 얻어지는 부산물로서, 석유 제조과정에서 생산되며 많은 양의 방향족 및 황을 함유한다. 이에 반하여 바이오디젤은 식물성 기름 (예, 채종유)으로부터 생산되며, 현재 기존 디젤연료의 실용적인 대체물이다.

바이오디젤을 생산하는 가장 성공적인 방법은 50℃에서 수산화나트륨과 같은 촉매로 처리하고 그 기름과 메탄올간의 에스테르전환 반응시켜 지방산 메틸 에스테르와 글리세롤을 생산한다. 글리세롤은 가라앉고 바이오디젤은 정제하여 직접 사용하거나 연료로서 디젤과 혼합체로서 사용한다.

유채씨 오일	+	메탄올	→	바이오디젤	+	글리세롤
(1톤)		(0.1톤)		(1톤)		(0.1톤)

바이오디젤은 현대 디젤 엔진 내에서 연소한다는 면에서 기존의 디젤연료와 유사한 화학적 특성을 가지고 있다. 사용가능한 오일은 채종유, 콩, 카놀라, 그리고 폐식용유도 포함된다. 메탄올은 천연가스, 바이오가스, 또는 석탄으로부터 얻어지며, 글리세롤은 값이 비싸고 수요가 있는 부산물지만, 생산단가는 다소 상쇄될 수 있다. 이 기본적인 생산방법은 현재 전세계적으로, 특히 유럽 일부와 미국에서 널리 사용된다.

화석연료에서 유래하는 디젤과 비교하여 바이오디젤이 가지는 장점은 무엇인가?

- 화석연료 사용/수입에 대한 의존을 감소시킨다.
- 발화점이 낮아 쉽게 발화되지 않는다.
- 독성이 있는 방향족 화합물과 황화합물이 없다.
- 생분해가 가능하여 누출로 인한 환경 피해를 줄인다.
- 바이오디젤은 재생가능하다.

재래식 디젤엔진은 바이오디젤로만 운용하거나 디젤과 혼합하여 사용하는데 어떠한 변경을 필요로 하지 않는다. 얻어지는 연료의 경제성과 엔진의 힘은 상대적으로 유사하다. 가장 중요한 장점은 디젤과 다르게 연소를 통해서 대기로 방출되는 이산화탄소의 총량증가가 없다는 것이다. 이것은 탄소중립(carbon neutral)이다.

유럽연합국가들에서 특히 프랑스, 이탈리아, 독일은 바이오디젤의 제안자로서, 프랑스는 농업적인 이유에서, 이탈리아는 환경적인 이유에서, 그리고 독일은 2가지 모두의 이유로. 바이오디젤의 개발을 선도해왔다. 이들 나라에서 많은 공공 도시 수송 시스템은 그들의 환경적인 이미지를 높이는 바이오디젤을 사용함으로서 자국의 환경적 이미지 개선을 도모하고 있다. 이탈리아는 도시 건물을 난방하는데 바이오디젤을 연료로 사용하는 것을 권장해오고 있다.

바이오디젤 생산은 재래식 디젤연료 생산과 비교하여 여전히 비싸다. 그러나 정부에서는 화석연료와 비교하여 보다 낮은 연료세의 적용과 같은 다양한 형태의 세금인센티브를 부여하여 바이오디젤의 사용을 권장하고 있다. 또한 유럽연합국가에서 채종유 생산에 보주금을 지급하여 재래식 (일반적으로 과잉생산된)의 현금화가 용이한 식량농작물을 지속적으로 유지하기 보다는 생산농가에 산업, 경제, 생태적 중요성을 위한 재배를 격려하고 있다. 그러나 세계의 다른 곳에서 바이오디젤의 대용가능성은 바이오디젤의 공급원료로 제공되기 위해서 식품생산에서 식물성 기름 생산으로 방향을 돌릴 수 있는 농지 면적에 의해 결정될 것이다. 바이오에탄올은 에스테르화 반응에서 사용된 화석연료에서 유래하는 메탄올을 대체하기 위하여 사용될 수 있다. 이 방법을 통해서 바이오에탄올의 사용은 증가될 것이며 바이오디젤은 전체 재생가능한 자원으로부터 유래할 수 있다.

미국은 세계에서 가장 커다란 바이오디젤 생산국이며, 주로 콩으로부터 생산한다. 바이오디젤의 최근 수요량은 년간 1억5천만 갤런이며 새로이 파악된 정부의 목표는 2010년까지 10억갤런으로 설정해두고 있다.

미국의 의욕적인 새로운 산업프로그램은 옥수수를 사용한 바이오디젤의 생산과 바이오에탄올 생산을 연계하려는 것이다. 옥수수로부터 바이오에탄올을 생산하는데 석유자원이 풍부한 제조업자는 곡물을 옥수수의 제분을 통해서 생산하며, 그것은 보통 동물사료를 만드는데 이용하지만, 이제는 바이오디젤의 생산에 이용하려고 한다. 바이오에탄올 생산공정에서 훌륭한 부산물로부터 얻어지는 다른 재생가능한 연료는 환경적 사업과 경제논리에 부합된다. 종합적인 공정은 여전히 이전의 혼합보다 고단백질과 저지방 함량의 더욱 효과적인 사료를 생산하게 된다.

매 1억 갤론의 바이오에탄올을 위해서 700~800백만 갤런의 바이오디젤이 생산된다는 계산이 나온다. 화석연료에서 유래하는 디젤과 2% 혼합하여 바이오디젤을 사용하는 방법이 제시되었다. 바이오에탄올이 철로로 정제소로 보내져야하는데 비하여, 바이오디젤은 현존하는 기름 파이프라인을 통하여 수송될 것이다. 이 공장에서는 매년 3천만 갤런의 바이오디젤을 생산하게 되는데, 이는 현존하는 바이오디젤 공장에서 생산하는 양의 5배가 되는 것이다.

[6.6] 메탄

메탄가스는 기계, 전기, 열에너지를 얻는데 사용될 수 있으며 현재 국가에서 매설한 가스관을 통해 가정과 산업에 공급되어 연료로 광범위하게 사용되거나 메탄올로 전환되어 내연기관의 연료로 사용될 수 있다. 이 천연 가스 자원은 오랜 옛날에 생체물질로부터 만들어진 것이다.

메탄가스는 대기 중에도 존재하고 자연 습지대, 농경지, 동물의 장에서 발효 같은 미생물 작용을 통해서 주로 생성되며 대기로 유입되는 총 메탄의 약 20%, 20% 그리고 15%씩 기여한다. 사육되는 소들은 모든 동물에서 배출되는 메탄의 약 75%를 생산하여 크게 기여하는데 비하여 사람은 불과 0.4% 정도를 생산한다. 메탄은 이산화탄소 다음으로 중요한 온실가스로서 간주되며 미래 온난화의 18% 정도 기여하는 것으로 기대된다.

메탄 생성에 관여하는 미생물은 혐기적 미생물 혼합체로서 매우 복잡하다 (표 6.4). 이론적으로, 복잡한 유기 혼합물의 혐기적 발효는 3가지의 주요 생화학적 단계를 통해 진행되며, 각 단계에서 특정 미생물의 조건이 필요하다. 초기 단계는 대부분의 원재료 유기물을 구성하는 셀룰로오스, 지방, 단백질과 같은 복합 분자가 용해되어야 하며; 이 단계에서 얻어진 가용성이며 분자량이 낮은 산물은 그 후 유기산으로 전환된다. 미생물 작용의 마지막 단계에서 이 산들 (주로 아세트산)은 메탄형성 세균에 의해 특별하게 분해되어 이산화탄소와 메탄을 생성한다.

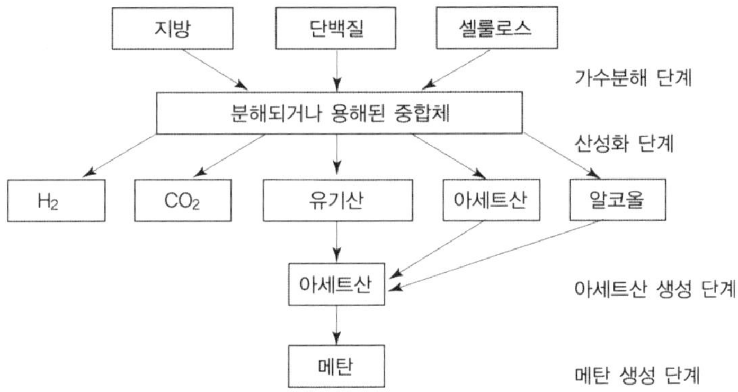

그림 6.4 미생물에 의한 메탄 생산.

자연에서 가장 효율적이고 복잡한 메탄생성 시스템은 소의 반추위(rumen)이다. 이 혐기적 시스템은 소 이외의 다른 생명체에서 완벽하지 못하며, 많은 세균, 원생동물 그리고 곰팡이의 복잡한 상호작용이 있는 것으로 알려져 있다. 제한된 조건에서 메탄 생성을 연구하기 위한 생물반응기 프로그램을 통해서 집중적인 연구가 수행되었으며 다량의 메탄가스 생성에는 온도, pH, 습도, 교반, 원재료의 투입 및 적절성 같은 환경적 변화요인을 정확하게 조절해야 한다는 것을 보여주었다. 지금까지 개발된 메탄생성에 적용되는 기술수준은 매우 낮다.

메탄은 오물, 농업폐기물과 도시폐기물로부터, 그리고 생물가스 반응기 내에서 효율적으로 생산될 수 있는 몇 가지 방법이 있다.

하수의 혐기적 분해는 오랫동안 사용되어온 기법이고, 많은 도시 시스템을 통하여 메탄을 수집하고 하수처리장에서 필요한 에너지를 이용하는 방법들이 설계되었다. 에너지 회수는 적당하고 대규모의 확장은 가능해보이지 않는다.

최근에 다량으로 이용가능한 농업과 도시폐기물로부터 메탄생성은 에너지 생산에서 명백하고 이익이 되는 방법으로 알려졌다.

그러한 폐기물로부터 메탄을 생성하는데 크게 고려되는 사항은 복잡하고 많은 한계성을 가진다는 것이다. 도시폐기물을 사용하면 30~50%의 가연성 에너지를 메탄으로 전환할 수 있으나, 다른 식물성 물질이나 사료를 사용하면 70% 전환이 가능하다. 전체 경제적 측면에서 메탄생성 공정에서 발생되는 암모니아, 인산, 미생물이 많은 폐수와 잔류물 같은 부산물이 비료, 토양개선제, 심지어 동물 사료로서 사용될 수 있다는 것을 알아야 한다. 더욱이 그 공정을 통해서 나쁜 냄새가 나는 병원성 폐기물은 해가 없는 유용한 물질로 전환될 수 있다.

그러나 에너지 균형을 이루는 어떤 기대 이전에 극복되어야 할 많은 본질적인 문제들이 있다. 현재 메탄을 생산할 목적만으로 유기물질을 수거하는 비용이 너무 비싸다; 메탄 생성율이 대부분의 과정에서 일정하지 않고 낮으며, 공정 최적화를 위한 영양분의 균형을 수행하기 위해서 많은 연구가 필요하다. 그러나 주된 문제는 많은 농업 및 도시 폐기물에 리그닌이 존재한다는 것이다. 리그닌은 혐기적 공정에서 쉽게 분해되지 않고, 물리적 및 화학적 전처리를 위해 상당한 에너지가 필요하며, 전체 공정에서 비용 부담이 크다.

동물 배설물의 발효를 통해서 생성되는 생물가스(biogas)는 메탄이며, 생산설비는 생물가스 공장이나 생물반응기라고 한다. 생물가스는 50~80%의 메탄, 15~45%의 이산화탄소, 5%의 물 그리고 몇 가지의 미량 가스가 섞인 가연성 혼합물이다. 생물가스는 생물메탄화를 통하여 생성되고(그림 6.4), 사실상 혐기적 조건과 약 30℃의 온도에서 최적 기능을 가지는 자가 조절 공생을 하는 미생물 공정이다. 거기에 수반되는 생물체들은 모두 반추동물의 배설물에서 발견된다. 이 시스템에서 동물 배설물은 물과 혼합되고 거의 혐기적 조건에서 발효된다. 그러한 방법에 의한 생물가스의 생산은 인도, 중국, 파키스탄에서 옛날부터 수행되어온 방법이다. 극동에서 생물가스 생산을 위한 Gobar 시스템은 작은 소작농 시스템에서부터 많은 양의 가스를 계속적으로 생산하는 아주 큰 공장까지 다양하다. 에너지 측면에서 단순한 Gobar 시스템은 소규모의 에너지 생산망에 가깝다. 가정, 농장, 마을의 소규모 공장설비는 전 세계적으로 운영된다.

이상적인 조건에서 건조 유기물질 10 kg은 3 m^3의 생물가스를 생산하고, 그 정도 가스는 적절한 장비를 이용하여 3시간 동안 요리하거나, 3시간 불을 켤 수 있거나 또는 24시간동안 냉동할 수 있는 양이다. 사실 생물가스는 세계 에너지 공급에서 상당한 부분을 차지한다; 중국은 2,200만 톤의 석탄에 상응하는 에너지를 생산하는 700만 이상의 생물가스 유닛(unit)을 가진 최대 사용국이고, 현재 국가교부금으로 계산해 볼 때 중국 생물가스 생산설비는 자전거보다도 싸다. 이보다 큰 형태의 시스템은 순 에너지 균형을 이루지 못한다.

생물가스는 연소시켜 열 증기로 전기 터빈을 돌리기 위해 사용해 왔으며, 미국 캘리포니아에 있는 한 공장에서는 소거름을 생물메탄화법으로 20,000 가구에 전기를 공급하고 있다.

'메탄 경제(methane economy)'를 제공하는 대규모의 농작물 재배에도 몇 가지의 고려사항이 있다. 넓은 땅이나 수중 지역에서 고수율의 농작물(megajoule/헥타르 면에서)을 재배하는 것이 제안되었다. 미국에서 현재 소비되는 가스의 65%는 에너지 함량이 3.8 MJ/kg 건조물질인 부레옥잠을 사용한 260,000 km^2 지역의 에너지 재배지에 의해 공급될 수 있다고 제기되어 왔다. 해양 조류도 또한 특별히 정밀 조사되었다.

혐기적 발효에 의해 유기물질로부터 생성되는 메탄은 직접적으로 널리 사용될 수 있는 가치있는 에너지원이다. 더욱이 연관된 부산물은 농업에서 비료의 형태로 사용될 수 있다. 그러나 이러한 시스템의 구현이 완전히 이루어지려면 생명공학적 연구가 더욱 활발히 진행되어야 한다. 생물학적 관점은 복잡한 혼합배양에 대한 의문점을 해결하는 것이며 발효의 열역학적인 효율이 개선될 수 있는지에 대한 의문이 남아있다. 이같이 공정 설계를 개선하고 통제 시스템의 기술적인 향상이 필요하다. 발효기 (생물반응기)와 가스 저장 용기를 제작하기 위하여 새롭고 값싼 자재들이 필요하게 될 것이다. 조만간 많은 종류의 생분해성 물질들을 처리하기 위해서 완전한 혐기적 기술이 이용될 것이다. 메탄은 수요 최종 산물이지만, 비료뿐만 아니라 프로판올과 부탄올 같은 연료가 모든 공정에서 비용 효과를 높이는데 크게 기여할 것이다.

표 6.3 미생물 공정에 의한 대규모 메탄 생성에 대한 경제적 개요

1. 풍부한 메탄은 자연, 특히 천연가스전과 유전층에서 발견된다.
2. 석탄의 가스화에 의한 메탄 생성은 상업적으로 더 매혹적이다.
3. 미생물에 의한 메탄 생산은 천연가스에서보다 더 비싸다.
4. 가스 연료의 저장, 수송, 그리고 분배의 비용 때문에, 대규모 생산은 아직 경제적인 가치가 없다.
5. 메탄은 자동차에 사용될 수 없으며, 액체 상태로 전환되기 어렵고 비싸다.

에너지원으로서의 메탄은 지방의 소규모 생산 수준에 경제적 가치를 줄 것이다. 그러나 향후 메탄 생산을 위한 대규모 상업적 공정은 상당한 의구심을 갖게 한다. 몇몇 명백한 고려사항들은 표 6.3에서 나타나있다.

그러나 연료 (생물가스) 생성에서 폐기물 처리와 안정화를 동시에 수행할 수 있기 때문에 도시, 산업, 농업 폐기물의 혐기적 분해는 긍정적인 환경적 가치를 가질 수 있다. 고형 또는 액체 잔재들은 더 나아가 비료, 토양개선제, 또는 동물 사료로 사용될 수 있다.

생물가스 생산은 대체 에너지 연구에서 상당한 우선순위를 가지게 될 것이다.

[6.7] 수소

연료나 전기 생산을 위한 연료전지에서 수소를 사용하는데 대한 고려사항이 있다. 수소 생산은 광합성 세균을 통하거나, 물의 생물 광분해와 발효방법으로 수행할 수 있다. 처음 2가지 시스템은 수소 생산에서 유망하였으나 응용단계에서 이들 방법의 중요성을 평가하기 위한 연구가 필요하게 되었다. 기능적 시스템으로 이용되기 위해서 적어도 20~30년의 연구기간이 필요한 것으로 평가되었다.

세균은 포도당에서 수소 생산이 가능하지만, 생산률이 너무 낮아서 미생물에 의한 수소생산은 경제적이지 못하다.

혐기적 발효에 의한 수소 생산의 효율성은 동일한 방법에 의한 메탄 생산보다 많이 떨어진다. 또한 메탄은 더 높은 에너지를 포함하기 때문에 미생물 공정에 의한 메탄 생산은 수소보다 더 높은 실질적 잠재력을 가지는 것으로 나타났다. 그러나 더 많은 연구를 통하여 이러한 고려사항들은 바뀔 수 있을 것이다.

생물수소(biohydrogen)는 현재 연료전지 기술의 효능에 커다란 개선을 언급하는 것이 아닌 저장에 대한 실질적이고 경제적인 수단의 발명을 필요로 한다. 더욱이 세계의 기계와 운송체계의 대부분이 수소와 메탄과 같은 연료를 위해 만들어진 것이 아니다. 일부 장래성 있는 공정이 개발중에 있기는 하지만, 상업적 규모의 생물수소 공정은 아직 사용되지 않고 있다. 별도의 에너지 투입 없이 생물수소를 생산할 수 있다는 점에서 광합성 세균인 *Rhodopseudomonas palustris*를 커다란 희망으로 인식되고 있다.

6.8 생물연료 사용을 앞당기는 길

현재 필요로 하는 세계 에너지는 화석연료의 지속적인 적응성에 의해 지배되고 있다. 우리가 지금 인식하는 동일한 화석연료는 세계 기후에 지속적으로 영구적인 피해를 주게 될 것이다. 바이오연료가 현실적으로 에너지 시장으로 진입할 가능성은 몇가지 요인에 의해 결정될 것이다: (a) 생물연료에 대한 에너지 체인의 이용력; (b) 현재의 에너지 관리에 의한 생물연료의 채택의 방해; (c) 생물연료의 가격을 낮추려는 노력; (d) 생물연료를 공급하기 위한 에너지 공급 체인에서 구형 장치를 개조하는 일. 현재의 에너지 공급 시스템으로 생물연료의 진입은 서서히 점진적으로 진행될 것이지만, 세계는 화석연료에 대한 전적인 의존성으로부터 자신을 떼어놓는 작업을 시작해야만 한다.

지구의 에너지 상황은 최적의 위기관리를 방해할지도 모르는 자기입장을 지키고, 정치, 경제, 상업적인 판단을 흐리게 하는 일이 계속되는 동안, 영국석유(British petrol, BP)와 같은 안정된 세계의 명성있는 에너지 회사로부터 오는 일부 긍정의 지표도 있을 수 있다. 영국석유는 주요 미국 학술연구소와 부속된 이러한 특정목적을 위한 생물과학 에너지 연구소를 설립하여 향후 10년간 5억 달러를 투자할 계획하고 있다.

에너시 생날과학의 3가지 측면에서 모색될 것이다:

(1) 새로운 생물연료 성분을 개발하고, 수송연료와 혼합한 연료의 효율성과 탄력성의 개선
(2) 공급원료를 생산하는데 사용될 수 있는 농작물의 할당을 증가시킬 목적으로, 유기물을 생물연료 분자로 전환을 증진시키고 가속화 시키는 새로운 기술을 고안,
(3) 에너지 분자의 높은 수율을 얻을 수 있고 식량 생산에 적절하지 않은 토양에서 자랄수 있는 품종을 개발하기 위하여 현대 식물과학을 사용함.

전통적 화석에 근거한 수송연료에 새로운 바이오연료를 섞을 필요성이 지지될 것이다. 바이오연료 산업은 포드, 클라이슬러, GM 등이 2010년까지 그들이 생산하는 모든 차의 반을 '에탄올연료겸용(flex-fuel)'일 것이라는 확인을 했기 때문에 미국자동차생산자들로부터 다시 지지를 받게 될 것이다.

마지막 질문은 어떻게 바이오연료가 환경친화적인가?를 고려해야한다. 바이오연료의 옹호자들은 화석연료의 생태학적 대체물로서 그들을 고려하고 있는데, 주로 식물에서 만들어져서 연료로서

표 6.4 예상 화석연료 매장량

연료	매장량 (기가 톤)	탄소로서 매장량 (기가 톤)
오일	175	147
천연가스	431	323
석탄	984	832

사용될 때 방출된 탄소는 식물로 다시 순환되는 탄소 중립(carbon neutral)의 특성을 가지기 때문이다. 그러나 각 생물연료의 전체적인 에너지 평가를 위한 생물순환 연구를 통하여 생물연료를 생산하는데 투입되는 순 에너지; 식물의 형태 (예, 사탕수수, 옥수수, 콩, 리그노셀룰로오스); 필요한 비료의 양; 수집 및 정제소로의 수송; 진처리 (예, 물에 불려 연화시킴, 효소/산 가수분해, 생물연료 회수); 부산물 정제 및 활용; 폐기물 처리; 마지막으로 생물연료 저장 및 분배 등의 많은 관점들을 확인하였다. 더욱이 세계의 증가하는 인구를 부양하기 위한 식량 생산에 영향을 주지 않고 생물연료를 생산하기 위해 얼마나 많은 토지를 사용할 수 있는가?

그러나 유전적 변형식물의 사용가능성, 개량된 생물공정 기술, 광합성에서 개량된 이산화탄소고정, 증진된 생물에너지 농작물에서 효소학 및 질소고정 경로 등의 향후 발전을 고려하지 않는데 반하여, 이들 명백한 순(純) 에너지는 대규모 생물에너지 농작물에 투입된다.

[6.9] 기후변화에 대한 상반된 견해

최근에 기후에 관한 통합 배심회의(Integrated Panel on Climate Change, IPCC)와 공동으로 2007년에 노벨 평화상을 수여한 엘 고어 미국 전 부통령은 화석연료의 사용과 기후변화의 예견을 제한하였다. 그들은 태양활동이 최근에 크게 증가하여, 발생된 태양바람은 온난화를 증가시키고 세계의 바다로부터 용해된 이산화탄소를 방출토록하여 지구를 덮는 구름을 감소시킨다는 것을 제안하였다. 기후시스템은 매우 복잡하고 현재까지 컴퓨터 모델링이 미래의 기후를 예측할 수 없는 것으로 믿고 있다.

그럼에도 불구하고, 세계의 화석에너지원 (표 6.4)는 감소하고 있으며 신중하게 환경에 대한 적절한 고려가 있어야 한다는 것이다. 대체에너지원을 찾아내기 위하여 집중적인 과학적 연구가 지속되어야 할 것이다.

7

환경 생명공학

[7.1] 서론

전 세계적으로 사회가 더욱 도시화되고 산업적으로 발전됨에 따라 환경의 상태에 대하여 대중적 우려가 커지고 있으며 더 큰 관심은 미래 세대를 위한 환경의 개선에 주어지고 있다. 이를 달성하기 위하여 특히 선진국에서는 액체, 고체 및 유해 폐기물에 대한 주요 환경 법률을 제정하였다. 대부분의 개발도상국에서는 물과 폐기물 처리시설의 건설을 위한 재정이 제한되거나 또는 가능하지 않고 체제를 운영할 숙련된 인력이 부족하기 때문에 그 상황이 썩 좋지 않은 실정이다. 더욱이 많은 개발도상국에서는 공식적 규제와 제어 체제 및 폐기물 제어를 책임질 행정조직이 없으며, 기존 또는 계획 중인 산업에게 부여하는 적절한 폐기물의 처분에 대한 의무조항도 거의 없다. 또한 그런 국가에서는 환경의 파괴를 수반하는 도시화와 새로운 산업 개발을 향한 움직임이 매우 크다.

폐기물 발생은 소비와 생산 활동의 부수적 효과이며 경제 발전 수준에 따라 증가하게 된다. 폐기물들은 가정과 산업 활동으로부터 나오는데 오수, 폐수, 가공 시의 농업과 식품 폐기물, 목재 폐기물, 점차 그 범위가 증가하는 독성 산업 화학제품과 부산물들이 그 예가 된다. 최종적으로 평가하면 폐기물은 제품의 기술적, 경제적 수명의 끝을 나타내는 것이다. 폐기물을 적절하게 다루는 비용은 점차 증가하며 현재로는 폐기물의 수집, 보관, 처리 및 제거 비용을 포함하는 효율적인 폐기물 관리에 관심이 집중되고 있다.

아마도 오염의 가장 걱정되는 측면은 자연환경에서 독성 화학물질이 점차 많아지는 것이다. 합성 화학물질의 대규모 생산과 활용 및 그것에 의한 차후의 환경오염은 현재 대부분의 산업화 국가에서 심각한 우려의 문제이며 우리가 살고있는 생물권의 자가조절 능력에 극단적 위협으로 간주되어야만 한다. 미국 환경보호청 (EPA)의 요주의 오염물질 목록에는 대부분의 농약, 할로겐화 지방족, 방향족, 다염화비페닐, 다핵방향족 탄화수소와 니트로스아민 등이 포함되어 있다.

이들 중 많은 화합물들이 농업과 공중보건 분야에서 분명하고도 이로운 결과를 위해 사람들에 의해 직접적으로 사용되지만 다른 것들은 다양한 유용한 제품을 만들기 위해 사용되는 여러 산업 공정으로부터 유래하기도 한다. 일부는 석유산업과 관련되며 다른 것들은 용매로 사용된다. 그런 독성이 있거나 유해한 화학물질들은 우리도 모르는 사이에 다양한 환경에 유입되고 있다. 이 합성 화합물들은 공장 부지와 산업적 유출 같은 방출지점에서 매우 고농도로 발견될 수 있는데 그런 곳에서 그것들은 분명히 해로운 영향을 나타내며 다른 것들은 (예; 다이옥신) 자연환경에서 저수준으로 나타나지만 그들의 독성 때문에 심각한 건강상 위해가 된다.

세계의 많은 지역에서 지하수가 위험한 수준의 오염을 나타낸다는 증거들이 늘고 있다. 유럽대륙에서 그런 악명 높은 산업유래의 오염의 예는 이탈리아 북부 포 (Po) 강 계곡인데 지하수의 사용을 영구적으로 포기하였다. 유사한 예는 크게 오염된 라인강의 수위 아래에 위치한 네덜란드 지역에 존재한다. 그런 지역의 화학 오염물질은 수십 년 간 수분함유 암석에 잔류할 수 있으며 제거 방법은 시간이 오래 걸리며 매우 복잡하고 비용이 많이 든다.

많은 과거와 현재의 산업제품과 공정이 환경친화적이지 않으며 오염의 주된 원인이라는 것이 이제는 분명해졌다. 역사적으로 도시공학 또는 보다 특별히 위생공학이 유용수, 집수와 처리, 가정과 산업 폐수, 고형 폐기물과 산업 배기가스 같은 사회적으로 중요한 분야를 기계적으로 다루었다. 모든 이들 공정의 생물구성원은 크게 무시되었다. 생명공학 공정이 항상 이들 산업 활동의 한 부분이었으나 그들은 현재 점차 전체 환경적 배경에서 검토되고 있다. 환경 생명공학은 특히 장기적 측면에서의 환경의 질의 보호와 회복을 위한 인지된 생명공학 공정의 적용이다.

산업적 생명공학이 주로 제품 생산에서 알려진 미생물을 이용하지만 환경 생명공학은 주로 복잡하고 변화하는 조성의 미생물 복합체에 의존한다. 새로운 연구는 현재 토양, 혐기성 체제 및 가정과 산업폐수에 존재하고 상호작용하는 미생물들을 동정하고 특성을 밝히고 있다. 그런 혼합배양 체제가 새로운 향상된 미생물들을 받아들일 수 있을까 그리고 무엇이 환경으로의 변형된 미생물의 의도적 도입에 대한 규제가 될 것인가? 난분해성 오염물질을 분해하는 미생물의 분해 잠재능을 증가시키는 잠재력은 거대하며 조심스럽게 그러나 창조적으로 조사되어야만 한다. 오염된 땅과 물의 회복은 현재와 미래 세대의 중요한 임무이다. 똑같이 중요한 것은 현재의 제조공정에 의한 미래의 오염을 방지할 필요성, 즉 청정기술(clean technology)이다.

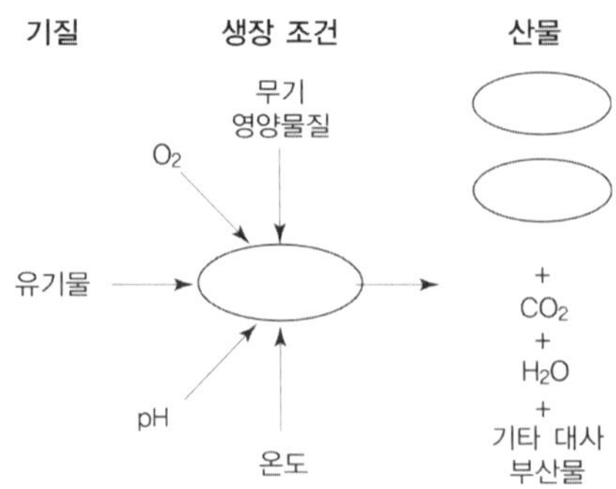

그림 7.1 유기물의 자연적인 미생물 생분해.

7.2 미생물 생태학/환경 생명공학

미생물 군집의 존재와 작용은 여러 가지로 우리의 일상생활에 영향을 미치지만 토양, 폐기물과 물 관리에서 그들의 역할은 더욱 크다. 역사적으로 안전한 마실 물과 적절한 오수 처분을 인간에게 공급할 필요성은 위생공학도들의 주된 관심사였다. (이런 사회의 기본적 위생문제에 대한 공학적 해결은 미생물의 본질적 역할을 모르던 오래 전부터 발달되어 왔음.) 보다 최근에는 미생물학적 기술과 지식이 새로운 체제를 개발하는데 점차 이용되고 있다.

미생물 생태학(microbial ecology)은 미생물과 그들의 생물적 (유기) 그리고 무생물적 (무기) 환경과의 상호관계를 다루는 학문이다. 1960년대 이후 미생물 생태학의 과학적, 대중적 인식의 증가는 주로 좋은 환경의 질을 유지하는데 미생물이 중심적 역할을 하는 것을 인식하는 것으로부터 유래하였다. 유무기물을 전환할 수 있는 그들의 매우 크고 다양한 대사능에 의해 전 세계 생태계를 통한 정교한 물질과 에너지의 흐름 (생지화학적 순환)을 주도하는 것은 매우 다양한 형태의 미생물들이다. 미생물 생태학은 실제적 활용과 극도로 관계있는 과학 분야이며 환경문제의 가장 중요한 과학적 접근의 하나로 간주되어야만 한다.

생분해(biodegradation)는 단일 생물종 또는 대부분 혼합미생물의 미생물 활성에 의한 물질의 분해로 정의될 수 있다. 토양과 물에서 발견되는 미생물들은 어떤 유기물이든 에너지와 탄소원으로 사용하기 위해 효소를 이용하여 간단한 분자로 분해하여 흡수될 수 있게 한다. 적절한 환경조건 하에서 모든 천연 유기화합물들은 분해되어야만 하며 (그림 7.1), 그 이유 때문에 자연적으로 형성된 유기화합물의 대규모 축적은 거의 발견되지 않는다. 석탄과 석유 같은 그런 유기물 축적이 일어나는 경우는 생분해에 적합하지 않은 조건 하에서다.

환경생명공학은 폐기물 처리와 관리 및 환경의 질의 보호와 회복에 생물학적 체제와 공정을 적용한다. 많은 성공적 생명공학적 공정이 현재 물, 기체, 토양과 고형 폐기물 처리를 위해 개발되고 있다. 환경 생명공학의 현대적 발전은 현재 공정 최적화에 초점을 맞추고 있으며 비효율적이거나 예를 들면 일부 미생물의 유기아민과 아산화질소와의 반응에 의한 발암성 니트로스아민의 생성 같은 종종 하나의 문제를 또 다른 문제로 단순히 전환시키는 과정들을 더 이상 용납하지 않을 것이다. 환경 안전은 환경공정에 의해 위협받지 말아야 한다.

미생물들에 의해 쉽게 분해되지 않거나 실제로 전혀 분해되지 않는 유기화합물은 난분해성(recalcitrant)이라 하는데 리그닌이 그 예가 된다. 인공합성물(xenobiotics)은 자연적 생합성 과정이 아닌 인간이 만든 합성화합물로 많은 경우 난분해성이다. 따라서 인공합성 화합물은 우리 생태계에서는 외래물질이며 종종 독성효과를 갖는다. 모든 환경 생명공학 공정은 미생물의 대사활성(분해와 생합성)을 이용하며 우리 생태계 내 미생물의 필수적인 특성을 나타내게 된다.

'생분해성(biodegradable)'이란 용어는 종종 환경친화적(environmentally friendly)이라는 용어와 연관성을 갖는데 공산품에 대한 많은 선전문구와 제품포장에 제품이 생분해성이기 때문에 환경에 미치는 영향이 극적으로 감소될 것이라는 내용을 넣은 경우가 많다. 이는 항상 그렇지 않을 수 있으며 제품의 생분해성이 자연환경에서 쉽게 만날 수 없는 미생물 조건 하에서만 나타나는 경우가 종종 있다. 더욱이 생분해성 자체가 그 기작이 완전히 밝혀지지 않은 복잡한 다요소적 사건일 수도 있다. 다음에서는 다양한 환경 폐기물 처리기술이 소개될 것이다.

[7.3] 폐수 및 오수 처리

많은 고대 문명들이 인간이 이용하는 물의 수질을 보호할 필요성을 알고 있었으나 분변(feces)으로 오염된 물에 의해 콜레라가 전파된 것이 밝혀진 1855년 이전에는 그렇지 않았다. 그 직후 장티프스가 유사한 경로로 전파되는 것이 밝혀졌다. 19세기 말까지 많은 인간 질병의 미생물 생태하이 항문-구강 전파경로(anal-oral route)를 갖는 것으로 알려졌으며 이는 분변으로 오염된 물과 관련된 건강상의 위험이 최종적으로 확인된 것이었다. 자연수 체제로 방류되기 전에 도시와 산업 폐기물의 처리 가능성을 위해 19세기 중에 처음으로 선진사회에 하수체제가 도입되었다.

사람 인구의 증가는 일반적으로 더 넓은 범위의 폐기물 종류에 대한 정보와 일치하는데 그것들 중 많은 것은 생태계에 축적되면 심각한 환경오염을 초래한다. 도시 근교에서는 인간, 동물과 식물성 폐기물의 재순환이 수 세기 동안 실시되어 많은 경우 가치있는 비료나 연료를 제공하였다. 그러나 그것은 또한 장내세균(enteric bacteria)의 잔류 병원성에 의한 인간과 동물 질병의 원인이 되기도 하였다. 대부분의 해로운 폐기물이 축적되는 도시에서는 효율적인 폐기물 수집과 특별한 처리공정이 개발되었는데 그 이유는 많은 양의 폐기물을 자연 대지나 물로 방출하는 것이 어렵기 때문이다. 지난 세기 이들 처리방법의 도입은 선진국에서 건강과 복지의 놀라운 발전의 주요 원인 중의 하나이었다.

주로 경험적인 방법에 의해 다양한 생물학적 처리체제가 개발되었는데 분뇨구덩이(cesspit), 자갈밭으로 연결된 부패조(septic tank)와 오수농장(sewage farm), 혐기성 소화(anaerobic digestion)와 연결된 삼투여상(percolating filter)과 활성슬러지 공정(activated sludge process) 등이 있다. 모든 이들 체제 또는 생물반응기의 일차적 목표는 건강상 위험을 완화시키고 생물학적으로 산화될 수 있는 유기화합물의 양을 감소시켜 어떤 해로운 영향도 없이 자연환경으로 방출될 수 있는 최종 유출수 또는 방류수를 만드는 것이다.

그런 생물반응기들은 그들의 효율을 위한 혼합 미생물 개체군의 대사적 다양성 (미생물 생태학)에 의존한다. 그들의 생물학적 기능이 수행되는 체제는 다른 산업적 생물반응기 (예를 들면 항생물질 생산에서의)와 유사해질 수 있으며, 강제포기조 (그림 7.2) 같은 대규모 공장은 극도로 복잡해질 수 있으며 성공적 운영을 위해 공학과 미생물학의 기술을 요구한다. 이들 생물반응기의 기본적 특성은 체제 내로 들어오는 대부분의 유기화합물을 분해하는 전반적 대사능력을 가진 다양한 미생물을 포함하고 있다는 점이다.

이들 체제의 발전은 생명공학의 초기 예이다. 실제로 양적 측면에서 산업화 국가에서 생활하수와 오수의 생물학적 처리는 지금까지 가장 큰 생명공학 산업이지만 일반인들에게는 가장 덜 알려져 있다. 미생물의 제어된 사용은 선진국에서 장티프스, 콜레라와 이질 같은 수인성 질환을 근본적으로 제거하게 하였다. 그러나 만일 상수와 하수 처리가 갑작스럽게 중단된다면 주요 전염병이 신속하게 발생될 수 있는데 그런 예로 1968년 스위스 Zermat에서 정수장의 고장 후에 장티프스가 발병한 적이 있다.

이같이 생명공학은 완전히 새로운 다양한 유용한 산물을 만들어낼 뿐만 아니라 물과 오수 처리를 통한 인간과 동물의 전염병의 감소에 필수적인 역할을 하고 있다.

유기성 폐기물의 생물학적 처분은 전 세계를 통해 많은 방법으로 수행되고 있다. 널리 이용되는 하수처리 방법이 그림 7.3에 소개되어 있다. 이 복잡한 그러나 매우 성공적인 체제는 1차와 2차 공정 후 미생물 소화로 이루어진 3단계 공정이다. 화학적 침전을 포함한 선택적 3차 공정이 포함되기도 한다. 1차 활성에 의해 큰 입자를 제거한 후 남은 용존 유기물은 고도로 포기되는 노출된 생물반응기에서 미생물에 의해 분해 또는 산화된다. 이 2차 공정은 전체 체제를 활발히 혼합시켜 미생물이 기질 및 공기와 충분히 접촉시키기 위한 기계적 포기장치를 운영하는데 상당한 에너지를 필요로 한다. 미생물들은 증식하고 생물량 또는 슬러지(sludge)를 형성하여 이것이 제거되어 투기되거나 혐기성 소화조 (생물반응기)로 이송되어 고형물 부피, 악취와 병원성 미생물의 개체수가 감소된다. 혐기성 소화(anaerobic digestion)의 또 다른 유용한 점은 연료로 사용될 수 있는 메탄 또는 생물기체(biogas)의 발생이다. 그러나 생물기체의 경제성은 그다지 크지 않은데 이산화탄소와 황화수소를 포함하고 있기 때문이다.

희석된 유기성 액상폐기물 분해의 또 다른 중요한 방법은 삼투여상(percolating filter) 또는 살수여상(trickling filter) 생물반응기이다. 이 체제에서 폐수는 돌, 자갈, 플라스틱 등의 일련의 표면 위로 흐르고 표면에 부착된 미생물들이 생장을 위해 유기물을 제거한다. 과도한 미생물 생장은 여재 틈을 막거나 생물학적 활성의 소실 같은 문제를 일으킬 수 있다. 이 기술은 상수처리 체제에 널리 이용된다.

그림 7.2 영국 스코틀랜드의 Glasgow 시 하수처리장 전경.

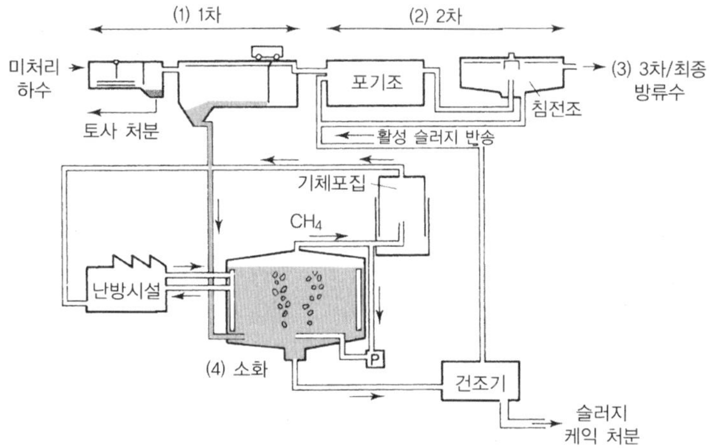

그림 7.3 혐기성 소화를 채택한 복합공정에서 하수처리 단계.

이용할 수 있는 풍부한 물은 현대적 도시와 산업 발전에 필수적이다. 물은 인간 신체의 70% 이상을 차지하며 매일 약 2 리터의 물이 성인 건강 유지에 필요하다. 물은 체내에서 필수 영양물질의 수송수단으로 작용하며 독소와 노폐물을 제거하는데 도움을 주며 체온을 안정시키고 순환기의 구조와 기능에 중요한 역할을 하는 등 생명에 필수불가결한 요인이다. 자연환경에서 생태계는 물을 재생하고 재순환시키는데 점차 인간이 산업화, 과도한 경작, 삼림제거 등을 통해 자연에 침범하여 그 과정을 크게 훼손시키고 있다. 현재 전 세계 국가의 2/3가 대수층(aquifer)이나 하천에 보충되는 것보다 빠르게 물을 소비하여 물로 인한 압박을 받는 것으로 알려져 있다. 생명공학은 재사용을 위한 폐수의 정화에도 중요한 역할을 할 것이다. 물은 자원의 지속가능한 사용 측면에서 재순환되어야만 한다. 장래에 인류에 닥칠 가장 중요한 위협은 지구 온난화나 에너지 부족이 아니라 양질의 물의 부족이 될 것이다.

무엇이 미래에 중요한 분야인가? 아마 미생물학적 폐기물 처리가 미래에 생명공학적 관심의 주요 분야가 될 것이다. 복잡한 폐기물의 처리를 위해 통합 체제가 개발될 것이며 생물촉매 또는 미생물의 역할은 지속적으로 재평가될 것이다. 생명공학자들은 현재 더욱 특이적이며 효율적인 생물반응기를 고안하여 여러 다른 폐수에 가장 잘 적응된 선택된 혼합미생물을 함유시키고자 한다.

태양광을 많이 받는 나라에서는 폐기물과 폐수 처리에 조류/세균 복합체제가 상당히 발달되어 있다. 그런 공정에서 비교적 순수한 물과 조류/세균 생물량이 생성되는데 후자는 동물사료, 생물기체 발생, 또는 보다 적극적으로 원자재용 유기화합물 제조 등에 이용될 수도 있다.

액상 폐기물의 처리에 널리 사용되는 여러 공정의 비교가 표 7.1에 나와 있으며 표 7.2는 다양한 운전 요소를 규정한다.

표 7.1 액상 폐기물의 호기성 생물학적 처리공정의 비교

공정	장점	단점
포기 라군	높은 BOD 제거율 낮은 운전비용 고숙련 운영자가 필요 없음	교란 및 악취발생 우려 고형물 배출 상당한 토지 요구 추운 날씨에 민감
활성 슬러지**	높은 BOD 제거율 중간 정도의 토지 요구	높은 에너지 소모 잉여 슬러지 처분 필요성 숙련 운영자 요구 갑작스런 고농도 폐수유입에 민감
살수여상	운전비용 저렴 중간 정도의 공간 요구	중간 정도의 BOD 제거율 잉여 슬러지 처분 필요성 갑작스런 고농도 폐수유입에 저항성
회전원판법	높은 BOD 제거율 규모 감소 중간 정도의 에너지 요구	악취발생 가능성 숙련 운영자 요구 잉여 슬러지 처분 필요성

*BOD (biological oxygen demand), (생물학적 산소요구) – 폐수 또는 슬러지 내의 유기물을 안정화시키는데 호기성 미생물에 의해 요구되는 용존산소의 양.
**슬러지, 침전에 의해 정화된 방류수로부터 분리될 수 있는 미생물 집합체 또는 플록.

표 7.2 액상 폐기물 처리: 정의

처리	정의
BOD	생물학적 산소요구량 (5일 배양 후)은 폐수에 존재하는 생분해성 유기물 농도 정량의 척도이다. 그것은 미생물에 의한 유기물 분해에 사용되는 O_2의 양으로 표준화된 시험에 의해 측정된다.
혼합액	활성슬러지 공정의 포기조에서 미생물 플록 (미생물의 작은 덩어리)의 현탁액이다.
슬러지	활성슬러지 공정의 침전조에서 정화된 유출수가 침전에 의해 분리된 후의 활성슬러지에서 미생물 플록.
질산화	독립영양성 세균에 의한 암모니아의 질산염으로의 생화학적 전환.
탈질화	질산염의 N_2로의 생물학적 환원. 이것은 O_2가 없고 (무산소 조건) 쉽게 산화되는 유기물이 있을 때 일어난다.
무산소	O_2가 없지만 질산염 또는 제2철 같은 다른 산화된 물질이 존재하는 조건(anoxic)
혐기성	산화된 물질이 없어서 산화환원 전위가 0 이하인 조건으로 발효, 황산염 환원과 메탄생성 같은 생화학 반응이 일어난다.

출처: Vandevivere와 Verstraete (2006)

물은 현재 많은 산업 공정에서 점차 비싼 성분으로 인식되고 있다. 전 세계의 산업은 제철, 직물, 식품 등의 제조 공정에서 막대한 양의 질좋은 물을 사용하고 있다. 예를 들면 철 1톤 생산에 약 280톤의 물이 사용된다. 과거 많은 산업에서 단순히 폐수를 수로로 방류하여 하류 또는 하구를 극심하게 오염시켰다. 엄격한 오염방지 법률은 크게 오른 물값과 더불어 그런 기업들이 새로운 폐수 처리 체제를 개발하게 촉진시켜 폐쇄-고리 형태로 물이 순환하게 하였다.

전 세계 물 소비의 거의 2/3가 농업 관개용수로 이용된다. 물 공급이 부족한 많은 경우에 미처리 도시 하수가 이용되는데 이 때 인간 병원성 바이러스에 의해 작물 오염이 반드시 일어난다. 그런 곳에서는 비료로 필요한 필수적인 질소와 인 함량을 유지하면서 병원체가 없는 폐수를 생산하는 폐수 처리 공정의 개발이 중요하다.

[7.4] 매립 기술

고형 폐기물(solid waste)은 현대 도시사회에서 발생하는 폐기물 흐름에서 차지하는 비중이 점차 커지고 있다. 이 물질의 일부는 유리, 플라스틱 등으로 구성되어 있으나 상당 부분은 종이, 음식물 쓰레기, 하수 폐기물, 대규모 양계와 양돈 및 가축사육 폐기물 같은 분해성 고형 유기물이다.

현재 고형 폐기물 관리를 위해 이용가능한 많은 방법이 있다; (1) 금속 같이 직접적인 재사용을 위한 폐기 물질로부터의 1차 재순환 또는 선별; (2) 유리 등의 재사용을 위한 기구 (마쇄)에 의한 2차 재순환 또는 플라스틱 같은 재사용 가능 분자를 만들기 위한 화학적 분해; (3) 3차 재순환 - 소각: 폐기물의 에너지가 회수되어 열 또는 전기를 발생할 때에만 소각이 재순환으로 간주된다; (4) 매립은 재순환을 위해 가장 바람직하지 않은 방법이다.

큰 도시화된 사회에서 그런 폐기물의 필수적인 처분은 문제가 되는데 가장 잘 사용되는 방법이 저비용 혐기성 매립(landfill) 기술이다. 매립에서는 고형 폐기물을 저지대의 가치가 낮은 부지에 쌓고 매일 쌓인 폐기물을 압축하고 토양층으로 덮는다. 그런 부지를 완전히 채우는 데에는 부지 크기와 폐기물 유입량에 따라 몇 달 또는 몇 년이 걸린다. 만일 부적절하게 관리되면 매립은 눈에 거슬리며 악취를 풍기고 비위생적이 된다. 또한 독성 폐기물이 독성 유출수와 함께 부지에서 일어나는 미생물학적 작용에 여러 문제를 일으킬 수 있다.

부적절하게 준비되고 운영되는 매립지에서는 독성 중금속, 유해 오염물질과 혐기성 분해산물이 부지로부터 지하 대수층으로 유입되고 도시 상수원을 오염시키는 결과를 낳을 수 있다. 적절히 건설되고 봉쇄된 매립지 (그림 7.4)는 상업적 활용을 위한 메탄 가스를 생성하는데 이용될 수 있다. 주위 토양과 물에 해를 미치는 침출수를 막기 위한 강한 불투수성 차수막을 사용하기 위해 현재 많은 노력을 기울이고 있다.

현재의 규제는 환경을 보호하기 위해 새로운 매립지의 공기와 물로부터의 차단을 요구하고 있다. 지하수, 지표수와 주위 공기의 오염을 검출하기 위해 주기적인 감시(monitoring)가 필요하다. 현재

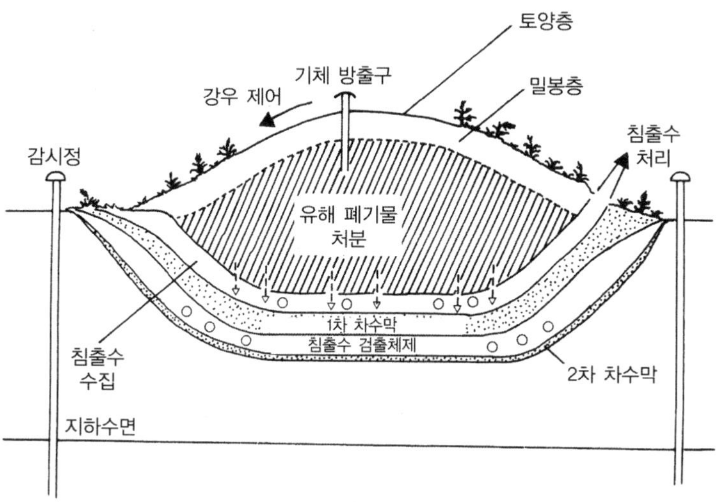

그림 7.4 새로운 규제에 따른 매립지.

매립지 소유자는 최종 폐쇄 후 부지의 장기적 관리에 대해 재정적으로 책임이 있다. 매립 운전은 메탄을 이용가능한 산물로 생산하는 거대한 생물반응기로서 간주되어야 한다. 메탄 생산은 보통 적절한 건설과 폐기물 매립 후 수 개월 이후에 시작되며 최대 생성기를 거쳐 수 년 후 점차 감소한다.

과거에는 근본적으로 매립지가 폐기물이 주위 환경으로부터 완전히 봉쇄되는 투기장 또는 저장고로 간주되었다. 현재는 그와 크게 달리 새로운 부지가 매립지 수명 중 올바른 안정화-향상 체제가 운영되는 생물반응기로서 관리된다. 현재 대부분의 서방국가에서는 매립되는 폐기물의 양을 감소시키고 매립지 운전의 안전을 증가시키려 한다. 매립 방법은 고형 폐기물의 전반적 관리에 여전히 큰 역할을 계속 할 것이지만, 그 약점은 재활용 산물의 재순환능이 없는 것과 비효율적인 에너지 (바이오가스) 회수에 있다. 더욱이 비효율적인 부지에서 매립 침출수와 기체 방출은 환경을 오염시킬 수 있다.

7.5 퇴비화

퇴비화(composting)는 미생물-추진 호기성 공정으로 고형 유기성 폐기물을 안정된, 위생적인 부식질(humus) 같은 물질로 전환시키는데 이것은 부피가 상당히 감소된, 환경으로 안전하게 되돌아갈 수 있는 물질이다. 이 방법은 실제로 앞서 설명된 저-수분, 고형 기질 발효 공정이다. 완전히

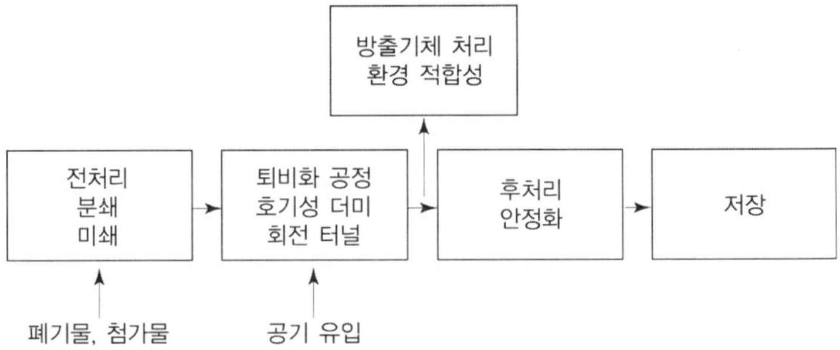

그림 7.5 퇴비화 공정.

효율적이려면 이 공정은 쉽게 분해될 수 있는 고형 유기성 폐기물만을 기질로 이용해야 한다. 주로 가정 고형 유기성 폐기물을 이용하는 대규모 운전에서 최종 산물(compost)은 대부분 토양개선을 위해 이용되지만 특정 유기성 원재료 (짚, 동물 배설물 등)를 이용한 보다 특별한 운전에서는 최종 산물이 양송이 버섯(*Agaricus bisporus*)의 전 세계적 생산을 위한 기질이 될 수도 있다.

퇴비화는 오랫동안 고형 유기성 폐기물의 안전한 처리 방법으로서 뿐만 아니라 특히 유기물의 재순환 방법으로 간주되어 왔다. 퇴비화는 가정, 농업과 식품 산업 폐기물로부터 유래된 유기물의 재사용의 방법을 제공하기 때문에 장래의 폐기물 관리법에서 점차 중요한 역할을 하게될 것이다. 퇴비화에 대한 증가된 관심은 소각과 매립 같은 고형 유기성 폐기물의 처리를 위해 현재 시행되는 일부 주된 방법과 관련된 많은 환경적 문제에 대한 인식이 커지는 것에서 유래한다. 압도적으로 많은 시당국과 개인들이 그들의 사회 안에 위치한 소각장과 매립지를 갖는 것을 반대한다.

퇴비화는 최근에서야 진지한 폐기물 관리 기술이 되었으며 이 기술의 이론적과 실질적 발전 모두 아직 초보 단계이다. 퇴비화의 1차적 목표는 제한된 시간 내에 바람직한 품질을 갖는 최종 퇴비를 얻는 것이다. 퇴비화 시설은 환경적으로 안전한 조건 하에 운영되어야 한다.

퇴비화는 고형 유기성 입자의 충진상에서 시행되는데 그 내부에서 고유의 미생물들이 생장하고 증식하며 공기의 공급이 필수적인 요구이다. 개시물질은 퇴비단(windrow)이라고도 하는 정치더미(static pile), 포기더미(aerated pile)나 피복터널(covered tunnel) 또는 회전 생물반응기(drum 또는 cylinder) 내에 놓여진다. 분쇄(shredding) 또는 마쇄(grinding)에 의한 입자크기 감소 같은 폐기물의 일부 전처리가 요구되기도 한다. 퇴비화 공정의 기본적 생물학적 반응은 혼합된 유기성 기질의 산소에 의한 산화로 이산화탄소, 물과 기타 유기성 부산물을 생성하는 것이다 (그림 7.5). 퇴비화 공정이 끝난 후 최종 산물은 대부분 안정화를 위해 다양한 시간동안 방치되어야 한다.

성공적인 퇴비화는 미생물을 위한 생장조건의 최적화를 요구한다. 그것은 혼합배양 발효이며 미생물 생태학이 작용하는 뛰어난 예가 된다. 대부분 운전에서의 큰 부피는 보온효과를 가지며 미생물 반응에 의해 생성되는 생물학적 열의 결과로 내부열의 신속한 증가가 일어난다. 과열은 미생물

활성을 심각하게 저해할 수 있기 때문에 퇴비화 공정은 55℃ 이상으로 온도가 올라가는 것을 제어해야 한다. 유기성 기질의 수분함량은 보통 45~60%가 되어야 하는데 60% 이상이면 자유수분이 축적되어 입자 사이 공간을 채워서 공기공급을 제한하며 40% 이하이면 성공적인 미생물 집락형성에 너무 건조한 조건이 된다.

고형 유기물은 발효 미생물에 의해 분비되는 세포외 효소에 의해 천천히 용해된다. 이 반응은 일반적으로 속도제한 단계로 간주된다. 셀룰로오스와 리그닌은 대부분의 고형 폐기물에 풍부하게 존재한다. 예를 들면 짚과 목재의 높은 리그닌 함량은 전체적인 분해과정을 저해한다. 리그닌은 분해에 특히 저항성이 높으며 매우 서서히 분해된다. 많은 경우 리그닌은 보다 쉽게 분해될 수 있는 다른 물질들을 가릴 수 있다. 성공적인 균형 잡힌 생물반응기를 위해서는 공기의 쉬운 접근이 필수적인 요소가 된다.

대규모 상업적 퇴비화에서 악취발생을 손쉽게 제어하기 위해 포기더미 체제가 밀폐된 건물 내에서 시행된다. 이 체제에서 강제포기와 주기적 혼합이 양호한 퇴비화 조건을 만들기 위해 사용된다. 유럽에서는 현재 연간 6만 톤 이상의 용량을 갖는 시설이 여러 곳 있다.

터널 퇴비화(tunnel composting)는 30~50 m 길이와 4~6 m 폭과 높이의 밀폐된 플라스틱 터널에서 시행된다. 그런 터널 체제는 하수 슬러지와 생활 쓰레기의 퇴비화와 버섯 생산을 위한 특별한 기질 준비를 위해 수년 간 시행되어 왔다. 일부 시설은 연간 만 톤까지 처리될 수 있다.

다양한 크기의 회전드럼 체제는 전 세계적으로 가정 폐기물의 퇴비화에 사용되어 왔다. 대규모 Dano 공정은 수분 많은 유기성 폐기물에 특히 유용하며 작은 드럼 체제는 재순환을 위해 쉽게 이용될 수 있는 소량의 정원 폐기물을 위해 널리 이용된다.

일부 퇴비화 공정에서 폐기 가스 방출은 황과 질소 화합물의 존재 때문에 악취 문제를 발생할 수 있다. 환경 규제가 위반 시설의 폐쇄를 가져올 수도 있기 때문에 이들 악취를 기체 세정기나 여과에 의해 감소 또는 제거하는데 특별히 신경을 써야 한다. 가장 널리 사용되는 생물여과 장치는 숙성된 퇴비 또는 미생물이 존재하는 목편(wood chip) 같은 유기물의 고정상 또는 더미로 되어 있다. 기체가 혼합물을 통과할 때 생화학적 활성은 악취를 크게 줄일 수 있다.

퇴비화는 분명히 고형 유기성 폐기물 처리와 환경으로의 재순환을 위한 주요 전략 중의 하나이다.

퇴비화와 재순환의 미래의 발전을 위해 다음 4가지의 수행을 필요로 한다:

(1) 적당한 하부구조가 시설 내에 설치되어야 한다.
(2) 적당한 양과 질의 기질이 존재해야 한다.
(3) 최종산물을 위한 시장이 있어야 한다.
(4) 공정이 환경적으로 건전하고 경제성을 가져야 한다.

1992년에 모든 유럽 도시 고형 폐기물의 7%가 퇴비화 되었으며 2000년까지 이 수치는 거의 18%까지 증가하였다. 녹색국가로 유명한 독일에서는 이미 훨씬 높은 비율로 시행되고 있다. 독일에서는 1992년 중 120개 이상의 퇴비화 시설이 건설 중이거나 확장 또는 계획되고 있었는데 이는 퇴비 생산용량을 연간 거의 백만 톤 정도 증가시킨다.

이런 확장의 주된 이유는 가정 폐기물이 발생원에서 분리되기 때문이다. 이는 유럽에서 널리 시행되는 3개의 쓰레기통 접근법인데 하나는 재활용품 (유리, 금속, 플라스틱), 또 하나는 완전 생분해 물질 (야채 폐기물, 종이류)을 담는 용기(bio-bin), 그리고 또 하나는 기타 물질과 유해 폐기물을 위한 것이다.

독일에서만 퇴비가 2천만 톤의 연간 수요가 있는 것으로 계산되었는데 그 내역은 농업용 1,080만 톤, 포도재배용 120만 톤, 임업용 100만 톤, 토양과 기층용 360만 톤, 토지 개간 340만 톤이다.

퇴비화 공정은 식물성 폐기물의 유용한 산물로의 재순환 같이 수 세기동안 많은 형태로 사용되어 왔다. 그것은 간단하고 자연적이며 매립과 소각보다 항상 비용이 저렴하다. 그러나 무엇보다 그것은 안전하고 독성 배출물이 없으며 최소한의 재정 자산을 요구한다.

호기성 퇴비화가 전 세계적으로 잘 시행되는 기술이지만, 혐기성 퇴비화는 여러 환경 기업에서 활발히 연구하고 있는 새로운 접근법이다. 건조한 혐기성 퇴비화에서 공정은 높은 고형물 농도와 호열성 온도 (55℃)에서 수행되는 단일 단계 발효이다. 이 공정은 매립 기술과 많은 유사성을 갖지만 폐쇄 생물반응기에서 시행되며 높은 혼합/재순환 유입 때문에 훨씬 높은 반응속도를 갖는 점이 다르다. 폐기 유기물의 완전한 소화 시간은 2주 정도인데 매립에서는 몇 년이 걸린다. 이 공정이 폐쇄 생물반응기에서 수행되기 때문에 혐기성 퇴비화는 호기성 퇴비화보다 더 적은 공간을 사용하며 에너지 (바이오가스)를 생성하고 악취가 덜 나며 병원체를 죽이고 보다 효율적으로 접종할 수 있다.

점차 많은 환경 기업들이 현재 혐기성 퇴비화 시설을 개발하고 상업화하는 것은 분명히 퇴비화 공정의 혁명이며 기존의 개념에 도전하는 것이다.

[7.6] 생물복원

지구 표면과 해양 및 기타 수로들의 넓은 부분이 이미 유류에서 비롯된 화합물들과 독성 물질로 오염되어 있다. 이백만 톤 이상의 유류가 매년 바다로 유입되는 것으로 추산된다. 그중 대략 절반이 산업폐수, 하수 및 하천 방류로부터 유래하며 나머지는 비유조선 선박과 해저에서의 누출에 의한 것이다. 전체의 불과 18%만이 정유, 원양 유류채굴 및 유조선 활동에 의한 것이다. 대부분의 다른 오염물질과 달리 유류 유출은 쉽게 눈에 띄며 TV에 보도되면 여론의 주목을 받기 쉽다. 대부분의 유류는 일반적인 환경에 비교적 낮은 독성을 갖지만 물과 연관된 새와 동물 생활에 즉각적인 파국적 영향을 미친다. 최근의 주요 유류 사고의 일부가 그림 7.6에 나와 있다. 지속가능한 해양과 연안 생태계의 유지는 유류 오염을 줄이고 그 결과로 일어나는 환경적 영향을 완화시키기 위한 효과적인 방법의 개발을 필요로 한다.

토양 오염은 보통 산업화 사회와 연관된 다양한 활동에 의한 결과이다. 오염된 토지는 충분한 양 또는 농도로 존재할 때 직간접적으로 사람에게 그리고 일반적으로 환경에 해를 미칠 수 있는 물질을 함유한 지역을 말한다. 산업적으로 유래한 많은 인공합성물질(xenobiotic)은 높은 수준의 난분해성을 나타내며 많은 경우에 불과 작은 농도로 환경에 유입되어도 그들은 생물증폭(biomagnification) 될 수도 있다. 생물증폭은 근본적으로 DDT 같은 물질이 먹이연쇄를 거치면서 농도가 증가하는 현상을 말한다.

유해 폐기물과 화학물질은 전 세계적으로 현대 사회의 주요 문제 중의 하나가 되었다. 미국에서는 5만개 이상의 오염지역과 수십만 개의 지하저장탱크가 새는 것이 확인되었다. 이들 오염된 부지의 처리비용은 $1.7조로 추산되며 현재까지 미국 환경보호청은 유해폐기물 부지의 정화에 $152억을 사용하였다. 유해 폐기물과 독성 화학물질은 공기, 물, 토양과 퇴적토에 직접적으로 영향을 미치거나 이들 자원을 이용하는 살아있는 생물체들에 간접적으로 그리고 예측하지 못하게 영향을 미침으로써 복잡한 환경적 문제를 일으킨다. 환경 법의학은 새로운 분야로서, 예를 들면 유류 오염과 화학물질 유출 등에 의해 일어난 환경 피해 복구를 위한 법적 책임을 결정하기 위해 생겨났다. 그 피해를 누가 지불할 것인가? 돈이 많이 들고 논란이 있는 법적 소송이 현재 매우 흔하다.

그런 유해 폐기물 또는 오염물질의 환경적 관리를 위한 생명공학의 시행은 오염물질을 분해하고 무독화 시키거나 축적하는 생물학적 촉매를 포함하는 체제의 개발로 나타난다. 환경의 화학물질의 처리를 위한 생물제제 -대부분 미생물-의 적용은 대부분 복원 활성을 지향한다.

오염된 부지를 다루는데 평가되는 3개의 주요 접근이 있다: (1) 확인, (2) 위험의 성질과 정도의 평가, (3) 복원 방법의 선택.

오염된 토양을 다룰 때 정화 작업은 부지내 공정(on-site processing), 현장 처리(in situ treatment) 또는 부지외 공정(off-site processing)을 포함한다. 현재까지 상당한 정도의 정화 활동은 오염물질의 분리와 제거의 물리적, 화학적 방법에 의존하고 있다. 그런 방법은 이 책에서는 더 이상 다루지 않고 생물복원(bioremediation), 생물회복(biorestoration), 생물교정(bioreclamation) 또는 생물처리(biotreatment) 등으로 다양하게 불리는, 점차 많이 사용되는 생물학적 정화방법에 대하여 살펴보겠다.

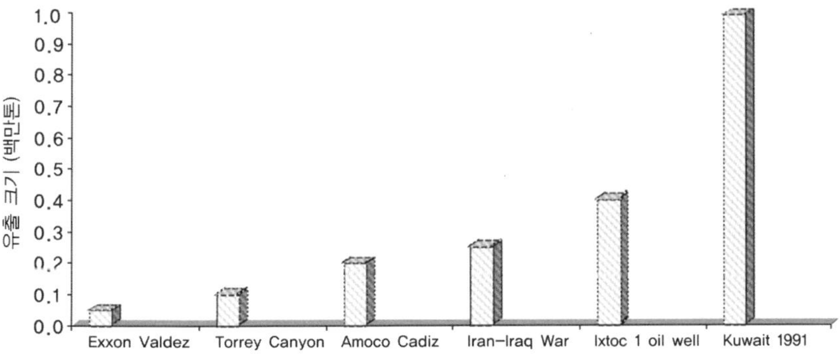

그림 7.6 주요 석유 유출사고의 추산된 크기.

표 7.3 화학 오염물질에 미치는 미생물의 영향

종류	화학적 변화
분해(degradation)	복잡한 화합물이 간단한 산물로 전환, 종종 광물화
결합(conjugation)	복합물의 형성 또는 보다 복잡한 화합물로의 첨가반응
무독화(detoxification)	무독성 화합물로의 전환
활성화(activation)	보다 독성이 강한 화합물로 전환

생물복원의 기본 원리는 매우 간단한데 미생물 생분해가 가급적 빠르고 완전하게 일어나도록 환경조건을 최적화시키는 것이다. 토양과 수환경에 자연적으로 존재하는 미생물들은 생태계에 도입된 인공합성 화합물의 생물학적 전환을 위한 잠재적 후보자들이다. 자연환경의 미생물 개체군은 영양물질 이용성 같은 환경조건의 변형에 의해 변경될 수 있는 동적 평형 상태로 존재한다.

거의 모든 경우에 오염물질 분자에 작용하는 것은 단일 균주가 아니라 미생물의 복합체가 될 것이다. 오염물질에 미치는 미생물의 대사적 효과는 여러 가지 형태로 나타나며 생태계에 항상 좋은 영향만을 주는 것은 아니다 (표 7.3). 전 세계적으로 생물복원 처리는 대부분 고유 미생물 생태계에 의존하지만 관련된 각 미생물에 대해서는 거의 알려지지 않았다.

환경정화에 생물복원의 활용은 2가지 방식으로 적용되고 있다.

(1) 현장에서 미생물 생장의 촉진은 영양물질의 첨가에 의해 일어날 수 있다 [생물촉진(biostimulation)]. 고유의 미생물 개체군이 특정 오염 화합물에 장기간 노출되면 개체군 일부가 그 오염물질을 이용하는, 즉 분해하는 제한된 대사능력을 발달시킬 수 있다. 그러나 이 특정 미생물의 생장은 항상 영양물질에 의해 제한되며 질소와 인 같은 필수 영양물질이 추가되면 보통 오염물질 분해의 증가와 더불어 생장촉진이 정상적으로 일어난다. 이 방법은 유조선 Exxon Valdez호로부터의 유출 유류를 정화하기 위해 미국 Prince William Sound와 알래스카만의 해변에 성공적으로 적용되었다. 다양한 조성으로 해변에 투여된 비료 (영양물질)는 고유의 미생물들을 자극하여 기름을 분해하여 덜 해로운 산물을 만드는데 이것들은 차후 먹이사슬의 일부가 된다. 300만 달러 이상이 알래스카 해변의 생물복원에 사용되었으며 현재까지 이 새로운 기술의 가장 큰 적용사례가 되고 있다. 이전에 맹독성이며 파괴할 수 없는 산업오염물로 간주되던 다염화비페닐(polychlorinated bipheyls, PCBs) 같은 난분해성 화합물로 오염된 토양은 현재 이 방법에 의해 실제로 탈염소화되고 있다.

(2) 영양물질 직접 투여 및 현장 미생물 생장촉진을 대체하는 또 다른 접근법은 미생물 시료를 오염부지로부터 채취하여 유용한 미생물을 농화시키고 생물반응기 배양에 의해 혼합물로부터 대규모화하고 오염된 지역에 미생물을 대량으로 재접종하는 것이다 [생물접종(bioaugmentation)]. 이것은 일부 지역에서 상당히 성공적이었다.

일부 기업은 현재 유류 오염물의 생분해율을 크게 증가시킨다고 주장하는 미생물 접종물을 판매하고 있다. 또 다른 접근법은 리그닌-셀룰로오스 물질의 분해자로 널리 이용되는 *Phanerochaete chrysosporium* 같은 백색부후균(white rot fungi)을 이용하고 판매하는 것이다. 리그닌 같은 복잡한 유기물을 분해할 수 있는 생물체는 PCBs 같은 많은 가장 위험한 산업 오염물을 분해할 수 있는 다양한 범위의 효소 활성을 갖는다. 현재 이 방법의 일부 제한점은 다음과 같다:

(1) 고유의 분해미생물들은 처리하려는 특정 환경에 완전히 적응되어 있다.
(2) 도입된 또는 외래의 미생물들은 새로운 환경에서 생존할 수 있어야만 하며 정착된 고유 미생물들과 경쟁할 수 있어야 한다.
(3) 첨가된 접종물은 오염물과 밀접한 접촉을 유지해야 하며 수환경에서는 희석을 피해야한다.

생물복원에서 추가적인 가능성은 현재는 분해하지 못하는 유기오염물 분자를 분해할 수 있는 미생물을 유전자 조작으로 만드는 것에 있다. 이것이 일부 경우에 시행되었지만 비우호적인 환경에서 새로운 미생물의 유전적 안정성과 생존을 포함한 상당한 기술적 문제점이 존재한다. 더욱이 하수체제, 토양과 해양 같은 환경으로의 유전자 조작 미생물의 도입과 관련된 법적, 윤리적, 감정적 문제들도 존재한다. 현재까지 어떤 유전자 조작 미생물도 실험실을 떠나 야외에서 조사된 바가 없다. 유전자 조작 미생물에 대해 전 세계적으로 특히 미국에서 활발한 연구가 진행 중이며 가까운 장래에 이 기술이 환경 적용을 위해 널리 그리고 안전하게 이용될 것으로 많은 산업계 과학자들이 전망하고 있다.

미생물이 생물복원에 중요한 역할을 하지만 일부 환경 문제를 해결하기 위해 식물을 사용하는 것에 관심이 커지고 있다. 식물은 토양으로부터 필수적인 원소를 효율적으로 흡수하기 위한 훌륭한 뿌리 체제를 발달시켰다. 식물에 의한 토양으로부터의 납, 수은과 카드뮴 같은 무기 오염물질의 제거는 새로운, 잠재적인 저비용의, 환경적으로 건전한 정화 방법이 될 수 있다.

군사 활동이 수십 년 지속된 곳에서는 육지와 지하수가 RDX (1,3,5-trinitro-1,3,5-triazine)와 TNT (2,4,6-trinitrotoluene) 같은 난분해성 폭약으로 심각하게 널리 오염되었다. RDX는 포유류와 식물을 포함한 시험된 모든 종류의 생물에 독성을 나타낸다. 미국 EPA는 RDX를 주요 오염물질과 가능한 발암물질로 등록하였다. 이 두 폭약에 대한 현재의 처리는 생물접종과 폭발 또는 굴착과 재매립에 의한 것이다. 두 폭약 모두 식물복원(phytoremediation)의 새로운 방법이 성공적인 것으로 조사되고 있다. TNT의 경우 식물의 뿌리 내에서 aminodinitrotoluene으로의 전환을 촉진하는 세균 *Enterobacter cloacae*의 NADPH nitroreductase를 발현하게 담배 식물을 유전자 조작하였다. 이 세균 유전자를 발현하는 식물은 야생형 식물을 죽일 수 있는 수준의 TNT에 견디고 분해한다. 흥미롭게 이 식물은 또한 독성 aminodinitrotoluene을 제거할 수 있는 효소를 자연적으로 갖는다. 유사한 방식으로 *XplA* 유전자를 *Rhodococcus rhodochrous*로부터 식물 *Arabidopsis thaliana*로 전달하여 RDX를 제거하였다. 그러나 이 모든 것은 아직 개발 초기 단계이며 규제 허가를 통과해야만 한다. 아쉽게도 오염 문제가 지속되는 곳은 폭약을 폐기한 나라이며 폭약을 생산하고 판매한 나라 (유전자변형 식물을 반대하는)가 아니다!

표 7.4 유류의 생물복원의 장단점

장점	단점
비교적 간단한 기술	물리적 정화법에 비해 느릴 수 있다
비교적 저렴한 비용	특정 환경에서 그리고 적절히 생분해 가능한 화합물에만 적용가능하다
광물화가 되거나 쉽게 분산되는 부산물 생성	인공 화학물질/영양물질과 분산제 투여 포함 – 환경오염물질로 작용 가능성
비파괴적이며 환경에 해가 덜한 기술	신기술이므로 환경 정화에 관련된 규제와 당국에 설명이 필요하다
가속화된 자연적 생물학적 기술은 인공합성 유해 폐기물과 관련된 위험을 회피한다.	

생물복원은 신기술이며 완전한 개발과 활용에는 시간이 필요하다. 유출 유류의 처리를 위한 생물복원의 상대적 장단점의 일부가 표 7.4에 나와 있다.

환경 생명공학의 발달은 전 세계적으로 지속되며 오염부지 정화, 폐기물 처리 및 오염 방지를 위해 미생물에 기초한 공정의 효율과 신뢰도를 향상시키고 있다.

[7.7] 오염물질의 검출과 감시

넓은 범위의 전통적 방법들이 오염물질의 검출 및 미생물과 화학적 분석에 이용되어 왔다. 보다 최근에 발전된 생물학적 검출법에는 바이오센서(biosensor)라 하는 생물감응장치와 면역분석(immunoassay)이 있다. 그런 감응장치 (센서)는 농약 같은 다양한 화합물에 대해 고도로 선택적이거나 민감해야 한다. 미생물감응장치는 탐지하려는 기질과 접촉 시 발광 같은 반응을 일으키는 미생물이다.

면역분석은 오염물질의 수준을 측정하기 위해 표지된 항체와 효소를 사용한다. 그런 분석은 민감하고 신속한 현장에서의 사용에 매우 가치있는 것으로 판명되었다. 미생물 검출을 위해 점차 많이 사용되는 또 다른 기술은 토양으로부터 DNA의 직접 분리와 증폭이다.

[7.8] 미생물과 지질학적 환경

미생물들은 광물 형성, 광물 분해, 침강, 풍화와 지질학적 순환 같은 특정 지질학적 작용에 중요한 촉매제로 점차 크게 인식되고 있다.

미생물이 광물과 연관된 가장 해로운 예 중의 하나는 산성 광산수(acid mine water)의 생성 시에 일어난다. 이는 채광 중 유연탄 층이 공기와 수분에 노출될 때 황철광 (pyrite, FeS_2)의 미생물 산화로부터 발생한다. 많은 광산 지역에서 이렇게 생성된 거대한 양의 황산이 전례 없는 규모의 오염을 일으킨다. 미생물의 또 다른 해로운 영향의 예로 석회암 같은 건축용 석재의 미생물 풍화가 있는데 석재의 표면 마멸 또는 구조적 변화를 가져온다.

이런 해로운 영향과는 반대로 용해에 의해 상업적으로 중요한 원소를 추출하기 위해서 (생물용출, bioleaching) 미생물이 점차 많이 이롭게 이용되고 있다. 예를 들면 코발트, 구리, 아연, 납 또는 우라늄 같은 금속들이 미생물을 이용하여 저품위 광석(low-grade ore)으로부터 보다 쉽게 분리될 수 있는데 이를 미생물제련 또는 미생물채광 (microbial mining)이라 한다.

금속 용출에서의 생물학적 반응은 보통 황화 광물의 산화와 연관된다. 많은 세균, 진균, 효모, 조류와 심지어 원생동물이 이 특정한 반응들을 수행할 수 있다. 많은 광물들은 황화철처럼 황 같은 다른 물질과 밀접하게 연관된 형태로 존재하는데 가치있는 금속을 분리하기 위해서는 이들이 산화되어야만 한다. 널리 이용되는 세균인 *Thiobacillus ferrooxidans*는 황과 철을 모두 산화할 수 있는데 광석 내 황은 세균에 의해 황산으로 전환된다. 동시에 황화철의 황산철로의 산화가 촉진된다.

금속 용출의 상업적 공정에서는 살아있는 미생물과 그들의 생장을 촉진시키기 위한 일부 필수적인 영양물질 (인산염과 암모니움)을 포함한 생물용출 용액으로 보통 큰 더미 내의 분쇄된 광석을 반복적으로 세척한다 (그림 7.7). 더미로부터 수집된 추출액은 원하는 금속을 포함하고 있으며 이는 추출된 황산으로부터 쉽게 분리될 수 있다 (하위 공정).

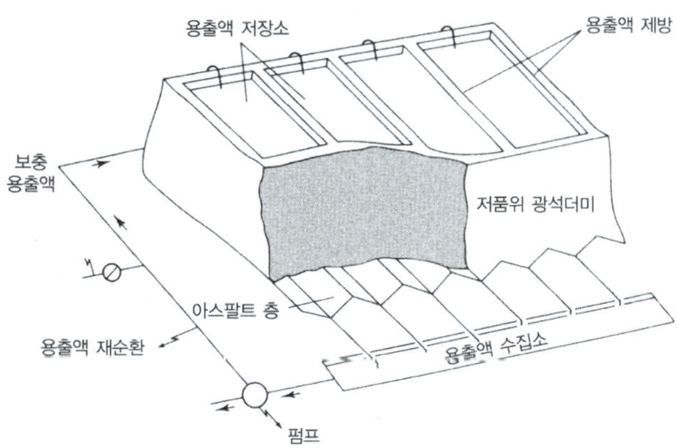

그림 7.7 '미생물 채광'의 원리.

표 7.5 저품위 우라늄 광석의 미생물 용출과 관련된 화학반응들

*Thiobacillus ferrooxidans*에 의해 촉매되는 제2철 이온에 의한 우라늄 광석의 간접 산화
UO_2^{2-} 4가 우라늄, 불용성 산화물
$UO_2SO_4^{2-}$ 6가 우라늄 (uranyl ion, UO_2^{2-}), 용해성 황산염
$UO_2 + 2Fe^{3+} + SO_4^{2-} \rightarrow UO_2SO_4 + 2Fe^{2+}$
$(U^{4+} + 2Fe^{3+} \rightarrow U^{6+} + 2Fe^{2+})$
*Thiobacillus ferrooxidans*는 Fe^{2+}를 재산화 시킨다.

미국에서는 전체 구리 생산의 거의 10%가 이 방법에 의해 얻어진다. 인도, 캐나다, 미국, 칠레와 페루 같은 국가들은 저품위 광석으로부터 미생물을 이용하여 전 세계적으로 연간 30만 톤의 구리를 통상적으로 추출하는데 생물용출은 직접 제련에 비해 1/2 내지 1/3 정도의 비용이 든다.

우라늄 광석의 대규모 생물용출은 캐나다, 인도, 미국과 러시아에서 널리 시행되고 있다. 알려진 다른 어떤 공정에 의해서도 경제성이 없던 저품위 광석 (0.01~0.5% U_3O_8)으로부터 우라늄을 회수하는 것이 세균용출 방법에 의해 가능해졌다. 이 방법에 의해 미국에서만 연간 4천톤의 우라늄이 추출된다. 우라늄은 일차적으로 핵발전에서 연료로 사용되며 쓸모없는 저품위 광석으로부터 우라늄의 미생물 회수는 에너지 생산에 중요하게 기여하는 것으로 간주될 수 있다 (표 7.5). 우라늄 광석의 생물용출은 또한 저준위 핵 폐기물로부터 우라늄 회수 방법을 제공함으로써 핵발전소의 경제성 및 환경오염 방지에도 중요하게 기여하고 있다.

미생물용출의 연속공정들이 개발되었으며 산도와 제한된 기질 이용성 때문에 필수적 세균 개체군의 제어가 쉽게 이루어진다. 용출 기술은 현대 사회에 점차 더 많이 필요한 희귀 금속의 추출에 보다 효율적이고 저렴한 방법을 지속적으로 제공할 것이다. 그러나 생물용출의 주된 단점은 공정이 비교적 느린 점이다.

세균용출의 또 다른 중요한 잠재적 활용은 고유황 석탄으로부터 황-함유 황철광의 제거이다. 연소 시에 발생하는 이산화황 오염 때문에 고유황 석탄은 현재 많이 사용되지 않고 있다. 그러나 석탄 매장량이 고갈됨에 따라 고유황 석탄에 대해 관심이 높아지고 있다. 따라서 고유황 석탄으로부터 대부분의 황이 함유되어 있는 황철광을 세균을 이용하여 제거하는 것은 커다란 경제적 및 환경적 중요성을 갖는다.

지방족 탄화수소(aliphatic hydrocarbon) 이용 세균은 또한 유전 탐사에 이용될 수 있다. 미생물은 유정이나 타르 모래로부터 유류를 방출시키는데 곧 상업적으로 이용될 것이다. 이 모든 체제에서는 일정한 용기 또는 생물반응기가 존재하지 않으며 대신 천연의 지질학적 현장이 생물반응기가 되어 광물 위로 물과 미생물이 유입되고 자연적 유출 후 유류가 수집되어 외부로 방출된다. 기계적인 펌프 사용에 의한 재순환도 또한 이용된다.

표 7.6 유정 생산의 전형적인 개요

석유 구분	본래 석유 중 비율 (%)
생산	24.0
보류	8.8
3차 석유 회수	13.6
장래 기술개발에 의한 회수	13.6
회수 불가능	40.0

유정에서 펌프에 의해 존재하는 전체 석유의 약 1/3만을 채굴할 수 있다. 고압기체, 물 주입, 혼화제 주입과 열 처리 같은 2차 회수기술은 석유 생산을 더욱 증가시킬 수 있다. 용매, 계면활성제와 중합체의 사용을 포함하는 3차 석유 회수는 지질구조로부터 석유를 제거할 수 있어서 유정의 생산 기간을 증가시키거나 연장시킬 수 있다 (표 7.6). 미생물에 의한 석유회수 증가 공정은 특정 세균의 대규모 발효에 의해 생산된 xanthan gum 같은 중합체의 사용을 포함한다. 그런 gum은 훌륭한 점도와 유동 특성을 가지며 작은 공극 공간을 통과하여 대부분의 포집된 석유를 방출시킬 수 있다. 그 활용은 보통 물의 주입과 연관된다. 또 다른 가능한 접근법은 유정 현장에서 미생물을 투여하여 계면활성제 생산, 기체 생성 또는 심지어 부분적인 미생물 분해에 의한 석유 점도의 변화를 통해 석유를 회수한다. 현재까지는 어려움이 그 장점보다 훨씬 크다.

미생물은 또한 희석된 용액에서 금속의 (생물)축적자로 사용될 수 있다. 세균, 효모와 곰팡이 같은 미생물은 다양한 방법으로 금속을 활발하게 흡수할 수 있으며 그런 과정은 희석된 용액에서 희귀 금속의 추출에 사용될 수 있는 잠재력이 있으나 그것이 중요한 기술이 될 지 아직 지켜보아야 한다.

이와 유사하게 미생물은 산업 폐기물로부터 독성 금속을 추출하는데 이용되며 차후의 환경오염을 감소시킨다.

일부 식물은 니켈, 코발트, 카드뮴과 심지어 금 같은 중금속을 축적하는 것으로 알려졌으며 재래식 채광법을 이용하여 토양이나 광석으로부터 금속을 추출하는 것이 비경제적일 때 그런 식물을 이용할 수 있는지 평가하기 위한 연구가 진행 중이다. 이 분야의 연구는 식물채광(phytomining)이라 하는데 금속을 과다하게 축적하는 식물의 사용에 의존하게 될 것이다. 금속-과도축적 식물을 금속함유 토양으로부터 수확하고 연소시켜 고농도의 표적 금속이 들어있는 소량의 식물재 (생물-광석, bio-ore)를 얻고 최종 생물-광석을 제련하여 금속을 얻는다. 이런 공정은 아직까지 상업적 단계로 개발되지는 않았다. 식물채광은 저품위 광석의 노천채광의 대안으로 환경보전 측면에서 유리할 것으로 간주될 수 있다.

이들 모든 분야에서 다학제적 접근이 필요하며, 특별한 기능을 가진 생물체의 디자인 같은 새로운 생명공학 기술이 앞으로 더 큰 이득을 가져올 수 있을 것이다. 이 분야의 생명공학의 전체 구도는 빠르고 흥미있는 발달의 하나이며 오염되지 않은 환경의 가치를 사람들이 점차 중요하게 생각하고 있다.

[7.9] 환경 지속성과 청정기술

이 장에서는 환경에 미치는 사회의 폐기물의 영향을 감소하는데 사용되고 있는 다양한 생명공학 기술에 초점을 맞추고 있다. 'Sustainable Biotechnology Development: From High Tech to Eco-Tech'이라는 세미나 논문에서 Moser (1994) 교수는 근본적으로 비우호적인 현재의 환경 공정을 위한 개선책으로서 어떻게 현재의 생명공학의 활용이 보여질 수 있는지 밝힌 바 있다. 경제성이 대부분의 기술적 변화의 결정요인이지만 환경 생명공학 촉진을 향한 노력은 분명히 부가적 전략으로서만 간주되어야할 것이다.

그는 환경 보호 측면에서 어떻게 생명공학이 세 가지 수준의 활용을 갖는지 면밀하게 발표하였다:

(1) 오염 정화(pollution clean-up): 예, 유류 유출의 정화와 오염된 토양의 무독화; 생활하수와 산업폐수의 처리.
(2) 오염 제어(pollution control): 예, 광산 채광수로부터 독성 중금속의 회수; 펄프와 제지산업에서 염소 대신 효소의 사용.
(3) 오염 보호(pollution protection): 예, 원자재가 재생가능하고 폐기물이 비료로 사용될 수 있는 생분해성 슬러지인 효소 생산공장에서의 밀폐된 순환 체제.

과거 수십 년 간 폐기물 최소화에는 최소한의 투자만을 한 채 산업 폐기물의 처리에는 막대한 투자를 하였다. 청정기술(clean technology) 개념의 출현은 현재 관심과 행동을 오염정화로부터 환경훼손의 방지로 이동시키고 있다. 이런 식으로 이 움직임이 폐기물 최소화와 방지를 지향하는 기술의 출현을 유도하게 될 것을 기대하고 있다. 이상적으로, 완전히 환경 친화적인 기술이 에너지와 일부 재생불능 물질 (특히 화석연료 원자재)의 소모율이 낮으며, 폐기물을 감소시키거나 또는 발생하지 않는다.

환경 내에서 인간의 활동이 지구의 지속가능한 용량을 훨씬 초과하고 있다는 것이 점차 분명해지고 있다. 근본적으로 환경 부하는 세계 인구×인구 1인당 번영 또는 복지×번영 (복지) 단위당 환경 사용의 크기와 동일하다. 50년 내에 환경 부하를 20~50배로 감소하는 피할 수 없는 요구가 있을 것이 분명하다. 이를 달성하는 것이 의문시되기 때문에 우리는 전 세계적으로 환경 가치와 기준의 점진적 훼손을 받아들여야만 하든가 또는 물질과 에너지 흐름의 최소화를 통해 여러 가지 작용을 보다 효율적으로 만들어야만 하는데, 시간이 그다지 많지 않다.

모든 환경 생명공학 공정과 산물이 부정적인 영향을 가지며 그런 위험은 이득의 보장과 균형을 맞추어야 한다. 그런 작업은 항상 위해도 평가를 통해 수행되어야만 하며 법률적 인식과 기술적 현실 측면에서 보면, 현존하는 그리고 앞으로 개발될 환경 생명공학의 많은 것들이 최대의 환경 안전을 달성할 수 있게 할 것이 분명하다 (그림 7.8).

환경적 영향이 인구, 풍요 또는 소모, 그리고 제품과 서비스를 만들고 유지하는데 사용되는 기술의 작용이라는 것이 현재 널리 받아들여지고 있다. 만일 서양 특히 미국에서 현재 달성된 생활 수준이 전 세계적인 것이라면 지구상에서 환경 영향은 이미 지속가능하지 않을 것이다.

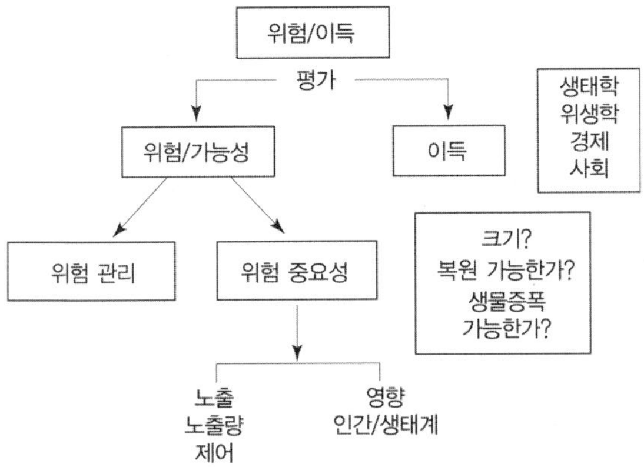

그림 7.8 환경 생명공학 위해도 평가를 위한 체계. (참고 : EFB, 1999.)

생태계는 도시화와 산업화의 증가와 연관된 부정적인 환경적 영향으로부터 보호되어야만 한다. 이는 폐수와 배기가스의 창조적 관리, 폐기물 발생의 감소와 가능하다면 믿을만한 청정 기술의 전반적인 개발 등을 포함할 것이다. 현재는 이같이 어떤 작용 후에 회복을 시도하는 대신 문제가 근원에서부터 해결되어야 한다는 인식이 증가하고 있다. 현재 환경에 해를 미치는 부산물을 만들어 내는 기존의 많은 종류의 생물공학적, 화학공학적 공정들을 개선하는 방법으로 생명공학은 점차 인식되고 있다. 효율적이고 제어가능하며 깨끗한 고품질 생물공정들을 개발할 증가된 통합적인 생물공정 디자인들이 나타날 것이다 (제4장 참조). 생태학적 원리에 승복하는 인류를 위한 이득을 달성하기 위해 전체론적이며 덜 공격적으로 전 범위의 생물다양성의 이용에 의한 생태계와 인간 문화에 기술을 심는 신기술 개념인 '생태기술(Eco-Tech)'에 생명공학은 중심적인 역할을 하게 될 것이다.

미래 청정기술의 주요 특성은 오염과 환경 훼손의 복원으로부터 그것의 방지와 최소화로 주의를 돌리는 것이 될 것이다. 분명히 어떤 단일 기술도 청정 제품과 공정을 만들지 못할 것으로 예상되지만 생명공학은 의심할 바 없이 경제성 측면에서 경쟁력을 가지면서, 산업적 지속성, 그리고 물질과 에너지 소모 및 폐기물 발생의 감소에서 기존의 화학적, 물리적 체제와의 경쟁의 증가에서 주된 추진력으로 작용할 것이다.

지속가능한 개발(sustainable development)은 미래 세대의 요구의 양보 없이 현 세대의 요구를 충족시켜야만 한다.

8

농업과 임업 생명공학

[8.1] 서론

전 세계적으로 늘어나는 사람들에게 지속적으로 충분한 식량을 공급하는데 심각한 도전을 받고 있다. 최근까지 세계인구의 꾸준한 기하급수적 증가를 예견했던 인구 통계학자들은 이제 그 증가를 크게 조정하여 2050~2060년까지 세계인구의 정점을 100억 명으로 추산하고 있다 (10 기가 명). 백분율로 보면 세계 인구증가는 1960년대까지 거의 멈추었으며 1970년대까지 감소하기 시작하였다. 세계 인구는 여전히 증가하고는 있으나 매년 적은 수가 추가되고 있는 정도이다. 많은 개발도상국가에서 출산은 현대적 피임방법의 사용의 결과로 50%까지 감소되었다. 100억 명을 성공적으로 먹여 살리기 위해서는 세계농업에 의해 현재 생산되는 것보다 35% 이상의 칼로리를 필요로 하게 될 것이며, 실제로 100억의 인구가 한 달에 한번이상 고기를 먹기 원한다면 더욱더 많이 필요하게 될 것이다. 이러한 인구의 식량문제를 해결하기 위해서 곡류 (40% 증가), 육류 (63% 증가), 그리고 다른 작물 (40% 증가)을 포함한 주요 식량의 생산을 크게 증가시켜야 한다. 최소한 80%의 식량이 개발도상국에서 생산되어야 함에도 불구하고 단지 6%의 새로운 경작지가 개간되고 있다. 어떻게든 인류는 식량의 2/3를 차지하는 곡류경작지를 현재의 2배로 늘려야 한다. 결과적으로 잘 견딜 수 있으면서도 집약적인 농업을 계획하는 것 이외에는 다른 대안이 없다. 1960년대와 70년대의 녹색혁명시기에는 비료, 농약, 관개 등 환경을 식물에 맞추었으나, 질소원이나 물이 충분하지 않은 토양에서 자랄 수 있는 고 수확 작물이나 병충해가 만연하는 곳에서도 자랄 수 있는 품종의 육종 등 지금의 지속 가능한 농업에서는 식물체를 환경에 맞추려고 한다. 여러 분야의 현대 생명공학 기술들이 현재와 미래에 농업에 응용될 것이다.

농업은 앞으로 계속하여 전세계 산업 중 가장 큰 산업으로 남을 것이며 미국과 같은 선진국의 경우 GNP의 20% 이상을 차지할 것이다. 선진 경제의 경우 농업은 생산성과 이윤을 내려면 기술 집약적이 될 수밖에 없다. 세계 곳곳의 농업은 생산과 소비 사이의 수직적 통합을 위하여 커다란 전략적 변환점을 맞이하고 있다. 식량가공업자들이 과거에는 거대시장에서 원료를 구입하였으나 점차 고부가가치의 가공을 위하여 특정기능을 포함하는 바람직한 원료를 직접 생산하기 위한 육종 프로그램을 확립하고 있다. 유전공학은 광범위한 식물과 동물을 대상으로 농업에서 혁명을 일으키고 있다. 시장은 점점 더 안정적일 것이며 소모량도 줄어들 것이다. 농업생명공학을 통해 표준화된 높은 질의 식량을 낮은 가격으로 생산할 수 있을 것이다.

농업은 통상장벽과 자국 보호주의 등의 정치적으로 민감한 분야이다. 미국과 유럽과 같은 지역의 농업은 높은 효율성 보이는 분야이며 지속적으로 연간 생산성이 증가하고 있다. 반면에, 많은 나라들은 아직도 낙후한 농업기술, 열악한 기후조건, 그리고 정치적 불안정과 같은 많은 이유 때문에 식량 자급자족을 할 수 없다. 많은 국가들이 태생적으로 가난하여 새로운 농업생명공학 기술을 적용할 수 없다. 선진국들만이 이러한 국가들에게 교육 프로그램과 재정지원을 제공함으로써만 이러한 상황을 개선할 수 있다. 그러나 이미 세계은행과 EEC와 같은 기관을 통해서 진행되고 있다.

[8.2] 식물 생명공학

식물은 인류의 주된 식량원이며 식물농업을 올바로 관리함으로써만 현재의 인구에게 식량을 제공할 수 있다. 식물은 독특한 광합성 작용으로 빛에너지를 이용하여 이산화탄소를 화학에너지로 고정할 수 있다. 식물의 광합성을 통한 빛으로부터의 이 에너지 흐름은 세계 경제에서 식물의 중요성의 중심에 있다. 다양한 형태의 식물은 거의 모든 생태계에서 1차 생산자이며, 그 결과 지구상의 대부분의 생명은 생존을 위해 절대적으로 식물에 의존한다. 식물은 사람에 기본적인 식량원이며 (도처에 기술된 바와 같이 에너지원이기도 함) 세계의 현재와 미래의 사람들은 식물농업의 올바른 관리에 의해서만이 살아남을 수 있다.

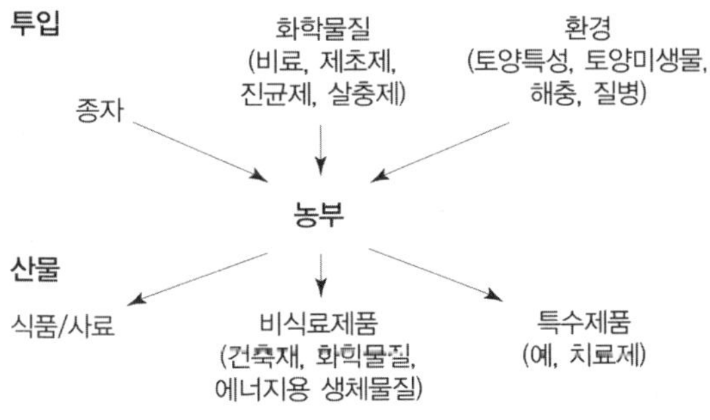

그림 8.1 식물의 생산과 활용을 위한 흐름도.
(출처 : Organisation for Economic Cooperation and Development에서 인용, 1992)

놀랍게도 아주 적은 수의 식물종 만이 농업에 이용되어왔다. 적어도 300,000 종의 식물이 알려져 있으나, 단지 몇 백 종의 식물만이 농업에서 중요한 위치를 갖는다. 식물의 유전적 조성을 조작하고 인류의 필요를 충족시킬 수 있는 특질을 선택하는 작업은 농업이 시작된 이후 계속 되어왔다. 식물이 세계 경제에 중요한 이유는 식물이 광합성을 통하여 태양으로부터 에너지를 확보하기 때문이다. 현재 우리가 살고 있는 고도기술 사회에서 식물과 인류의 관계는 쉽게 간과될 수 있다 (그림 8.1).

유사 이래 인류는 주요 작물의 생산성과 질을 높이기 위해 노력해왔다. 이를 위해 오랜 기간이 소요되고 어려운 선택과 육종 기법을 사용하였다. 그럼에도 불구하고 인류는 옥수수, 벼, 밀, 고구마와 같은 주요 작물의 품질을 원종으로부터 시작하여 현재의 수준까지 높이는 놀라운 결과를 이루었다. 그러나 1950년대 중반으로부터 인위적인 방법, 특히 방서선 조사를 통해서 식물의 돌연변이율을 증가시킬 수 있게 되었다. 오늘날 식물학자들은 농작물, 특히 곡물에 인위적 돌연변이(artificial mutation)를 일으키기 위해 DNA를 손상시킬 수 있는 열중성자(thermal neutron), X-선 또는 에틸메탄 아황산염(ethyl methane sulphite) (독한 발암성 화학물질)를 사용한다. 이 엄청난 DNA 손상은 안전시험(safety tests)을 필요로 하지 않았으며 어떤 시위도 일어나지 않았다는 것을 언급하는 것이 흥미롭다! 1983년에 유전자 조작의 등장은 명백히 예기치 못한 돌연변이 육종시스템으로 더욱 예측가능한 대안됨이 입증되었다. 이같이 무작위과정(random process)을 거치지 않고, 원하는 특질의 도입하는 것이 가능해졌다. 유전자 조작(genetically modified, GM) 농작물은 이제 등장하였다! 보다 안전한 접근을 위하여 잘 편성된 반대의견에 대해서는 나중에 설명하게 될 것이다.

자연적/인위적 돌연변이와 교배를 이용한 전통적인 육종 기법은 작물의 품질을 높이기 위하여 계속하여 사용될 것이나, 앞으로는 미세육종, 원형질체 융합, 유전공학과 같은 새로운 기술에 의해 보완될 것이다.

유전적 개량의 속도는 적절한 유전자의 개수와 개량된 종을 재배하는 기술에 의해 결정되었다. 그러나 최근 유전체학이 등장하면서 보다 많은 수의 유용 유전자를 확보할 수 있으며, 이러한 유전자를 적절한 식물에 형질전환 시키고 발현시킬 수 있게 되었다. 중요한 점은 농부, 식품가공업자, 그리고 소비자에게 가치가 있는 특성을 제공할 수 있도록 유전자의 발현이 어떻게 조절 되는지를 이해하는 것이다.

클론 증식

일찍이 1939년부터 일부 식물의 경우에 세포의 일부를 떼어내어 인공적으로 무한히 증식보존 할 수 있다는 사실을 알게 되었다. 이러한 조직의 배양에는 세포가 조직화되지 않은 상태로 증식하여 무정형의 세포덩어리를 형성할 수 있도록 식물 호르몬이 필요하다. 이어서 단순 화학배지에서 빠른 성장을 유도할 수 있는 재배방법이 개발되었다. 개별적이거나 집단적인 세포들은 마치 미생물처럼 배양이 가능하며 초기에는 시험관에서, 지금은 대형 발효조에서 배양할 수 있게 되었다. (이러한 방법으로 고부가가치의 2차대사산물을 생산할 수 있다; 표 8.1)

식물세포배양을 이용한 많은 2차대사산물을 생성할 수 있는데 반하여, 시코닌(shikonin)과 파클리탁셀(paclitaxel) [탁솔 (Taxol)]의 2가지 2차대사산물만이 지금까지 상업적 규모로 생산되어져 왔다. 많은 표적 화합물의 적당한 수율을 얻기 어렵기 때문이다.

표 8.1 식물 2차대사산물의 잠재적 시장 규모

물질	용도	예상되는 소비자 시장 규모(백만 달러)
Vinblastine/vincristine	백혈병	18–20 (미국)
Ajmalicine	혈관질환	5–25 (세계)
디기탈리스	심장질환	20–55 (미국)
키니네	말라리아; 향료	5–10 (미국)
코데인	안정제	50 (미국)
자스민	향수	0.5 (세계)
Pyrethrins	살충제	20 (세계)
스피아민트	향료; 향수	85–90 (세계)

대조적으로 재조합단백질 생산을 위한 식물세포배양의 사용은 항체, 효소, 호르몬, 생장소, 사이토카인 등을 생산하는데 상당히 성공한 분야가 되었다. 그러나 지금까지 식물세포배양을 이용하여 상업적으로 생산된 재조합 단백질은 없었다. 제4장에 이미 서술된 바와 같이 대부분의 이들 연구에서는 식물세포의 현탁배양을 사용하였다.

식물세포배양의 다음 단계는 이러한 절차를 역으로 진행시켜 개별 식물세포를 조직, 기관, 나아가 개체로까지 발생할 수 있도록 하는 것이었다. 이러한 방법으로 식물체를 클로닝 할 수 있게 되었다. 나무를 포함한 많은 식물 종을 신속하게 큰 규모로 클론 증식(clonal propagation)시키는 것이 가능하게 되었다. 식물체로부터 작은 조직을 무균적으로 떼어내어 배지를 적절히 조절하여 유지하면서 많은 수로 증식시킬 수 있다. 이러한 절차로 고품질의 단일 종 식물을 신속하게 생산할 수 있다. 이러한 기술을 활용한 두드러진 예로는 최근에 성공적으로 조직으로부터 유채와 커피식물을 클로닝하여 많은 수의 안정적인 개체를 만들어낸 것이다. 이러한 미세번식 분야는 동일한 클론을 신속하고 많은 수로 번식할 수 있을 뿐 만 아니라 다음과 같은 장점을 가지고 있다:

(1) 바이러스나 다른 병원체를 제거한다.
(2) 유용 유전자를 기존의 종자가 아닌 방법으로 저장한다.
(3) 배아 복원
(4) 곡물에 사용가능한 꽃가루와 배낭 배양 (배우체클론 변이체)을 통해 반수체를 만들 수 있다.

이제는 산업 미생물학에서 오래 전부터 시행하던 돌연변이, 선택, 생산공정 등 일련의 기술들을 식물세포에도 적용할 수 있다. 따라서 유전적 식물의 다양성을 정상 교배 대신에 반수체, 삼배체, 사배체 등을 생산하거나, 다른 종이나 속간의 원형질체 융합, 그리고 서로 다른 식물체 (나아가 다른 생물종)의 DNA를 전이시키는 형질전환 기법을 이용하여 변화시킬 수 있다. 재조합 DNA 기술은 이제 식물에도 적용할 수 있게 되었다 (그림 8.2).

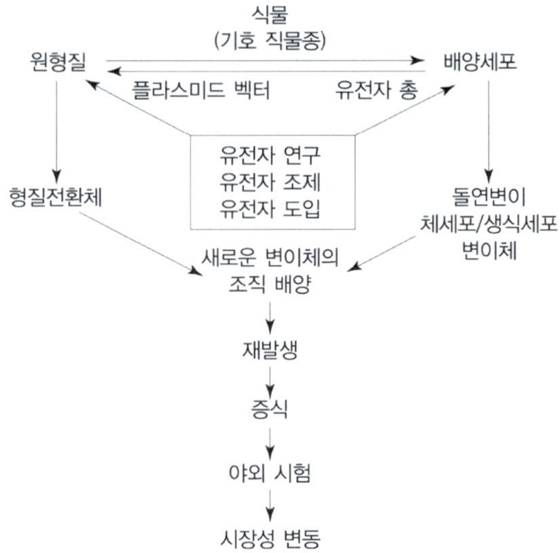

그림 8.2 생명공학을 이용하여 새로운 식물종을 만들기 위한 실험 접근방법.

원형질체(protoplast)는 식물 세포벽을 제거한 후 적당한 삼투 용액에서 유지시킴으로 생산할 수 있다. 고구마, 고추, 담배 등 몇몇 작물은 원형질체에서 완전한 개체를 재발생 시킬 수 있다. 어떤 경우는 원형질체를 다른 종끼리 융합시킬 수 있기 때문에 유전형질을 혼합할 수 도 있다.

캘러스나(callus) 거대조직의 배양을 통해 재발생을 유도하면 일정한 식물체를 얻을 수 있다. 반대로 단일세포나 원형질체로부터 재발생을 유도할 경우에는 작거나 또는 광범위한 표현형질의 변화를 초래할 수 있다. 이러한 현상을 '체세포변이(somoclonal variation)'라고 하며 수확량과 질병내성과 관련하여 작물의 개량에 사용되는 방법 중에 하나이다 (그림 8.2).

식물 유전공학

유전공학의 기본원리는 제3장에서 간단히 소개되었으며 관련유전자(들)의 동정과 벡터 또는 벡터가 아닌 다른 방법으로 유전자를 선택된 식물로 전달을 포함한다. 최초의 식물 유전공학은 1983년에 *Agrobacterium tumefaciens*라는 세균이 Ti [암유발(tumor inducing)] plasmid 의 일부 DNA를 식물체로 전달하는 것을 이용하여 실용화 되었다. 이러한 방법으로 외래 유전자를 Ti plasmid에 삽입한 후 식물의 염색체로 도입시킬 수 있게 되었다. 형질전환체를 선별 방법으로 확인한 후 성체로 발달 시켰을 때 새로 도입된 형질은 멘델의 유전법칙으로 후대에 전달 된다. 오늘날에는 Ti plasmid유래의 운반자를 이용한 쌍떡잎 식물의 형질전환은 전 세계에서 일반적으로 수행 되고 있다. 이러한 방법은 벼, 밀, 옥수수와 같은 외떡잎 식물에는 적용되지 못한다. 외떡잎 식물의 형질전환에는 DNA를 식물체에 물리적으로 삽입시키는 유전자 총(particle gun, biolistics) 기술이 적용된다. 이 경우 미세입자가 세포벽을 통과한 후 핵으로 들어가 DNA를 전달하게 된다.

DNA가 도입된 세포는 개체로 재발생 된다 (그림 8.2). 벡터가 아닌 다른 전달방법에는 다음의 방법을 포함한다:

(1) 전기천공 - 세포를 도입유전자(transgene) 용액에 넣고 강한 전기장을 적용하여 각 세포를 둘러싸는 막의 투과력에 영향을 주어 도입유전자가 침투하도록 한다.
(2) 도입유전자 수용액과 탄화규소(silicon carbide)의 미세결정체를 같이 섞어서 세포막의 미세구멍으로 도입유전자가 들어가도록 한다. 각 경우에 일정량의 도입유전자는 세포 DNA로 삽입될 것이다.

이러한 방법으로 유용한 유전자를 어떤 식물에게도 도입할 수 있게 되어, 여러 종류의 작물들을 유전적으로 조작할 수 있게 되었다 (표 8.2).

암유발 플라스미드(Ti plasmid)는 원치 않는 유전자를 무력화 하기 위하여 '안티센스 유전자(antisense gene)'를 삽입하는데도 사용하였다. 이러한 안티센스 유전자는 프로모터를 기준으로 유전자를 뒤집어 넣음으로 얻을 수 있다. 안티센스 유전자의 전사산물은 정상적으로 번역되지 못하기 때문에 정상 유전자의 기능을 저해시킨다.

표 8.2 유전자 조작된 주요 작물의 특성들
해충 저항성
바이러스성 질병, 세균성 질병, 그리고 진균성 질병들에 대한 저항성
기름, 녹말 그리고 단백질의 변형은 플라스틱, 세정제, 윤활유, 제지와 포장지의 생분해를 위해 천연물질의 지속적 공급을 제공한다. 또한 제빵과 양조의 품실 개선을 위해서도 변형된다.
제초제 내성은 어떤 농작물에 변종을 일으켜 특정 제초제에 내성을 지니며, 많은 경우에서, 효과적인 잡초 조절 성과를 달성하기 위해 이용되는 제초제의 수가 감소한다.
식물 생장, 개화시기와 꽃 색깔을 포함하는 식물 구성과 개화 식물 생장.
수확시기의 분산에 의해 종자 손실을 축소.
과실과 덩이줄기 식물의 성숙과 감자의 보관 연구의 변형들은 덩이줄기(감자) 보관에 사용된 발아억제 화합물 양의 감소.
냉해, 열, 수분 그리고 염분 토양을 포함하는 환경 충격에 대한 내성의 증가.
특정 식물의 토양으로부터 독성 금속물질의 제거(환경복원)하는 능력의 증가. 예, 광산 폐수로부터.
특정 작물로부터 알레르기원 제거. 예, 쌀
비타민, 무기물, 항암물질의 증가
약제 물질들의 생산. 예, 항응고 화합물, 식용 가능한 백신들.

최근의 식물 유전공학분야에서의 주된 목표는 무엇인가? 요약하면 유전공학은 식물 육종학자에게 다음의 제한 조건을 뛰어넘게 한다:

(1) 종간 장벽에 의한 제한
(2) 재래식 육종의 부정확성

현재는 유전공학으로 단일 유전자를 도입할 수 있으며, 앞으로는 다수의 유전자를, 나아가 전체 생화학 반응을 도입할 수 있을 것으로 기대한다. 도입된 유전자에 의해 개량된 특성들에는 다음이 포함된다:

(1) 특정 제초제에 대한 내성을 갖는 식물;
(2) 해충과 병원성 미생물에 대한 내성이 증가된 식물;
(3) 수확 후 특성을 증진시킨 식물.

특정 제초제에 대한 내성을 갖는 식물

선택적 제초제로 잡초를 제거하는 경우 작물의 수확량을 증대시킬 수 있다. 이러한 물질은 특정 작물에는 해를 주지 않으면서 잡초의 성장을 저해하도록 디자인 되었다. 연간 세계 제초제 시장 규모는 약 60억 달러에 달한다. 그러나 환경과 인체에 미치는 위해성 때문에 그 사용에 대한 규제가 점점 커지고 있다. 이미 제초제 내성 유전자로 형질전환 시킨 제초제 내성식물이 만들어 졌다. 이러한 식물은 보다 효과적이고 경제적이며 환경위해성도 줄일 수 있는 잡초제거 방식을 제공하는 것으로 알려져 있다.

목화, 옥수수, 사탕무우, 카놀라 등과 같은 유전자 변형된 제초제 내성(genetically modified herbicide-tolerant, GMHT) 농작물들은 특히 미국에서 광범위하게 재배되고 있다. 가령, 미국과 아르헨티나에서 재배된 많은 대두는 제초제 글리포세이트(glyphosate) (Round Up®)에 내성을 가지도록 유전자가 조작되었다. 이 제조체는 식물 효소 EPSPS (5-enolpyruvyl-shikimate-3-phosphoate synthethase) 작용을 억제하여 아미노산 대사 작용을 혼란시킨다. 따라서 이 제초제는 잡초와 농작물 모두에게 독성을 나타낸다. 쌍떡잎 잡초는 죽이고 제초제 내성 작물에는 해를 끼치지 않는 글리포세이트에 내성을 갖는 식물들은 글리포세이트에 내성 세균으로부터 EPSPS 유전자를 병합시켜 유전자 변형된 제초제 내성 식물들을 개발하였다. 이와 유사한 방식으로 글루타민 합성을 저해하고 암모니아 독성 축적을 일으키는 제초제인 글루포시네이트(glufosinate)에 내성인 GMTH 농작물이 있다. 옥수수의 경우, 글루포시네이트 내성은 세균 효소와 유사한 합성된 pat (phosphinothricin N-acetyltransferase) 유전자를 도입시켜 획득되었다. 단순화된 잡초 관리와 비옥한 표토로의 전환에 도움을 주는 유전자 변형된 제초제 내성 농작물들은 농부들과 종자 회사들에게 매우 인기가 있다. 잡초 제거는 현대 농업측면에서 필수적이다. GMTH 농작물이 농지환경에 유해 혹은 유익한가? 광범위한 농장 규모 영향 평가들이 현재 진행되고 있다.

해충과 미생물에 대한 내성이 증가된 식물

역사적으로 화학적 살충제의 사용으로 농업과 임업의 생산량에서 극적인 증가를 가져왔다. 지속적이며 광범위한 화학 살충제가 사용되는 이유는 과거 보다 적은 인원과 적은 비용으로 보다 많은 식량을 생산하는 때문이다. 살충제 시장은 화학 합성물질에 의해 지배되어 왔으며 이것은 의심할 여지없이 앞으로도 그럴 것이다. 그러나 소비자들은 식품 품질과 식품 생산에서 살충제 잔여 물질의 잔존가능성에 대한 관심이 증가하고 있다. 무엇이 화학적 살충제를 대체할 수 있을까? 모든 생물체는 그들 자신만의 고유한 질병과 천적을 가지고 있다. 생물학적 제어는 해충을 조절하기 위하여 경작지, 주로 잎에 살포되는 미생물의 사용을 포함한다. 그러나 생물학적 해충 조절은 화학적 조절처럼 효능과 경제적인 측면에 대해 입증을 하지 못했다. 해충 제어를 위한 생물학적 조절의 사용에 관련된 문제점으로는 지연되거나, 부적절한 활성, 제한된 해충제어 범위, 다른 환경에 따른 일치하지 않는 활성, 생물학적 제어물의 높은 생산 단가 등이 있다.

가장 성공적인 생물학적 제어물질(biological control agent, BCA)은 결정형의 단백질을 형성하는 포자 생성 세균인 *Bacillus thuringiensis*이다. 이 결정형의 단백질은 곤충에 대한 독성이 매우 높으나 그 활성은 매우 특이적이다. 이 단백질은 30년 이상 *Lepidoptera* (애벌레)의 퇴치를 위해 사용되어 왔다. 이 생물 조절제의 상업적 적용은 주로 포자와 분쇄된 *B. thuringiensis*의 결정체 함유물로 형성된 것을 사용하며, 실제 적용에서는 에어커 당 10~15g의 포자나 10^{20} 분자의 단백질 제제를 살포한다. *Bacillus thuringiensis* (Bt) 독소가 생물학적 제어물질 세계 시장에서 상당수를 차지하고 있다.

*Bt*에서부터 형성된 살충 단백질을 발현하는 형질전환 식물체들은 1996년 처음 상업화되었으며, 많은 회사들이 *Bt* 농작물 개발에 참여해오고 있다. *Bt* 독성을 암호화하는 유전자가 공학적으로 조작되어 2005년 기준 8,000만 이상의 헥타르에서 재배되는 중요 농작물인 면화와 옥수수로 삽입되었기 때문에 *Bacillus thuringiensis* 는 중요한 살충제가 되었다. 이러한 농작물은 경작자들에게 경제적인 이익을 주며, 다른 화학적 살충제의 사용은 감소시키며, 옥수수의 경우에서 옥수수는 곰팡이독소(mycotoxin)를 생산하는 균류에 더욱 감수성이 있어 병충해 감소를 일으키며, 이런 이유로 인해 곰팡이독소 [아플라톡신(aflatoxins)과 후모니슴(fumonisms)]의 출현은 감소하였다. 장기간 국소적으로 해충 억제를 유발하는 *Bt* 면화에 대한 연구도 수행되고 있다.

Bt 농작물의 광범위한 사용 초기 단계에서 몇몇 과학자들과 단속자들, 환경보호론자들은 *Bt* 농작물의 사용 지역에서 *Bt* 독성에 대한 내성 증가는 필연적인 것으로 말하였다. 이것은 구체적이지 않다. 농학자에게 중요한 도전이 되었던 형질 전환 농작물들에 의해 생산된 *Bt* 독성에 대해 내성을 획득한 해충의 억제와 실질적인 적용범위와 분자적 방법들을 고안하고 있다.

미생물 질병, 특히 곰팡이와 바이러스 질병은 세계적으로 식물 생산성을 저해하는 주요 인자로 알려져 있는데, 농약처리 비용을 포함하여 막대한 손실을 초래한다. 세계적으로 1987년 현재 식물 질병에 의한 손실은 약 900억 달러에 이른다. 여러 작물, 특히 벼에 경우 식물 바이러스 껍질 단백질 유전자를 도입함으로 바이러스 내성이 증가된 식물을 만들었다. 이러한 접근방법은 모든 식물 유전공학 연구 중에서 가장 성공적인 사례이다. 불가피하게 사용되는 제초제, 농약 등은 환경에 유해하기 때문에 유전적, 또는 기타 방법으로 해충과 질병에 대한 내성을 증진 시킬 필요가 있다.

수확 후 특징을 증진시킨 식물

작물의 수확 후 저장과 수송 중에 발생하는 손실은 미국과 유럽의 경우 40% 정도이며, 여타 지역에서는 80%까지 달한다. 대부분의 손실은 채소와 과육의 병충해에 의한 것인데 나아가 상처를 입거나, 열과 냉해, 과성숙, 풍미 제거 등도 포함된다. 대부분의 변화는 식물체내의 효소활성에 의한다. 이러한 효소활성을 유전적으로 차단할 수는 없을까? 토마토의 경우 polygalacturonase 효소가 세포벽 성분을 분해하여 성숙되는 동안 과육을 무르게 한다. 이러한 과정은 과일 색깔의 변화와는 무관하다. 정상 조건에서 과일이 나뭇가지에 달려서 성숙되고 색깔이 변하게 되면 수송과정에서 과육에 많은 손상을 주게 된다. 안티센스 유전자(antisense gene)를 이용하여 polygalacturonase 활성을 조절함으로써 토마토를 가지에 더 매달려있게 할 수 있으며 수송 중에 손상도 덜 받게 할 수 있다. 맛이 향상되고 저장성이 증가된 Flavo Savr 라는 이름의 토마토가 Calgene 회사에 의해 개발되어 미국시장에 진출하였다. 현재 미국의 토마토 사장 규모는 35억 달러에 달한다. 이러한 원리가 다른 많은 과일에 적용되고 있다. 다른 방법으로는 에틸렌 생산/저해 방법을 이용하여 과일의 성숙도 및 맛을 조절하려 한다.

관상식물과 화훼원예의 경우 꽃과 잎의 색깔, 향기, 모양 등 유전자 조작은 특히 독일, 호주, 미국에서 현재 장식용 식물산업의 주요 목표가 되고 있다 (표 8.3).

표 8.3 개발된 화훼원예의 특성

원하는 특성	개발단계
건조내성 및 내한성	연구개발 중
파란 카네이션	1996년에 출시
파란 장미	2008년에 판매승인
향이 진한 장미	연구개발 중
잘 시들지 않는 꽃	연구개발 중

세계의 유전자변형 작물

현재 세계적으로 20개국 이상에서 대두, 면화, 옥수수, 카놀라 등과 같은 유전자변형 작물이 재배되고 있다. 제초제 내성, 해충 및 미생물질병에 대한 내성 개선에 주로 응용되었지만, 현재 생산품의 품질승인을 위해 미국에서 활동 수준이 강화되고 있다. 미국은 단연 월등히 많은 GM 작물을 재배하는 나라이며, 아르헨티나, 브라질, 캐나다, 중국, 그리고 더 최근에는 파라과이와 인도가 뒤따르고 있다 (그림 8.3). GM 작물 영역이 특히 아시아, 라틴아메리카, 아프리카의 일부지역으로 확장될 것이라는 강한 징후가 있다. 세계적으로 2000년과 2005년 사이에 육지에서 GM 작물

지배지가 2배로 증가하였고 이들 작물의 가치도 500달러 이상으로 평가되었다. 60개국 이상이 현재 GM 식물 연구와 개발에 수행하고 있다.

유감스럽게도, 유럽연합 (EU)은 GM 작물을 제한하는 정책 유지를 계속하고 있으며, 그 결과로서 유능한 과학자들은 지속적으로 다른 나라로 이주하고 있다. EU가 결국 다른 나라들과 조화를 이룬 절제된 규제 체제를 유지하게 되기만을 희망한다.

현재 GM 작물들은 농부의 생산 비용을 감소시켜 실질상 이득을 주는 동시에 직접 소비자의 이익을 주는 새로운 GM 작물이 소개되었거나 개발 진행단계에 있다 (표 8.4). 특히 흥미있는 것들로는 비타민이 풍부한 곡류, 채소와 과일, 저칼로리 설탕, 영양적으로 강화된 식품들, 건강에 좋은 기름과 다른 것들 등이 있다.

인도, 다른 동남아시아 국가들, 아프리카와 같은 개발도상국의 여러 곳에서 10억명의 사람들은 그들의 주식에서 필수비타민 (특히 비타민 D)과 미네랄 (철분)을 불충분한 수준으로 얻는다. 이것은 악성빈혈, 면역결핍, 실명, 지적발달 장애, 사망을 초래할 수 있다. 예를 들어 야채와 과일의 유용성을 증가시키는 것과 같이 보충제의 사용, 식품 영양강화, 식이 다양성을 개선하여 이들의 부족분을 바로잡으려는 시도가 있다. 그러나 교육적인 프로그램과 비타민 보충은 예산과 배달 네트워크를 필요로 하는데 유감스럽게도 의존상태에 있다.

GM 기술의 가치있는 접근방법으로 쌀과 같은 주요 농작물이 생물적인 영양강화가 될 수 있는가? 그러한 개념은 쌀에서 베타카로틴(provitamin A) 발현에 의한 광범위하고 의미있게 조사되어왔다. 새로운 변종 쌀인 '황금쌀 2 (golden rice 2)'는 옥수수의 파이토인 합성효소(phytoene synthase)와 결합하여 상당히 높은 양의 provitamin A을 축적하는데 (최초의 GM 황금쌀 1은 수선화 파이토인 합성효소가 사용됨), 그것은 비타민 A의 일일 필수 요구 섭취량의 50% 까지 공급할 수 있는 것으로 여겨진다. 그것은 높은 수준의 소화가능한 철도 포함되어 있다. 황금쌀이란 용어는 베타카로틴 성분에 의한 색깔로부터 기원한다.

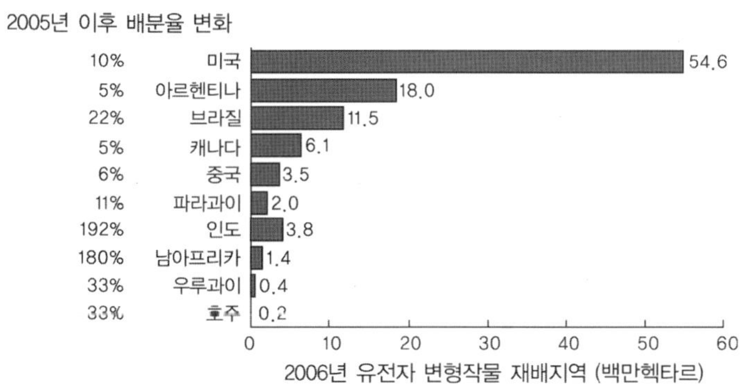

그림 8.3 각국에서 유전자 변형 작물의 재배면적.

표 8.4 소비자와 식품산업에 관련된 변형식물의 사용가능성

식물	변형	장점
토마토와 기타 식물	숙성지연	과일의 보다 용이한 운송: 품질 개선
토마토	chitinase 증가	수확후 변질 감소
옥수수	녹말구조 조절	녹말전환에 요구되는 단계 축소
옥수수, 카놀라 등	지질함량 조절	건강을 증진시키는 오일
콩류	protease 억제제 제거	소화력 증진
대두	lipoxygenase 제거	풍미 증가
여러 식물	효소활성 변형	항산화제 증가
땅콩	알레르기유발물질 제거	알레르기 항원성 감소
쌀	프로비타민 A 증가	비타민 A 공급 증가

출처 : Johnson-Green (2002) 인용

생산 회사 신젠타(Syngenta)는 총체적인 기술의 선구자였던 많은 회사와 대학교로부터 황금쌀을 생산하는데 필요한 기술을 인도주의적 사용을 위해 무료로 제공받은 인도주의 황금쌀 네트워크(Humanitarian Golden Rice Network)의 일부이다. 쌀 품종개량가와 농부들 입자에서 원가는 최소화 될 것이다. 이것은 GM 작물의 새로운 인도주의적인 면으로 보여 질 것이 확실하다. 그러나 GM 반대자들은 그것을 방해하려 할 것이다!

농작물을 감소 또는 소실시키는 가뭄, 더위, 토양의 염분과 홍수 같은 환경스트레스로부터 농업생산성을 증진시키기 위해 조작된 유전자조작 작물들은 광범위하게 개발되고 있으며 식품 안전성 개선을 보장할 것이다.

GM 작물의 개발은 지식 및 자원 집약적이며, 종종 다국적기업의 생산물로서 보여진다. 대조적으로 가난한 개발도상국에서 공공자금에 의한 연구가 GM 작물 개발을 이루기 위한 유일한 길이다. GM 작물 개발을 하는 공공 연구기관들은 부유한 서구 경제에서 체계적으로 내세웠던 규제승인을 확보하기 위한 특이한 문제점들을 제시하는 특정한 요구와 관련되어 있다. 그것의 현재 상황은 상업상의 작물에서 하나의 새로운 특성 변화에 대한 규제 승인을 얻기 위하여 수백만 달러의 비용이 들 수 있다 (GM 작물의 이러한 복잡한 부분에 대한 보다 자세한 내용은 2005년 Cohen의 자료 참고할 것).

세계적인 과학 연구는 GM (biotech) 작물과 식품이 사람과 동물이 섭취하여 안전하다는 것을 반복해서 입증해왔다. GM 작물과 식품의 윤리, 도덕, 안전 등에 대한 고찰은 뒤에 논의될 것이다.

많은 선진국에서는 면화, 담배, 고무, 나무 등 식량자원으로서가 아닌 농업부분의 생산이 전체

표 8.5 식물유래 농업생산품의 연간 세계 생산량

부분	생산품	톤
식품 및 사료	곡류	180억
	설탕	1억2천만
	전분	10억
재료	목재	16억
	제지	2억
	면화	1천6백만
화학물질	식물유	4천3백만
	고무	4백만
기타	담배	4백만

출처 : Organisation for Economic Cooperation and Development (1992)에서 인용.

농업의 20% 이상을 차지한다. 인간의 항체를 생산하는 식물의 출현은 식물 생명공학의 전혀 새로운 장을 열고 있다. 식물을 이용하여 항체를 생산함으로 논란이 되어온 바이러스나 프리온의 전염 가능성과 많은 동물을 희생해야 하는 점을 피할 수 있게 되었다.

초기단계의 식물 생명공학의 혁명은 이제 시작되었으며 약간 회의적인 일반 대중에 의해 검토되고 있다. 몇몇 농업 산물 (많은 식물들이 유전자 조작된 경우도 있음)의 대략적인 연간 세계시장 규모는 표 8.5에 나와 있다.

분자생물학자들 사이에 공유되고 조율되는 많은 양의 유전정보는 생물정보학을 이용하여 다루어진다. 이러한 작업은 식물이 어떤 분자에 의해 성장하며 분자간의 상호작용 등을 알아내는데 매우 중요하다. 지난 20년 동안 유전체학이 식물 연구를 주도하였으나, 이제 식물 단백질체학 시대가 도래하였다.

나중에 설명하겠지만, 특히 유럽에서 지엽적이지만 식물 유전공학에 대한 비합리적인 반대 의견이 있다. 충분한 식량자원을 갖는 국가들이 주장하는 이러한 기술이 불필요하다는 의견은 개발도상국가의 많은 사람들에게는 적절하지 않다. 개발도상국가의 경우 지속가능한 농업은 창조적인 식물유전공학 기술을 이용하지 않으면 불가능하다. 이것은 선택의 문제가 아니라 반드시 나아가야 할 방향이다. 배부른 자들의 과학발전에 대한 이러한 방해는 조만간 필연적으로 개발도상국가에서 치명적인 고통을 가져오게 될 것이다.

Pharming: 제약 작물들

동물, 세균, 효모균의 유전자 변형방법에 의한 의약 재조합 단백질 생산은 이 접근의 상업적 성공으로 논증되었다. 생산 방법들은 복잡하고 현재 현존하는 요구들을 해결하기에 충분히 빠르지 않다. 그 결과 세계의 많은 회사들은 재조합 단백질의 생산 수단으로서 높은 생산율, 저비용, 궁극적인 낮은 생산가격에 근거한 식물 전체의 사용가능성을 조사해 왔다. 단백질을 만드는 식물(plant made proteins, PMP)의 생산은 현재 pharming로써 언급된다. Pharming 과정에는 3단계가 있다.

(1) 특별히 요구되는 약물활성단백질을 암호화하는 특정한 유전자를 확인하고, 그 유전자를 분리하여 선택된 작물의 유전자에 삽입한다. 이 변형유전자는 어쩌면 다른 식물종, 동물 또는 사람, 미생물 등으로부터 올수 있다.
(2) 유전자 조작 식물은 성장하고 그 식물은 제약 단백질을 합성하는 작은 공장으로서 작용한다.
(3) 작물이 수확되면 단백질을 추출 정제하여 정상적으로 상업 유통된다. 어떤 경우에는 식물재료로서 직접 소비되기도 한다.

수백가지의 제약 작물들이 현재 연구개발 단계에 있으나 아직 상업적으로 아무것도 용인되지 않았다. 주요 대상 약물은 무엇인가? 특히 관심의 대상이 되는 것들에는 호르몬, 항체, 혈액희석제, 응고, 인슐린, 피임약 등이다. 식물에서 유래하는 콜레라, 광견병, 인간면역결핍바이러스, 말라리아와 유행성감기 등의 백신이 제안되었으며 연구 중에 있다.

옥수수는 콩, 쌀, 감자, 담배 등의 다른 후보작물들과 함께 pharming을 위한 대부분 운송수단으로 활용된다.

주요한 문제는 변형유전자와 그 작물의 pharming을 100% 포함한다는 것을 보장할 수 없다는 것이고 많은 단점들이 이미 확인되었다.

- 변형유전자은 꽃가루에 의해 소실될 수 있으며 비제약작물을 오염시킬 수 있다.
- 수확 후 토양에 존재하는 종자는 자발적인 약품 식물로 자랄 수 있다.
- 규제 과실로 악평이 생기며 그로인해 GM 반대자들에 의해 약점이 잡힌다.

옥수수와 같은 분명한 작물의 사용은 양곡기와 식품가공처리에서 교차오염의 가능성 때문에 어려운 산업이었다. 이와 같은 작물은 정상 식량작물 부지로부터 멀리 격리된 섬에서 재배될 수 있는가? 담배와 같은 비식량작물의 운송수단 채택은 적절한가? 더욱 흥미로운 것은 현재 심하게 오염된 실내에서 광생물반응기를 사용으로 키울 수 있으며 음식은 아닌 개구리밥과 이끼류와 같은 식물 종에 초점을 맞춰져 있다.

Pharming의 상업적 잠재력은 엄청나지만 생명공학/제약 회사들의 GM에 대한 냉담함으로 인한 예견부족으로 혼란스러운 상태이다.

[8.3] 임업 생명공학

전 세계적으로 나무제품에 대한 수요가 점차 늘고 있어 유럽, 일본, 인도와 같은 주요국가에서는 부족한 상황이다. 이러한 상황은 남미와 아시아에서 일어나는 무분별한 벌목과 '산성비 (acid rain)'와 같은 환경오염 문제로 인하여 점점 심각해지고 있다. 세계적으로 삼림은 감소하고 있는데 반하여 종이, 건설, 연료 등과 같은 분야에서의 수요는 증가하고 있다. 삼림전문가들은 대략 39억 헤타르 정도인 지구상의 삼림은 머지않아 현재 매년 필요로 하는 34억 입방미터의 목재를 공급하지 못하게 될 것이라고 예측하고 있으며 이 가운데 90%는 국유림에서 유래하는 것이다. 전통적 육종 프로그램으로는 이렇게 늘어나는 수요를 해결할 수 없을 것이다. 삼림은 커피, 오렌지, 코코넛 같은 작물에 비하여 연구나 관리를 소홀히 하였던 것이 사실이다. 이러한 점은 많은 작물에 인간의 필요를 충족시키기 위해 육종프로그램을 적용했던 것과 대조적이다. 나아가 세대기간이 길기 때문에 현대 육종기술을 나무에 적용할 수 없으며 나무의 유전학적 정보도 미미하다.

그러나 생명공학은 나무의 품질을 개선하고 생산성을 증대시키는데 중요한 역할을 할 것이다. 삼림을 개선하기 위하여 미세번식, 체세포배아기술 (뿌리와 줄기로 발생할 수 있는 배아를 하나의 체세포나 세포괴로 부터 유도하는 기술), 체세포/생식세포 변이체 기술, 그리고 유전자도입 기술 등이 사용되고 있다 (그림 8.2). 나무는 세대기간이 길기 때문에 유전적 개량을 위한 시간이 많이 걸린다. 최근 한 종의 소나무를 *Agrobacterium tumefaciens*로 형질전환 시켰는데 이러한 유전자전달 기술은 다른 식물체에 적용하는 것과 같은 기술이다.

나무의 형질 개선을 위한 목표에는 성장을 촉진하고; 나무의 품질을 개선하며 (섬유소 길이, 리그닌 성분, 나무의 결); 질병, 해충, 제초제에 내성을 가지며 (특히 과수에서); 영양적 품질 개선이 포함된다. 제초제와 해충에 내성을 갖는 식물은 얻었으나 관련 유전자에 대한 특성 규명이 필요하다. 앞으로의 연구는 마이크로어레이(microarray) 기술을 활용한 기능유전체학을 통하여 분별적으로 발현되는 유전자를 탐색하는 것이다.

짧은 기간에 생산성을 증대하고자 하는 것은 모든 임업분야에서 주된 목표이다. 나무의 생산성은 태양빛과 온도가 중요하다는 것은 잘 알려져 있다. 따라서 스웨덴 크기의 브라질 삼림에서 전 세계의 나무 수요량을 충족시킬 수 있다. 만약 고 생산성의 나무를 육종할 수 있다면 면적은 1/2인 삼림에서 연간 약 150만 입방미터인 현재 나무 생산량의 2배 이상을 얻을 수 있다. 만약 지속가능한 상업적 나무생산을 위한 삼림 면적이 작아지면 자연림을 생물학적 다양성과 대중을 위한 용도로 남겨놓을 수 있다. 표 8.6에 생명공학이 임업에 줄 수 있는 잠재적 기여를 나열하였다. 단기간 윤작가능한 관목(short rotational coppice, SRC)과 같은 에너지 작물을 재배하는 것은 1년 내내 같은 양의 경작가능한 잔디밭에서 보다 버드나무 주위에 더 많은 곤충과 조류를 포함하여 야생동물에 유익하다는 것이 환경연구를 통해서 밝혀졌다. 임업 생명공학에 대한 주요 장애물은 주로 대부분의 상업적인 나무들의 생물학을 이해하는 기술이다. 대부분의 농작물들과 비교하여, 수목 생물학(tree biology)은 초기 단계에 있다. 임업 생명공학에서 세계적인 자금의 대부분은 기초적인

표 8.6 임업에 미치는 생명공학의 잠재적 영향

산업 요구	생물학적/생명공학적 도전
빠른 성장률과 단축된 연작 기간 수확과 수작업에 편리한 수목 (곧바른 줄기, 짧은 가지) 사료 저장의 동질성	거대한 식물유전체 긴 세대 기간 바람직한 특질은 유전적으로 복잡함 클론화한 임업에 의한 균일성을 이미 확보함 수목의 가격이 중요함
제품/기술의 혜택	**2020년까지 실현가능성**
수확량 증대 짧은 세대 기간 해충 내성 증대된 저온, 가뭄 내성	유전자 표지와 바람직한 특질사이의 유연성 우수품종의 대량 증식 유전자조작 나무의 환경친화적인 시험 및 재배 체계 구축

출처: Robinson (1999)에서 인용.

연구를 위해 대학으로 보내지고 있다. 이 돈의 대부분은 산업체들로부터의 약간의 유동적인 기부금과 정부의 지원에 기인한 것이다. 투자자에 의한 투입이 거의 없다. 나무 유전자들을 유전적으로 조작하는 과학과 기술은 옥수수, 면화 등과 같은 작물들보다 뒤떨어졌다. 포플러 나무인 *Populus trichocarpa*의 첫 나무 유전체(genome)는 최근에 완성되었으며, 이 분야의 발전에서 힘을 받게 되었음이 분명하다. 그러나 형질전환의 연구에 관련된 주요 비용은 번식프로그램과 그 후의 현장실험과 함께 통합됐다.

대부분의 나무들은 완전히 자라는데 수십년 걸리며 수확된 나무들의 교체는 장기적인 계획이다. 유전자 조작은 전통적인 나무 번식법으로는 얻을 수 없는 시간 공백을 메우는 방법이 될 수 있다. 일부 GM 나무들은 지금 심을 준비가 되어 있다! 그러나 GM 나무에 대한 환경 반대자는 이미 파멸과 재해의 가상 시나리오들을 설정했다.

그들의 주요 관심사는 나무의 꽃가루로서 그것은 먼 거리로 많은 양이 이동할 수 있고, 교차번식의 잠재적인 문제들과 함께 근처 및 먼 곳의 나무에 엄청난 유전자 전달의 가능성을 만든다. 나무들과 함께 동적으로 흐르는 많은 양의 꽃가루 유전자는 유전자 변형 나무의 환경 영향력을 평가하는 주요한 도전을 야기한다. 그러나 계절 농업 작물은 씨앗과 꽃가루 이동이 한정되어 있지만, 나무들은 수확하기 몇 년 전에 씨앗과 꽃가루를 생성한다. 유전자변형 농작물들에 적절한 생화학적 봉쇄 지역은 유전자변형 나무들로부터 씨앗과 꽃가루가 분산되는 것을 막지 못한다. 따라서 GM 임업 생명공학이 약속한 보상에 대한 것보다 미지의 것들에 대한 두려움이 더 큰 대중들을 안심시키는데 어려움을 겪게 될 것이다.

그러나 임업 생명공학의 지지자들은 결국 GM 나무들이 초기의 약속을 달성할 것이고, 특히 빠르게 생장하는 나무들은 20~30년이 아닌 10~15년 만에 자라고 성장하며 성장한 나무들은 꽃과 씨앗 또는 꽃가루를 생성하지 못할 것으로 믿는다. 이런 식으로 교차수정(cross-fertilisation)은 일어나지 않고, 약화된 나무의 꽃가루는 전 세계적으로 유행하는 알레르기를 줄일 수 있다. 그러나 나무의 생식 불능은 초기 단계에서부터 유지된다.

임업 생명공학은 궁극적인 목표를 달성하기 위해 인내심과 시간이 걸릴 것이다.

에너지 작물로서의 나무들

단기간 윤작가능한 관목 작물, 특히 버드나무와 포플러는 우드칩(wood chip)을 생산할 수 있는데, 이는 석탄과 혼합하여 공동 화력 발전소에서 재생 가능한 연료를 사용하고 이산화탄소 배출량을 줄일 수 있다. 억새(*Miscanthus*), 스위치그래스(swithgrass), 갈대 까나리 풀(reed canary grass)과 같은 커다란 식물들 (최대 3~4미터의 키)은 고형에너지 작물로 간주되어 직접 연소를 통하여 열과 전기의 생산을 위해 전체가 사용될 수 있다. 유사하게 모든 작물들은 셀룰로스와 헤미셀룰로스가 산 가수분해되어 당으로 바뀌고 발효되어 에탄올이 생산되는 셀룰로스 작물들(cellulose crops)로 볼 수 있다. 나무에 강도를 가지게 하는 식물 세포벽의 주요 구성성분인 리그닌은 지구상에서 두 번째로 풍부한 자연 중합체이다. 이 비결정질이고 불용성인 방향족 물질은 헤미셀룰로스와 셀룰로스 (지구상에서 가장 풍부한 자연 중합체)와 다르게 가수분해 공격에 영향을 받지 않는다. 그러나 '흰색 부패 진균(white rot fungi)'이라 불리는 버섯형태의 진균류 소그룹은 선택적으로 리그닌을 분해하고, 살아있는 나무와 죽은 나무들이 부패하는 삼림에서 중요하다. 이들 진균의 분자 생물학은 최근 광범위하게 연구되고 있다. 세계적으로 에탄올 합성을 위해 복합 리그노셀룰로스를 경제적으로 분해시키는 효소적인 기술을 고안하기 위해 광범하게 노력을 경주하고 있다. 에탄올 에너지를 만들기 위해 나무 셀룰로스를 이용하는 능력은 임업 생명공학에 극적으로 영향을 미친다. 에너지 작물들은 식물/나무가 광합성에 의해 대기의 이산화탄소를 고정한 후에 '탄소 중립(carbon noutral)'이 되며, 생체량(biomass)은 연소되면 이산화탄소는 다시 대기 중으로 방출된다; 이렇게 이산화탄소는 재순환된다.

9

동물과 곤충 생명공학

[9.1] 서론

소, 돼지, 양, 닭을 대상으로 한 축산업과 어류를 대상으로 하는 양식업은 세계적으로 중요한 식량 생산 분야이다. 대부분이 고기만을 제공하지만 몇몇은 우유와 계란을 생산하여 사람의 영양공급에 기여하고 다른 몇몇은 양모(wool)와 가죽 제품을 생산한다. 선진국의 경우 축산업은 매우 기술집약적이다. 축산 생산력에 영향을 주는 인자로는 사료의 질, 성장호르몬, 해충방지제, 항생제와 백신, 축사의 관리, 선택적 육종, 분자생물학, 배아조작과 유전자도입 등이 포함된다.

식물생명공학과 마찬가지로 초기 동물육종학자들은 유용특질을 확인하고 이를 후대로 전달하고자 하였다. 선택적 육종은 많은 종류의 유전자 빈도를 높여 다른 유전자나 게놈과 협동하여 원하는 특질을 가지게 하였다 (선택적 육종은 우리가 유전자와 유전학에 대해서 이해하기 오래 전부터 수행되었음). 1945년과 1993년 사이에 선택육종 덕분에 우유생산량은 3배 증가하였다. 나아가, 개를 생각해보면, 처음에는 한 종이었지만 쉽게 교배할 수 있었으며 지속적으로 선택교배를 함으로써 현재의 다양한 종을 얻을 수 있었다. 가축의 경우도 전통적 육종법으로 이미 고생산성을 갖는 품종을 얻었다. 그러나 이런 방법으로 얻을 수 있는 최대 생산성을 이미 얻은 상태이다. 지속적으로 증가하는 인구를 먹여 살리려면 축산물에 대한 수요를 충족할 수 있는 획기적인 길을 찾아야 한다.

선택 육종은 특히 임신기간이 긴 거대동물의 경우는 시간이 매우 오래 걸리는 작업으로 원하는 형질을 확립하기 위해서 몇 년씩 소요될 수도 있다. 그러나 새로이 등장한 재조합 DNA 기술을 동물육종에 적용함으로써 선택 육종의 기간을 획기적으로 줄일 수 있다.

표 9.1 형질전환 동물을 생산해야 하는 이유

- 기능과 조절을 더 이해하기 위해서 유전자를 확인하고, 분리하고 특징을 연구하는 과학자를 돕기 위함
- 새로운 의약품 개발과 과 소모성 유전자의 교정 (유전자 치료)을 위한 새로운 방법을 개발하기 위하여 인간 질병의 연구모델을 제공함
- 인간에 이식 수술을 위한 장기와 조직을 제공함
- 치료용 단백질을 포함하는 우유를 제공함; 유아를 위한 영양가를 증가시키기 위하여 우유의 조성을 변경함
- 가축 개선 프로그램의 증진

출처 : adapted form straugham(1999).

표 9.2 형질전환 동물과 관련한 예상되는 변화

비육 생산의 효율성	양모의 질 과 양
육질 개선	동물의 질병 내성
우유 질과 양 개선	저 비용으로 치료제 및 생리물질 생산
계란 생산	

[9.2] 유전자 조작과 형질전환 동물

동물의 유전자 조작 프로그램을 진행하는 많은 중요한 과학적 이유들이 있다 (표 9.1). 순수 과학적 기반에서 유전자 변형은 동물 체계에서 어떻게 유전자가 기능하는가를 깊이 이해하도록 하고, 동물 모델로 인하여 암과 같은 인간 질병에 대한 통찰력을 얻고 의학적 해결책을 개발하는 것이 가능할 것이다. 유전자 치료와 같이 유전자의 결함을 수리하는 능력은 동물 모델에서 광범위하게 연구되었다. 이번 장에서는 여러 종류의 유전자 조작이 어떻게 가축의 개량을 촉진하고 수유(lactating) 동물의 모유 내에 치료용 단백질을 생산하도록 하는데 유익한가에 대해서 집중적으로 논의할 것이다. 동물 육종 프로그램에서 이런 새로운 기술들에 직면하게 된 주요한 과제들이 표 9.2에 기술되었다.

전핵 주입

신규 DNA를 어떻게 동물의 유전체에 도입시켜서 자손에게 까지 안정적으로 전달시킬 수 있을까? 유전자 변형 동물을 생산하는 전체적인 방법은 유전자 변형 식물을 개발하는 것과 유사하다. 모든 경우에 유전자의 프로모터, 전사 종결자 및 조절 부위를 이해하는 것과 아울러 원하는 단백질을 암호화하는 유전자를 분리하는 것이 필요하다. 선형 DNA는 용이하게 전달될 수 있다.

현재로는 가축에게 가장 성공적인 유전자 도입 방법은 수정된 난자의 전핵으로 미세 주입하는 방법이다. 전핵 미세주입(pro-nuclear infection) 방법은 미세한 유리관을 이용하는데, 이를 통하여 정제된 DNA를 선택한 가축의 수정란에 주입하게 되는데 이를 형질전환(transfection)이라 한다. 그런 다음 외과적으로 난자를 대리모에게 이식시킨다 (표 9.3). 쥐나 돼지와는 다르게 양이나 소는 새끼의 수가 한두 마리로 제한적이기 때문에 난자를 미세주입하기 위한 많은 수의 동물들이 필요하다. 현재 성공률이 2~5%인 쥐와 비교하면 돼지, 양, 소와 다른 동물들의 경우 약 1%의 성공률을 보이지만 형질전환 동물을 성공적으로 얻을 수 있다. 이 기술의 낮은 효율은 일반적으로 적용하기에는 제약이 따른다. 그러나 물고기의 경우 체외에서 수정되기 때문에 동물에서 요구되는 난자를 얻고, 수정을 하고, 대리모에 이식해야 하는 복잡한 과정을 생략할 수 있다. 형질전환 물고기의 성공률은 70%에 달한다.

동물육종학자들의 궁극적인 목표는 경제성이 있는 특질을 상업적인 가축에 도입하는 것이다. 그러나 고등 동물에서 유전자발현이 어떻게 조절되는지에 대한 지식은 제한적이기 때문에 형질전환 동물을 만드는 능력에는 한계가 있다.

애석하게도 가축의 생산을 증진시키는 방법으로 인정받는 유전공학 기술들은 완정되지 못한 상태로 남아있다. 사료의 효율을 증가시키고 지방이 적은 육질의 양을 증가시키는 것을 목표로 한 과제들은 제한적인 성공을 거두었을 뿐이지만, 대부분의 국제적인 노력은 인간에게 의료용으로 적용하기 위한 화합물의 생산을 향하고 있다. 동물의 질병에 대한 저항성을 개선하는 데는 단지 제한적인 연구만 수행되고 있다.

표 9.3 형질전환 동물을 생산하기 위한 필수 단계

- 외래유전자의 확인 및 제작 (유전공학)
- 수정란의 전핵으로 DNA를 직접 미세주입
- 조작된 수정란을 대리모에 이식
- 임신 기간 동안 배아 발생
- 신생동물중 일부에 외래 DNA가 안정적으로 도입되고 유전됨을 확인
- 유전자가 새로운 환경에서 충분히 조절되어 기능을 나타냄을 확인

젖소에서의 유선염(mastitis)은 낙농에서 가장 비용이 많이 드는 질병으로 미국 낙농업계에서만 1년에 약 20억 달러의 손실을 일으키고 있다. 우유 생산에서의 막대한 손실과 함께 동물의 복지에 관한 노력을 약화시키는데, 이것이 소를 선택적으로 도태시키거나 죽음에 이르게 하는 가장 큰 이유이다. 세균인 *Staphylococcus aureus*가 임상적으로 유선염의 30%에서 원인이 되는데 항생제가 유선을 투과하는 것이 매우 낮기 때문에 항생제를 이용하여 치료하는 것이 매우 어렵다. *Staphylococcus aureus*는 실험관에서 항생제인 리소스타핀(lysostaphin)에 의해서 강하게 저해를 받는데, 최근의 연구에서 소에게 lysostaphin을 생산하는 유전자를 유전공학적으로 도입하여 소들을 보호하는 가능성을 조사하고 있다. 유전자를 핵의 제공 세포로 이용된 져지(Jersey) 태아의 섬유아세포(fibroblast)에 도입하였다. 활성화를 거쳐 배아 발생을 시켜서 배반포(blastocyst)가 된 후에 소에게 이식되었다. 적은 수의 송아지가 태어났고 성숙할 때까지 생존하였다. 우유에 lysostaphin을 생산하는 형질전환 소들은 *S. aureus*의 유선 감염에 저항성을 가졌다. 초기 결과들은 유익한 유전자를 가축에 도입하는데 유전공학적을 이용하는 것에 대한 가능성으로 보였고 이런 형질전환은 낙농업계의 경제와 동물의 복지에 커다란 개선이 될 수도 있다.

물고기 기름에서 주로 발견되는 긴사슬의 n-3 지방산이나 오메가 지방산이 건강에 이익이 되는 것은 현재 잘 알려져 있으며 우유를 비롯한 다양한 음식에 첨가되고 있다. 육류는 다량의 n-6 지방산과 적은 양의 오메가 지방산을 포함하고 있다. n-3 대비 n-6지방산 (n-6/n-3) 비율이 높은 음식의 섭취는 동맥경화증, 관절염, 당뇨 및 암과 같은 많은 인간 질병의 원인이 되는 것으로 생각되고 있다. 현재 n-6/n-3 지방산의 높은 비율은 동물 사료로 쓰이는 곡물에서 기인하는 것으로 알려져 있는데, 곡물에는 n-3 지방산 desaturatase 유전자가 결여되어있기 때문에 n-6 지방산이 다량으로 존재하고 있다. n-지방산 desaturase를 암호화하는 인간의 *fat*-1 유전자가 발현하도록 개발된 형질전환 돼지가 있다. 이런 형질전환 돼지는 n-6 지방산들로부터 n-3 지방산을 높은 수준으로 생산하고 이것들의 조직은 n-6/n-3 지방산의 비율이 크게 감소되었다. 건강한 식단에 좋은 소식이다.

형질전환 동물을 이용하는데 있어서 상업적으로 현실 가능한 새로운 접근은 인간의 단백질/치료제를 형질전환 동물의 젖으로부터 생산하는 것이다. 현재 젖을 내는 동물을 형질전환하여 유선세포로부터 고부가가치의 단백질을 생산하도록 하는 것은 가능하며 향후 형질전환 동물을 상업적으로 사용하는 첫 번째 사례가 될 것이 틀림없다. 이전에는 형질전환 미생물만을 배양하여 의약품을 생산하는 것과 마찬가지로 동물을 발효조로 이용하게 된다. 인간인자 IX (human factor IX) 또는 α -1 antitrypsin (어떤 혈우병 환자는 혈액 응고 인자인 인간인자 IX가 부족함) 유전자를 양의 유전체로 도입하였으며, 비록 발현양은 적으나, 인자 IX를 만들었으며 후대로 유전되었음을 확인하였다. 상업적으로 다양한 의료/건강 관련 단백질을 형질전환 동물을 이용하여 생산하는 것은 무한한 잠재력을 가지고 있으며 머지않은 장래에 현실화 할 것으로 기대한다. 의료용으로 이용되었던 형질전환 동물은 인간의 식품으로 사용되지 않을 것이기 때문에 인간의 유전자를 섭취 (식인)하는데 따른 대중의 우려를 불식 시킬 수 있다.

그림 9.1 동물 클로닝에서 중요한 사건들의 연대기. (자료: Suk 등, 2007.)

동물에서 생산된 재조합 단백질은 자연 단백질과 비교하여 일반적으로 변형된 당화(glycosylation) 형태를 갖는다. 현재 형질전환 동물은 젖 안에 자연 단백질과 동일한 것을 생산하는 것은 어렵다는 것을 알게 되었다. 소, 양 및 염소에서 단백질 상의 다당류 구성은 N-glucolyneuraminic acid 단량체를 포함하는데 이는 자연적인 인간 단백질에는 존재하지 않는다. 젖 안에서 높은 농도 (g/l)로 생산되는 단백질은 유선의 당화 능력을 지나치게 확장한다. 사실 토끼와 닭에서의 다당류만이 N-acetylneuramic acid를 포함하는 인간의 것과 유사하다. 최근에는 면역원성의 가능성에 대한 염려가 통제 당국에 의해서 제기되었다. 젖에서 생산된 단백질들의 면역원성이 일반적인 문제점이라면 형질전환에 의한 생산 방법의 장기적 전망은 의심스럽게 된다. 현재까지 형질전환된 가축으로부터 생산된 어떤 약품도 판매되고 있지 않다.

체세포 핵이식

1950년에 과학자들이 개구리 알에서 핵을 제거한 후 배아로부터의 핵을 이식하여 성체 개구리를 복제하는데 성공한 바 있다. 이어서 핵 이식된 배아로부터 연속적인 핵이식이 이루어졌다. 결과적으로 모든 배아는 동일한 핵을 갖는 것이 알려졌다; 원래는 이것을 '핵 클로닝(nuclear cloning)'이라 했는데 현재는 체세포 핵이식(somatic cell nuclear transfer, SCNT)으로 알려져 있다. 1990년대에 들어와서는 스코틀랜드에서 핵이 제거된 난자에 암컷 양의 체세포로부터 유래한 핵을 이식하여 돌리(Dolly)를 탄생시켰다. 이것은 곧바로 방송매체의 과장된 보도에 힘입어 인간 복제에 관한 대중의 커다란 관심과 우려를 불러일으켰다. 이러한 공방은 계속 된다.

SCNT 과정에는 2가지 측면이 존재한다. 암양은 난자를 다량으로 생산하도록 유도되었고 난자들이 수집되었다. 미세 피펫으로 세포 핵 (DNA)이 빨려 나와서 무핵란이 만들어졌지만 세포질에는 적은 양의 미토콘드리아 DNA가 남아있다. 동시에 다 성숙한 암양의 젖통에서 조직이 제거되어 개개의 세포들이 순수배양되었고, 이어서 제한적인 기아 상태에 의해서 휴지기가 되도록 유도되었다. 미세 피펫에 의해서 완전한 염색체 세트를 가지고 있는 1개의 세포가 무핵란의 세포질과 세포질 외부 테두리 사이의 공간으로 이식되었다. 이후에 전류에 의해서 융합시킨다. 만들어진 배아 혹은 클론은 배양되고 대리모에 착상되어지며 약 21주 후에 새끼 양이 태어난다. SCNT으로 가능한 가치 있는 기술들이 표 9.4에 기술되어있다.

표 9.4 체세포 핵 이식의 적용 가능성

- 유전적으로 동일한 실험동물의 생산
- 동물 육종에서 동물 사육 (farming)에 이용할 수 있는 동일한 우수한 동물을 다량 생산
- 손실을 줄이고 형질변환 동물을 생산하기 위한 더 신뢰성이 있는 방법을 제공
- 다른 동물 질병의 유전적 원인을 확인하고 해결책을 찾도록 과학자를 도움
- 유전자 보존; 냉동된 정자와 배아의 보존은 매우 고가임으로 생체 조직이나 다른 세포가 장기 보존에 이용될 수는 없을까?

현재 이 기술이 다양한 가축들에 성공적인 결과들을 보이며 적용되고 있다. 그러나 SCNT는 1~5%의 성공률을 보이는 매우 비효율적이고 고비용이 드는 과정으로, 가까운 미래에 이 기술의 농업에서의 이용은 번식의 기회를 갖기 전에 질병이나 죽음으로 손실된 귀중한 동물에 대한 보험에 한정될 것이라는 것을 의미한다. 일부 사육자들이 뛰어난 동물을 만들기 위해서 SCNT에 도움을 요청할 수는 있겠지만, 그 동안에 대부분의 고기, 우유 및 다른 제품들은 기존의 방법들로 만들어질 것이다.

현재 말을 클로닝한 몇 성공적인 사례들이 있다. 클로닝은 더 이상 수정이 가능하지 않은 뛰어난 말의 계통을 연장하거나 거세된 수말(gelding)의 번식을 가능하게 할 수 가 있고, 아무도 말의 생리학을 더 잘 이해하도록 할 것이다. 대부분의 비평가들은 현재 클로닝된 망아지는 Jockey Club 같은 오랫동안 성병이 난 품종 등록소에서는 받아들여지지 않을 것으로 보고있다.

현재 클로닝된 동물의 일부 집단은 기존의 동일한 동물과 비교하여 짧은 수명을 갖는 것으로 알려졌다. 즉 돌리는 예상 보다 일찍 죽었다. 이는 조기 노화 및 조직에서의 유전자 발현에서 비정상적인 것의 축적에 기인한다고 보고있다. 더 구체적으로 설명하면, 동물을 클로닝하기 위해서 이용하는 핵이식의 과정에는 세포핵들이 다시 프로그래밍되는데 있어서 독립적인 2가지의 필수적인 과정들 중에 하나가 빠져있다고 믿어진다 (더 자세한 설명은 Fulka 등., 2006 참고).

[9.3] 유전자 조작 호르몬과 백신

동물의 뇌하수체는 성장과 관련하여, 그리고 수유기의 동물에게는 우유생산과 관련하여 커다란 영향을 미치는 호르몬들을 생산한다. 1980년대 소 성장호르몬(bovine somatotropin, BST) 관련 유전자를 성공적으로 분리하였고 세균에 도입하여 많은 양의 BST를 생산하였다. 소에 BST를 약 30 mg 주사하였을 때 우유생산이 10~30% 증가하였지만 지속적으로 생산량을 증가하려면 정기

적인 주사가 필요하다. 이러한 방법은 적은 수의 소를 가지고 같은 양의 우유를 생산할 수 있게 한다. 우유에 BST의 농도가 증가하거나 우유의 조성이 변화하는 것은 보고된바 없다. 돼지에 대한 실험에서도 유전공학적으로 생산한 돼지 성장호르몬(pig somatotrophin, PST)은 체지방을 80% 감소시켰으며 사료 이용 효율이 20%까지 증가하였다. 1993년 미국 FDA가 BST 사용을 승인하였으며 이는 미국에서 생명공학 의약품이 동물농업에 상용화된 최초의 사례이다.

BST는 농업에서 최초의 유전공학 제품이며 이의 경제적 효과는 면밀하게 검토한 바 있다. 이는 주로 서구에서 우유의 중요성과 우유의 건강에 미치는 좋은 이미지에 기인하였다. 또한 동물복지도 최근 주요 관심사이다.

과학적 측면에서 BST는 많은 나라에서 안전성을 확인하여 사용되고 있으며, 특히 미국에서는 몬산토사에서 '포실락(Posilac)'이라는 상품명으로 시판되고 있다. 많은 소비자단체에서는 이의 사용을 지속적으로 반대하고 있다. 유럽에서는 이전의 5년 사용 불허를 연장하기로 결정하였는데, 이는 다분히 정치적인 결정이었지 안전이나 건강문제에 따른 결정은 아니었다. 우유생산량이 과도한 유럽에서 생산량 증대를 위한 호르몬이 필요하겠는가? 나아가 사업을 잃게 될지도 모를 많은 수의 소규모 농가에서 상당한 정치적 압력을 주고 있다.

동물복지 문제로는 현재 PST가 형질전환 돼지가 뼈와 관절에 문제가 있고 소의 경우 유선염이 더 자주 발생하는 것으로 알려져 있다. 몇몇 사람들은 BST와 PST가 일반 대중을 새로운 개념의 생명공학으로 이끄는 잘못된 생명공학 제품이라고 생각한다. 이러한 기술에 대한 일반 대중의 시각은 필요에 의한 것이라기보다는 이윤을 목적으로 한 기술로 생각한다. 이러한 제품으로 말미암아 새로운 생명공학제품을 농업에 적용할 수 있음을 알게 되었다.

동물백신 생산은 많은 미생물 질병을 대항하고자 개발되었으며, 다음 장들에서 논의되는 방법들을 사용한다. 동물 질병은 모든 형태의 동물 사육과정에서 고통받는 주요 문제이며 이러한 질병을 완화시키거나 제거시킬 수 만 있다면, 동물의 복지는 물론 생산량도 증진 시킬 수 있다. 동물의 건강을 증진시킴으로써 (예, 집약적 농업) 동일한 생산량을 얻기 위한 동물 수를 줄일 수 있다.

말에 치명적이고 감염성이 높은 웨스트 나일(West Nile) 바이러스에 대한 새로운 DNA 백신이 미국에서 거의 마지막 단계의 승인 과정에 도달해 있다.

가금 업계는 많은 질병의 위협과 경쟁해 왔다. 가장 중대한 것은 새의 내장에 기생하는 원충인 *Eimeria*에 의한 것이다. 세계적으로 1년에 300억 마리의 닭이 사육되는데 항-개각충(anti-coccidial) 약품에 의해서 보호받아야 한다. 그러나 약품에 대한 기생충의 저항성이 가장 큰 문제로 떠오르고 있다. 숙주 내에서 복제되는 능력에 제한을 받도록 약화된 기생충을 이용하여 숙주 닭에게 공격에 대해서 자연적으로 안전하게 면역성을 일으키는 새로운 백신인 Paracox 5가 영국에서 개발되었다. 13억 마리 이상의 닭에게 백신이 접종되었고, Paracox 5는 현재 원충 기생충에 대항해서 개발된 기존의 어떤 약화 백신보다도 가장 많이 팔리고 있다.

역사적으로 우역(rinderpest)이나 소의 역병은 전 세계에 경제적 사회적 재앙을 반복적으로 야기했으며 다량의 소가 폐기되고 농업과 농촌의 삶이 붕괴되고, 자주 끔찍한 기근과 아사의 원인이 되었다. 전염력이 매우 강하고 역사상에 세계적으로 유행한 수많은 질병 출몰의 원인이 되었으며, 고대에는 최초의 농생물학 무기로 이용되었다.

최초의 성공적인 백신은 1950년대에 혼탁 배양 중인 감염된 소의 신장 세포를 통해서 반복적으로 감염시켜서 개발되었다. 현재 세계적으로 이 질병을 완전히 없애려는 사업이 진행 중이다: 이는 완전히 박멸되는 첫 동물 바이러스 질병이 될 것이고 천연두의 박멸 이후 두 번째가 될 것이다. 아시아와 아프리카 대륙 전체가 목표가 될 것이다. 세계적으로 막대한 양의 혈청 시료가 분석되어야 하는데 모든 종류의 소 혈청에 분석에 적합한, 간단하며 대량으로 조사할 수 있고 경쟁력 있는 ELISA가 성공적으로 개발되었다.

유전공학적으로 생산하는 동물 백신은, 잘 알려져 있지는 않지만, 생명공학의 성공적인 경우이다. 많은 종류의 백신이 소, 돼지, 닭, 양 그리고 어류를 위하여 개발되고 있다. 상업적인 성공률도, 극적이지는 않지만, 상당하여 동물들도 고통을 많이 덜게 되었다. 공수병 바이러스에 대한 새로운 유전공학적 백신은 현재 야생 동물에 공수병이 만연한 지역인 유럽 전역에서 사용되고 있다. 앞으로 이러한 종류의 질병 예방은 광범위하게 사용되게 될 것이다.

[9.4] 인간을 위한 동물 장기

지난 수십 년 동안 의료 기술은 신장, 심장, 폐, 간 등 광범위한 인간 장기 이식(human organ transplant)을 가능하게 하였다. 그러나 전 세계적으로 수요에 비해 턱 없이 모자란 공급 때문에 대기자 수가 급증하고 있다. 동물 장기를 이용할 수 는 없는 것일까? 2개의 국제적인 회사가 많은 연구소들과 함께 돼지를 이용하여 이러한 수요를 충족시키기 위한 노력을 하고 있다. 분석가들에 의하면 고형 장기 시장 규모만 50억 미국 달러에 달하며 같은 규모의 시장이 치료용 세포, 예컨대 당뇨 치료용 이식 세포, 시장으로 전망한다.

이전의 동물장기 이식은 사람 면역체계의 거부반응으로 인하여 실패로 돌아갔다. 인간의 면역계는 동물장기를 이물질로 인식하여 초급성 거부반응을 일으킨다. 이러한 거부반응의 중요한 원인은 사람에는 없으나 모든 동물장기에 존재하는 효소인 α-1,3-galactosyl transferase 때문이다. 이 효소는 동물 (돼지)의 세포 표면에 당을 붙여준다. 이러한 당을 사람의 면역계가 인식하여 급성 거부반응을 일으킨다.

최근에 이식을 위한 동물 장기 연구에서 게놈으로부터 이 transferase가 제거된 새끼 돼지가 태어났다. 효소 제거는 하나의 세포에서만 이루어졌고, 새끼 돼지는 이 하나의 세포로부터 돌리를 만들었던 것과 같은 방법으로 클로닝에 의해서 생산되었다. 이러한 연구는 중요한 선도 단계이지만 최종 해결책은 아니다. 최소한 3개의 유전자가 추가로 제거되어야 면역 거부반응을 완전히 방지할 수 있을 것으로 생각한다.

거부반응 이외에도 감염의 위험을 고려해야 한다. 왜냐하면 돼지는 사람에게 치명적인 바이러스를 가지고 있을 수 있기 때문이다. 그러나 돼지의 경우 그동안 사람에게 여러 실험을 통해서 돼지 레트로바이러스의 위험성이 없다는 것이 입증되었다. 많은 연구가 더 필요하지만, 이러한 연구결과는 동물/사람 간의 장기이식 연구에 중요한 기초를 마련하였다고 생각한다. 윤리적인 문제 또한 많은 토론이 필요한 분야 이다.

9.5 유전자 변형 곤충

곤충은 지구상의 생명체 중에서 가장 거대하고 다양한 집단으로 인간, 동물 및 식물에 많은 치명적인 질병을 일으킨다. 인간과 농업 환경에서 곤충을 통제하기 위한 광범위한 영역의 화학 살충제가 존재하며, 농업에서는 식물이 특정한 곤충의 침입에 저항하도록 유전적으로 변형되어지고 있다.

특정한 곤충 종에 대한 유전공학 연구는 분명한 연구 분야로서 특히 미국에서는 많은 의미있는 연구들이 존재한다. 말라리아, 뎅기열(dengue fever)과 샤가스병(Chagas disease)같은 인간 질병을 저지하기 위하여 모기와 침노린재에 대한 연구와 기생충에 저항하는 꿀벌 및 강한 비단을 생산하는 누에에 관한 상당한 연구가 진행되고 있다. 미국에서는 농업 해충인 선충(nematode), 진드기와 목화다래벌레에 대한 제한적인 현장 실험도 허가되었다.

지역 곤충 통제 프로그램에서는 곤충 중성화 기술(sterile insect technique, SIT)이 경제적으로 중요한 곤충을 억제하는데 성공적으로 이용되고 있다. 이 기술은 목표 종의 대량 생산과 방사선 조사에 의한 중성화 및 자연적으로 존재하는 곤충의 수백 배되는 막대한 양의 중성화된 곤충을 지속적인 방출하는 것으로 구성되는데, 수정할 수 없는 교배에 의해서 자연 집단의 개체가 빠르게 감소한다. 현재 이런 SIT 프로그램은 특히 화학살충제 사용을 피하는 유기농 과일과 채소 생산을 위해서 광범위하게 이용되고 있다. 그러나 SIT는 고비용임으로 현재는 유전공학적으로 많은 다른 종류의 곤충을 변형하도록 하는 형질전환 체계를 이용한 새로운 접근법을 고려하는 중이다. 특히 자손에 전달 된 후에 배아(embryo)를 특이적으로 죽이는 형질전환 체계는 방사선 조사를 대체할 수 있고 더 경쟁력이 있는 중성화 곤충을 생산할 가능성이 있다. GM 곤충의 통제에 대한 문제가 여전히 존재하고 있다.

동물의 유전적 변형, 즉 동물의 유전적 조성을 직접 변형하는 것과 핵 이식 기술을 포함하는 최근의 기술들이 이번 장에서 다루어졌다. 이 새로운 기술과 관련된 윤리적, 도덕적, 사회적 문제들이 커다란 논쟁의 주제가 되고 있는데 나중에 나올 장에서 자세히 논의될 것이다.

9.6 미래의 전망

생물 의학 연구와 비교해서 보면 동물에 관한 순수 연구에 대한 대중의 관심은 매우 적어서 연구와 필요한 전문성에서 미흡함이 있다. 생명공학 회사들이 동물의 질병에 대해 연구하려면 고비용이 들지만 식용 동물은 1차 상품으로 낮은 이익을 내기 때문에 동물 사육자들은 재정적인 이익을 먼저 본다. 그러나 최근에 아시아와 유럽에서 발생한 전염성이 강한 미생물 질병과 연관된 대규모의 가금류, 소 및 돼지의 폐사를 고려할 때에, 이것이 백신 접종이나 효과적인 초기 진단에 의해서 완화되지 않았을까? 하고 생각한다.

특히 유럽과 미국에서 식용 동물의 유전적 조작에 대해서 중요한 가이드라인이 없는 것은 투자자들이 동물 생명공학 산업에 투자하는 것을 주저하게 한다. 동물의 건강 제품으로 사용되기 위하여 생명공학에 기반을 둔 제품의 판매는 1년에 약 30~50억 달러에 이른다. 식용 동물과는 반대로 반려 동물(애완동물)의 경우는 수의학에서 암, 정형외과 및 안과 등의 비용으로 미국에서 매년 300억 달러 이상을 사용한다. 배아줄기세포 치료법, 복제 클로닝 및 종간 장기이식(xenotransplantation)에 대한 연구는 적지 않은 윤리적, 도덕적 논쟁을 불러일으키는데, 이 기술들을 도덕적, 윤리적 관심이 더 적은 동물의 건강 문제에 적용할 수는 없을까?

[9.7] 농업에서의 진단 기술

전통적인 식물 및 동물 농업에서의 분석방법은 그것이 화학적이든 미생물학적이든 간에 1차 목표는 많은 시료 중에서 분석물질을 분리하는 것이다. 이러한 방법은 실험자로 하여금 상당한 분석 경험을 요구하며 시간과 비용을 많이 요구한다. 그러나 많은 생명공학 기술에 의한 방법은 농업분야의 분석에 혁명적인 방법을 제공하여 기존 방법에 못지않은 민감도를 가지고 복잡한 분리공정을 배제하면서 현장에서 분석이 가능하게 한다. 나아가, 이러한 방법은 저렴하며 자동화가 가능하여 신속한 분석이 가능하게 한다. 그리고 숙련되지 않은 운영자에 의해서도 작동이 가능하다 (표 9.5).

현재로서는 3개의 새로운 생명공학적 분석방법인, 면역학적 방법, DNA 탐침법, 그리고 바이오센서법을 식물과 동물 질병 그리고 동물의 생리검정과 관련하여 설명하고자 한다. 거의 대부분 이러한 새로운 신속 진단법은 경제성이 있으며 병원과 가정의학에서 많은 수요가 있을 것으로 기대한 인간 질병 진단을 염두에 두고 개발 되었다. 수의학 시장도 수익성 높은 분야이며, 식물병 진단에서도 이러한 새로운 방법의 수요가 점차 증대되고 있다.

표 9.5 성공적이고 빠른 방법의 기준

신속, 정확, 신뢰할 수 있는지 여부
운영이 단순하고 비용이 저렴한지 여부
시료를 손쉽게 얻을 수 있고 안정적인지 여부
최소의 노동력을 요구하는지 여부
높은 민감도와 특이성을 가지는지 여부

표 9.6 동물질병의 신속하고 성공적인 방법과 예상 용도

동물 종류	사용하는 신속 진단법:
반려동물	고양이 백혈병, 개 심장충, 류마티스성 관절염
가금류	가금류 레트로바이러스, 포자충병(coccidiosis), 살모넬라증, 호흡기감염의 신속한 진단
대형동물	트리코모나스증, 유방염, 백혈병, 브루셀라증, 우역(牛疫, rinderpest), 트리파노소마증, 돼지열병, 구제역 바이러스의 진단

면역법은 일반적으로, 특히 단일항체를 사용하는 경우에 있어서 임상과 수의학 분야에서 상업적인 성공을 인정받고 있다. 사실 이러한 진단시약은 새로운 시장의 주요부분을 차지한다. 면역법이 다른 분석법과 다른 점은 이 기술은 장치보다는 물질에 좌우된다는 점이다. 핵산탐침 기술은 상보적인 DNA와 DNA (RNA) 간의 혼성화에 기반을 두고 있다. 각각의 핵산 가닥은 정확한 혼성화를 위하여 정확한 상보적인 염기서열을 가지고 있어야 주어진 핵산 가닥이 오직 상보적인 가닥과 혼성화하게 된다. 핵산탐침 또는 혼성화의 높은 특이성은 복잡한 시료 내에서 특정 미생물을 동정하는데 사용된다.

이러한 진단법을 이용하여 체액이나 세포로부터 미생물에 의한 질병을 확인함으로써 감염정도가 낮은 경우도 확인이 가능하여 감염증상이 나타나기 전에 이러한 동물을 분리시킬 수 있다. 광범위한 동물 질병을 이러한 '사용자 편리(user friendly)' 진단키트를 이용하여 수의사나 농부들이 보다 쉽게 진단할 수 있다. 조기 진단은 감염성 질병을 차단하고 제거하는데 필수적인 사항이다 (표 9.6).

진단키트 사용의 주요 분야중 하나는 프로게스테론(progesterone), 에스트로겐 황산염(oestrogen sulphate) 또는 말의 생식샘 자극 호르몬(gonadotrophin)과 같은 동물의 우유나 혈액내의 수정(fertility)을 위한 호르몬들의 측정이다. 불법적인 성장 호르몬이나 항생제 사용도 추적할 수 있다. 수백 종류의 서로 다른 진단 키트가 전 세계적으로 사용되고 있다.

단일항체를 이용하는 면역화학기술은 식품 내 잔류하는 농약이나 곰팡이 독소(mycotoxin)와 같은 미생물 독소를 측정하는데 광범위하게 사용된다. 특정한 식물질병은 아주 초기단계에 진단되어 적절한 치료가 이루어진다. 이러한 방법은 또한 판매되는 종자의 품질관리와 고구마, 과일, 화훼류 등의 무질병(disease free) 검정에도 사용된다. 이러한 방법은 보다 효과적인 작물 육종과 국제 무역을 가능하게 한다. 유전자 지문법(genetic fingerprinting)은 식물 간 변이를 구별할 수 있도록 한다.

몇 가지 수확 전/후의 문제점은 식품의 생산, 분배, 가공, 저장에 있어서 중요하게 고려해야 할 사항이다. 예측하기로는 전세계적으로 식량생산량의 30~60%가 이러한 과정에서 소실된다. 주된 문제에는 해충과 질병, 과일과 채소의 숙성, 과일, 채소, 유제품과 육류의 화학적 생화학적 분해, 그리고 미생물에 의한 손상이 포함된다. 신속한 진단법을 이용하여 식품이 생산지에서 소비자에게 전달되는 동안에 품질과 안전을 위하여 감시된다. 신속한 진단법은 작물이나 일반적인 식품이 생물테러에 의해 화학물질이나 미생물학적으로 오염되는 경우에도 유리하다.

세계 식물 생산에 미치는 미생물 질병의 비용은 1년에 500억 달러로 추산된다. 그러나 현재 예상하기로는 이중 상대적으로 적은 부분만이 면역진단법을 적용할 수 있을 것으로 본다. 현재 알려진 특정 곰팡이, 세균, 바이러스 질병에 대한 항체를 만드는 것은 어렵지 않다. 특히 고부가가치의 화훼 시장을 위한 신속 진단 키트들이 상업적으로 이용가능하다.

집중적인 농업활동은 수익은 줄어들면서 환경에는 위해한 결과를 초래하고 있다. 유전공학은 농업의 많은 부분에서 문제해결을 제시하고 있으나, 세계적으로 받아들여지기 위해서는 사회경제적인, 환경적인 그리고 안전성 문제도 고려해야 한다. 그러면 그러한 문제가 사실인가 아니면 미디어에 의해서 과장 되었는가? 농업생명공학은 미래의 세계 식량 공급을 위한 만병통치약이 아닐 수도 있으나, 만약 올바르고 신중하게 적용된다면 전 세계적인 규모로 삶의 질을 증진시킬 수 있을 것이다.

10

식품과 음료 생명공학

[10.1] 서론

세계 인구를 지탱할 수 있는 미래를 만들기 위한 가장 큰 도전은 대다수에게 제공되기에 충분한 양의 식량을 확보하는 것이다. 2030년에 도시 인구는 농업에 기반을 둔 농촌 인구보다 최소 2배의 크기일 것이라고 예상된다. 환경 파괴를 수반하는 도시화의 확대는 이미 생산을 위한 농지의 사용을 크게 감소시켰다. 더욱이 세계적인 기온의 변화와 확대되어 가는 국가 내의 전쟁은 미래의 식량 공급을 정확히 예측하기 어렵게 만든다. 전통적인 방법과 새로운 생명공학은 식량 공급을 지탱하기 위해서 어떤 역할을 할 수 있을까?

식품산업(food industry)은 세계에서 가장 큰 산업으로 선진국에서는 전체 가정소비 지출에서 최소한 20~30%를 차지하고 있다. 그러나 세계 대부분의 지역에서 일반적으로 식량 생산이 초과되는 반면에 아프리카, 중국의 중부 및 남미에는 기근과 불충분한 생산이 존재한다. 식품산업은 독특한 유통구조와 도축업, 제빵업, 제과업 등의 여러 직종을 통해 전세계적인 식품생산과 유통구조를 갖춘 전국적이며 다국적 기업으로 성장하였다. 운송수단의 발전과 함께 식품은 세계 어느 곳에서도 쉽게 구입할 수 있고 식품 저장법의 개발에 따라 계절에 따른 수급의 불균형을 극복할 수 있게 되었다.

결론적으로 이제 식품산업을 통하여 생산지로부터 거리에 상관없이 양질의 신선한 식품을 연중 지속적으로 사회에 공급하게 되었다.

식품유통은 씨를 뿌리고 가축을 키우는 농가의 생산 과정으로부터 시작되어 소비자에 의한 가공식품의 소비로 끝이 난다. 과일과 채소를 제외한 모든 곡물과 고기류를 포함한 농산물은 가공 정도의 차이는 있지만 가공공정을 거쳐야 한다. 생산농가와 소비자를 연결시키는 식품산업은 상대적으로 많은 양과 쉽게 부패할 수 있는 농산물을 보존성이 높고 쉽게 섭취할 수 있는 가공식품과 음료로 전환시키는 것이다.

식품생산과 공정에 있어 생명공학은 오래 전부터 이용되었으며, 전통적인 종자개량 기술과 최신의 분자생물학 기술을 포함하여 지속적으로 사용되고 있다. 새로운 생명공학 기술은 특별히 소비되고 있는 식품의 양과 질을 빠르게 개선할 수 있는 기회를 제공하고 있다. 더불어 이러한 기술을 이용한 새로운 식품은 전통적으로 생산되는 기존의 식품과 비교하여 안정성에 영향을 미치지 않는다. 식품 및 식품 첨가제 생산을 위한 새로운 생명공학 기술의 응용은 소비자, 공공정책 및 과학적인 면에서 사회적인 큰 관심을 일으키고 있다. 큰 집단 특히 유럽 및 일부 미국에서는 GM 제품에 대한 부정적인 이미지가 보편화되어 있다.

식품생명공학은 최신의 생물학적 지식 및 기술과 최근의 식품가공과 보존을 위한 생명공학 기술의 기본 요소와의 융합에 초점을 맞추고 있다. 산업형 식품 가공과 보존의 과학적이며 기술적인 근간은 항생제 생산 등을 위한 생명공학 산업의 발전 단계로까지 발전할 것이다. 10년 후 농산물의 생산과 가공 식품의 공정 및 그에 따른 소비에 전체적으로 최적화가 현실화 될 것이다. 식품과학과 식품 공학은 생산과 소비의 중개자가 되고 있다.

오늘날의 발달된 식품 시장에서는 사회적, 문화적, 신앙적인 필요에서 뿐만 아니라 생리학적인 면에서 소비자가 원하는 것이 무엇이냐 하는 것이다. 분명히 전통적인 상향적 패러다임의 반대되는 것이다.

생명공학 기술을 응용하여 오늘날 산업화되거나 산업화를 추진하고 있는 모든 사회를 충족시킬 수 있는 식품 생산의 가능성을 인정하는 것이 중요한 것이다. 식품생명공학은 질, 영양, 안정성 및 식품의 보존성을 향상시킬 수 있는 다양한 가능성을 열어 놓고 있다. 생명공학의 한 부분의 발전만으로 분명한 식품산업의 변혁을 이룰 수는 없다. 그러나 과학적인 면보다도 경제적이며, 소비자의 호응도 및 법적 규제가 식품생명공학의 응용의 범위와 확산에 가장 중요한 역할을 할 것이다. 최신의 생명공학 기술은 가격, 보존, 맛, 지속성, 색깔, 안정성 그리고 무엇보다도 건강을 포함한 식품 시장의 변화에 지대한 영향을 미칠 것이다.

식품 및 음료산업은 제약산업과는 매우 다른 면을 지니고 있다. 식음료 제품의 성패는 기술적인 면 보다는 가격 및 시상성에 의해 결정된다. 대부분의 식품 및 음료산업은 보통 총 판매액의 1% 내외의 연구 개발비를 사용하며, 대체적으로 공정개발에 이용되며 특허 보호의 필요성을 느끼지 못하고 있다. 대부분의 식품 및 음료제품은 대량 생산되며 낮은 가격의 제품으로 순수하고 기본적인 연구보다는 시장 연구에 집중하는 것은 당연하다. 오늘날 식품 및 음료업계에서 많이 사용되고 있는 유기산, 아미노산과 껌 등 좀 더 높은 가격에 팔리고 있지만 고가격으로 판매될 수 있는 몇가지 품목만이 장기적으로 가치가 있다. (예, 감미료와 향료)

식품 및 음료산업은 제품과 고용 노동력의 변화에 민감하며, 작은 개인 기업부터 거대한 다국적 기업까지의 매우 다양한 구조를 지니고 있다.

세계적인 규모로 소비자에게 식품을 공급하는 것은 정치적인 것뿐만 아니라 수많은 과학적 분야에 의해 제공되는 건전한 과학 지식을 포함하는 매우 중요한 업무이다.

생명공학은 식품 및 음료산업에 크게 2가지 형태로 영향을 미칠 수 있다:

(1) 경작(argronomic), 예를 들어 농가는 식물과 동물의 생산성을 증가시킴으로써 생산시기의 연장 및 환경 조건의 완화를 통해 주요 도움을 받게 될 것이다;

(2) 비경작(non-argronomic), 예를 들어 개량된 식물이나 미생물은 식품 생산업체와 유통업체 혹은 소비자에 도움을 줄 수 있다 (표 10.1)

표 10.1 모든 식품 연쇄하의 생명공학

식품 연쇄	잠재적 생명공학의 효과
살아있는 생물 원료/식물 원료/식품 재료 ↓	← *작물학적*: 생산량의 증가: 지리적 및 환경적 범위의 확대: 년중 지속적 생산. *비 작물학적*: 생산운영의 비용절감에 따라 가공업자의 이익이 증대; 보다 장기간 신선도 유지; 질감과 맛의 향상; 조직배양, 단세포단백질을 이용한 향, 색, 기타 천연첨가제의 식물에 의한 생산
↓	← 공정 개선 및 생산비용 저감. 예를 들어, 종균배양, 효소처리, 미생물의 유전적 공정, 식품의 해독, 폐기물 자원의 개량, 지방산, 탄수화물, 단백질의 분석 및 변형.
공장에서 식품 생산물 ↓	← 비교적 부드러운 공정과 새로운 보존체제의 도입으로 물리적, 화학적, 미생물적 파괴를 억제함으로써 생산물의 품질과 분배의 개선.
소비단계의 식품생산물 ↓	← 생산물이 소비자가 기대하는 질감, 향, 영양, 보존, 위생과 더 천연적인 면을 맞출 수 있음.
생산물의 소비	

표 10.2 생명공학적 방법에 의해 개발된 몇 가지 전통적인 발효 / 가공 식품과 성분

분류	발효산물			
알코올성 음료	맥주	와인	화주류	
식품	치즈	사우어크라우트	향	생물중합체
	빵	간장	유기산	감미료
	식초	피클	아미노산	버섯
	요구르트	효소	비타민	

또한 새로운 생화학 공학의 발전은 기계적 (예, 분쇄기술), 물리적 (예, 막 분리 기술, 요리기술)과 화학적 (예, 가수분해, 첨염 기술) 방법 등을 이용하는 식품과 음료산업의 우위성 확보에 도움이 될 수도 있다.

[10.2] 식품과 음료 발효

발효 식품과 음료는 모든 사회에서 중요한 역할을 하는 것으로, 제품의 기호성(organoleptic)을 향상시키기 위하여 미생물 또는 효소를 이용하여 바람직한 생화학적 변화를 일으킴으로 생산된다. 발효공정을 통해 제품은 보통 영양적 가치가 향상되고, 소화율이 높아지며, 향이 개선되거나, 독성학적으로나 미생물학적으로 더욱 안전하게 된다.

식물이나 동물에서 유래된 재료를 이용하여 생산된 발효 식품과 음료는 세계 모든 곳에서 받아들여지고 있고 식품 소비에 중요한 부분을 차지하고 있으며, 가장 원시적인 기술부터 고도의 기술을 이용하여 다양한 원재료로부터 생산되며, 최종 제품의 기호도 및 질감에 엄청난 변화를 주었다. 발효 식품은 제빵류, 치즈류, 요구르트, 사우어크라우트, 간장, 템피(tempeh)와 버섯류 등을 포함하며, 발효음료는 맥주류, 포도주, 청주, 브랜디, 위스키, 비알코올성 차, 커피, 코코아 등을 포함하고 있다. [참고: Fermented Foods of the World: A Dictionary and Guide, Campbell-platt (1989) 지음] (표 10.2). 대부분의 발효가 아직까지 지역이나 개인에 의해 생산되고 있지만, 몇몇 제품은 상업적으로 대량 생산되고 있으며, 대부분 국가 경제에 많은 기여를 하고 있다. 보통 이러한 형태의 발효는 원주민에서 시작되어 국가나 문화적으로 독특하게 개발된 토속적인 발효법에 의해 분리되지만, 대부분 인류의 역사가 기록되기 전부터 개발되었다. 발효가 어떻게 시작되었는지는 지금도 정확하게 설명할 수 없으나 최근 생물공학도 이러한 고대의 발효로부터 기원하고 있다.

지역적으로 특성화된 발효 식품과 음료는 기후와 농산물의 종류에 따라 좌우되었으며, 그 사회 구성원의 문화적인 배경을 지속적으로 형성, 유지하고 있다. 인류는 대부분 원해서라기보다는 주로 경제적인 이유로 인하여 채식주의가 된 것은 주지된 사실이다. 발효과정을 개발하게 된 가장 큰 이유는 기본적인 유기물의 부패방지를 위해서 시작되었지만, 감각적인 향미, 재질, 혼합 원재료의 영양적 특성을 변화시킴으로써 향과 맛을 향상시키고, 비타민의 양을 증가시키거나, 간혹 채소류를 고기와 같은 재질의 향과 맛을 내는 중요한 기능을 가지고 있다. 특히 개발도상국에서는 발효제품의 영양학적 가치가 중요하며, 최근의 발효 과정은 (예, 주조, 치즈 생산) 제품 생산을 쉽게 조절하고 균일하게 생산할 수 있도록 도와주고 있다. 그 중에서도 제품의 안전성 확보에 크게 도움이 되고 있다. 식품발효는 문명사회에서의 큰 전환점을 나타내는데, 식품의 원자재를 가공하여 안전하도록 하고 식품의 질을 유지하고 맛있게 되도록 해주었다.

표 10.3 지리학적 지역에 따라 생산되는 발효식품의 종류

세계 생산비율	지역	중요성 다수	중요성 소수
높음	유럽	낙농품, 음료, 곡류, 고기	콩류, 전분 작물
	북미	음료, 낙농품, 고기	생선, 콩류, 전분 작물
	남아프리카	전분 작물, 곡류,	낙농품
중간	남미	음료, 낙농품	콩류
	중동	낙농품	콩류, 고기
	인도 아대륙	곡류, 콩류	고기
	동아시아	생선, 공유	낙농품
	남아시아	생선, 콩류	낙농품
낮음	오세아니아	낙농품	콩류
	북아프리카	낙농품	콩류

출처 : Campbell-Platt (1989) 인용

대부분의 발효과정은 미생물의 역할에 대한 개념이 없이 시작되었다. 발효공정의 개발을 시도한 선구자들은 순전히 경험을 통해 미생물 생육 및 활성을 조절하였지만 대체적으로 균일한 제품을 생산할 수 있었다. 이집트, 수메르, 바빌론 지역에 살던 사람들은 보리를 이용하여 술을 만들어 먹기 시작했으며, 기원 전 800년에는 유럽에서 호밀로부터 시큼한 빵 반죽이 만들었으며, 우유 발효제품의 생산은 산스크리트(Sanskrit)와 기독교인(Christian)들로부터 시작되었다. 발효과정에 미생물이 관여한다는 사실을 알아낸 것은 상대적으로 최근의 일로, 일부 발효는 상대적으로 단순한 미생물의 대사가 이용되지만, 미생물의 기작이 규명되기 어려울 정도의 복잡한 과정을 거치는 경우도 있다.

발효식품은 크게 9개의 그룹으로 나뉘어질 수 있다: 음료, 곡물제품, 낙농제품, 생선, 과일과 야채류, 콩류, 고기류, 녹말류, 기타로 구분된다. 표 10.3에서 표시된 것처럼 각종의 발효식품은 상대적으로 지역별로 그 중요성의 차이가 난다. 발효식품은 생명공학 분야 중 가장 큰 경제적 가치를 지니고 있으며 선진국들의 국가 총생산제품의 커다란 부분을 차지하고 있다. 생명공학에 의한 매출의 90%는 대부분 식품과 음료분야에서 나오고 있다. 흔히 새로운 생명공학 발전에 많은 관심을 보이고 있지만, 오랫동안 전통적으로 생명공학 관련 산업에 대한 관심도는 상대적으로 적다. 현재 전통적인 발효 산업에 새로운 생물공학 기술의 응용이 확대되고 있다.

기존 및 장래의 발효제품 생산에 최신의 생명공학 기술의 가치에 대해 설명하고 참고자료를 제공한다.

주류

세계적으로 다양한 형태와 맛을 지닌 술(alcoholic beverage)이 제조되고 있다. 특정한 지역 및 국가의 재배 농산물의 종류에 따라 술의 종류가 결정된다. 그래서 스칸디나비아, 폴란드 및 러시아를 포함한 유럽의 추운 지역에서는 보리를 이용하여 맥주(beer)나 생맥주(larger)를 생산하여 소비하며, 반면에 스페인, 그리스, 이탈리아, 프랑스를 비롯한 따뜻한 남부 유럽지역에서는 포도를 이용해 와인을 대량으로 생산하여 소비하고 있다. 세계적으로 알코올성 음료와 증류주를 생산하는 기업은 현재 경제적으로 가장 안정된 산업분야 중에 하나이다. 단지 경제적인 이유뿐 만 아니라, 생산 수율의 향상 혹은 생산량의 증가를 위해 새롭게 향상된 기술의 개발이 필요하게 되었다. 기술 개발의 목적은 발효 후에 알코올의 농도를 증가시키는데 집중되어있다.

발효를 위한 원재료는 보통 당분 (과일주스, 식물성 수액, 꿀)을 함유하거나 탄수화물을 함유(곡물 또는 뿌리)하고 있고 발효 전에 단당류로 가수분해를 하여야 한다 (표 10.4). 원재료에 적당한 미생물을 접종하여 발효를 시키면 산성 pH를 만들고 영양분을 모두 이용하여 오염균이 자랄 수 없는 상태에서 최종산물은 몇 %에서 16% 이상의 알코올을 생산한다. 이러한 조건들이 합쳐져서 생물학적인 보존성과 안정성을 확보해 줄 수 있다. 발효주는 바로 음용할 수 있지만 보통 저장과 숙성을 통하여 향미기능을 높이는 경우가 보통이다. 증류를 통해서 알코올의 농도를 높여 40에서 50% 사이의 알코올을 함유한 위스키(whisky), 브랜디(brandy), 보드카(vodka), 진(gin)과 럼(rum) 같은 많은 종류의 주류를 생산하기도 한다 (표 10.5). 코디얼(cordial)과 리큐어(liqueur)는 과일, 꽃, 잎 등으로 제조하여 감미 시킨 주류이다.

보통 발효에 사용하는 균주는 효모의 일종인 *Saccharomyces cerevisiae* 혹은 그와 유사한 형태이다. 효모는 맥주 및 생맥주, 증류주를 생산하는데 이용될 뿐 아니라, 제빵과 최신의 포도주 생산에도 이용된다. 최근에 사용되고 있는 *S. cerevisiae*는 맥주와 와인 생산공정의 발전과 함께 선별되었다. 아마도 인류에게 도움을 주는 최초의 미생물일지도 모른다. 발효주를 만드는 기술은 세계 각처에서 오래 전부터 다양한 형태로 개발되었다. 미생물은 포도당, 과당과 같은 단순한 단당류를 대사작용을 통해 알코올로 만든다. 이러한 미생물은 알코올에 대한 내성을 가지고 있다.

*S. cerevisiae*는 모든 유전인자가 밝혀진 첫 번째 진핵세포이며, 이러한 유전정보는 양조 및 제빵을 포함한 새로운 적용 기술을 개발하는 데 이용될 것이다. 포도주나 맥주생산은 국제적인 생명공학산업에 중요한 존재로 그 공정을 자세하게 기술한다.

포도주

역사적으로 포도주(wines)는 유럽인들이 즐기는 음료로 현재는 미국, 호주, 남아프리카를 비롯한 다른 곳에서도 생산되기도 하지만, 프랑스, 이탈리아, 독일 등 연간 세계 생산량의 절반 정도인 10^{10} L를 생산한다. 역사적으로 그리스인과 로마인들은 맥주보다는 와인을 선호하였으며 기독교가 유럽에 확산되는 과정을 통해 "그리스도의 보혈(blood of Christ)"의 상징으로 이용되었다.

표 10.4 알코올 음료 (비 증류성)의 기질

기질	음료	국가	당화물질
전분 (보리+다른 곡류)	에일(Ale)	벨기에; 서독;	보리 맥아
	라거(Lager)	캐나다; 호주;	보리 맥아
		전세계(산업 국가)	
보리, 호밀, 쌀, 사탕무	크바스(Kvass)	구 소비에트 연방	보리와 호밀 맥아
수수	부사(Busa)	구 소비에트연방 (크리미아)	
	브라가(Braga)	루마니아	
	텀바(Thumba)	인도	
쌀	아락(Arak)	인도, 동남아시아	*Mucor* 종
	부사(Busa)	터키, 소비에트국가	*Aspergillus oryzae*
	패치와이 (Pachwai)	인도	
	사케(Sake)	일본	
	손티(Sonti)	인도	
쌀 (붉은)	Ancu	대만	*Rhizopus* 종
	홍주(Hung-Chu)	중국	
사탕수수	카피르 맥주 (Kaffir beer)	말라위	사탕수수 맥아
	메리사(Merissa)	수단	*Aspergillus* 종
			Mucor rouxii
			Bacillus 종
고구마	아와모리 (Awamori)	일본	기질내에 당이 존재하기 때문에 필요 없음
용설란 (수액)	용설란 주(Pulque)	멕시코	
사과 (주스)	사이다(Cider)	영국, 프랑스, 북미	
포도 (주스)	포도주(wine)	온대: 남반구와 북반구	
꿀	벌꿀주(Mead)	영국	
배 (주스)	페리주(Perry)	영국, 프랑스	
팔미라야자(주스)	야자주(Toddy)	인도, 남동 아시아	
야자 꽃-줄기 주스	투왁(Tuwak)	인도네시아	

표 10.5 당이나 전분을 포함하는 원료로 생산된 알코올 음료

당	생산품	전분	생산품
당밀	럼(Rum), 꼬냑(Cognac)	보리	위스키(Whisky)
용설란	데킬라(Tequila)	옥수수와 호밀	버번위스키(Bourbon whisky)
배	배 브랜디(Pear brandy)	감자와 보리	아콰비트(Aquavit)
체리	키스크(Kisch)	감자, 호밀, 밀	보드카(Vodka)
자두	슬리보비스(Slivovice)	쌀	중국 브랜디(Chinese brandies)

대부분의 상업적인 포도주 생산은 *Vitis vinifera* 종의 포도를 이용하며, 이 종자가 세계 다른 지역으로 옮겨지면서 새로운 포도주 생산 지역으로 확장되었다. 토양의 질은 포도주의 질을 결정하는데 중요하면서도 독특한 역할을 한다. 적포도주(red wine)는 포도를 통째로 으깨어 발효하여 생산되는 반면, 포도껍질을 벗긴 검은 포도나 흰 포도를 이용하여 백포도주(white wine)를 생산한다. 세계 각지에서 100여 종 이상의 포도주가 생산되고 있다. 로제포도주(Rosė wine)는 흑포도의 껍질을 제한적으로 발효하여 생산한다. 생포도주(dry wine)는 잔여 당분이 남아있지 않은 포도주를 말하며 감미포도주(sweet wine)는 약간의 당분이 남아 있는 것을 말한다.

포도의 수확기는 주로 생산자의 경험에 의해 결정되며, 15~25%의 당분을 함유하고 있는 포도를 수확하여 기계적으로 분쇄하거나, 전통적으로 발로 짓이겨 분쇄한다. 포도과즙액(must)을 기질로 생산 공정에 실질적인 생명공학적인 단계를 거친다. 포도과즙액은 많은 효모와 균으로 오염되어 있어, 보통 이산화 황(sulphur dioxide)을 첨가하여 오염균의 발효를 소실하거나 방지한다. 대량의 포도주 생성 과정에서 포도과즙액을 부분적으로 혹은 전부 살균시켜 *S. cerevisiae* var. *ellipsoideus*와 같은 생산 균주를 접종하여 발효조를 통해 발효과정을 조절한다. 포도주의 잔류 당류 함량은 당의 전환율, 글리세롤의 농도, 2차 감염 등에 따라 결정된다.

발효시간과 온도는 와인의 종류에 따라 다르다. 발효 후 포도주는 저장통 혹은 저장조로 옮겨, 온도를 급격히 냉각시켜 거품을 제거한 후 독특한 화학변화를 일으킨다. 많은 포도주는 자연적으로 2차 세균 *Leuconostoc* 종과 malolactic acid 발효를 통해 잔류하고 있는 사과산(malic acid)을 젖산으로 변화시킨다. 포도주의 최종 알코올 농도는 10%~16% 이다.

최근 적당한 포도주의 섭취가 동맥경화증 등으로 유발되는 질병의 발병율을 줄인다는 과학적인 연구 결과가 나왔다. 루이 파스퇴르(Louis Pasteur)는 "포도주는 가장 건강에 좋고 위생적인 음료"라고 표현하기도 했다.

셰리주(sherry), 포드와인(port), 베르무트(vermouth)와 같이 강화된 포도주는 발효 후 추가적으로 알코올을 첨가하여 알코올 농도를 약 20%로 올린 포도주를 말한다.

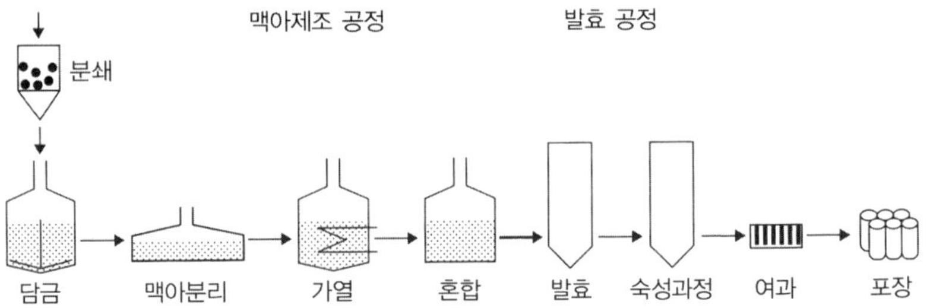

그림 10.1 맥아제조공정과 발효공정으로 구분되는 맥주제조공정.

맥주

가장 오래된 맥주 제조의 기록은 6000년 전 수메르 (현재의 이라크 지역)의 찰흙 조각에 기록되어 있다. 그러나 원시적인 맥주 제조는 그것보다도 더 오래 전에 시작되었을 가능성이 크다. 맥주는 호프(hop)와 함께 발아 곡물의 추출물을 이용하여 알코올 발효를 통하여 얻어진 음료라고 규정할 수 있다. 맥주는 상대적으로 낮은 pH, CO_2, 알코올 그리고 호프 추출물과 같은 항미생물 물질과 낮은 온도의 저장으로 미생물이 자라기에 좋은 환경이 아니기 때문에 병원균은 맥주 내에서 자랄 수 없게 되고 많은 나라에서는 음용수보다 더 안전하게 소비되고 있다. 다양한 생화학적 조성으로 인해 맥주를 정확히 분석하기는 매우 어렵다.

맥주, 에일(ales)이나 라거(larger)는 보리와 같이 탄수화물이 포함된 곡물로 부터 생산되며, 추가로 보조기질(adjunct)로서 탄수화물을 다양한 구성비율로 첨가한다. 곡물을 이용하여 맥주를 제조하는 실질적인 공정은 맥아제조(malting), 담금(mashing), 발효, 숙성, 마무리(finishing)의 5가지 중요한 단계로 나뉜다 (그림 10.1).

맥아제조

건조된 보리를 물에 담가 불린 후 맥아생육장치(malthouse)의 바닥에 펼쳐 놓거나, 회전 용기 안에서 보리가 발아하도록 하여 전분 가수분해효소(amylase)와 단백질 가수분해효소(proteinase)를 생산한다. 발아된 보리는 가마에서 열처리(kilning) (80℃ 까지 천천히 열을 가함) 과정을 통해 모든 효소의 활성을 남겨놓은 채 발아를 중지시킨다 (맥아).

담금

이 단계에서 맥아는 뜨거운 물과 섞이면서 (55~65℃) 녹말과 단백질을 덱스트린, 말토즈와 같은 다양한 당, 단백질 가수 분해 물질, 무기질 등을 갖은 미생물 성장인자로 바뀐다 (맥아즙, wort). 이것을 이용하여 맥주발효가 시작된다. 발효 전에 독특한 향과 항 미생물 작용을 위해 호프를 발효 전에 첨가하기도 한다.

발효

맥아즙 (wort)을 발효조에 옮긴 후 순수한 효모를 넣어준다. 영국에서는 상면발효(top-fermenting) 효모로 알려진 *Saccharomyces cerevisiae*가 사용되며 20~28℃에서 맥주, 에일(ales) 혹은 흑맥주(stout) 등의 맥주를 생산한다. 유럽대륙에서는 하면발효 (bottom-fermenting) 효모로 알려진 *Sacchromyces uvarum*을 첨가하여 맥아즙을 낮은 온도 (10~15℃)에서 발효시켜 라거(larger)를 생산한다. 라이트 맥주나 낮은 알코올 맥주는 주로 라거로부터 만드는데, 이는 라거가 적은 양의 발효 기질을 보유하여 결과적으로 알코올 생산이 적고 적은 칼로리를 갖도록 생산되기 때문이다. 이런 종류의 맥주는 북미와 영국에서 매우 인기가 있다.

포도당의 발효는 호기성이고 다음 공식으로 요약될 수 있다.

	$C_6H_{12}O_6$	$\longrightarrow$	$2C_2H_5OH$	+	$2CO_2$
	포도당		에탄올		이산화탄소
이론적 생산량	180 g		92 g		88 g

숙성 및 마무리

맥주는 향을 증가시키고 효모를 분리하고 탁도를 낮추기 위하여 여러 주 동안 0℃의 목통(cask)에 넣어 숙성시킨다. 병맥주나 캔맥주는 보통 60~61℃에서 20분 동안 저온 살균된다. 맥주의 알코올 함량은 보통 4~9% 정도로 에일보다 약간 높다.

유럽 형태의 라거나 맥주가 전세계적으로 생산되기도 하지만 인도나 아시아 국가에서는 전통적인 쌀 맥주, 아프리카에서는 사탕수수 맥주(sorghum beer)가 생산된다. 사탕수수 맥주는 많은 고형물과 비타민을 함유하여 영양 공급원으로 중요한 역할을 하기도 한다. 전 세계의 맥주 소비량은 년 12억 헥토리터 (1 헥토리터는 100리터)에 이른다. 의심할 여지없이 맥주는 가장 많이 소비되는 알코올 음료이다.

원생질체 융합 기술과 재조합 DNA 기술과 함께 전형적인 유전자 조작 기술을 이용하여 맥주 생산 균주가 지속적으로 개량되어 사용되고 있다. 특히 *S. cerevisiae*와 관련된 유전정보가 급격히 늘어났다. 재조합 유전자 기술을 이용하여 새롭게 개발된 상업 발효 효모가 사용이 허가되었다.

화주

화주(spirit)는 원재료에 관계없이 증류 과정을 거친 휘발성이고 가연성의 주류를 의미한다 (표 10.5). 소비를 위한 화주 혹은 마시기에 적당한 화주(potable spirit)는 포도즙, 사탕수수 등으로부터 혹은 맥아를 처리한 보리와 같이 특별하게 당화를 시킨 재료에서 유래한 당의 발효에 의해서 형성된 알코올성 음료를 증류한 것이다.

그림 10.2 Macallan 항아리 증류기. (출처 : Edrington Group)

스코틀랜드에서는 수백 년 동안 위스키를 생산해 왔고, 이는 생명공학의 성공 사례이다. 위스키는 생명의 물(Water of Life) 혹은 게일어(Gaelic)로 'Uisge Beatha'로 알려져 있다 [게일어(Gaelic)는 스코틀랜드의 산악지역과 섬 지방에서 통용되는 켈트어(Celtic)의 방언임]. 위스키는 세계 시장에서 어떤 다른 화주보다도 많이 팔린다.

증류

위스키는 곡류를 껄쭉하게 만든 매시(mash)로부터 증류한 화주이다. 맥아 위스키는 커다란 구리 항아리 증류기에서 2번 증류를 한다 (그림 10.2). 첫 번째 증류는 발효액으로부터 알코올을 분리하여 효모와 발효되지 않은 물질들을 제거한다 –이것이 저가 와인(low wine)이다. 이후에 이것을 다른 증류기에 넣고 두 번째 증류한다. 곡물 위스키는 특허를 받은 Coffey 연속증류기를 사용하는데 이는 항아리 증류기와는 다르게 계속 진행된다.

숙성

증류 후에는 맥아와 곡물 위스키 모두 숙성시켜야 한다. 숙성이 되지 않은 화주를 공기가 통하는 떡갈나무 통에 넣고 증발이 일어나도록 하면 마침내 향기로운 위스키가 된다. 일반적으로 맥아 위스키는 곡물 위스키보다 오랫동안 숙성을 시키는데 통에서 15년 이상을 숙성시키는 경우도 자주 있다.

숙성 과정은 통의 크기, 보관된 화주의 강도, 보관소의 온도 및 습도에 의해서 영향을 받는다.

위스키는 스코틀랜드의 가장 유명한 수출품 중의 하나이고 Lowland, Highland 및 Island에서 생산되며 다양한 종류와 맛을 낸다. 스코틀랜드 위스키의 역사적인 중요성은 18세기에 일어난 대재커바이트 봉기(the great Jacobite uprising)의 슬로건 '무 소금세금, 무 맥아세금, 무 노조(no salt tax, no malt-tax, no union)'에서 볼 수 있다.

싱글몰트위스키(single malt whisky)는 맥아를 처리한 보리, 물 및 효모를 단 1번만 증류한 것에서 유래하는데, single이 1번의 증류를 의미하는 반면에, 최종 산물은 증류장의 다른 여러 통으로부터 온 위스키를 담고 있다. 숙성 년도와 종류가 다른 통들을 혼합하여 맥아를 만든다. 표지의 숙성 년도는 혼합된 것들 등에서 가장 최근의 위스키를 의미함으로, 만일 99%가 12년산이고 단지 1%가 10년산이라면, 이는 10년산으로 표지될 것이다.

생산되는 위스키의 대부분은 잘 알려진 혼합(blended) 위스키로 만들어 지는데, 이것이 세계 시장에서 팔리는 스코틀랜드 위스키의 98%를 차지한다. 혼합 위스키는 하나 혹은 그 이상의 증류장에서 온 single 맥아 위스키에 부드러운 향을 내기 위하여 맥아처리가 되지 않은 보리나 옥수수 등의 다른 곡물로 만들어진 위스키를 혼합하여 만든 것이다.

커피, 차, 코코아

아시아, 인도, 아프리카, 남미 대륙에서는 커피와 차 그리고 코코아 열매를 이용하여 무알코올 발효음료를 생산한다. 이러한 음료는 점차적으로 전 세계에 알려져 그 경제적 가치도 크다. 차는 찻잎을 분쇄하는 동안 분출된 효소에 의해서 생산되고 커피나 코코아는 미생물과 효모, 곰팡이 등에 의해 열매를 감싸고 있는 껍질을 천연 발효과정을 통하여 제거하는 것으로 향(aroma) 생성에 중요한 역할을 한다. 찻잎과 커피, 코코아 열매는 건조된 상태로 세계 여러 곳으로 운반되며 물을 첨가함으로써 음료를 제조하게 된다. 미생물에 의한 발효과정은 정확히 알려져 있지 않다. 이러한 발효공정은 과학적이기보다는 경험에 의해 진행된다. 전세계적으로 많은 소비량을 가지고 있으며 여러 국제적 기업의 중요한 재원 역할을 하고 있다.

낙농제품

발효 낙농제품은 두 번째로 가장 중요한 발효제품으로 (알코올 음료의 생산 다음으로), 세계적으로 생산되는 발효 식품 및 음료의 20% 이상을 차지한다. 발효된 우유나 버터, 치즈와 같은 낙농제품의 개발은 고대부터 있었으며 그 기원을 알 수 없다. 이러한 발효는 소, 염소, 양 같이 젖을 분비하는 동물을 많이 키우는 지역과 관련되어 있어, 유럽이 세계에서 가장 중요한 생산 지역이다(표 10.3). 세계적으로 발효된 낙농제품들은 모든 발효 식품의 10% 정도를 차지한다. 주로 낙농제품은 '젖산균(lactic acid bacteria)이라 불리는 세균무리의 대사작용으로부터 생산된다고 현재 알려져 있다. 젖산균에 의한 발효는 우유의 보존과 변형을 야기하는데, 수 천년 동안 그 사실이 알려지지 않았다. 과거에는 이러한 발효가 젖산균의 자연발생적인 형태로 일어났지만, 점차적으로 기존의 잘 발효된 우유를 우유에 넣어 주었을 때에 더 좋은 결과가 나온다는 것을 알게 되었다.

현재는 우유를 발효시키기 위하여 선택된 균주를 [순수한 종균배양(starter culture)] 접종한다. 현대의 세계적인 유가공 산업은 많은 부분이 순수 종균배양과 좋은 발효 과정 및 엄격한 위생적인 프로토콜(hygienic protocol)을 통하여 이뤄지고 있다. 미국에서만 이 세균이 일년에 200~300억 달러 가치의 식품을 생산하는데 이용되고 있다.

젖산균은 자라는 동안 식품에 많은 이로운 도움을 주고 있다. 주로:

(1) 젖산균은 불필요한 세균이 자라는 것을 방지하는 [박테리오신(bacteriocins)] 반면에 젖산균 자체는 일반적으로는 유해하지 않다 이러한 방식으로 젖산균은 우유를 보존한다.
(2) 젖산균은 우유에 매우 바람직한 질감과 향의 변화를 가져온다.
(3) 젖산균은 장내 정상균총(microflora)에 영향을 미쳐 건강에 유익한 것으로 알려져 있다 (유익세균, probiotics).

유익한 균이 우유 속에서 자랄 때, 젖당(lactose)을 젖산으로 분해한다. 그러나 기질의 조성과 첨가제의 종류 및 발효의 방식에 따라서 많은 다른 반응들도 일어날 수 있다. 이러한 반응들은 다른 대사물을 형성하여 독특한 향을 내게 함과 동시에, 버터밀크(buttermilk), 사워 크림(sour cream), 요구르트, 다양한 치즈 등의 유가공품을 만들어 낼 수도 있다.

유가공업에서 가장 활발한 분야 중에 하나가 치즈 생산업이다. 치즈에 대한 언급은 최초로 기원전 1800년이다. 치즈는 우유의 카제인(casein)을 액체부분인 유청(whey)과 분리시킴으로써 만들어진다. 900여 가지 이상의 치즈 종류가 알려져 있는데, 우유를 이용한 발효의 조절과 미생물의 종류에 따라 각각의 치즈가 생산된다.

동물 리넷(rennet)의 역할은 음료수를 운반하기 위해 양을 키우는 목동들이 동물의 위를 사용함으로 유래되었다. 우유를 이러한 방법으로 가지고 다닐 때, 우유는 태양열로 가열되고, 자연적으로 오염된 세균과 위의 내용물 속에 존재하는 효소 (리넷, rennet)에 의해 시게 되었다. 이러한 상호작용의 결과로 우유는 고형 응유(solid curd)와 액체유청(liquid whey)으로 변형되었다. 응유(curd)는 수분을 제거하고, 소금에 절여진 후 에 나중에 섭취할 수 있도록 되었으며, 가장 오래된 식품 저장의 한 방법으로 사용되었다.

유럽에서 로마인들은 양과 염소의 우유를 이용한 이러한 공정을 처음으로 기록화 하였다. 우유는 훨씬 나중에야 기술개발의 중심이 되었다. 소의 리넷 엣센스(rennet essence)와 효소의 산업적인 생산은 1874년 최초로 덴마크에서 이루어졌다. 현재 세계 생산량은 매년 3천만 L를 넘고 있다.

우유를 이용한 치즈 생산은 우유 단백질과 지방을 6~12배 농축시켜주는 탈수 공정이 필수적이다. 대부분의 치즈 생산에서 일반적인 기본적인 단계들은 다음과 같다.

(1) 당인 lactose를 젖산균을 이용해 젖산으로 바꾸어 우유를 산성화 시키는 과정 (산성화);
(2) 단백질 가수분해와 산성화를 통해 카제인을 응축하는 과정 (응고)

단백질 가수분해는 리넷 [키모신(chymosin) 효소] (동물이나 균류 기원의)에 의해서 시작되었으며 응축된 카제인이 들어있는 지방을 함유하고 있는 젤을 형성한다 (그림 10.3).

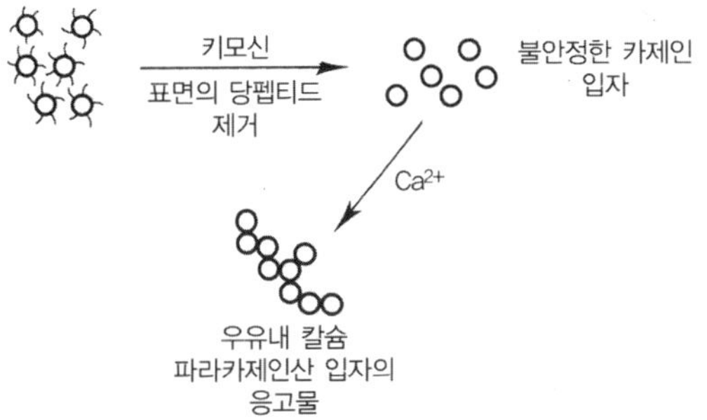

그림 10.3 키모신 (리넷)의 작용양식.

분리된 응유(curd)는 토막(block)내어 수분을 제거하고 압력을 가해 모양을 만들어, 숙성시켜 치즈를 만든다. 치즈 생산의 자세한 내용은 매우 복잡하고, 각각의 다양한 균주 및 어떠한 경우에 있어서는 곰팡이류(camembert, blue-cheese)와 관련되어 있으며, 우유의 종류 및 첨가제와 여기서는 깊이 다룰 수 없는 서로 다른 공정 기술이 관련되었다.

그러나 치즈 생산에 응용된 중요한 최근의 생물공학적인 혁신은 재조합 DNA 기술을 이용한 상업적인 키모신 생산이다. 1960년대에 동물에서 얻어지는 리넷이 많이 부족하게 되면서 여러 대체 방법들이 개발되었다. 현재 상업적인 리넷은 6가지 방법으로 얻어지고 있다. 3가지는 송아지, 어른 소, 어른 돼지에서 얻는 방법이고 3가지는 곰팡이류를 이용한 방법이다. 곰팡이에서 얻어진 효소는 기능면에서 동물 키모신과 거의 동일하고, 특히 미국과 프랑스를 포함한 세계 치즈 생산이 약 1/3을 차지한다. 그러나 동물 키모신과 비교해서 간혹 생산량이 떨어지거나 향이 안 좋은 경우도 있다.

지난 10년간 유전자가 조작된 미생물이 개발되었으며, 동물 키모신과 동일한 키모신을 생산되었다. 여러 산업적인 회사가 현재 동물에서만 생산되었던 키모신을 이러한 방법으로 생산하고 있으며, 현재 세계적으로 이용이 가능하다. 영국에서는 적어도 95%의 키모신이 유전적으로 조작된 것을 사용한다. 유전자 조작으로 생산된 효소는 정상적인 소의 키모신과 완전히 똑같은 활성을 가지고 있으며, 거의 불순물이 없으며, 활성은 한결 균일하다. 회의적인 의견과는 반대로 유전적으로 재조합된 키모신은 일반인들 뿐만 아니라 채식주의자들에게서도 좋은 평판을 받아오고 있다. 전문적으로 맛보는 사람들도 유전적으로 재조합된 키모신과 소의 키모신을 사용하여 만든 치즈의 맛을 분별할 수 없었다. 이로 인해 상업적인 성공이 보장되었다. 유전적으로 조작된 미생물을 이용하여 소의 키모신의 생산하는 방법은 그림 10.4에 나타나 있다.

Cheddar와 같은 기본적인 치즈의 향은 잘 조화되어 있고 질긴 재질을 가지고 있다. 숙성기간 중에 세균과 곰팡이류와 같은 다른 미생물이 중요한 역할을 하는데, 독특한 향의 만들어 주거나 재질에 커다란 변화를 일으킨다 (표 10.6). 세계 치즈 시장의 규모는 현재 매년 360억 달러를 넘고 있다.

표 10.6 대표적인 치즈 종류

비숙성 치즈
저지방 (코타지 치즈)
고지방 (크림 치즈)
숙성 치즈
단단한 치즈 (내부숙성)
세균에 의한 숙성 (체다 치즈, 스위스 치즈)
곰팡이에 의한 숙성 (로크포르 치즈 및 기타 푸른 치즈)
부드러운 치즈 (외부로 부터 숙성)
세균에 의한 숙성 (림버거 치즈)
세균과 곰팡이에 의한 숙성 (카망베르 치즈)

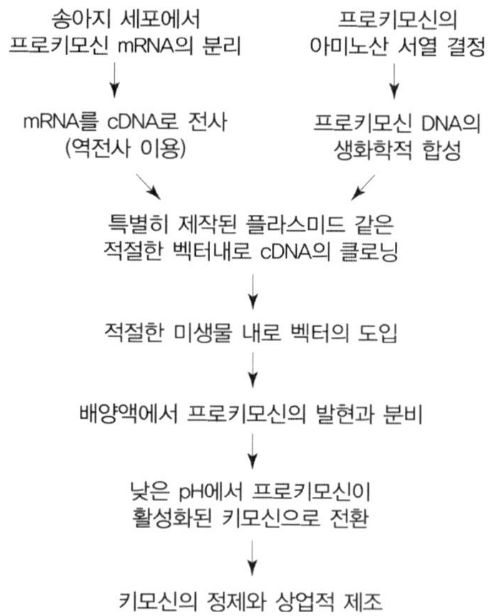

그림 10.4 유전자 변형된 미생물에 의한 송아지 키모신의 생산.

유가공 제품의 두 번째 주된 그룹은 요구르트이다. 요구르트는 세계적으로 소비되는 주된 음식이고 식품산업에서 가장 빠르게 성장하는 식품 상품 중에 하나이다. 살아있는 요구르트 세균이 사람의 장에서 들어와서 생존하면서 소화계 및 다른 장기 등에 유익 작용을 한다고 알려져 있다.

전통적으로 요구르트는 우유를 발효한 것이다 그 공정은 *Lactobacillus bulgaricus*와 *Streptococcus thermophilus*의 혼합 균주를 사용한다. 독특한 향 물질인 알데히드(acetaldehyde)는 *Lb. bulgaricus*에 의해서 만들어지고, *St. thermophilus*는 젖당을 젖산으로 바꾸어 줌으로써 신선한 산의 맛을 내게 한다. 2가지 세균 모두는 세포 외부에 중합체를 합성하는데, 상품의 특징적인 점도를 결정해준다. 보통 30℃나 45℃에서 배양한다. 접종된 요구르트는 용기에 넣어지고 용기 안에서 발효된다. 얼려진 요구르트는 아이스크림의 대체물로 점차 인기를 얻고 있다.

장에서의 미생물 생장

인간의 내장에는 인간의 몸에 있는 모든 세포 수의 10배나 되는 미생물들이 존재한다. 위장관 (GI tract)은 200 g의 장 내용물이 존재하며 1 그람에 10^{12} 개의 세균 세포가 존재하고 있다. 장 내에 서식하는 일부 세균들, 예로 *Escherichia coli* 및 *Clostridium difficile*은 심각한 위장관 질병을 일으킬 수 있다. 감사하게도 대부분의 GI 미생물들은 해가 없거나 유익한데, 감염을 방지도록 돕거나, 내장의 내막을 건강하게 만들도록 하고, 특히 정상적으로 면역 체계가 발달하도록 돕는다. 이런 삶에 유익한 프로바이오틱(probiotic)이란 살아있는 미생물들의 기작을 밝히기 위한 연구가 계속 수행중 이다.

프로바이오틱스

프로바이오틱스(probiotics)는 위장관에 존재하는 미생물 집단의 조성 및 대사 활동에 질적 양적으로 영향을 주어서 인간과 동물의 건강에 유익한 영향을 주는 살아있는 미생물들로 여겨진다. 현재 특별한 관심은 면역 상태에 영향을 주는 것이다. 프로바이오틱스는 결핍된 것을 치료하는 것에 의해서, 식이요법, 약 복용, 스트레스 및 환경적 영향과 같은 다양한 인자들에 의해서 손상을 받은 위장관 미생물 집단은 자연 상태에 존재하는 정상적인 것으로 재구성하는 것으로 여겨진다.

프로바이오틱스는 분말, 정제, 캡슐 혹은 혼탁액으로 생산될 수 있다. 이것들은 특정한 동물/가축 사료에 광범위하게 이용되는데 분명하게 생산량에서 얻어지는 이익이 있다. 최근에 살아있는 특별한 장 세균들, 대개는 초기 배양체로서 *Lactobacillus* 및 *Bifidobacterium* 균주를 이용한 생요구르트(bioyoghurt)의 판매가 크게 증가했다. 유럽에서는 프로바이오틱 요구르트와 음료를 받아들이지만 미국에서는 모든 세균은 부정적인 효과를 준다는 인식이 뿌리 깊게 존재한다. 그러나 미국 시장도 서서히 그 유익한 점을 인식하기 시작했다!

프로바이오틱을 첨가하는 목적은 왕성하게 활동하는 프로바이오틱 세균 집단을 위장관에 형성하게 하는 것이다. 이런 세균은 위장관에 집락으로 나타나지 않음으로 유실분을 보완하기 위해서 지속적으로 보충해주는 것이 필수적이다.

락튤루스(lactulose), 이눌린(inulin), 과당 다당류(fructo oligosaccharide)는 프로비이오틱 세균의 생장을 자극하는 유익한 화합물로서 '프리바이오틱(prebiotic)'이라고 한다.

야채 발효

전 세계적으로 다양한 방식으로, 과일과 채소는 소금과 산을 이용하여 보존되었으며, 산은 미생물을 이용해 생성된 젖산을 이용하는 경우가 대부분이다. 서양에서 가장 관심의 대상이 되는 것은 보존을 위해 발효로 양배추를 사우어크라우트로 만드는 것과 오이와 올리브를 절여 피클을 만드는 것이다.

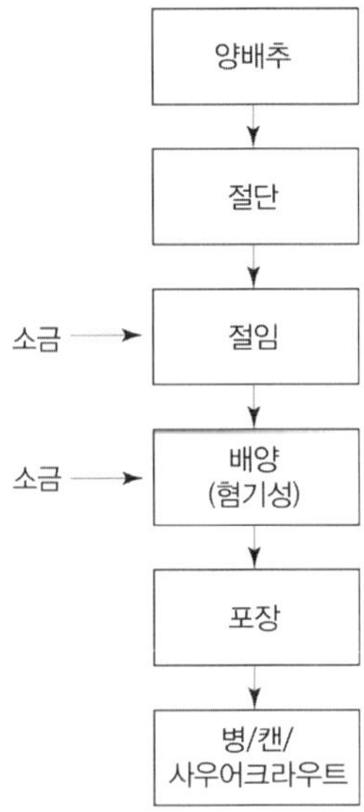

그림 10.5 사우어크라우트 생산공정.

사우어크라우트는 조각 낸 양배추를 소금과 함께 혐기적 상태로 담아 만드는 것으로, 소금은 물의 활성을 감소시켜 양배추 잎으로부터 당이 빠져 나오도록 한다 (그림 10.5). 다음으로 젖산균이 증식하여 젖산을 생성하게 되면서 pH가 낮아져 부패 미생물의 성장을 억제한다. 정확한 온도 조절 (7.5℃), 소금 함량 (2.25%) 그리고 혐기적 조건이 맞을 때 영양가 있고 맛있는 최상의 질과 오래 보관할 수 있는 사우어크라우트를 만들 수 있다. 대단위 규모의 사우어크라우트 생산은 기원전 800년부터 독일에서 시작되었다. 소금의 농도를 낮춘 사우어크라우트를 생산하려는 많은 연구가 지금도 진행 중이다.

특히 그리스와 스페인에서는 높은 농도의 소금 (5~8%)과 함께 오이와 올리브를 발효하고 있으며 미생물 발효는 사우어크라우트 발효와 상대적으로 유사하다.

곡물 제품

거의 전 세계 모든 지역에서 곡물이 생산되고 있으며, 많은 양의 곡물을 발효시켜 고형 식품이나 알코올 음료를 만든다. 이는 인간에 의해 소비되는 식품의 주류를 이룬다.

지역마다 각각의 특징을 지니고 있는 빵은 가장 기본적으로 이용된 곡물 발효제품으로 로마시대부터 알려져 왔다. 빵의 시장 규모는 최소한 전세계적으로 매년 30억 달러에 달한다. 유럽에서는 밀과 호밀은 널리 사용되고 있는 2가지의 밀가루로 보통 물이나 우유, 소금, 지방, 설탕과 다른 다양한 재료와 효모인 *Saccharomyces cerevisiae*와 함께 반죽한다. 발효가 진행됨에 따라서, CO_2의 형성 때문에 반죽은 부풀어 오르게 된다. 특히 밀가루 반죽의 팽창과 펴짐은 잘 늘어나고 탄력 있는 독특한 단백질인 글루텐(gluten) 때문이다. 이렇게 부풀어 오른 반죽은 오븐에서 구울 때 그 모양을 유지하게 된다.

과거에는 빵에 베이킹파우더를 넣지 않아 현재의 난빵(naan bread)과 유사하다. 이러한 호밀빵(flat bread)에 천연 효모 등이 오염되어서 좀 더 맛 좋은 부풀어오른 빵이 만들어졌을 것으로 여겨지고 있다. 로마인들이 베이킹파우더를 넣은 빵을 서부유럽인들에게 전수한 것으로 여겨진다.

빵의 질감은 지방과 유화제와 산화제에 의해 달려 있는 반면에 빵이 만들어 지는 속도는(상업적으로 가장 중요한) 지방과 산화, 환원제 그리고 콩가루(soya flour)와 관련이 있다. 효모의 효소들이 중요한 역할을 하지만 추가적으로 첨가된 아밀라제(amylase)와 같은 효소들이 반죽, 발효, 굽기와 최종적으로 빵의 저장성에 도움을 준다. 현대의 생물공학은 이런 복잡한 과정을 좀 더 효과적으로 조절하기 위해 더욱 향상된 효소들을 점점 더 많이 공급할 수 있도록 도와줄 것이다.

전체적으로 발효는 반죽 (CO_2 생성), 향의 생성, 질감의 변화의 3가지 기본적인 목적을 달성한다. 발효 공정 후, 부풀어 오른 반죽은 오븐에서 구워지게 되는데 최종 제품은 살아있는 미생물이 없어 저장기간이 길어지게 된다.

현대의 응용 유전학은 효모가 향상된 활성을 가짐으로써 더 나은 향과 향상된 질감을 가진 제품을 생산할 수 있는 방법에 연구가 진행되고 있다. 유전적으로 조작되어 향상된 발효 특성을 지닌 *Saccharomyces cerevisiae*가 만들어졌고 안전성과 관련한 모든 법적 요구를 만족시켰다. 그러나 생산회사는 아직까지는 상업적 이용하지 않고 있다!

세계의 여러 지역에서 발효공정에 효모 *Candida milleri*와 *Lactobacillus sanfrancisco*를 효모빵(sourdough bread)을 만드는데 사용하는 한편, 인도 대륙에서는 곡물과 콩 (legume) 가루를 혼합하여 만든 반죽을 *Streptococcus* 종과 *Pediococcus* 종을 이용하여 발효시켜 이들리(idli)(역자주: 쌀가루를 쪄서 만든 음식)와 포파덤(poppadom)(역자주: 바삭바삭한 과자)을 만든다. 콩과 생선을 발효하는 과정에 아시아에서는 쌀을 가장 많이 사용하고 있다. 남미에서는 옥수수로 만든 옥수수빵(corn bread)이 주식으로 이용되고 있다.

새로운 종의 제빵용 효모가 계속해서 개발되고 있으며 (아직은 재조합 DNA 기술을 사용하지 않음) 대부분의 연구들이 제빵 기술과 제품의 보존성, 특히 새로운 포장 기술의 혁신에 집중되어 있다.

Soya bean의 일종인 *Glycine max* 종이 콩 발효에 주로 사용되며, 여기서 만들어진 제품은 동아시아, 동남아시아, 인도에서 식용으로 특히 중요하다. 발효는 불필요한 영양 요소를 줄여주거나 장에 헛배가 부르게 하는 화합물들을 파괴함으로써 콩의 소화능력을 향상시킨다. 인도네시아에서는 익힌 콩(soya bean)을 곰팡이류인 *Rhizopus oligosporus*를 이용하여 발효시켜 템페(tempeh)라고 불리는 제품을 기름에서 튀겨 스낵 또는 수프로 먹는다. 25만 명 이상의 인도네시아인이 템페 생산에 종사하고 있다. 유럽과 미국에서도 이 제품에의 생산에 점차 많은 관심을 보이고 있다.

대부분의 콩 발효는 간장(soy sauce)과 된장(miso)을 생산하는데 이용되고 있다. 간장의 생산은 코오지(Koji), moromi, 숙성(maturation)의 3단계로 구분된다. 코오지 (국, Koji)는 익힌 콩과 밀가루를 *Aspergillus oryzae*와 함께 발효하여 전분, 단백질, 펙틴을 분해하는 고형 기질 발효이다. Mormi는 혐기적인 조건에서 *Candida*와 *Pediococcus* 등의 균주를 접종하는 액체/현탁액 발효이다. 숙성은 최종적으로 완전한 향 스팩트럼을 만들어 내는 과정이다.

일본에서의 간장과 이에 관련된 콩 발효 식품의 소비에 관한 자세한 사항은 표 10.7에 나와 있다. 아시아의 나라들은 다양한 콩과 쌀의 발효식품에 매년 높은 개인별 소비를 보여주고 있다.

여기에서 논의된 식품과 음료의 발효에서는, 각각의 미생물이 최종 산물을 만들어 내는데 필수적인 역할을 하고 있다. 종균배양은 현재 모든 발효에서 사용되고 있으며 최종 제품의 질에 조절과 균일성을 부여하고 있다. 많은 제품에서 미생물은 식품의 일부가 되어 소비되고 있다. 와인, 맥주, 식초, 간장과 같은 제품에서는 미생물들이 필터나 원심분리를 통해 제거하여 탁도를 높인다.

표 10.7 일본에서 Aspergillus 진균에 의해서 만들어진 발효식품의 1인당 연 소비량 (1981)

식품	1인당/효모	총생산/연
(1) 간장	10.1 L	1,200,000 kL
(2) 미소	4.9 kg	572,000 Ton
(3) 사케	12.3 L	1,445,000 kL
(4) 미린	0.6 L	260,000 kL
(5) 소주	2.2 L	30,000 kL
(6) 쌀식초	2.5 L	305,000 kL

일본의 인구 117,850,000명 (1981년 10월1일 현재)
출처 : Yokotsuka (1985)로부터 인용

[10.3] 식품으로서의 미생물

1950년대의 농학자와 영양학자들은 가까운 미래에 전통적인 단백질원인 소, 돼지 및 가금류들이 증가하는 세계적인 수요를 충족하지 못할 것이라고 염려했다. 필연적으로 어린이 질병인 단백 결핍성 소아 영양실조증(kwashiorkor)과 유아소모증(marasmus)이 존재하는 일부 개발도상국에서 볼 수 있는 것과 같은 세계적인 단백질 식량의 부족에 따른 광범위한 단백질 영양결핍을 예상했다. 결과적으로 세계보건기구(World Health Organization, WHO), 식량농업기구(Food and Agriculture Organization, FAO) 및 유니세프(United Nations Children's Fund, UNICEF)를 포함하여 몇 개의 국제단체들이 이 단백질 부족을 어떻게 완화시킬 것인 가를 논의했는데, 많은 제안들 중의 하나가 식품 첨가제로서 혹은 동물 사료에 단백질이 풍부한 곡물을 대신할 원료로 미생물에서 유래한 단백질의 이용 가능성을 조사하는 것 이였다.

이에 따라서 미생물 발효의 역사에서 가장 창의적인 시대를 시작하게 되었는데, 세균과 효모를 중심으로 미생물의 탄소원과 에너지원으로서 폐유기물 뿐만 아니라 그 당시에는 가격이 저렴하였던 원유의 부산물들인 메탄올, 에탄올, 메탄 및 n-알칸류를 이용하려는 것 이였다. 생산품은 단일세포 단백질 (single-cell protein, SCP)라고 불렸다. SCP 생산에서 단백질의 양과 질이 목표였지만 미생물 덩어리는 탄수화물, 지방, 비타민류 및 무기물도 포함하고 있었다. 처음에는 인간을 위한 식품 첨가제와 동물의 사료로 단일 세포 단백질의 이용 가능성을 연구했다. 미생물은 DNA/RNA를 다량으로 포함하고 있으며 인간은 핵산을 분해하는 능력이 제한적이기 때문에 추가로 공정이 필요하다는 것을 알게 되었다. 동물을 위해서 단일 세포 단백질은 물고기 사료와 콩 사료를 대체할 수 있다.

표 10.8 생명체가 생체량을 2배로 늘리는데 요구되는 시간

생명체	2배의 생체량에 요구되는 시간
세균 및 효모	20~12 분
진균과 조류	1~6 시간
목초 및 일부 식물	1~2 주
닭	2~4 주
돼지	4~6 주
소 (어린)	1~2 주
인간 (영아)	3~6 달

표 10.9 SCP 생산에 미생물을 이용하는데 따르는 잇점

- 미생물은 최적의 조건에서 매우 빠른 속도로 생장한다; 어떤 미생물은 0.5~1.0 시간에 생체량을 2배로 늘릴 수 있다.
- 미생물은 식물과 동물과 비교하여 더 쉽게 유전적으로 변형될 수 있다; 더 빠른 성장률, 더 높은 아미노산 생산량 등을 선별하기 위한 대량탐색 프로그램이 용이하며 유전자 전달 기술이 더 용이하다.
- 미생물은 비교적 높은 단백질 양을 갖고 있으며 단백질의 영양가가 좋다.
- 미생물은 비교적 작은 규모의 연속배양 공정으로 대량으로 배양할 수 있고, 비교적 작은 부지를 사용하며 기후에 영향을 받지 않는다.
- 미생물은 다양한 원재료, 특히 낮은 가격의 폐기물에서 성장이 가능하며 일부는 나무에서 유래한 리그노셀룰로스를 이용할 수 있다.

미생물은 가축보다도 훨씬 더 효과적으로 단백질을 생산한다 (표 10.8). 250 kg의 소와 250 g 미생물의 단백질 생산 능력이 자주 비교된다. 소는 하루에 200 g의 단백질을 더하지만 이론적으로 미생물은 최적의 조건이라면 동일한 시간에 25 톤을 생산할 수 있다. 그러나 소에게는 풀을 단백질이 풍부한 우유로 전환시키는 독특한 능력이 있다. 경쟁력을 갖는 어떤 방법도 개발되지 못했다. 소는 '살아있고, 스스로 생식하며 식용이 가능한 생물발효기'로 묘사되기도 한다. 현재의 발효공학 기술을 이용하여 단백질이 풍부한 미생물 덩어리를 경제적으로 대량 생산하는 것이 도전 과제이다. 미생물을 단백질을 생산하기 위해서 이용하면 얻을 수 있는 이점들이 표 10.9에 기술되어 있다.

고 에너지원으로부터 유래한 SCP

1970년대에 원유 생산 국가들에 의해서 원유 가격이 치솟기 전에는 오일가스(gas-oil), 메탄올, 에탄올, 메탄 혹은 n-알킨류를 이용하는 여러 가지 SCP 발효법이 개발되었다. 그 당시에도 고 에너지 화합물을 사용하여 식품을 생산하는 것이 현명한 일인가에 대한 의문이 많은 과학자들에 의해서 제기되었다. 이들이 얼마나 옳았던가! 대부분의 석유와 가스 생산회사들은 원유 부산물이 넘쳐났고 결과적으로 SCP 생산에 매진하는 거대한 연구 및 생산 시설을 가지게 되었다.

메탄이 SCP의 원료로서 가장 많이 연구되었지만 개발되기에는 기술적으로 어려움이 너무 많았다. 여러 나라에서 n-알킨류가 SCP의 기질로서 연구되었지만 SCP에 발암물질이 존재하는데 따른 예상되는 건강 위험 때문에 여러 확립된 공정의 진행을 중지하였다. 에탄올은 SCP의 기질로서 많은 이점이 있지만 현재 에탄올 사용의 초점은 압도적으로 생물연료로서 이다.

여러해 동안 메탄올이 SCP 연료로서 경제적으로 큰 관심을 일으켰다. 영국의 ICI에 의해서 메탄올을 이용하는 세균인 *Methylophilus mehtylotrophus*의 생산을 위한 거대 용량 (75,000 리터)의 발효 설비가 건설되었다. ICI의 SCP 단백질인 '프루틴(Pruteen)'은 동물 사료를 목적으로만 개발되었다. ICI Pruteen 설비는 서양에서 유일한 공정이었지만 그 당시의 메탄올 가격에서 경제적으로 운영될 수 없었고 결국에는 문을 닫았다. 구 소련의 여러 나라에서 메탄올 시설들이 운영되었다는데, 이는 지속적인 동물 사료의 부족, 메탄올의 과잉 생산, 콩 사료 등 대체 동물 사료를 구매하기 위한 외화의 부족 및 무엇보다도 허술한 경제 계획에 기인하였다. 최고에 다했을 때에는 러시아에서 연간 300,000~600,000 톤의 생산능력을 갖춘 SCP 공장들이 운영되었거나 계획되었었다.

1960년대와 1970년대에 SCP 공정에 메탄올과 이에 관련된 화학물의 이용 가능성에 대해서 수행된 방대한 연구들이 저가로 대용량 생산을 위한 발효조 기술을 극한까지 끌어올린 것은 분명하다. Pruteen 생산의 호기성 공정은 세계에서 가장 큰 연속배양 체계였다. 핍박한 경제 여건은 이 공정에서 공기 부양식 발효조를 광범위하게 사용하는 설계를 이끌어 냈다. 더욱이 거대한 부피로 수확하고 최종 산물을 준비하는데 드는 비용은 규모와 이후의 공정 (하위공정)에서 많은 비용 절감을 하게 하였다.

폐유기물로부터의 SCP

동물 비료뿐만 아니라 탄수화물 폐기물, 당류, 전분, 유장(whey), 당밀(molasses); 리그노셀룰로스 폐기물, 짚(straw), 당분을 짜고 남은 찌꺼기(bagasse), 기름야자, 대추야자 등의 폐유기물을 구성하는 물질들은 일반적으로 생태계에서 재순환되어야 한다. 이런 폐기물의 대부분은 동물을 위해서, 인간의 소비를 위해서도, 식용이 가능한 단백질로 전환될 수 있다는 제안들이 있었다. 여러 해 동안, 세계적으로 많은 타당성 연구들이 수행되었지만, Quorn™ 마이코-단백질(myco-protein)과 식용 버섯 생산의 단지 두 가지 방법만이 인간의 단백질 소비를 위해서 가치가 있는 것으로 받아들여졌다.

Quorn™ 마이코-단백질

1960년대 초 랭크 경 [Lord Rank, 그 당시 Rank Hovis McDougal (RHM) 그룹의 사장] 에게는 앞으로 예상되는 세계의 단백질 기근을 완화시키기 위해서 풍부하게 존재하는 전분과 당의 폐기물을 SCP 공정의 원재료로서 이용하는 것이 타당성과 가치가 있는 과제로 여겨졌다. 고 Gerald Solomons 교수의 지도하에 '전분에서 단백질(starch into protein)' 공정이 시작되었고, 궁극적으로는 처음 목표처럼 완전히 인간 소비를 위해 개발된 유일하게 성공한 SCP 공정이 되었다. 3가지 기준이 식품으로 제안되기 위해서 고려되었다.

- 먹기에 '맛이 좋아야' 한다.
- 공정에 이용되는 최종 산물, 기질 및 모든 중간물질이 먹기에 안전해야 한다.
- 무엇보다도 최종 식품은 영양가가 매우 높아야 한다.

최종 제품은 질감이 있어야 하기 때문에 세균은 부적절했고, 사상진균이 확실한 선택이었다. 전분이 이용 가능한 가장 우수한 기질이었지만, 잘 통제된 발효를 위해서는 전분이 가수분해되어 생산하는 수용성 탄수화물 (포도당)을 이용할 필요가 있었다. 많은 연구 후에 최종적으로 선택된 진균은 *Fusarium venenatum*이였고 이후 새로운 연속배양 공정의 개발로 이어지는 광범위한 발효 프로그램 연구가 있었다.

연구 초기에 300 리터 진탕 발효기에서 마이코-단백질 균사 덩어리를 생산하였다. 12년간에 걸친 안전성 조사 통해서 마이코-단백질이 해로운 결과 없이 실험동물 및 자원자에 의해서 소비될 수 있다는 것을 증명하였다. 정부의 승인이 난 후에 대량 생산 계획이 가능해졌고 RHM과 ICI (Marlow Foods)간에 40,000 리터 공기부양식 발효기(pressure cycle) (그림 10.6)를 위탁하는 계약이 체결되었다. 나중에는 150,000 리터 압력 순환 타워 발효기(pressure cycle tower bioreactor)발효기가 디자인되어 운용되었다. 초기 연속배양에서는 포도당의 농도가 배지의 유량(flow rate)을 조절하는 데 이용되었지만 현재는 이산화탄소 발생양이 온라인으로 측정되어 이용된다.

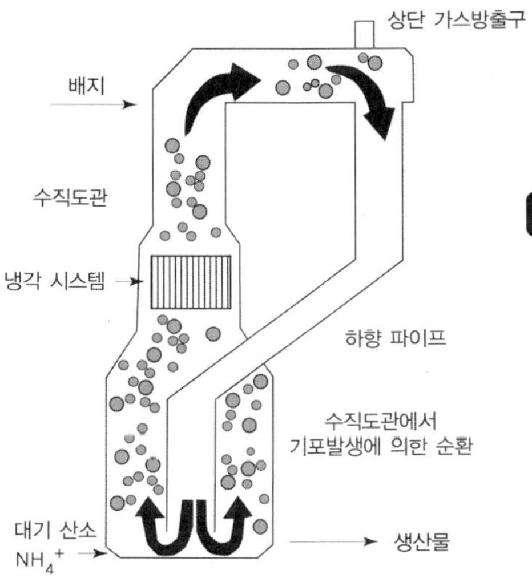

그림 10.6 연속 흐름 배양으로 Quron™ 마이코단백질을 생산하기 위한, 영국 Stokesly에 위치한 Marlow Hoods 사에 의해서 이용되는 공기부양식 발효기 (pressure cycle)의 도형. 이산화탄소 발생은 온라인으로 측정할 수 있기 때문에 이산화탄소 발생 비율로 배지의 흐름을 조절하는 하는 것은 더 정밀하고 더 규칙적으로 유속을 조절할 수 있는 이점이 있다.

최적의 성장 조건에서 균사는 3.5에서 4.1 시간마다 2배가 되어 1시간에 300에서 350 kg의 생체(biomass)를 생산한다. 이후 생체는 RNA 양을 줄이기 위해서 68℃에서 30~45분 동안 열처리된다. 약간의 단백질 및 세포 구성분과 함께 RNA 단량체는 세포로부터 빠져나온다. 이후에 진균 생체는 90℃까지 가열되고 원심분리에 의해서 농축되며, 결과물인 덩어리 반죽은 식품 가공 기술에 의해서 잘게 썬 모양, 소시지, 버거 및 스테이크 등 적당한 최종 제품의 형태로 가공될 수 있다.

Quorn™ 은 저칼로리 (100g 당 80 kcal) 식품으로 동물성 지방과 콜레스테롤이 없고 포화지방이 적으며 식이섬유가 풍부하다. Quorn™은 채식제품으로보다는 건강식품으로 상품화되었다. Quorn™ 은 유럽과 현재는 미국에서 판매되고 있으며 현재 인간에 의해서 유일하게 소비가 가능한 마이코-단백질원이다.

식용 버섯 생산

세계는 방대한 리그노셀룰로스 생체 원료를 가지고 있다. 이번 장의 다른 부분에서 논의되었듯이 리그노셀룰로스를 이용하여 에너지 생산하기 위한 공정 개발이 전세계적으로 진행 중이다. 그러나 나무와 짚과 같은 리그노셀룰로스 폐기물의 전환에 경제적으로 가장 실용적인 과정은 식용 담자균류인 버섯을 재배하는 것이다.

표 10.10 다른 연도에 재배된 식용 및 약용 버섯의 세계 생산량

종	1981		1990		1997	
	톤	%	톤	%	톤	%
Agaricus bisporus/bitorquis	900.0	71.4	1420.0	37.8	1955.9	31.8
Lentinulas edodes	180.0	14.3	393.0	10.4	1564.4	25.4
Pleurotus 종	35.0	2.8	900.0	23.9	975.6	14.2
Auricularia 종	10.0	0.8	400.0	10.6	485.3	7.9
Vovariella volvacea	54.0	4.3	207.0	5.5	180.8	3.0
Flammulina velutipes	60.0	4.8	143.0	3.8	284.7	4.6
Tremella 종	–	–	105.0	2.8	130.5	2.1
Hypsizygus 종	–	–	22.6	0.6	74.2	1.2
Pholiota 종	17.0	1.3	22.0	0.6	55.5	0.9
Grifola frondosa	–	–	7.0	0.2	33.1	0.5
기타	1.2	0.1	139.4	3.6	518.4	8.4
총 합계	1357.2	100.0	3763.0	100.0	6158.4	100.0

그림 10.7 톱밥 토막에서 *Lentinula edodes* 배양. 플라스틱 자루는 균사가 대량으로 발생하는 단계에 제거되기 때문에 대부분의 버섯은 윗부분에 존재한다. (사진 Dr Myra Chu-Chu 제공)

식용 버섯의 재배는 재배된 진균, 즉 거대하고 매우 발달된 버섯 조직이 식품으로 직접 이용되는 몇 안 되는 미생물 재배의 예이다. 현재 식용을 위해서 세계적으로 다양한 종류의 식용 버섯이 재배되고 있다 (표 10.10). 현재 고체-기질 발효법은 인간에게 알려진 식물 재배법들 중에서 가장 도전적이고 기술적으로 까다로운 것이다. 세계를 기준으로 버섯 재배는 가장 빠르게 성장하는 생명공학 산업 중 하나이다. 중국은 세계 최대의 버섯 생산국으로 2003년에 1천 4십만 톤을 생산하였다.

세계적으로 양송이 버섯인 *Agaricus bisporus*의 재배가 확장되고 있으며 미국이 세계 최대 생산국이다. 그러나 전통적으로 극동 아시아에서 재배되었던 *Lentinula edodes* (표고버섯, Shiitake mushroom)과 *Pleurotus* 종. (애느타리 버섯, oyster mushroom)과 같은 버섯들은 현재는 다른 지역으로 확대되고 있는데, 이는 독특한 풍미와 질감을 가지고 있으며 약용으로 인식되기 때문이다.

원칙적으로 버섯 생산은 발효 공정이다. *Agaricus*의 경우에 성장을 위한 기질은 발효된 짚이고, *Lentinula*의 경우는 나무이다. *Agarius* 재배를 위해서는 짚을 동물 거름과 다른 유기 질소 화합물과 함께 섞어서 1~2 주 동안에 걸쳐 퇴비로 만들며, 이렇게 만들어진 독특한 최종 기질에 접종된 *Agaricus*는 빠르게 성장한다. 퇴비의 조성에 표준 패턴은 없고, 단지 특정 재배 지역에서의 원재료와 첨가물의 이용도와 가격에 따른다. 재배의 다른 모든 측면보다도 기질의 성질과 전처리 과정이 특정 버섯을 재배하는 방법을 결정한다. 대개 커다란 나무 상자 안에 준비된 퇴비를 통해서 버섯의 균사를 성장하게 하고, 온도 및 습도의 환경 조건에 변화를 주면, 많은 수의 커다란 버섯 구조가 빠르게 형성된다. 이후 손으로 꺾어서 수확을 하는데, 약 7~10일 후에 수확물이 다시 나타난다. 공정을 끝내기 전까지 대개 4번의 수확을 한다. *Volvariella*와 *Pleurotus*의 재배도 역시 짚에 기반을 두지만 훨씬 더 간단하다.

세계에서 두 번째로 많이 재배되는 버섯인 *Lentinula edodes*는 2000년 넘게 재배되고 있다. 현재 일본에서 90% 이상을 생산하지만, 중국, 한국, 싱가포르, 대만, 스리랑카, 더 최근에는 미국 및 유럽으로 재배가 확장되고 있다. 전통적인 재배법은 1.8 m × 0.15 m의 통나무에 포자 접종체 또는 균사 플러그를 접종하고, 진균의 집락을 형성하기 위해서 통나무를 9개월 동안 세워놓고, 초여름에서 가을 동안에 자라나오는 버섯을 수확하는 것이다. 1년 내내 소비하기 위해서 버섯을 건조시킬 수 있음으로 이런 계절적인 생산이 더욱 확대될 수 있다. 진균은 전체 영양소를 통나무의 리그노셀룰로스에서 얻는다.

더 최근에는 톱밥을 곡물 첨가제와 혼합하고 커다란 플라스틱 자루에 압착해서 인공적 통나무를 만드는 새로운 재배법이 개발되었다. 자루는 멸균되고 순수 진균 배양체가 무균적으로 접종된 후에, 일정 기간 동안 성장을 시키고 버섯 생산을 유도한다 (그림 10.7). 이런 통제된 형태의 재배는 *Lentinula* 뿐만 아니라 다른 많은 재배되는 버섯 종들의 상업적 재배의 지리적 영역을 확장하도록 한다. 역사적으로 *Lentinula edodes*와 다른 아시아 버섯류들은 치료용으로 이용되었고, 많은 인간 질병을 치료하는 제품들을 이용하기 위한 산업이 광범위하게 발달되어있다. 이런 버섯을 약용 버섯(medicinal mushroom)이라고 한다. 마지막으로 버섯 재배에 사용된 기질은 동물 사료나 생물비료로 사용할 수 있다.

10.4 효소와 식품 가공

효소는 현대 식품공정기술에서 필수적이다. 효소들은 모든 식품과 음료의 발효에서 필수적이며, 대부분의 효소들은 미생물을 이용하여 생산되며 공정 중 효소가 첨가되어 공정을 향상시킨다 (표 10.11). 앞으로는 rDNA 생물공학 기술을 이용한 식품효소의 생산이 증가할 것이다. 키모신은 이러한 기술을 이용한 첫 번째 제품으로 현재 미국과 캐나다 80% 이상의 시장 점유율을 가지고 있다. rDNA 기술에 의한 키모신이나 다른 효소들의 사용은 다음과 같은 기준에 따라 인정된다: 효소의 생산은 생물공정과 정제 단계와 상관없고, 최종 단계에서 살아 있는 rDNA 기술에 의해 개발된 미생물이 없어야 한다. 소비자에게 공급되는 식품의 질을 향상시켜 도움을 줄 수 있는 효소의 종류, 순도, 가격 면에서 커다란 진전이 있었다. 조만간 상업화가 이뤄질 제품으로는 젖당 가수분해를 위한 lactase, 고 과당 콘 시럽(high-fructose corn syrup) 용 α-amylase와 amyloglucosidase, 맥주의 숙성과 diacetyl 환원을 위한 acetolactate decarboxylase를 들 수 있다.

효소의 첨가는 과일과 채소 공정에서 기계적인 공정을 촉진하거나 대체할 수 있으며, 산업적인 전분 변형 과정에서 모든 화학공정은 전부 효소 공정으로 바뀌었다.

식품산업에서 효소의 사용을 혁신시킬 주된 개발은 효소반응 배지로부터 물을 대부분 제거하는 것이다. 따라서 가수분해 효소들은 반대로 반응하여, 대사 에너지와 관계없이 생체 분자들을 분해하던 효소가 반대로 생체 분자를 합성할 수 있다. 다양한 식품관련 화합물들이 이러한 새로운 방법으로 만들어 지고 있으며, 폴리글리세롤 에스테르 (유화제), 키랄 향을 내는 에스테르 (chiral-flavour esters), 올리고펩티드, 구조 중합체 등의 합성에 이용되고 있다.

표 10.11 효소를 이용한 식품공정

산업분야	사용되는 효소	소비량 (백만달러)
양조	α-아밀라제, β-아밀라제, protease, papain, amyloglucosidase, xylanase	30
낙농	동물/미생물의 키모신, lactase, lipase, lysozyme	90
제빵	α-아밀라제, xylanase, protease, phospholipase A와 D, lipooxygenase.	20
과일과 채소 공정	pectin esterase, polygalacturanase, pectin lyase, hemicellulase	18
전분과 당	α-아밀라제, β-아밀라제, glucoamylase, xylanase, pullulanase, 이성화효소, oligoamylase	120

단백질 공학의 새로운 개념은 분자수준에서 식품 효소의 변형이나 재설계를 통해 작은 변형이나 완전히 새로운 효소 촉매를 재설계하도록 도움을 줄 것이다. 현재 음식 유연제로 사용되고 있는 효소 phospholipase A2는 중요하게 이용되었다. 유전자 복제 기술과 더불어 단백질 공학이 좀 더 정확하고 선별적인 반응을 가질 수 있도록 식품공정에 쓰이는 많은 효소에 응용될 것이라는 데에는 의심의 여지가 없다.

효소는 새롭고 독특한 기능성 식품을 만드는 데에도 역시 광범위하게 사용될 것이다. 특히 일본에서는 인슐린-저칼로리 반응(insulin-low calorie response), 식이전문가에 의해 조절된 지방(designer fats), 식이 섬유 첨가제를 위한 다당류에 대해서 상당한 연구가 진행되어 왔다. 특히 영양과 노화 과정에 많은 노력들이 현재 집중되고 있다. 서구의 경제적으로 풍족한 노인층은 전적으로 이러한 연구 노력들을 지원할 것이다!

10.5 아미노산과 비타민 및 감미료

아미노산은 식품과 음료 산업에서 조미료, 향신료, 영양 첨가제로서 폭넓게 사용된다. 제약 업계도 정맥 주사제와 특별한 시이요법 식품으로 막대한 아미노산 수요를 가지고 있다. 그러나 가장 큰 시장은 동물 사료 첨가제이다. 발효에 의한 아미노산 합성은 현대 생명공학의 주요한 부분으로 시장 규모가 10년마다 2배로 확장된다.

표 10.12 아미노산의 전세계적인 생산량

생산 (톤/년)	아미노산	생산방법의 선호도	주 사용처
800,000	L-글루탐산	발효	향강화제
350,000	L-라이신	발효	식품첨가물
350,000	D,L-메티오닌	화학 합성	식품첨가물
10,000	L-아스파르트산	효소적 촉매	아스파탐
10,000	L-페닐알라닌	발효	아스파탐
15,000	L-트레오닌	발효	식품첨가물
10,000	글리신	화학 합성	식품첨가물, 감미료
10,000	L-시스테인	시스틴을 줄임	식품첨가물

출처: Eggeling, Pfefferle, Sahm (2001)로부터 인용

표 10.13 전통적 및 대체 감미료

생산물	상대적 당도
설탕	1.0
고 과당 콘 시럽 (55%)	1.4
싸이클라메이트	50
아스파탐	150
사카린	300
Thaumatin	3,000

식품에 사용되는 양은 년 160만 톤을 넘고 있으며 일본은 20억 달러 시장의 대부분을 점유하고 있다. 글루탐산과 라이신은 세균 *Corynebacterium glutamicum* 과 *Brevibacterium flavum* 을 이용한 대량의 (500 m^3) 발효공정에 의해 생산되는 2가지 아미노산이다 (표 10.12). 글린신과 DL 메치오닌 같은 일부 아미노산은 아직도 화학적으로 합성된다. 글루타민산소다(monosodium glutamate)는 식품 산업에서 풍미증진제로 많이 사용되고 있다.

돌연변이 선택을 위한 집중적인 노력으로 기초 대사산물인 아미노산을 대량으로 생산할 수 있는 미생물을 개발되었고, DNA 기술은 생산력을 좀 더 향상 시킬 것이다. 아미노산 생산은 대사공학을

포함하여 많은 다른 기술들이 융합된 우수한 예이다.

에르고스테롤 (프로비타민 D), 리보플라빈, B_{12} 등의 비타민은 보통 식이보조제로 사용되고 있지만, 연 4만 톤 정도가 생산되고 있는 비타민 C (아스코르브산)는 음식 첨가물로 사용되고 있다. 일부 비타민은 화학적으로 합성되지만, 현재 많은 비타민들 선별된 미생물들에 의해서 생산되고 있다.

대부분의 사회에서 식품의 섭취에는 감미료가 많이 필요하다. 미국과 유럽에서는 1년에 한 사람당 57 kg 정도의 설탕에 해당되는 감미료를 소비한다. 1960년대 후반까지 감미료는 주로 사탕수수의 줄기나 사탕무로 만든 설탕이었다. 1970년대에는 효소 공학을 이용하여 전분을 새로운 종류의 감미료로 만들어내었다 (앞 장에서 고 과당 시럽 참조). 화학적으로 합성된 사카린은 여러 해 동안 감미료로서 폭넓게 사용되었으나 현재는 새롭고 천연의 저칼로리의 감미료에 의해 점차 그 사용이 제한되고 있으며, 생물공학 기술은 이 시장에서 가장 중요한 첨가제 중에 하나인 아스파탐(aspartame)을 개발하게 되었다. 아스파탐 (상품명 Nutra-sweet)은 대부분의 저칼로리 '다이어트' 소프트 드링크에 광범위하게 사용되고 있다. *Thaumatococcus danielli* 로 알려진 식물의 열매로부터 추출된 단백질인 타우 마틴(*thaumatin*)은 지금까지 알려져 있는 가장 단 화합물이다 (표 11.9). 이것은 일본과 현재 유럽에서 상당히 많이 팔리고 있으며, 유전적으로 조작된 미생물에서 단백질을 만들려는 상당한 노력이 이루어지고 있다.

감미료는 소프트 음료, 과자류, 잼, 젤리, 아이스크림, 통조림 제조업, 제빵업, 발효, 피클, 소스, 고기 생산품 등의 광범위한 시장성과 응용 분야를 가지고 있어, 생명공학을 이용할 경우 커다란 시장을 개척할 수 있을 것이다.

아스파탐을 생산하는데 있어서 가장 비싼 성분은 아미노산인 페닐알라닌이며 이 아미노산은 현재 발효를 통해서 대량 생산되고 있다. 아스파탐이 시장에 받아들여지기 까지는 많은 독성 연구가 필요하였다. 새롭게 생명공학적으로 개발된 모든 식품들은 반드시 새롭게 개발된 의약품과 마찬가지로 비슷한 규제 승인 프로그램을 거쳐야 한다. 아스파탐이 승인을 얻기까지 10년이 소요되었다.

[10.6] 유기산 및 다당류

구연산(citric acid)은 과일 음료, 과자류, 잼, 말린 과일 등의 식품관련 산업에서 폭넓게 사용되고 있다. 매년 10만 톤 이상의 구연산이 곰팡이류인 *Aspergillus niger*와 기질이 당밀을 이용한 발효공정을 통하여 만들어지고 있다. 구연산은 원래 감귤류에서 생산되었지만, 현재는 세계 생산량의 95%가 진균 발효에 의해서 이루어진다. 발효는 tray, 깊은 탱크, 대규모의 생물반응기 (100 m^3)를 이용하여 액상의 표면 배양으로 이루어진다. 구연산은 식품의 향을 증진하는데 사용되고 산화와 갈변 현상을 막으며, 보존제로서 사용된다. 젖산은 발효를 통해 만들어 지거나 (40%) 화학

합성 (60%)에 의해서 만들어 질 수 있으며, 주로 신맛(acidulant)을 내는 물질로서 사용된다. 다른 유기산으로는 글로콘산(gluconic acids), 아이타콘산(itaconic acids)와 프로피온산(propionic acid)가 있다. 대용량의 젖산 생산은 현재 생물연료 (biofuel) 생산과 연계가 되어 있다.

많은 미생물들이 주변에 충분한 탄소원이 제공될 때에는 다량의 다당류를 생산할 수 있다. 이런 다당류들은 세포 내에 축적되어 저장 화합물 (글리코겐)로 이용되지만, 세포외 다당류(exopoly-saccharide)로 알려진 다른 것들은 세포에 의해서 외부로 분비되는데, 대부분이 상업적으로 흥미가 있는 미생물 다당류들이다. 이런 다당류들은 캡슐 혹은 점액으로 세포와 연합되었거나 배지에 용해되어 존재한다. 이것들은 주로 용액의 점도를 증가시켜서 유동성 (즉 흐름의 특성)을 변화시키는데 이용되고, 일반적으로 걸쭉하게 하는 것(thickener), 겔(gel) 및 부유제로 이용된다. 이들은 식품의 구조를 안정화 시킬 수 있고 외형을 향상시키며 기호도 좋게 할 수 있다.

Xanthomonas campestris 세균에 의해서 생산되는 잔산(xanthan)은 10^6 달톤의 거대 다당류로서 현재 매년 2만 톤이 생산되는 상업적으로 가장 중요한 미생물 다당류이다. 다른 종들은 풀루란(pullulan), 스크레로글루탄(scleroglutan), 커들란(curdlan) 및 섬유질(cellulose)을 생산한다. 모두 1회용, 호기성, 휘저어지는 발효기에서 생산된다.

[10.7] 신속 진단법

식품을 공급하기 위한 모든 식품공정은 위험한 미생물과 미생물 독소가 없어야 한다. 이러한 오염물질을 확인하여 감소시키거나 제거하기 위하여 전형적이며 시간이 많이 필요한 방법들이 정규적으로 이용되어왔다. 주된 식품 병원균은 *Listeria*, *Salmonella*, *Campylobacter* 등이며, 세균의 내독소 (endotoxin)과 곰팡이류의 곰팡이독소(mycotoxin)가 주된 독성물질로 알려져 있다.

생물공학의 발전으로 최근에는 항체-감지 시스템과 DNA와 RNA 탐침기술을 응용한 방법의 개발로 많은 검사 방법에 일대 혁신이 이뤄졌다. 이러한 방법은 짧은 시간에 가능하며 일반적으로 비용이 낮으며, 특별한 기술을 가진 기술자를 필요로 하지 않는다. 이러한 새로운 기술의 개발로 인해 식품을 공급하는데 안전 기준이 높아질 것이다.

식품산업에서 면역분석법은 최근에 개발되었지만 빠르게 승인된 분석 방법으로 빠르게 사용되고 있다. 96-Well micro-titration plate를 이용한 ELISA (enzyme-linked immunosorbent assay)는 식품 과학자들에게서 가장 널리 사용되는 형식이다. 수동조작에서 완전 자동화된 분석까지 광범위하게 사용될 수 있는 방법이다. 전형적인 방법과 비교하여 ELISA 방법은 많은 시간과 노동이 절약된다. 식품에서 살모넬라 균을 감지하는 방법은 매우 복잡한 과정으로 전통적인 농화과정을 통해서는 5일 정도 걸린다. 면역분석법을 사용하면 하루면 가능할 수 있다. 비슷하게 곰팡이독소(mycotoxin)인 아플라톡신(aflatoxin)은 정확한 전형적인 화학적 확인을 위해서 추출, 분리, 농축하는 데만 많은 시간이 걸린다. 그러나 독성물질에 특이적인 항체를 지니고 있는 친화성 컬럼(affinity column)을 이용하면 전체 추출과 정량 과정이 30분 안에 이루어질 수 있다.

식품 면역분석법은 잠재적으로 미세 성분, 곰팡이독소(mycotoxins), 항생제, 호르몬, 세균 독소 등의 많은 식품분석에 현재 이용될 수도 있다. 사용자에게 편리한 키트 형태로 분석법이 개발되고 사용이 가능할수록 제조업자, 소비자, 관련 규제 당국에 도움이 될 수 있는 새로운 식품 안전 관리 방법이 마련될 수 있다.

10.8 생물공정기술

식품 생물공학에서 발효는 다양한 상품을 생산하는 주된 방법이다. 생물공정의 기본 개념은 제4장에서 다루어져 왔다. 식품생산에서의 향상된 생물공정기술은 생산성을 증가시킬 것이며, 가격을 낮추고, 영양적 가치를 향상시키고, 현재 많은 식품공정에서 일어나고 있는 환경오염을 줄일 것이다.

10.9 새로운 생명공학 식품의 선호도 및 안정성

일반 시민들은 지나친 식품가공에 대해서 부정적인 태도를 가지고 있으며, 특히 유전자가 조작된 식품에 대해 적대감을 나타내고 있다. 서로 상반되고 있는 이 분야는 제15장에서 좀 더 다루어 졌다.

식품산업은 매우 보수적이고 기술적인 변화를 받아들이는데 매우 느리다. 식품 판매대에서 새로운 생명공학 기술을 궁극적으로 완전히 받아들이는 것은 경제, 소비자 호응, 규제절차, 여러 가지 기술 등의 깊이 상호 관련되어 있는 많은 요소들에 달려있다. 생명공학은 단위 생산의 단가를 내려주고 단위 생산의 생산량을 높여 줌으로써 생산성을 높여 줄 수 있다. 생물공학은 농업과 식품 산업의 수직적인 연계를 증가시킬 것이다. 현재 새로운 생물공학이 선진국에서 더 큰 영향을 주고 있다. 이러한 새로운 접근들이 식품이 가장 많이 필요한 개발도상국가에 도움을 주기를 기대한다.

식품공학의 모든 발전과 더불어, 식품은 먹어야 하는 것으로 먹기 좋아야 한다는 것을 항상 기억하여야 한다.

11

생명공학과 의약품

[11.1] 서론

20세기 동안 세계 여러 곳에서 인류 건강의 커다란 증진이 있었으며, 이는 유아사망률의 극적인 감소, 천연두와 같은 생명을 위협하는 질병의 퇴치, 그리고 개발도상국과 산업화된 국가에서 기대 수명의 상당한 개선에 기인한다. 과거 대부분 사람의 생활은 영양실조와 열악한 주거환경으로 인하여 어려웠으며, 특히 수명은 아주 짧았다. 향상된 위생시설의 출현과 더 나아진 생활조건, 그리고 예방접종과 항생제의 이용에 힘입어 대부분 사람들의 건강 상태는 크게 나아졌다. 하지만 건강 상태는 여전히 국가별, 그리고 지리적 지역별로 큰 차이를 나타낸다. 예를 들어, 일부 사하라 사막 이남의 아프리카 국가에서 기대 수명은 50세가 되지 않지만 산업화가 진행된 국가에서의 기대 수명을 75세를 넘고 있다. 경제가 좋아지면 건강도 좋아지는 것이 분명하다. 기대 수명과 관련한 결정적 요인 하나는 안전한 물의 이용여부이다! 개발도상국의 많은 지역에서 음용수는 건강에 위험하다.

의심할 바가 없이, 지난 세기를 거치면서 보건 분야에서의 실질적인 향상은 의학적 치료분야 보다는 주로 공중보건과 질병 예방의 영향에 의한 것이다. 공중보건은, 질병의 치료보다는 질병의 예방에 중요성을 두며 개개 환자보다는 인구 집단과 지역 주민에 주된 초점을 둔다는 점에서 임상의학과는 일차적으로 차이가 있다. 인구 집단을 보호하고 단지 개인보다는 그룹을 위한 예방 전략을 세우는 공중보건학적 접근을 계속적으로 발전시키는 것이 필수적이다. 생명공학은, 깨끗한 음용수 이용과 폐수처리 기술을 위한 프로그램의 확립을 위하여 지금까지도 중요한 역할을 해 왔고 앞으로도 계속 그 역할을 수행할 것이다.

현재의 산업화된 사회에서 감염성 질병은 더 이상 생명을 위협하는 주요 요인이 아니며, 반면 점점 증가하는 노인 인구를 위협하는 만성질환 (암, 심혈관계 질환, 알츠하이머 병 등)이 오히려 주요 요인이 된다. 지난 50년 동안 이룩한 연장된 수명의 상당 부분은 젊음이 늘어난 것이 아니라 노화의 연장이다. 지금은 고인이 된 케네디 대통령은 1960년대에 다음과 같이 말했다: "위대한 국가에 있어 단순히 수명을 연장하는 것만으로는 충분하지 않다. 우리의 목표는 연장된 수명에 삶의 질을 불어넣는 것이다." 노령 인구 집단에서 발생하는 새로운 문제는 현대의약학과 생명공학에서 다루어야 할 커다란 도전 분야이다.

아마도 만성 질환은 확인할 수 있는 하나의 유전적 원인에 의한 것이 아니라, 복잡하고 연관된 생물현상이 환경 인자들과의 상호관계 속에서 표출되어 발생할 것이다. Edward Golub (전직 면역학 교수)가 지적한 대로 "특이성에 대한 생물학의 시대는 아마도 빠르게 막을 내리고, [......] 우리는 이제 바야흐로 복합성에 대한 생물학의 시대로 들어서고 있다!" 결과적으로 생명공학은 정상적인 인간 활동과 높은 개인의 건강을 유지하는 것을 목표로 할 것이다.

의약품이 사람의 건강에 미치는 영향이 관계하는 부분은, 생명공학의 창의적 연구결과가 초기단계에서 상업화될 수 있는 분야가 된다. 그 동안의 보건관련 산업이 보여온 생물학적/생화학적 혁신들은 이러한 산업이 생명공학 (특히 분자생물학) 연구에 관심을 가지게 했다. 더욱이 보건 관련 제품들은 일반적으로 고가이기 때문에 수익성이 좋아 충분한 연구기금을 확보할 수 있다. 실제로 지난 30년 동안 새로운 생명공학 분야 투자의 대부분이 보건 분야, 특히 신약 개발에 집중되었다. 하지만 현대의 의약품을 개발하는데 상당한 시간을 필요로 한다는 사실을 간과해서는 안 된다.

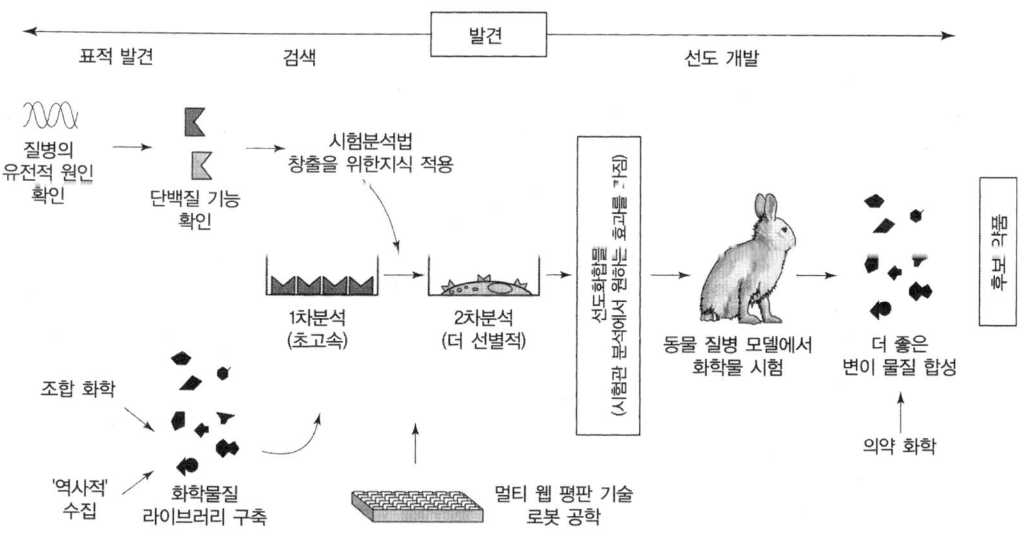

그림 11.1 생명공학 의약품 탐색 경로. 경로는 유전체학에 기초한 표적 유전자와 단백질의 탐색에서 시작하며, 화합물 조합의 수집물 또는 회사에 축적된 화학물질들의 다양한 조합을 만든다. 이러한 화학물질이 표적 단백질의 작용을 저해하는 (어떤 경우는 증진시키는) 능력이 있는지를 분석하게 된다. (출처: Bains and Evans, 2001).

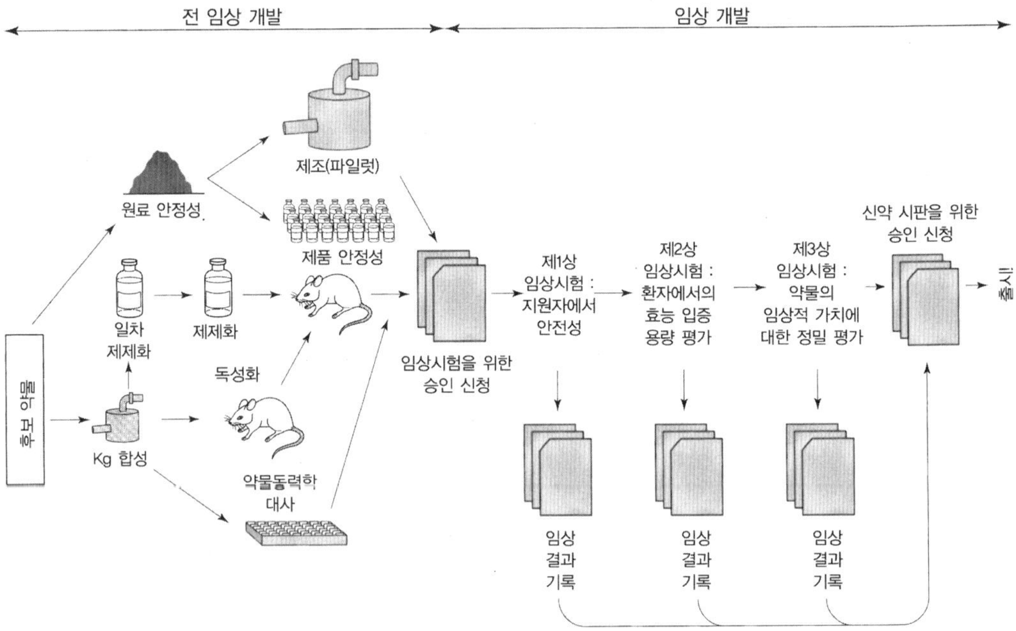

그림 11.2 의약품 개발 경로. 화합물은 대사, 독성, 생물이용도, 그리고 다른 약리특성에 대해 전통적인 동물실험을 통하거나 시험관 모델 분석법을 이용하여 공식적으로 시험받게 된다. 통과된 화합물은 점진적인 일련의 임상 시험을 거쳐 체계적이고 광범위한 자료를 산출하며, 이 자료는 의약품으로써 시판을 위한 등록을 받는데 사용된다. (출처: Bains and Evans, 2001).

시장에 나오기 위한 정부 규제기관의 승인를 얻기 전까지 오랜 기간의 독성 시험이 필요하다. 이러한 승인을 얻는 비용이 수백만 파운드에 달할 수 있으며, 그 제품은 이러한 투자의 회수를 담보할 수 있을 만큼 시장에서의 높은 잠재성을 가지고 있어야 한다. 잠재적으로 가치 있는 수많은 제품들이, 승인에 얻기 위한 엄청난 비용을 충족시킬 만큼 제조 회사의 재정적 관심을 끌지 못해서 시장에 나오지 못하게 된다(그림 11.1과 그림 11.2).

생명공학에 기초한 새로운 치료용 의료제품들이 거의 매일 시장에 등장한다. 여기에는 (a) 치료용 단백질 (호르몬제, 조절단백질, 항생제), (b) 태아의 유전적 검사, (c) 백신, (d) 질병 확인을 위한 면역 진단과 DNA 탐침, (e) 유전자 치료가 포함된다. 이 분야는 현재와 미래의 엄청난 시장을 가진, 상업적으로 발달한 가장 큰 생명공학 분야로, 여기서는 단지 선택적으로 살펴볼 것이다.

[11.2] 의약품과 바이오의약품

현재 판매되고 있는 방대한 양의 의약품은 직접적인 화학적 합성에 의하거나 생물 유래 물질의 화학적 변형에 의해 만들어진 합성 화학물질이다. 바이오의약품이란 재조합 단백질 약품, 재조합 백신, 치료용 단일 항체를 일컫는다. 바이오의약품은 생물학적 적용에서 점점 관련성이 커지고 있으나 아직 제약 산업의 작은 부분만을 차지하고 있다. 하지만 분자생물학과 유전공학의 기술이 약물 발견, 디자인, 제품 개발에 있어 주도적인 요인이 되리라는 데에는 거의 이견이 없다. 생명공학은 또한 검색, 생물검정시험, 신약 생산의 속도를 가속화할 것이며, 또한 사람의 시스템에서 약물이 어떻게 작용하는 지를 더 정확하게 설명할 것이다. 생명공학은 현재 새로운 신약의 제품 개발에 소요되는 막대한 비용 (예를 들면 발견, 개발, 대량생산, 임상실험, 허가 관련 서류 준비에 드는 비용)을 틀림없이 크게 감소시킬 것이다.

[11.3] 항생제

1929년 Alexander Fleming에 의해 *Penicillium notatum*이라는 진균이 숙주에게는 심하게 영향을 주지 않으면서 광범위한 세균을 선택적으로 불활성화 시킨다는 사실이 발견되었으며, 이를 통해 사람이 세균성 질병의 영향을 관리하는 방식을 근본적으로 변화시킨 과학적 연구 (옥스퍼드의 H. Florey와 E. Chain에 의해 주도된 그룹이 수행)가 시작되게 하였다. 사실 항생제는 우리가 사는 세상을 영원히 바꾸었다. 이러한 연구의 후에 진행된 일련의 연구결과 진균 유래 항생제인 페니실린과 세팔로스포린, 그리고 방선균 유래 항생제인 스트렙토마이신, 오레오마이신(aureomycin), 클로람페니콜, 테트라사이클린 등이 등장하였다. 많은 세균성 질환들이 항생제 사용에 의해 관리할 수 있게 되었다. 몇 가지만 언급하자면, 폐렴, 결핵, 콜레라, 나병은 더 이상 사회에 만연하지 않으며, 최소한 선진국의 경우에는 사소한 질병으로 취급되게 된다. 진균에 활성을 갖는 항생제인 griseofulvin은 백선(ringworm)과 같이 사람을 쇠약하게 하는 진균 피부 질환에 걸린 환자에게 큰 위안을 주고 있다. Fleming과 Florey는 뒤에 노벨상을 수상하였다.

항생제(antibiotics)란 살아있는 미생물로부터 만들어지는 항미생물 화학물질을 뜻하며, 감염 질환을 치료하기위해, 그리고 경우에 따라서는 감염 질환의 예방을 목적으로 사용된다. 4,000 종 이상의 항생제가 분리되었으나, 약 50 종만이 광범위하게 사용되고 있다 (표 11.1). 나머지 항생제는 사람이나 동물에 대한 독성, 효과의 떨어짐, 또는 높은 생산 비용과 같은 이유로 상업적 중요성을 확보하는 데 실패하였다.

항생제는 1945년경부터 페니실린의 등장과 함께 의료용으로 널리 사용되었다. 이어서 새로운 항생제가 항미생물 관리의 범위를 넓히기 시작하여, 현재 항생제는 의학과 수의학에서 광범위하게 사용

표 11.1 경제적으로 중요한 여러 항생제

항생물질	생산 미생물	활성 범위
Actinomycin D	*Streptomyces* 종	항종양
Asparaginase	*Erwinia* 종	항백혈병
Bacitracin	*Bacillus* 종	항세균
Bleomycin	*Streptomyces* 종	항암
Cephalosporin	*Acremonium* 종	항세균
Chloramphenicol	*Cephalosporium* 종	항세균
Daunorubicin	*Streptomyces* 종	항원생동물
Fumagillin	*Aspergillus* 종	항아베바
Griseofulvin	*Penicillium* 종	항진균
Mitomycin C	*Streptomyces* 종	항종양
Natamycin	*Streptomyces* 종	식품 보존제
Nisin	*Streptomyces* 종	식품 보존제
Penicillin G	*Penicillium* 종	항세균
Rifamycin	*Nocardia* 종	항결핵균
Streptomycin	*Streptomyces* 종	항세균

되고 있으며 상대적으로 규모는 작지만 축산업에서도 사용되고 있다. 이 경우 몇몇 항생제는 가축과 양계에서 비육을 위하여 사용되는 것으로 알려져 있다. 항생제는 또한 제한적이지만 식물 질병을 통제하거나 살충제의 작용으로도 사용된다.

광범위한 미생물에 영향을 미치는 항생제를 광범위 항생제(broad spectrum)라고 한다. 예를 들어, 클로람페니콜과 테트라사이클린은 *Rickettsia*, *Chlamydia*, *Mycoplasma*의 종과 같이 연관성이 별로 없는 미생물을 저해할 수 있다. 반면 스트렙토마이신과 페니실린은 협범위 항생제(narrow spectrum)의 예가 되는데, 단지 몇몇 종의 세균에 대해서만 효과를 가진다. 대부분의 항생제는 방선균 (사상성 세균)과 사상성 진균인 곰팡이로부터 유래한다.

항생제 생산이 선진국의 제약 산업에서 상당한 이윤을 제공하는 부분이라는 것은 분명하다. 2001년 항생제와 항진균제의 세계 시장은 260억 달러를 넘었으며, 전체 제약 시장 (2,000억 달러)의 가장 중요한 부분을 차지하고 있다. 혁신적 생명공학 기술에 힘입어 항생제의 매출액은 늘어나고 있으나 생산 비용은 낮아지고 있다.

1992년에 세팔로스포린 (세팔로스포린 C와 페니실린 G 또는 V에서 유래함)은 매출액 83억 달러로 세계 제약 시장의 가장 큰 사업 부문의 하나였다. 현재의 생산 공정은 매우 효율적이며 생산 균주에 대한 유전학적 지식이 거의 없는 가운데 얻어졌다. 이는 부분적으로 유성생식 주기의 명확한 결핍과 이에 따른 교배 실험의 제한이 그 이유가 된다. 하지만 원형질융합이나 유전자전달 기술과 같은 새로운 기술에 힘입어 높은 생산성, 증가된 안정성 그리고 신규물질 생산의 가능성을 가진 새로운 균주를 개발할 수 있게 되었다. 이러한 발전은 결국 전체 생산 비용의 지속적인 감소를 가져왔다. 현재 모든 항생제 발효는 호기성 회분식 조건 하에서 중앙 교반 탱크 반응기를 이용하고 있다. 생산 공정의 변형은 보다 폭 넓은 산업계의 지지를 얻는 새로운 반응기 설계로부터 시작할 것이다.

미생물에서 생합성 경로에 대한 지식의 증가 때문에 돌연변이와 자연선택에 대부분 의존하는 것보다 직접적으로 유전자 조작을 하는 것이 가능해 지고 있다. 항생제 생산에 있어 유전자 조작 기술의 세 가지 주요 응용은 다음과 같다:

(1) 균주 개선 프로그램
(2) 유전자 삽입에 의한 새로운 항생제의 생산
(3) 생산 공정과 관련되는 미생물 균주 및 효소 공학 기술

대부분의 항생제 연구가 선진국에서 문제가 되는 질병을 치료하기 위한 방향으로 진행되는 것은 유감이다. 주요 열대지역의 질병을 포함한 개발도상국가의 많은 질병들은 제약회사의 주목을 받지 못하고 있다. 이것은 부분적으로는 항생제 연구와 개발과 관련하여 요구되는, 특별한 교육을 받는 인력을 포함한 높은 기술 때문이기도 하다. 더 가능성 높은 이유는 제한된 재정을 갖는 국가를 위한 새로운 약품 개발의 경제성에 있다. 생명공학의 기술적 진보가, 개발도상국가에 많은 특정한 질병 문제와 싸울 수 있는 항생제를 개발하기 위한 더 기발한 방법이 등장하게 할 수 있을 것이다. 생명공학은 특정한 수요처는 있으나 이로부터 발생하는 이익은 적은 '희귀 질병치료제(orphan drug)'를 경제적으로 생산할 수 있게 해줄 것이다.

우려되는 현상은 많은 세균에서 약물 내성(drug resistance)의 점진적인 진화를 보인다는 것이다. 항생제가 세균을 죽이기 시작하자마자 세균은 진화하여 항생제를 무력화할 변화를 시작한다. 이렇게 획득한 내성이 다른 종의 세균으로 전달될 가능성은 현재 사실이 된다. 예를 들어, 페니실린 치료에 내성을 보이는 임질균 (성병균)이 현재 19개 국가에서 확인되고 있다. 내성 인자는 세균 내의 플라스미드에 위치하며, 이에 따라 세균 사이에 더 쉽게 전달된다는 것이 알려져 있다. 사실 유전자 전달 기술의 중심 원리가 이러한 현상에서 유래하였다. 많은 잘 알려진 질병의 항생제 내성은 꾸준히 증가하여 우리 사회의 심각한 문제가 되고 있다. 예를 들어, 이전 국가의 두통거리였던 결핵(tuberculosis, TB)은 거의 박멸되었으나 지금은 서구 여러 나라들에서도 진단이 점점 증가하고 있다! 병원들은 메티실린-내성 *Staphylococcus aureus* (methicillin-resistant Staphylococcus aureus, MRSA)와 같은 항생제-내성 세균에 의해 점령당하고 있다. 미생물들은 여러 가지 기작으로 항생제에 내성을 가지게 된다. 세균 사이에서 유전 물질의 전달은 같은 종의 세균 사이에서만 아니라 다양한 세균들 사이에서도 빈번하게 일어난다. 이러한 결과 전 세계적으로 내성 유전자의 풀이 형성되어 사람, 동물, 그리고 환경에서 서로 다른 세균 개체군 사이에 쉽게 퍼지고 있다.

현재 동물 사료와 식품보존에서의 커다란 항생제 시장은 다시 재검토되고 있다. 분명히 적은 양의 일부 항생제 (예, bacitracin, chlortetracycline, procaine penicillin 등)를 가축과 가금류의 사료에 사용함으로 보다 짧은 사육기간에 건강하고 빨리 성장하여 시장에 출하할 수 있을 정도로 무게를 증가시킬 수 있다. 그러나 지금은 의학적으로 중요한 항생제를 사료에 첨가함으로 인해 약물-내성 미생물의 확산 증가, 동물 분변의 위험한 *Salmonella* 세균의 오염, 잔류 항생제의 식품으로 전달이 초래된다는 것 또한 거의 의심의 여지가 없다.

동물 사료에 사람과 관련이 있는 항생제 사용의 위험성에 대한 결과로, 의료용으로 사용되는 항생제를 대체하고자 특별히 동물 사료에만 첨가하는 항생제를 생산하려는 많은 노력이 진행되고 있다. 따라서 현재는 인체에는 낮은 치료 효능을 보이거나 항균 활성 범위가 좁은 항생제가 점점 동물 사료용으로 사용되고 있다.

항생제가 미생물 감염의 치료에 지속적으로 중요한 역할을 하고 있지만 항생제 내성은 현재 인류에게 있어 심각한 우려 대상이 되고 있다. 이러한 내성 문제이 원인은 과도한 항생제 치방과 비이러스 감염에서 항생제의 부적절한 적용 등 의료계 전문가에 주로 있다. 늦은 감은 있으나 의사와 일반 대중을 대상으로 항생제의 부적절한 사용에 대해 교육하는 많은 노력을 하고 있다. 안타깝게도 아직도 많은 나라에서 이러한 내성 문제가 부각되지 못하고 항생제는 무분별하게 남용되고 있다. 미생물 개체군은 국가간 경계를 상관하지 않고 넘나들 수 있다.

1990년대 중반 이후로 주요 거대 제약회사와 생명공학 산업체는 유전체학(genomics)을 이용하여 새로운 항생작용의 분자를 찾기 위해 엄청나게 투자하고 있다. 많은 새로운 항세균 전략이 출현하고 있는 반면 새로운 항생제의 발견은 거의 이루어지지 않고 있다. 회사의 우선 투자 순위의 변화와 규제가 맞물려 거대 제약회사들이 항생제 개발 프로그램을 포기하는 것이 나타나고 있다.

틀림없이 새로운 항생제에 대한 임상의 요구는 항상 존재할 것이며, 더 작은 규모의 생명공학 회사가 이러한 특정 분야를 이용할 수 있을 것이다. 순수하게 재정적 이유 때문에 거대 제약회사가 이 분야의 의약품에서 철수하는 것은 윤리적 측면에서 짚고 넘어가야할 대목이다.

[11.4] 백신과 단일항체

백신

세계보건기구에 의하면 매년 1,700만 명이상의 사람이 주로 개발도상국가에서 감염성 질환으로 사망한다. 그러나 인간의 지혜는 인류로 하여금 백신 접종으로 많은 감염성 질병에 대항하여 스스로 보호할 수 있게 하였으며, 이러한 백신 접종은 한 세기 이상 성공적인 과정이었다. 인간과 가축의 생존을 위한 중심에는 면역 시스템(immune system)이 존재한다. 공격하는 질병에 대한 인체의 방어에서 결정적인 구성요소인 면역 시스템의 연구보다 사람의 건강에 더 큰 영향을 주는 생물의약의 분야는 아마도 없을 것이다. 면역 시스템은 몸 전체에 분포하는 일련의 기관, 세포, 분자들로 이루어지며, 이들은 함께 협조하여 기능을 한다. 면역 시스템에는 선천적 (혹은 비특이적) 면역 시스템과 후천적 (혹은 특이적) 면역 시스템이 있다. 면역 시스템은 침입하는 생물체에 대항하여 신체가 자신을 방어하도록 하는 보호 기작을 제공한다. 면역 기능의 기본 단위에인 림프구는 진핵세포 중 아마도 가장 많은 연구가 된 것이다. 분명히 면역학은 생의과학의 중심에 있으며, 아직도 큰 복잡성을 가진 주제로 남아있다.

지난 20년 동안 우리는 사람과 동물 시스템에서 면역 반응의 난해한 과정을 조금씩 해독해 나가는 것을 목격하고 있다. 외래물질 (예, 미생물)이 동물 시스템으로 들어오면 반응이 놀라울 정도로 연쇄되어 일어나기 시작하며, 성공적인 경우 침입하는 미생물을 불활성화 시키고 제거하는 결과를 가져온다. 이러한 분자 기작은 어떤 경우에는 동물 시스템에 여러 해 동안 남아있어, 그 유형의 미생물에 대해 완전한 혹은 부분적 면역능력을 제공한다. 앞에서 논의하였듯이 외래물질은 항원(antigen)이 되며, 이것은 숙주 시스템으로 하여금 대응하는 반응인 항체(antibody)를 유도해 낼 수 있다.

일반적으로 항원은 단백질 또는 당과 같은 다른 물질과 결합한 단백질이지만, 다당류와 다른 복합 분자도 항원으로 작용할 수 있다. 질병이 일어나는 과정에서, 항원은 대개 침입하는 미생물의 표면에 위치하며 이에 대한 신체의 방어 기작을 자극하게 된다. 이러한 방식으로 항체는 질병에 대한 면역 반응의 필수적인 요소이다.

항체는 몸 전체에 걸쳐있는 특별한 세포에 의해 만들어지는데, 사람을 포함한 개개의 동물 종들은 놀라울 정도로 다양한 수의 서로 다른 항체를 만들 수 있음이 알려져 있다. 항체-생산 세포는 항원의 특정 결정기의 모양을 인식하여 특정 항체를 만들어 외래물질을 무력화하고 제거한다. 따라서 사람의 신체는 발생할 수 있는 엄청나게 다양한 미생물 침입뿐만 아니라 무한한 범위의 합성물질에 대하서도 대항할 수 있는 충분한 항체를 가지고 있다. 간단히 말하면, 포유동물 시스템은 들어오는 거의 모든 외래 분자와 결합하여 불활성화할 수 있다. 그러나 특정 항원에 의한 도전을 적절히 다루지 못한다면, 침입하는 미생물은 빠르게 증식하여 균형을 깨뜨리고 질병을 일으키며 아마도 민감한 숙주의 사망까지도 초래할 수 있다. 항생제는 사람 치료제 중 가장 빠르게 성장하는 부류에 속하며 의약품 중 백신 다음으로 두 번째로 큰 부류이다.

백신(vaccine)에 의해 자연적인 항체 생산을 자극할 수 있다는 것은 오래 전부터 알려져 있었다. 백신은 죽은 미생물이나, 살아있으나 약독화된 미생물로부터 만들어지며 사람이나 동물에 주사하였을 때 면역기능이 제공된다. 이렇게 함으로써 백신은 감염체를 흉내내지만 실제 질병을 유발하지 않는다. 광범위하게 사용될 때 백신은 집단 내에서 미생물 감염질환을 통제하는 주요 수단이 되었다. 백신 연구의 주된 목표는 면역반응을 유발하는 감염체의 개별 항원을 확인 분석하고 방어기작을 제공하는 면역반응의 인자를 결정하는 것이다.

역사적으로 백신은 상대적으로 낮은 비용이 적용되었으며, 1980년대에 홍역, 이하선염과 같은 소아 백신은 몇 달러 정도의 비용이 지불된 반면 최근의 폐구균 백신 접종은 200 달러의 비용이 들어간다. 백신 제조의 전체 양상이 지난 30~40년 동안 급격하게 변화하고 있다. 1960년대에 많은 수의 회사가 백신 제조의 허가를 받았으나 백신 생산에 엄격한 품질관리(good manufacturing practice, GMP) 규정이 도입되고 책임의 강화는 전체 생산 비용의 급격한 증가를 가져왔다. 결과적으로 최근에 세계 백신 제조는 Chiron, GlaxoSmithKline, Merck, Sanefi-Pasteur, Wyeth

등 5개 회사가 주도하고 있다. 백신은 오랜 공정 시간을 필요로 하며, 생산하기가 어렵고 비용도 많이 든다 (그림 11.3).

세계 백신 시장은 2006년에 100억 달러 규모인데, 이는 건강과 관련 크게 인기가 있는 단일 의약품의 매출 (몇몇 경우 단일 의약품이 매년 적어도 30억 달러에 달함)과 비교할 경우 매우 적다. 하지만 지금 인플루엔자 대유행의 가능성에 대한 세계적인 우려와 자궁경부암을 예방하는 백신 (매년 10억 달러 정도로 예상)과 같은 새로운 백신의 출현 때문에 변화가 진행되고 있다. 더 나아가 미국의 프로젝트 생물체 차폐(bioshield) 프로그램은 미국 정부가 탄저병, 천연두, 기타 잠재적 테러리스트에 의해 유발되는 질병에 대처하기 위해 수억 달러를 백신을 비축하는데 지출하면서 백신 생산 성장의 중요한 원천이 되고 있다.

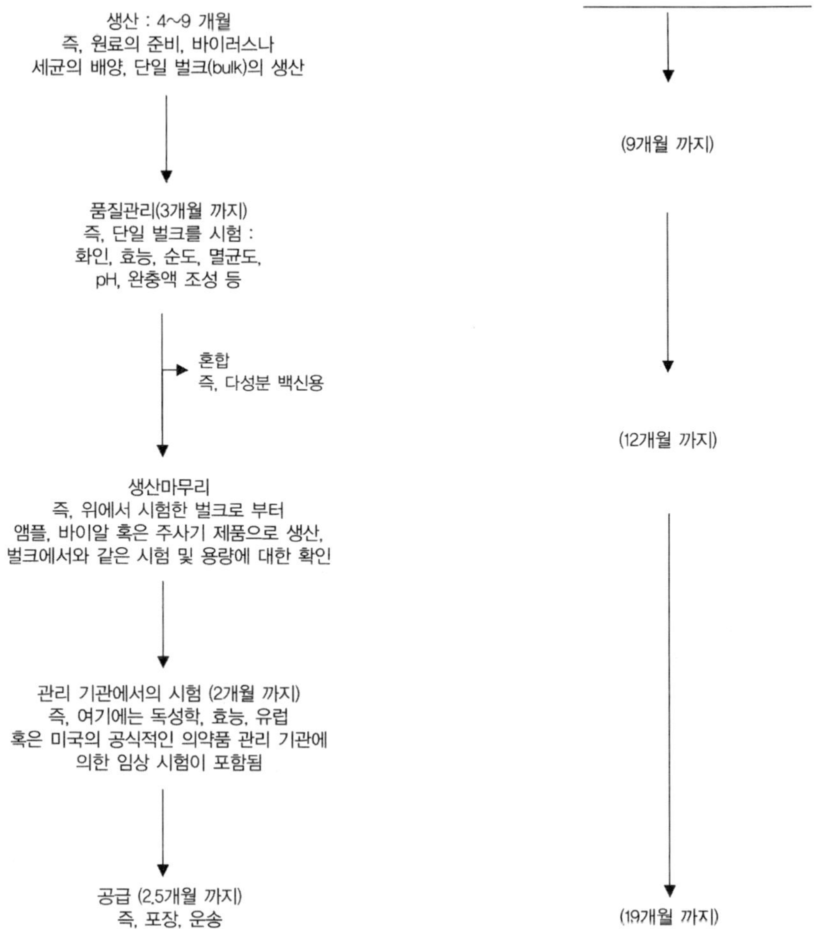

그림 11.3 백신 개발의 시간 단계 모식도. (출처 : Forde, 2005).

자연적이든 사람이 만든 것이든, 가능한 전염병에 대응하기 위한 새로운 백신의 수요를 따라가기 위한 수요는 이미 설비 용량을 최대 가동하여 이러한 예방약을 제조하는 생산 시설을 압박하고 있다. 주요 백신 생산 회사는 취득이나 새로운 시설의 건설을 통해 생산 용량을 증가시키고 있다. 결과적으로 많은 소규모 생명공학 회사는 백신 생산에 대한 기발한 접근으로 새로운 수지가 맞는 시장에 참여하고 있다.

현재 인류는 바이러스 질병 확산의 심각한 위험에 처해 있다. 예로는 인간 면역결핍바이러스(HIV), 모기-유래 웨스트 나일 바이러스, 중증 급성 호흡기 증후군 (SARS), 그리고 1918년, 1957년, 1968년의 치명적인 창궐과 유사한 규모의 전염성이 높은 인플루엔자 대유행 가능성 등이다.

많은 미생물질환에 대한 백신이 개발 되었다. 그러나 항미생물 효과의 성공과 지속성은 백신종류별로 다양하였다. 백신은 세계적으로 천연두를 퇴치하였고, 북반구에서는 소아마비를 물리쳤으며, 많은 나라에서 홍역, 루벨라, 파상풍, 수막염을 치유하여 많은 인명을 구했다. 백신은 아직까지 가장 저비용의 질병과 사망을 억제하는 방법이다. 그러나 세계적으로 백신의 가용성에는 불균형이 심각하다. 앞으로 이러한 국가간 수급 불균형은 반드시 해결해야 한다. 또한 후천성 면역 결핍증 (AIDS), 말라리아, 결핵, 이질, 기타 호흡기와 설사질환에 대한 백신을 개발해야 한다. 3000만 명이 넘는 사람이 앞으로 10년 내에 결핵으로 사망하게 될 것이며, AIDS는 세계 도처에서 특히 아프리카에서 많은 사망자를 낼 것이다.

백신 생산은 적은 생산량, 고비용을 요구하며 생명공학의 기본원리를 적용해야 한다. 특히 인간이나 동물세포로부터 만들어야 하는 바이러스 질환의 경우 생산량 증대는 계속해서 문제가 된다. 반응기 기술의 새로운 돌파구가 이러한 문제를 해결할 수 있을 것이며 머지않아 백신 생산을 크게 증대시킬 것이다.

백신 개발 및 적용과 관련한 과학적, 윤리적 어려움이 과소평가되어서는 안 된다. 공중보건에서 성공적인 백신 접종 프로그램의 긍정적 효과는 천연두의 근절에서 볼 수 있듯이 극적인 결과를 가져온다. 의학적으로 적용되는 대부분의 화합물과는 달리, 백신은 보통 질병을 치료하기 위해 환자에게 투여하는 것이 아니라 예방하기 위해 건강한 개인에게 투여된다. 임상의사는 개개 환자의 건강에 관심이 있는 반면 공중보건 기관에서는 일반 대중의 건강에 관심을 갖는다. 백신은 대중과 의료계 모두에게 매우 민감한 상품이다. 대부분의 백신에서 경미한 것부터 심각한 것까지 적은 수의 환자에게 부작용이 나타날 수 있다는 것은 오랫동안 인식되어 왔다. 결과적으로 백신은 높은 효능과 의학적으로 받아들여질 수 있는 매우 낮은 위험성을 지녀야 한다.

항체생산을 위한 새로운 방법을 고려하고 있다. 현재는 항체 생산을 위해서 살아있는 동물을 이용한다. 그러나 이 방법은 어렵고 많은 시간이 소요된다. 여러 단계의 추출과 정제과정을 거치고 나면 특이성이 떨어지고 활성도 균일하지 않은 항체를 얻게 된다. 그러나 이러한 세포는 수명도 짧을뿐더러 생산량도 적어서 생산성이 떨어지기 때문에 항체를 분비하는 세포를 배양하는 시도는 실패하였다. 더구나 세포 배양시에 다른 종류의 항체가 만들어지기도 한다 (즉, 다항체).

사람과 동물의 질병과 싸울 수 있는 백신생산은 제약업계에서 확장해온 무한한 시장을 가지고 있다. 현재 사용 중인 백신은 품질과 효능 면에서 우수한 제품부터 그렇지 못한 것까지 다양하다.

바이러스 질환의 경우 재조합 기술을 이용하여 인플루엔자, 소아마비, B형 간염, 헤르페스, 그리고 최근에는 AIDS 바이러스를 대상으로 백신을 개발하고 있다. 이러한 세계적으로 중요한 바이러스에 대한 백신의 성공적인 개발은 제약회사에 커다란 상업적 이득을 제공한다. 가장 큰 시장은 아직 백신이나 치료제가 없는 에이즈 또는 헤르페스 바이러스질환이다.

세균과 기생충에 대한 백신개발 또한 널리 연구되고 있다. 말라리아는 여전히 세계적으로 광범위하게 문제가 되는 질병이다. 그러나 이러한 복잡하고 어려운 문제들도 조만간 해결 될 것으로 기대한다.

단일 항체

의학 관련 생명공학 분야에서 중요한 신규 발전은 단일 항체를 생산할 수 있는 기술이다. 이 기술의 중요발전은 항체생산 세포주를 안정화시켜 끊임없이 분열하게 한다면 특정세포로부터 분비되는 항체는 항상 일정하기 때문에 여러 다른 응용연구에 적용되었을 때 적합성을 알아볼 수 있다. 이렇게 함으로서 적절한 항체를 쥐의 암세포로부터든 대형반응기를 이용하든 대량으로 생산할 수 있기 때문에 진단 기술을 훨씬 표준화 할 수 있다. 단일 항체는 수혈, 혈액학, 세포학, 미생물학, 임상화학과 다른 비 의료분야 등 수용성 단백질이과 세포 표면 표지들을 탐지하고 측정하기 위하여 특이적 시약을 사용하는 진단분야에서 널리 사용된다 (표 11.2).

특히 단일 항체는 복잡한 안전성 검사를 필요로 하지 않는 세포외 진단제품에 편리하게 적용될 수 있다. 사람의 성병, B형 간염, 몇몇 세균성 질병은 진단이 가능하다. 표적 치료의 개발은 질병에서 분자적 다양성에 대한 인식을 요구한다. 단일 항체는 또한 임신진단에도 적용할 수 있다.

만성 감염 질환이나 암을 치료하는데 면역시스템을 활용하는 것은 면역요법의 주요 목표이다. 오늘날 사용되는 치료용 단일 항체는 높은 특이성과 기능성을 확실하게 지니도록 고안된 유전공학으로 처리한 분자이다. 일부의 경우 단일 항체는 독성 화학물질이나 방사성 핵종과 결합되는 반면 다른 경우에는 자연적으로 기능하도록 고안된다.

상업적으로 단일 항체생산을 위해서는 100 리터 공기부양 반응기, 포집화된 100 리터 반응기, 그리고 관주실(perfusion chamber)을 이용한다.

표 11.2 단일 항체 시장
(1) 암 진단 및 치료
(2) 임신 진단
(3) 성병 진단
(4) 장기이식에 따른 거부반응 예방
(5) 산업 제품 정제
(6) 식품, 농업 그리고 산업에서 미량 분자 검출

20세기에 와서 많은 질병의 진단, 규명, 예방, 치료에 있어서 괄목할 만한 발전을 이루었다. 미생물학자와 임상의학자들은 국제적인 예방접종 프로그램, 항생제의 발견과 개발 덕분에 미생물에 의한 감염성 질환은 이제 거의 퇴치되었다고 잘못 생각하게 되었다. AIDS와 BSE 같은 새로운 질병이 나타나고 항생제 내성이 급속도로 확산되면서 이것은 더 이상 사실이 아니며, 사라졌다고 생각했었던 질병이 다시 나타나기 시작하였다. 파스퇴르가 언급한 것처럼 "여러분, 최후의 결정은 세균들이 했습니다"

[11.5] 바이오의약품과 치료용 단백질

대부분의 의약품은 화학합성물질로부터, 또는 식물이나 미생물과 같은 자연물질로부터, 아니면 2가지 모두를 혼용하여 생산하게 된다. 이러한 물질은 질병을 치료하거나 인체의 기능을 조절하는데 사용된다. 평상시에 미량으로 만들어져서 현재의 추출 또는 합성 방법으로는 충분한 양을 얻을 수 없는 인체의 자가조절 물질에 대한 관심이 증가하고 있다. 미량의 이러한 물질들은 과거에는 시신의 장기로부터 또는 혈액은행에서 제공되는 혈액으로부터 추출되었다. 유전공학은 이러한 물질들을 무제한적으로 생산할 수 있는 방법으로 인식되고 있다. 실제로 이러한 기술로 인간에서 유래하는 특정 유전자를 미생물 숙주에 전달하여 치료용 단백질 (바이오의약품, biopharmaceutical)을 생산 공정에 따라 조절할 수 있는 양만큼 생산 할 수 있다. 이러한 바이오의약품은 인체로부터 자연적으로 추출한 치료제와 동일한 형태로 생산될 뿐만 아니라 활성을 증대시킬 수도 있다. 이러한 의약품은 시신으로부터 추출할 때 생길 수 있는 위험물질 [예, 크로이츠펠트야콥 병(Creutzfeldt-Jacob disease)]과 같은 뇌질환은 초기 성장호르몬 추출과정에서 문제가 되었음]의 오염 가능성을 배제할 수 있다.

바이오의약품을 성공적으로 개발하려면 다음의 사항들은 필수적이다:

(1) 천연물질을 분리하고 분석할 수 있는 고도의 생화학적/생의학적 연구
(2) 관련 유전자를 확인할 수 있는 훈련된 분자생물학 및 클로닝 기술과 유전자를 동물이나 미생물 숙주에서 생산할 수 있는 기술
(3) 숙주생물체를 배양하고 선택한 물질을 분리, 농축, 정제할 수 있는 공정기술
(4) 임상과 마케팅 기술.

표 11.3은 1982년에서 2006년에 걸쳐 세계적으로 판매가 허용된 주요 바이오의약품의 일부를 보여준다. 적어도 100개의 재조합 단백질이 현재 치료에 사용되고 있으며 500개 정도는 개발의 여러 단계에 위치해 있다. 미국에서 가장 잘 팔리는 바이오의약품이 표 11.4에 나타나있다.

그러나 단백질 형태의 바이오의약품을 사용하는 것은 몇 가지 제약조건 때문에 시장 규모가 제한되고 있다. 단백질이기 때문에 불안정하며, 장내에서 흡수가 잘 되지 않으며, 결과적으로 훈련된 의료종사자들이 비경구적으로 (장관외로) 투여해야 한다. 따라서 주된 용도는 만성질환 보다는 급성질환이다. 몇몇 단백질은 장기간 사용할 때 환자에게 알레르기 반응을 일으킬 수도 있다.

표 11.3 지난 25년간 미국과 EU에서 허가된 200개 바이오의약품의 예

제품	치료 효능
재조합 혈액 인자, 예, Factor Ⅷ	A형 혈우병
재조합 혈전 용해 및 항응고제, 예, tissue plasminogen activator	심근경색
재조합 호르몬, 예, 인슐린, 인간 성장 호르몬	당뇨병, 어린이와 성인의 성장 장애
재조합 성장 인자, 예, erythropoeitin	빈혈
재조합 인터페론 및 인터루킨, 예, 인터페론-α, 인터페론-β	B형, C형 간염, 각종 암
재조합 백신, 예, B형 간염	B형 간염
단일 항체, 예, Herceptin, ProtaScint	유방암, 전립선암
재조합 효소, 예, Myozyme	Pompe 병
핵산에 기초한 제품, 예, Macugen	시력 감퇴

표 11.4 미국에서 매출 상위의 바이오의약품

제품 (효능)	회사	2006년 매출액 (백만 달러)
Enbrel (관절염, 건선, 강직성 척추염)	Amgen, Wyeth, Takeda	4.4
Aranesp (빈혈)	Amgen	4.1
Rituxan/MabThera (비-호지킨씨 임파암)	Biogen Idec, Genentech, Roche	8.9
Herceptin (유방암)	Genentech, Roche	8.1
사람 인슐린 (당뇨병)	NovoNordisk	2.5
Avastin (대장암)	Genentech, Roche	2.4

세균, 효모 동물 그리고 사람 세포와 같이 여러 종류의 숙주세포가 이형 유전자의 발현을 위하여 사용된다. 형질전환 동물과 식물 또한 유전자 발현도구로 사용된다. 유전자를 동물에 형질전환 시키면, 이 유전자 산물은 우유, 혈액, 소변에서 만들어진다.

표 11.5 치료용 단백질과 저분자 약물의 비교

표 11.5 치료용 단백질과 저분자 약물의 비교
크고 복잡한 분자
이질성
유전적으로 변형된 살아있는 세포에 의해 생산
넓은 표면적에 의해 매개되는 복잡한 작용 방식
복잡한 생산과 정제
상대적으로 불안정

우리는 이제 유전자재조합 기술에 힘입어 인간의 치료제 단백질을 고순도로 다량 얻을 수 있다. 따라서 재조합 인간전통적인 저분자 의약품과 바이오의약품/치료용 의약품의 주요 차이점을 표 11.5에 요약하였다. 치료용 단백질의 유전자서열을 유도돌연변이에 의해 변형할 수 있기 때문에 단백질의 구조를 변경시킬 수 있다. 이를 '단백질공학(protein engineering)'이라 하며, 변경된 단백질을 '뮤테인(mutein)'이라 한다.

최초로 클로닝된 인간 단백질에는 중요한 치료제로 사용되는 인슐린, 성장호르몬 (소마토스타틴), 인터페론이 있다.

유전자 기술을 통하여 다량의 사람 단백질을 높은 순도로 생산하는 것이 가능해지고 있다. 이에 따라 어떤 경우에는 인체 자신의 단백질로 합리적인 치료를 할 수 있게 되었으며, 이 경우 이들 단백질은 생리적 과정의 치환, 증폭 혹은 억제를 통해 가능할 수 있다. 재조합 치료 약품의 일부 예가 아래에 서술되어 있다.

인슐린

전 세계적으로 수백만 명의 사람들이 당뇨병 때문에 인슐린을 주기적으로 주사해야 한다. 소 또는 돼지로부터 추출한 인슐린(insulin)은 이러한 수요의 원천이었다. 그러나 이러한 동물 인슐린을 장기간 투여함으로써 발생하는 부작용은 동물 인슐린에 포함된 오염물질로 인한 것으로 알려져 있다. 재조합 인슐린은 이러한 부작용이 없으며 시장규모도 커지고 있다. 재조합 인간 인슐린(recombinant human insulin)은 동물 공급이 부족하더라도 얼마든지 생산할 수 있으며, 동물 인슐린생산 공정 중 발생할 수 있는 모든 문제점을 배제시킨다.

소마토스타틴

성장호르몬인 소마토스타틴(somatostatin)은 동물로부터 분리하기가 매우 어렵다: 0.005 그램의 순수 소마토스타틴을 얻으려면 50만 마리의 양의 뇌를 필요로 한다. 인간의 소마토스타틴 유전자를 세균에 클로닝함으로서 같은 양을 9리터의 재조합세균의 발효로부터 얻을 수 있다. 어린이 5,000명 당 1 명이 성장호르몬 결핍으로 소인증(dwarfism)을 보인다. 따라서 이러한 재조합 호르몬은 많은 어린이들을 구할 수 있다. 연간 세계 시장 규모는 1억 달러에 달한다.

그러나 잠재적으로 시장이 더 커질 수 있는 것은 이 호르몬이 정상인에게도 근육을 강화시켜주는 효과 때문이며, 실제로 운동선수들이 이용하고 있다. 또한 노인들이 이 호르몬을 사용함으로써 삶의 질을 높일 수 있다는 주장이 있다.

인터페론

2명의 영국 과학자가 1957년 바이러스에 내성을 주는 물질이 몸에서 만들어진다는 것을 발견하였다. 대부분의 척추동물은 인터페론 (interferon)으로 알려진 이 물질을 만들며, 많은 동물 바이러스가 시험관 조건에서도 이 물질의 생산을 유도하는 것을 발견하였다. 인터페론이 '페니실린(penicillins)'처럼 항 바이러스제로 사용되지 못하는 이유는 세포 내에서 극미량 만이 만들어지며 다른 세포내 단백질로부터 인터페론을 분리하기가 매우 어렵기 때문이다.

인간 인터페론은 당단백질이며 (당쇄를 가진 단백질), 일반 감기부터 암까지 바이러스 감염증상을 제어하는 역할을 하는 것으로 알려져 있다. 그러나 극미량으로 존재하기 때문에 그 효능을 검증하기가 매우 어려웠다.

다양한 동물의 각 종별마다 특이한 인터페론이 존재한다. 쥐의 인터페론은 쥐에만 반응하며, 사람의 인터페론은 사람에게만 반응한다. 나아가 같은 종이라 하더라도 조직 특이적으로 다른 인터페론이 만들어진다. 따라서 사람의 인터페론은 사람으로부터 유래해야 하는데, 이 점이 생산의 장애가 된다. 초기 인터페론 생산은 핀란드에서 사람의 혈구로부터 소량 만들어져서 제한적으로 전세계의 임상적 치료에 사용되었다. 지금까지의 연구결과에 의하면, 인터페론은 몇몇 바이러스 감염에 대한 내성을 제공하며 바이러스감염이 없더라도 인체의 자연 면역반응에 관여하는 것으로 알려져 있다. 그러나 현재 대부분의 연구 초점은 실험동물에서 암을 억제하는 효과에 대해 맞추어있다. 인터페론은 발암 바이러스와 암세포를 공격하여 성장을 억제하고 인체의 암세포에 대한 방어기작을 자극하는 것으로 알려지면서 암치료의 새로운 접근방법을 제시한다. 비록 제한적으로 인터페론의 임상 실험에서 암치료의 가능성을 제시하지만 공급이 충분하지 않기 때문에 결정적인 실험을 할 수 없게 된다. 즉, 결정적인 실험을 위해서는 생산량이 충분할 때까지 기다려야 한다.

인터페론의 공급원은 2가지이다. 우선 표면부착 방식으로 이배체 섬유세포(diploid fibroblast)로부터 생산할 수 있으며, 이렇게 생산된 인터페론은 가장 안전하다고 알려져 있다. 두 번째는 인간 섬유세포 인터페론 유전자를 세균에 도입하여 생산한 뒤, 분리 정제하는 것이다.

림포카인

림포카인(lymphokine)은 림프구로부터 만들어지는 면역반응에 중요한 역할을 하는 것으로 알려져 있다. 림포카인은 감염성 질환이나 암세포에 대항하는 면역 시스템을 활성화 하거나 회복시키는 능력이 있는 것으로 보인다. 인터루킨-2와 같은 몇몇 림포카인은 많은 잠재력을 갖고 있으며,

유전공학적으로 생산되어 상업적으로 쉽게 구할 수 있다.

이러한 중요 물질들을 현실적으로 공급 가능한 것은 재조합 DNA 기술로 말미암아 대량 생산이 가능했기 때문이다.

재조합 기술을 이용한 인간백신의 성공적인 생산은 현재의 질병치료방법을 대체할 수 있는 새로운 접근을 가능하게 할 것이다. B형 간염 바이러스에 대한 재조합 백신은 승인을 얻었으며 시장규모도 점차 커지고 있다.

현재 모든 바이오의약품들은 유전자 조작된 동물세포나 미생물의 배양으로부터 얻어진다. 그러나 형질전환 동물을 이용할 수 있게 되면서 (제10장), 쥐, 양, 소, 돼지의 유선조직에서 잠재적인 바이오의약품인 TPA (tissue plasminogen activator)나 혈액응고제 등을 생산할 수 있게 되었으며, 나아가 우유에서도 생산할 수 있게 되었다. 이런 경우 재조합 단백질을 보다 용이하게 분리/정제할 수 있게 된다. 이러한 형질전환 동물을 이용하는 방법의 또 다른 특징은 활성을 갖기 위해 복잡한 단백질 변형을 요구하는 몇몇 치료제 단백질에게 이러한 변형을 줄 수 있다. 이러한 변형은 미생물을 이용하는 경우 얻을 수 없다. 아직도 상업적으로 생산되지 못하고 있는 이유는 생산성이 충분히 확보되고, 규제에 따른 승인을 얻어야만 하기 때문이다. 분명한 것은 향후 복잡한 단백질을 생산하는 주된 방법이 될 것이다. 생산동물의 경우 아직까지 좋지 않은 영향을 받는 것 같지는 않으며, 우유생산도 정상으로 확인되었다.

조혈 성장인자

재조합 에리스로포이에틴(erythropoietin)이 주로 신부전 빈혈과 종양성 빈혈의 치료에 사용되고 있으며 세계적으로 10억 달러 매출을 달성한 첫 번째 재조합 치료용 단백질이다. 이 약품은 유감스럽게도 일부 운동선수들이 경기력을 올리는데 사용하기도 한다.

과립구 집락 자극 인자(graulocyte colony stimulating factors, GSF)는 호중구 선구 세포가 성숙한 과립구로 증식과 분화하는 것을 자극하며, 일차적으로 암 화학요법과 함께 사용되어 독성의 화학치료제에 의한 백혈구의 파괴를 상쇄시킨다.

미국의 한 제약회사는 인간의 헤모글로빈을 유전자 변형 돼지에서 생산하고 있으며 이렇게 생산된 것은 인간의 혈액을 대체할 수 있다. 이러한 유전자 변형 헤모글로빈은 거대한 시장규모를 가지고 있다. 매년 세계적으로 7,000만 번의 수혈이 이루어지는데 100억 달러이상의 비용이 들고 있다. 유전자변형 헤모글로빈(transgenic haemoglobin)은 적혈구로 구성되지 않기 때문에 HIV와 같은 병원체로부터 자유로우며 수혈 전에 거부반응 검사와 같은 절차가 불필요하다. 그러나 현실화하기까지는 많은 연구가 더 필요하다.

[11.6] 약물 유전학

약물 유전학(pharmacogenetics)은 약물에 대한 환자 반응의 변이를 연구하는 분야이다. 이러한 변이는, 약물 효능의 개인별 차이와 약물에 대한 해로운 반응을 설명할 수 있는 유전적 특성에 기인한다. 약물 유전학은 약물의 발견에서 유전체학의 응용과 종종 관련되는 용어이다. 실제로 이러한 용어들은, 유전적 검사를 통해 환자나 집단을 약물 치료에 대한 생물학적 반응에 기초하여 여러 그룹으로 나누는 것과 관련이 있다. 이는 현재 의약학, 정보학, 세포 및 분자생물학, 유전체학, 역학, 약리학 등 여러 학문이 관여하는 학제간 분야이다. 이런 연구는 다음을 목표로 한다.

- 더 좋은 약물의 발견과 질병 기작의 규명
- 약물의 안전성과 효능의 개선

[11.7] 분자생물학과 사람의 질병

인간 게놈 프로젝트(human genome project)의 시작과 뒤이은 단백질체학(proteomics)와 메타볼로믹스(metabolomics)의 발달 이후로 복잡한 사람의 질병을 분자적 기초로 해석하려는 노력이 있어왔다. 이제 새로운 시험관 내의 분자적 진단 시험 (핵산 탐침, 마이크로어레이 등)은 치료에 대한 반응을 정량적으로 측정하며, 질병의 진전을 감시하고 재발을 예측할 수 있다. 이러한 성공적인 진단 과정의 중심에는 적절한 사람 생물표식(biomarker)의 올바른 확인이 있다.

사람 생물표식은 의학에서 오랫동안 이용되어 왔으며, 단순한 단일 생리적 (심박동, 혈압) 혹은 실험실 (콜레스테롤, 백혈구) 변수로부터 매우 복잡한 이미지 양상 혹은 유전체/프로테옴 판의 다중 표식에 이르기까지 시간이 지나면서 진화해 왔다. 생물표식이란 어떤 사람의 질병 상태 혹은 약물 치료에 대한 반응을 예측할 수 있는 측정법을 말한다. DNA에 기초한 생물표식은 이미 일상적인 환자 관리에 포함되어 있다. 여러 방식으로 분자적 진단 접근법은 개인전용 의학(personalized medicine)을 위한 미래 시장을 지원한다. 분자 생물표식 관련 제품과 서비스로부터 얻는 수익은 2009년까지 20억 달러를 초과할 것으로 예상된다.

의학 진단 시장의 전체 규모는 290억 달러 수준이며, 이의 80% 이상은 감염질환의 확인과 관련이 있고 나머지는 유전질환과 관련된 분석, 예측 분석, 암과 임신 진단이 차지한다. 다양한 종류의 진단 도구가 현재 판매대에서 구입할 수 있다. 500개 이상의 회사가 분자적 진단을 그들 사업의 일부 혹은 전체 영역으로 가지고 있다. 분자적 진단은 민감도, 속도, 선택성의 향상과 함께 기술적 진보를 가져왔다.

시험관 내 진단 시험이 의료 시장에서 우위를 점하고 있는 반면에 생체(in vivo) 시스템은 개발중에 있다. 그러나 시험관내 시스템과는 달리, 생체 제품은 사용 시의 안전성을 확보하기 위해 광범위하고 많은 시간을 소비하는 임상시험을 거쳐야 할 것이다.

[11.8] 개발도상국에서 진단

감염 질환은 여전히 개발도상국을 유린하고 있다. 진단은 개인과 집단의 수준 모두에서 질병의 존재와 원인을 찾고 확인하는데 결정적이다. 개발도상국의 경우 기반시설이 미약한 장소에서 행할 수 있는 진단 시험이 부족하다. 이러한 시험이 없이 보건관련 종사자는 질병과 발열과 같이 외견상 유사한 증상을 구분할 수 없고 올바른 처치와 의료 행위 (예방적이든 치료적이든)의 효과에 대한 모니터링을 적용할 수 없으며 약물 내성이나 기존 질환의 재발에 대한 평가를 내릴 수 없다.

현재 이용할 수 있는 진단 장비는 대부분의 개발도상국에서 필요로 하는 보건상의 편의를 제공하는 데 대부분 적절하지 않다. 대부분 상업적 회사들은 개발도상국에서 감염 질환의 진단에 사용할 정확하고 낮은 비용의 분자적-기반 진단 시험을 개발할 의지를 보이지 않는다. 대부분의 기존 진단 시스템은 산업화된 국가에 맞추어 만들어졌으며 일반적으로 개발도상국에서 활용할 수 있는 인력의 기술과 비용으로 운영하기에는 너무 복잡하여 부적절하다. 개발도상국의 질병 문제에 대한 진단 방법의 개발과 전달을 촉진할 수 있는 대규모 기금의 필요성이 존재한다.

Bill과 Melinda Gate 재단은 세계 보건 진단 포럼을 후원하였으며, 개발도상국을 위한 향상된 진단 기술이란 표제의 보고서를 채택하였다 (www.nature.com/diagnostics).

이 보고서에서 저자들은 새로운 진단 도구의 긴급한 필요성, 새로운 진단 도구가 개발도상국의 국민들에게 줄 잠재적 영향, 그리고 이러한 도구의 실행에 필요한 조건을 확인하였다.

[11.9] 유전자 치료

인간 유전공학분야의 궁극적이고 가장 논란이 되는 분야는 유전자치료 분야이다. 유전자치료(gene therapy)란 유전자나 유전물질을 인간 세포에 도입하여 질병을 완화시키거나 치료하는 제반 치료를 일컫는다. 유전자 치료의 목적은 잘못된 유전자를 정상 유전자로 치환하거나 억제시키는 것이다. 세포로 도입된 DNA는 환자의 표현형질을 교정하는 유전정보를 제공한다. 그러나 이를 위해서 외래유전자는 질환이 있는 세포까지 도달해야 하는데, 이점이 중요하고 지속적인 문제점이 되고 있다. 현재까지 전 세계적으로 여러 종류의 유전질환을 앓는 수천 명의 사람이 유전자 치료를 받았으나 소수만이 임상적으로 효과를 보았다. 대부분의 현행 유전자 치료는 레트로바이러스와 같은 바이러스 침투법을 사용한다. 이러한 운반자는 숙주세포의 염색체에 무작위로 삽입될 수 있기 때문에, 환자에게 삽입돌연변이를 유발시킬 수 있어 잠재적으로 발암가능성도 있다. 다른 방법으로는 리포좀과 같은 입자 또는 세포표면을 인식할 수 있는 항체 분자를 이용하여 세포에 융합시켜 직접 도입시키는 방법이 있다.

리포좀(liposome)은 DNA를 포집할 수 있어 치료용 유전자의 운반자로 사용할 수 있다. 생체내 유전자 도입방법을 개발하고자 많은 연구가 진행되고 있다. 유전자 도입 대신에 유전자를 교정하고

표 11.6 단일 유전자 치료의 가능성이 있는 사람의 유전질환

질환	표적 조직	발병률
헤모글로빈 결핍증	골수	1 : 600 (특정 집단에서)
낭포성 섬유증	간	1 : 500
뒤시엔느 근무력증	근육/뇌	1 : 300 (남성)
A형 혈우병	간	1 : 6,000 (남성)
B형 혈우병	섬유소 세포	1 : 30,000 (남성)

출처 : Johnson (1991) Chemistry & Industry, 644-666

자 하는 방법이 대안으로 부상하고 있다. 이를 위하여 유전자의 조절부위는 그대로 가지고 있는 상태로 잘못된 유전자에 대응하여 교정할 수 있는 합성 DNA와 RNA를 세포내로 도입하는 연구가 진행 중이다.

그러나 '생식세포 유전자 치료(germ-cell gene therapy)'와 '체세포 유전자 치료(somatic-cell gene therapy)'는 분명히 구분되어야 할 것이다. 생식세포 유전자 치료의 경우 변형 유전자는 후대로 전달된다. 사람에서의 유전자 치료가 치료 외적인 목적 (예를 들면, 사람의 육체적, 정신적 능력을 정상으로 생각되는 것보다 증가시키기 위한 유전적 '향상')으로도 고려되어야 하는가? 이 기술이 나쁜 신체를 양호한 신체로 만드는 것이 아닌 신체를 더 좋게 만들기 위해 사용되어야 하는가? 윤리적이고 실행 측면에서 생식세포 치료는 가까운 미래에는 허용되지 않을 것이다. 반면에 체세포 치료는 정상 기능의 유전자를 이러한 기능이 결여된 체세포로만 도입하게 되기 때문에 치료받는 사람에게 국한되고 후대로 전달되지는 않는다. 체세포로만 도입되기 때문에 환자는 평생 반복적으로 유전자 치료를 받아야 한다.

유전자 치료의 주요 공격 목표는 낭포성 섬유증이나 혈우병 같이 멘델의 유전양식이 확인된 가족에게서만 관찰된 단일 유전자 치료에 집중되었다 (표 11.6). 몇몇 학자들은 기술적인 애로점을 해결한다면 앞으로 수십 년 내에 수백 종의 이러한 단일 유전자 치료를 성공적으로 해낼 것으로 기대한다. 현재로는 대부분의 유전질환에 효과적인 치료법이 없기 때문에 유전자 치료가 많은 사람들에게 희망을 주고 있다. 파킨스씨 병이나 암과 같이 다인자 질환의 경우 체세포 치료도 아직 요원한 상황이다. 이러한 질환의 경우 수많은 유전자가 관여하고 있으며 많은 환경 인자 또한 중요하다.

유전자 치료는 초기 희망을 충족시키지는 못하고 있으나, 최근의 혈액질환에 대한 성공적인 치료 결과는 앞으로의 성공을 예고하는 것 같다. 이 분야의 잠재성은 앞으로 실현될 것으로 예상한다.

유전자 치료는 새로운 생명공학 기술을 요구하는 복잡한 일련의 과정이다. 치료를 위해서는 잘못된 유전자가 환자에게 어떤 영향을 미치는지와 이를 어떻게 제어하거나 대체할 수 있는지에 대한 충분한 이해를 해야 한다 (그림 11.4).

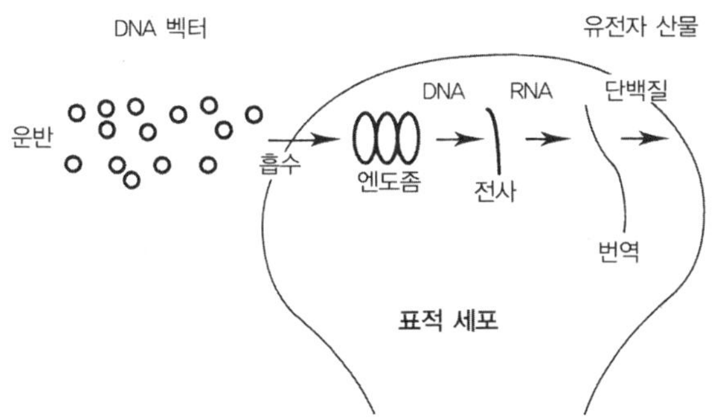

그림 11.4 백유전자 전달과 발현을 위한 기능적 단계. 유전자 치료는 운반자 DNA를 체내의 특정 표적세포로 전달, 흡수 (대개 엔도시토시스에 의해), 운반자 DNA 염기서열의 전사 및 번역, 치료를 위한 유전자 산물의 생성에 의해 진행된다.

이를 위하여 분자생물학, 세포생물학, 바이러스학, 약리학, 임상적용, 특허등록 등 다학제적 접근을 요구한다. 유전자 치료 제품은 개발, 제조, 시험, 공급에서 어려운 도전을 제공할 것이다. 안전성 문제가 끈질기게 따라오며, 유전자 치료의 효력은 달성하기가 훨씬 더 어렵다. 여전히 도전해야 할 것은 충분한 기간 동안 유전자의 발현이 충분하게 진행되게 하는 것이다. 이 분야의 연구와 적용에서 미국은 전 세계의 선도 역할을 하고 있다. 몇몇 절차는 현재 승인 단계를 거치고 있으며, 이미 유전자 조립, 전달방법, 부가적 기술에 대한 특허는 등록된 상태이다. 세계적인 일반 의료보험 업계에서는 부유한 나라의 경우 유전자 치료가 상당한 부가가치를 제공할 것으로 기대한다.

유전자 치료 기술은 사실 외래 유전자를 사람 체내에 주입하는 연속적인 기술의 일부이다.

장기 이식은 외래 유전자의 발생원이며, 이를 통해 유전적 질환 때문에 결핍될 수 있는 효소와 다른 물질을 기능을 나타낼 정도로 합성할 수 있다. 낭포성 섬유증에서 폐 이식, 중증 면역 결핍과 백혈병에서 골수 이식을 예로 들 수 있다. 이와 유사하게 백신 접종도 백혈구 DNA의 비가역적인 변화를 일으켜 많은 바이러스성 및 세균성 질환에 대한 면역을 중개하는 항체의 합성을 가져올 수 있다.

유전자 치료 기술은 위험이 없지 않으며 여러 주목받는 사건이 따르게 되는데, 유전자 치료 시도의 윤리와 안전성에 대한 상당한 관심에 집중되고 있다.

[11.10] 시스템 생물학과 의약품

인간 게놈 프로젝트는 생물학이 정적인 요소와 동적인 요소를 지닌 정보 과학이라는 관점을 부각시켰다. 유전체는 생물체의 발달과 기능에 대한 모든 지시들로 이루어진다. 유전적 변화가 일어나면,

이러한 지시의 기능적 상실 혹은 변화가 있게 된다. 질병은 유전적 변화로부터 발생할 수 있다. 이러한 관점에서 질병 상태의 치료는 DNA 혹은 단백질의 형태로 잘못 기능하는 정보를 대체하거나 실수하는 정보를 수정하는 것일 수 있다. 시스템 생물학의 접근은 생물학적 정보의 다양한 단계를 밝히고자 하는 것이다. 유전체학과 프로테오믹스의 복잡한 네트워크는, 교란이 결정적인 영향을 주어 이에 동반하는 질병 과정을 초래하며 또한 의학적 관여의 가능성을 제공하는 시스템에서 주요 분야이다. 시스템 생물학은 궁극적으로 인간 질병의 예측 모델을 개발할 것이다. 미래의 중심 의약품은 단순히 한 시스템을 표적으로 하는 것이 아니라 공통적인 접점에서 여러 시스템을 표적으로 할 것이다.

12 줄기세포 생명공학

[12.1] 줄기세포의 본질

포유류의 몸 안에는 분화되지 않은 세포부터 간, 뇌, 폐, 혈액, 피부 등과 같이 세포 분화에 의해서 형성된 매우 고도로 특화된 세포 형태와 조직까지 지위 체계가 존재한다. 세포 분화는 세포가 존재하는 몸 안에서 특정한 유전자들과 세포 신호들을 켜거나 끄는 다양한 생물학적 과정들에 의해서 일어난다. 세포의 분화가 완성되면 그 자신을 더 이상 재생 할 수 없다. 그러나 성숙한 몸의 조직은 혈액 내의 세포 (조혈 세포)나 피부세포 (외피세포)와 같은 세포들을 교환하는 능력을 보유해야만 하는 것으로 인식되어왔다. 몸은 조직 내에 약간의 미분화 세포들을 보유하고 있으며, 이런 세포들을 조직 혹은 성체 줄기세포(tissue or adult stem cell, TS)라고 한다.

줄기세포(stem cell)란 무엇인가? 줄기세포는 스스로 재생하고 여러 갈래로 분화를 할 수 있는 미분화된 세포들이다. 이것들은 특정한 세포 집단 내에서 미분화 상태로 남아있는데 어떤 특별한 기능이 없다. 그러나 필요한 경우에 특화된 세포 형태로 분화되도록 유도된다. 줄기세포는 특이한 효소와 세포에 특이적인 항원을 보유하며 발생 시에 조절되는 유전자들을 발현시킬 수 있다. 줄기세포는 전형성능(totipotent), 기관형성능(pluripotent) 및 다분화능(multipotent)로서 특성이 부여된다.

줄기세포에 대한 과학적 의학적 관심을 충분히 이해하기 위해서는 인간 수정란(zygote)이 배아(embryo)가 되고 다시 태아(fetus)가 되는 초기 발생의 세포 변화를 자세히 이해할 필요가 있다. 수정 후 24시간 안에 유사분열(miotic cell division)은 2개의 세포를 만들며, 이어서 4개, 8개 16개 등등의 세포로 분열될 것이다. 이 단계에서는 모든 세포들이 배아를 형성하는 능력을 가지고 있다–이것이 '전형성능(totipotent)'이다. 수정 후 4일 후에는 특화된 세포들로 이루어진 구형(sphere)의 배반포(blastocyst)가 만들어진다 (그림 12.1). 배반포 세포들의 외각은 나중에 태반(placenta)과 그에 관련된 조직을 형성할 것이고, 배반엽상층(epiblast)과 내부세포괴(inner cell mass)는 배아와 인간 몸체의 모든 세포와 조직을 형성하게 될 것이다. 이런 세포들을 '기관형성능

(pluripotent)'을 갖는다 하고, 더 잘 알려진 대로는 배아 줄기세포(embryonic stem cell, ES)로 생각하는데, 개개 세포는 태반을 형성할 수 없음으로 태아를 형성할 수 없다. ES 세포들이 다양한 세포와 조직으로 분화하는 능력은 의료 치료제로서의 가능성 때문에 커다란 관심을 불러일으켰다. 현재 법적 문제로 배아 연구는 발생 14일 단계 이상은 수행할 수 없다. 다분화능 세포는 태아나 성체의 특정한 조직에 존재하는데, 그 조직으로만 분화되는 세포를 제공할 수 있을 것이다 (표 12.1).

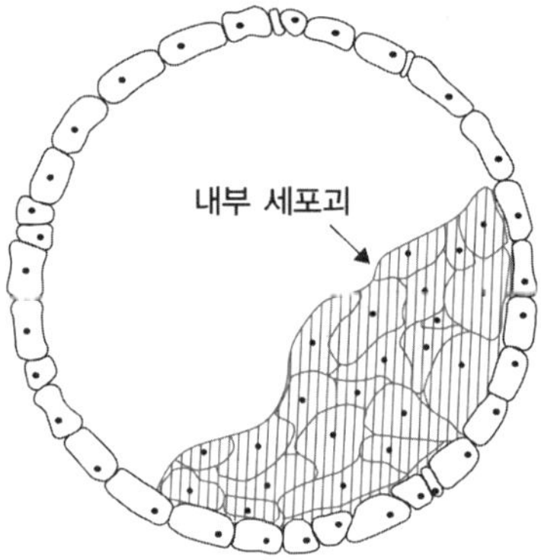

그림 12.1 배반포.

표 12.1 줄기세포의 원천

- 실험관 수정 (IVF) 혹은 착상 전 유전자 진단에서 버려지는 잉여 배아
- 유산된 태아의 세포
- 기증된 난자와 정자로 실험실에서 만들어진 줄기세포 연구만을 위한 배아
- 기증된 난자와 성체 조직을 이용하여 세포 핵 치환으로 실험실에서 만들어진 줄기세포 연구만을 위한 배반포
- 정자가 없이 인간 난자를 활성화하여 줄기세포 연구만을 위해 만들어진 단위생식 (parthenogenetic) 배아
- 조직 줄기세포를 포함하는 성체 및 태아 조직
- 조직 줄기세포를 포함하는 제대혈
- 양수

출처: Barfoot (2005)

표 12.2 배아 세포의 특징적 정의

- 배반포의 내부세포괴에서 유래
- 시험관에서 분화가 없이 무제한으로 체계적인 분열을 할 수 있는 능력 (장기적으로 자신을 재생하는 능력)
- 계속된 배양에 걸쳐서 안정적이고 완전하며 (배수체) 정상적인 염색체 (핵형) 구성을 보여주고 유지함
- 내배엽, 중배엽 및 외배엽에 일치하는 분화된 세포 종류로 발생할 수 있음
- 발생 중에 태아 조직으로 도입이 가능함
- 생식세포를 형성하고 정자와 난자로 발생 가능함
- 원래 세포와 동일한 성질을 갖는 유전적으로 동일한 세포 집락의 형성이 가능함
- telomerase 활성을 보임

1998년에 위스콘신대에서 최초로 분리된 인간 배아 줄기세포(human embryonic stem cell, hES)는 의심할 여지없이 인간의 세포 대체치료(cell replacement therapy), 약품과 독소의 탐색 및 인간 세포발생의 초기 단계 연구를 위한 기관형성능을 갖는 세포를 제공할 가능성을 가졌다. 혈액, 골수, 지방 및 몇몇 다른 조직에서 유래한 성체 조직 줄기세포(TS)는 지속적인 번식 능력을 갖는 세포주(cell line)가 확립되어 존재한다. 인간 배아 줄기세포가 가장 유연성을 갖는 형태의 줄기세포이지만 커다란 논쟁을 불러일으키고 있다 (표 12.2).

조혈 줄기세포(haematopoietic stem cell)를 이식하여 새 혈액세포를 생산하는 것은 현재 보편화된 임상 치료이고, 섬세포(islet cell)를 이식받은 수백 명의 당뇨병 환자들 중에서 꽤 높은 비율의 환자들이 여러 해 동안 인슐린 주사가 없이 살고 있다. 다량의 섬세포를 만들 줄기세포를 분리하고 생산할 수 있는 가능성에 대해서 현재 심도있게 연구 중이다. 줄기세포는 손상되거나 죽은 심장 근육 세포(cardiomyocytes)들을 대체하는데 사용되거나, 심장세포로 수송을 하는 혈관을 형성하는 혈관내피세포(vascular endothelial cell)와 평활근 세포(smooth muscle cell)를 교환할 수도 있을 것이다. 조직의 손상된 부위를 치료하기 위한 건강한 피부의 이식은 현재 많이 이용되고 있다. 현재 환자의 상피 줄기 세포를 인공적 지지대에서 배양하고 이식에 사용하는 것이 가능하다.

최근에 줄기세포들이 양수로부터 분리되었는데 3 종류의 초기 배아세포주들인 중배엽, 외배엽, 및 최종적인 중배엽을 대표하는 여러 형태의 세포들인 것으로 나타났다. 따라서 양수 유래 줄기세포(amniotic fluid-derived stem cell, AFS)는 재생 의약품을 만들기 위한 중요한 원천이 되었다. 용이하게 접근할 수 있으며 기관형성능을 갖고, hES와 TS에 비해서 이점을 가지고 있다. 특히 이 세포들은 hES이 갖는 윤리적으로 복잡한 것을 가지고 있지 않다.

[12.2] 줄기세포 배양

포유동물 세포 배양에 대한 원리는 제4장에서 논의되었고, 동물 세포는 주로 백신과 재조합 단백질 생산을 위해서 이용되었다. 현재 많은 hES 및 TS 세포주가 확립되었고 대량 생산 기술도 광범위하게 연구 중이다. 의학 치료용으로 사용되기 전에 세포들은 세포 분화, 재생능력 및 안정성에 대한 기본적인 연구들이 요구되어진다.

줄기세포의 배양은 세포를 미분화 상태로 유지시키는 적절한 배지와 기반층(substratum)이 필요하다 (그림 12.2). hES의 기반층은 용해된 뮤린(murine) 혹은 인간 배아 섬유아세포(fibroblast)이거나, 혹은 기반겔(Matrigel) 상에 섬유아세포 성장 인자를 갖거나, 장기간 성장을 위해서 라미나린(laminarin) 혹은 피프로넥트린(fibronectrin) 기질을 포함하는 배지일 수 있다. 모든 hES 세포주를 위한 통일된 배지는 아직까지 없다.

기반층 위의 세포들은 자라면서 서로에게 들러붙는다. 새 배지에 접종하기 위해서는 세포들을 다시 떼어내야 한다. 이는 기계적인 방법과 효소를 이용하는 2가지 방법에 의해서 수행된다. 기계적인 뒤섞기는 집락들을 떨어지게 해서 새 조직배양 플레이트에 옮길 수 있도록 한다. 효소를 이용한 접종은 세포들이 떨어지도록 해주는 collagenase IV 같은 효소로 배양된 조직을 처리하는 과정을 겪는다. 두 경우 모두에서 매 접종 마다 일정한 세포 밀도를 갖는 배양체를 만드는 것이 어렵다.

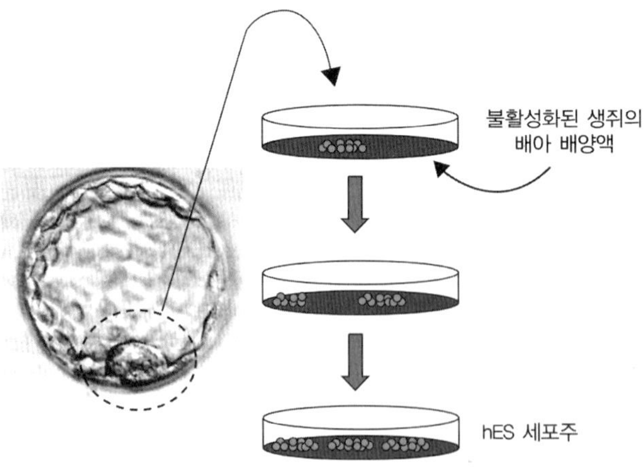

그림 12.2 인간의 배반포에서 hES 세포주를 얻어내는 체계도. 내부세포괴 (ICM)를 제거하여 불활성화된 생쥐의 배아 배양액에 넣는다. 이 세포들이 여러 번의 분열하여 hES 세포주를 형성하게 된다. (Veeck, L and Zaninovic, N (eds) An Atlas of Human Blascysts. Parthenon, Boca Raton, Florida 2003 제공.)

표 12.3 줄기세포와 재생 의약품 : 해결되어야 되는 문제점
• 어떤 줄기세포가 최대의 조직 수선 능력을 제공하는가?
• 몇 개의 세포가 투여되어야 하는가?
• 부작용 없이 치료의 이익이 보장되는 줄기세포 치료가 될 수가 있는가?
• 줄기세포 치료가 적절한 질병들은 어떤 것인가?
• 이식된 줄기세포의 착상 및 기능이 면역학적 혹은 약리적 치료에 의해서 증진될 수가 있는가?
• 이식된 줄기세포가 과도한 성장을 하거나 암으로 변이되는 것을 막기 위해서 성장이 조절될 수 있는가?
• 줄기세포 치료는 얼마나 안전한가?

무균 상태에서 다량의 줄기세포를 생산하는 것이 하나의 일이라면 세포 치료 실험은 가능한 것일까? 다른 배양 방식으로 생산된 세포들은 서로 유사한가? 최적으로 배양 조건은 아마도 미래에 이 세포들을 이용하는데 달려있을 것이다. 만일 hES가 재생 의약품으로 혁명을 일으키려면, 반드시 원하는 대로 분화된 세포 형태로 생산하는 방법을 찾아야 할 것이다. 예를 들어 파킨스병 치료가 목적이라면 기능을 갖고 있으며 이식이 가능하고 안정적으로 도파민성 뉴런을 다량으로 생산하는 hES 세포의 배양이 준비되어야 한다.

최상의 치료 결과를 위해서 줄기세포를 이식하기 전에 시험관에서 배양할 필요가 있는가? 줄기세포 재생 치료법에서 가장 큰 도전은 기관형성능을 보유한 hES 세포를 원하는 발생 과정으로 유도하도록 하는 올바른 유전학, 생화학 및 환경 신호를 이해하는 것이다. 이는 발생학자들에게 수년 사실은 수십 년에 걸쳐서 수행할 도전임에 틀림이 없다 (표 12.3).

줄기세포가 포함된 치료 의약품은 국제 의약품제조 품질관리 기준(good manufacturing practice, GMP) (그림 12.3)에 따르는 대량 생산 방법이 필요할 것이다. 이 방법은 순도와 확실성 및 인간 병원체가 없다는 것을 보증해야만 한다. 이식된 세포가 언제나 계획된 대로 분화 과정을 따른다고 믿을 수 있을까? 변절된 세포들이 통제할 수 없게 되어 암 발생을 일으킬 가능성이 있다. 이런 세포들을 이식 후에 파괴할 수 있을까?

일본과 미국의 독립된 연구에서 연구자들은 배양된 줄기세포를 4가지 전사인자(transcription factor)에 노출시켰다. 이 전사인자들은 자연적으로 생성되며 유전자를 조절하는 생화학물질이다. 각각의 경우에 전사인자를 배양되는 피부 세포에 도입하는데 바이러스가 이용되었다. 그 결과 피부세포는 배아줄기세포와 유사한 새로운 세포들을 생산하였다. 각 연구 그룹은 이 세포들이 뇌, 심장 및 다른 조직들로 발생할 수 있다는 것을 증명하였다.

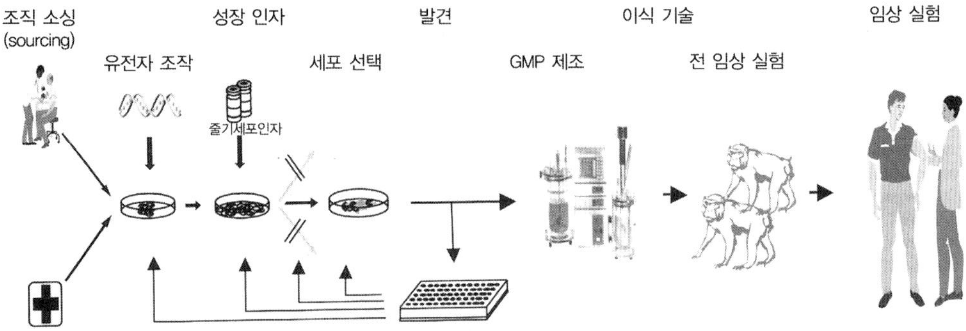

그림 12.3 임상 순서도. 세포에 기반을 둔 치료법이 실험실에서 임상까지 가는 단계들은 배아줄기 세포나 성체줄기세포에서 모두 유사하다. 연구자들은 세포의 원천 (예, 환자)을 찾고, 세포가 분화하도록 하고, 생체 내에는 물론 실험실 배양기에서도 배양을 하며, 회사의 세포 대량 생산은 지속적이고, 순수하며 동일한 세포의 공급 및 가격을 낮추는 것을 보장한다. (출처: Stem Cell Science, Edinburgh.)

이것이 윤리적으로 문제가 있는 hES 세포를 필요로 하지 않는 줄기세포의 새로운 시대를 알리는가? 현재는 그렇게 보이지 않는다. US FDA는 환자에게 바이러스를 이용하여 변형된 세포를 암의 원인이 될 수 있음으로 허용하지 않는다. 그러나 이 새로운 세포들을 치료 의약품으로 사용하는데 더 많은 연구가 필요하지만, 약물 발견이나 독성 조사에 이용하는데 아무 문제가 없다.

[12.3] 인간-동물 배아

hES 세포가 인간의 어떠한 분화된 세포로도 발생할 수 있다는 것은, 인간 퇴행성 질병에서 오는 영향을 되돌리는데 이것을 이용할 가능성 때문에 과학적, 대중적 흥분을 불러일으켰다. 그러나 인간 난자는 구하기가 어렵고 조작하기가 어렵다. 반면에 양질의 동물 난자는 다량으로 얻을 수 있다. 현재 인간-동물 배아의 이용 가능성에 대해 커다란 과학적 관심이 있다.

제안은 토끼 등의 동물의 난자를 취해서, 토끼의 내용물 (게놈)을 제거하고 인간 게놈이나 인간 게놈을 포함하고 있는 세포로 대체하는 것이다 (핵 이식). 난자는 반복적으로 분열하여 토끼 난자의 요소(component)들이 인간의 요소들로 대체된 초기 배아를 구성하는 세포 덩어리를 만든다. 이런 배아에서 얻어진 배아줄기세포는 거의 100% 인간의 것이다. 이 hES는 단지 연구를 위해서만 사용되고 환자에게는 절대로 사용되어서는 안된다. 인간-동물 배아는 잡종 동물을 발생시키기 위해서 성장을 시키는 것은 허락될 수 없고 배아줄기세포 생산을 개선하기 위한 연구는 허락

될 것이다. 이 방법으로 제한된 인간 배아로는 거의 불가능한 근본적인 줄기세포 연구가 수행될 수 있다.

[12.4] 줄기세포 치료의 상업적 가능성

인간 퇴행성 질병의 치료에 대한 의료적인 수요가 크게 있지만 현재 충족되지 못하고 있음으로, 결과적으로 성공적인 치료법은 경제적으로 상당한 가능성이 있다. 현재 일반 대중들은 줄기세포에 기반을 둔 기술의 기초를 이루는 과학이 미래에 성공하기를 바라는 자세를 가지고 있다. 백혈병의 화학요법 치료 후에 행하는 골수 이식은 이미 성체 줄기세포 대체 치료가 성공하였음을 증명하였다.

그러면 현재 왜 줄기세포 회사들이 벤처 자본 같은 개인 자본들로부터 충분한 연구비를 끌어 모으는데 어려움을 겪는가? 이것은 세포의 치료의 사례가 너무 빈약하고, 무시못할 윤리 문제가 있으며, hES에 연관된 정치적인 불확실성과 애매한 특허 문제가 있기 때문이다. 일반적으로 줄기세포 회사의 주식이 다른 생명공학 회사의 것보다 더 변동이 크다. 대부분의 상업화된 제품들은 시장 가능성이 충분해질 때까지 살아남지를 못한다.

줄기세포 연구의 대부분은 더 깊은 과학적 이해와 재현성이 실현되어 상업적으로 시행되는 시점으로 들어갈 때까지 순수 학문적으로 혹은 연구 기관 내에서 지속적으로 발전해야만 한다. 애석하게도 전망적인 환자들이 의심스러운 줄기세포 치료를 위해서 낮은 의학 규범을 갖는 나라들로 여행을 하고 있다. 이런 치료는 환자 및 줄기세포 연구 규정에 큰 손상을 입힐 수 있다.

줄기세포 기술을 일반적인 임상 치료로 전환되기 위해서는 줄기세포의 특성을 조사하고 정제하며, 어떤 세포들이 상호작용을 하며, 새로운 조직을 형성하고 특히 이식된 곳에서 기능을 회복하느냐하는 발생 과정을 체계적으로 밝히는 고생스러운 과정이 필요할 것이다. 인간 세포는 헤아릴 수 없이 복잡하고, 연약하며 또한 다양함을 보인다.

줄기세포의 가능성은 임상적으로 적용하기에 안전하고 적절한지 고려되기 전에 반드시 대답이 되어야할 수많은 과학적, 윤리적 관심을 불러일으켰다.

13

생명공학적 발명의 보호

[13.1] 서론

현재의 세계화 추세 속에서 생명공학 기업은 그들이 활동하는 세계의 모든 지역에서 그들의 제품과 기술이 크게 보호받는 것을 강구해야만 한다. 새로운 생명공학 하나로부터의 전 세계적 매출이 21세기 초까지 연간 100조원이 넘을 것으로 추산하였다. 이는 대부분의 경우 여러 해 동안의 값비싼 연구와 개발로부터 비롯된 다양한 범위의 생명공학에 기초한 제품 및 공정으로부터 얻어질 것이다. 흔히 지적재산(intellectual property, IP)이라 부르는 그런 생명공학 제품과 공정들이 어떻게 보호받고 경제적 이득이 권리를 가진 발명자와 산업계 개발자에게 돌아갈 수 있는가? 생명공학 분야의 발명자들은 발명 특허(patent for invention), 식물 육종인 권리(plant breeder's right)와 영업비밀(trade secret) 등을 포함한 여러 가지 이름의 보호방법에 의해 보호될 수 있다.

지적재산권은 신기술을 이용할 수 있게 고안되어, 개발한 과학자나 기업이 그에 대한 보상을 받게 된다. 지적재산은 생물학적 체제의 기초 연구, 분석과 조작, 생물학적 특성, 산업적 적용 또는 상업적 사용으로부터 유래한 어떤 정리된 지식, 혁신 또는 실질적이거나 잠재적인 경제적 가치를 지닌 어떤 것일 수 있다.

발명과 혁신을 구분하는 것이 중요한데, 발명은 새로운 아이디어의 상업화를 항상 포함하지는 않기 때문에 모든 발명이 혁신으로 이어지지는 않는다. 혁신은 발명을 효율적으로 창조하고 관리하며 영향을 미치고 신제품을 성공적으로 시장으로 출시하는 상호작용적 과정으로 보여져야만 한다.

생명공학 측면에서 발명의 내용은 산물 또는 공정의 형태가 될 수 있다.

- *산물(product)*. 이는 동물, 식물과 미생물 같은 자연적 또는 인공적 기원의 살아있는 존재, 세포주, 세포 소기관, 플라스미드와 DNA 서열, 또는 살아있는 체제로부터 1차적 또는 2차적

으로 비롯된 자연적으로 생성된 물질 중의 하나로 간주될 수 있다.
- *공정(process).* 이는 분리, 배양, 증식, 정제와 생물전환 등을 포함할 수 있다. 그런 공정들은 항생물질 생산 같은 상기 산물의 분리 또는 생성; 당의 알코올로의 효소 전환 같은 산물의 생물전환을 통한 물질의 생산; 또는 분석 또는 진단에 사용되는 단일클론 항체나 병원체의 생물제어에 사용되는 미생물 같이 어떤 목적을 위한 산물의 사용 등에 포함될 수 있다.

[13.2] 특허 보호

특허(patent)란 무엇인가? 특허는 정부의 행정당국인 특허청에 의해 그 존재를 승인하는 법률에 따라 허락받은 법적 권리이다. 특허청은 특허가 다음의 3가지 중요한 기준을 충족시키는지를 확실히 밝혀야 한다:

(1) 독창성(novelty). 이전에 시행되거나 심지어 대중적 모임에서 논의된 바도 없어야 한다.
(2) 실용성(utility). 유용한 목적을 가져야 한다. 예를 들면 한 유전자는 그 고유의 권리에 대해 특허출원을 할 수 없으나 그 산물에 대해서는 가능하다.
(3) 권한 부여(enablement). 그것은 다른 사람에 의해 반복될 수 있다.

특허 교부에 따라 특허권자(patentee)는 제한된 기간 동안 특허발명의 상업적 이용을 위한 특허의 활용범위 내에서 모든 다른 사람들을 배제하는 권리를 부여받는다. 이런 독점적 상황에 대한 답례로 특허권자는 발명의 구체적 사항을 대중에 공개하여 독점적 기간 종료 후 그 발명이 다른 사람들에 의해 자유롭게 이용될 수 있게 된다. 특허권을 얻기 위해, 예를 들면 유럽, 미국과 일본에서는 특허 신청이 각 나라에서 이루어져야 한다. 그런 복수 신청은 비용이 많이 들고 제한적일 수 있다. 세계의 일부 지역에서는 법적인 특허제도가 아직도 없으며 특허권자에게 어떤 경제적 보상 없이 공개된 특허를 활용하려고 한다.

특허 신청이 조사되고 부여된 후 특허는 특허 발명자의 이름, 특허권자의 이름 (만일 다를 경우), 특허에 대한 설명과 관련 청구 등을 포함한 특허 편지의 형태로 존재한다. 특허는 다음과 같은 발명에 대해 부여된다:

(1) 새로운 내용이며,
(2) 창의성 있는 단계를 포함하며,
(3) 산업적 활용으로 유도될 수 있으며,
(4) 특허 설명서에 적절히 나타내져야 한다.

다른 기술 분야와 달리 생명공학의 발명은 대부분 살아있는 물질과 관련되어 그들의 법적 보호에 일부 독특한 어려움이 존재한다. 특허 보호의 목적을 위해 살아있는 물질과 연관된 발명을 어떻게 기술하는가, 살아있는 물질이 산업재산 보호를 위한 전통적 기획 하에 보호되어야만 할 수 있는가, 그리고 만일 그렇다면 어떤 범위의 보호가 그런 물질에 주어질 수 있는가 등에 대한 문제가 발생한다. 예를 들면 미국의 국립보건원(National Institute of Health)은 인간 유전체로부터 분리된 DNA 조각에 대한 특허 권리를 거부당했다. 이러한 관계에 있어서 생명공학적 물질에 대한 발견 (특허출원 불가능)과 발명의 차이는 유럽 특허국(European Patent Office)에 의해 다음과 같이 강조되었다;

"자연에 자유롭게 나타나는 물질을 찾는 것은 ------ 단순한 발견이며 따라서 특허를 출원할 수 없다. 그러나 만일 자연에서 발견된 물질이 그 주변으로부터 먼저 분리되어야만 한다면, 그리고 그것을 얻는 과정이 개발된다면, 그 과정은 특허출원 될 수 있다. 더욱이 만일 그 물질이 그 화학적 구조, 그것이 얻어지는 과정 또는 다른 변수 등에 의해 적절하게 특성이 밝혀질 수 있거나 이전에 존재가 알려지지 않았던 완전히 새로운 물질인 경우 그 물질은 특허출원이 가능하다."

인간이 만든 유전적 조작 *Pseudomonas* 세균이 원유의 여러 성분을 분해할 수 있는 것은 (유출 유류 생분해를 위해 미국에서 Chakrabarty에 의해 개발됨) 미생물 입장에서 볼 때 지금까지 알려지지 않은 현상에 대한 것이 아니며 독특한 이름, 특성 및 용도를 갖는 인간 발명의 산물인 자연적으로 존재하지 않는 제조된 물질 또는 조성에 대한 것이다. 특허 청구는 중요한 산업적 용도를 위한 잠재능을 갖고 자연에서 발견된 어느 것보다 다른 특성을 가져서 이 세균이 자연의 산물이 아닌 특허출원자의 산물이라는 특허출원 가능한 대상으로서의 조건을 충족시키는 새로운 세균에 대한 것이다. 이 특허 부여는 특허 심사를 위해 점차 그 수가 증가하는 유전적 조작 생물에게 크게 향상된 미래의 성공을 가져오게 할 수 있다.

특허 출원을 위한 또 다른 흥미있는 예는 유전적 조작 생쥐인 onco-mouse로 정상 생쥐보다 발암원 검출이 쉽도록 만들어졌다. 유럽 특허 협약(European Patent Convention)은 식물 또는 동물의 생산을 위한 식물이나 동물 품종 또는 생물학적 공정 측면에서의 발명을 배제하는데 이 규정은 미생물학적 공정 또는 그 산물에 대해서는 적용되지 않는다. 그러나 많은 생명공학이 미생물학적이며 따라서 일단은 특허출원이 가능하다. 식물과 동물이 포함된 거대생물학적 공정은 제외된다. 그 생산 과정이 자연에서는 일어나지 못하며 (생쥐 DNA 내로의 미생물학적 유전자 삽입과정을 가진 생쥐가 존재하지 않으므로) 따라서 그 과정이 필수적으로 생물학적이 아니라는 아주 좁은 근거 하에 onco-mouse에 대한 특허가 부여되었다.

Oncomouse에서는 종양이 잘 만들어지기 때문에 암과 암 치료에 사용될 수 있는 약품에 의한 잠재적 치료효과에 대한 연구를 위해 가치가 있다.

유럽에서는 동물과 인간 유전자 특허 그리고 생명공학 일반에 대한 반대가 커지고 있다. 미국의 법체제는 인간 세포와 조직의 특허출원을 세계의 다른 나라들과 달리 보고 있으며 인간에서 유래된 세포와 조직에 대해 여러 특허를 허용하였다 [미국에서 유전자 특허출원의 역사에 대해 Klein (2007) 참조]. 이와 크게 다르게 다른 국가에서는 인간의 신체 부위의 상품화에 대해 크게 유보하고 있다.

표 13.1 특허 체제의 장단점

장점	단점
1. 특허권자는 특허 기간 동안 (경우에 따라 20년까지) 산물과 공정에 대한 절대적 독점권을 갖는다.	1. 종료 후 관련내용이 공개되므로 경쟁자들에게 유용할 수 있다.
2. 한 번 취득하면 특허 유지의 관리가 비교적 쉽다.	2. 관련 소송비용이 많이 들 수 있다.
	3. 특허 법률과 특허에 의해 포괄되지 않는 다른 상거래 방해의 조화부족의 문제는 오용 문제를 일으킬 수 있다.

미국에서는 동물 특허에 대한 예상이 그리 크게 꺾이지 않고 있으며 현재까지 여러 유전자변형 동물이 특허등록 되었다. 그러나 이 분야의 생명공학의 발달은 특히 새로운 생명체를 만들거나 변형시키는 것이 신의 종주권에 대한 반란이며 신이 되고자 하는 시도라고 믿는 종교계로부터의 강한 반대에 계속 직면할 것이다. 현재 승인된 동물특허는 의학적 목적을 위한 것이므로 '신의 활동'과 '의사의 활동' 사이에 구분이 있어야 한다. 특허 부여 뒤의 기본적 정책은 재산권의 소유권에 있지 않고 기술 개발과 혁신의 장려에 있다.

많은 생명공학적 연구 활동, 특히 인간 배아줄기세포(human embryonic stem cell; hES), 유전체학과 단백질체학 같은 기타 연구 분야 및 대규모 바이오은행(biobanking) 같은 논란이 있는 분야와 연관되어 대중의 신뢰와 이해가 필수적인 요소가 되었다. 그런 분야에서 잠재적인 특허출원 가능성은 사회적 논란을 쉽게 일으킬 수 있다. 아직은 특허 보호와 약품 승인을 얻기 위해 유전적 범주로서 인종을 전략적으로 이용하는 것은 명백해지지 않을 것이다!

특허 법률들은 매우 복잡하고 세계 각지에서 다를 수 있다. 그것은 법적인 지뢰지대이지만 생명공학적 연구와 개발에 크게 투자하는 사람들에게 바로 경제적 반대급부를 보장해야 하는데 만일 그것이 없다면 생명공학의 많은 분야에서 진전이 없을 것이다. 특허의 장단점은 표 13.1에 나와 있다.

언제가 특허출원 신청에 적당한 시간인지를 결정하는 것은 어떤 기술적 분야에서 시험적인 결정일 수 있으나, 유전자 기술, 단일클론 항체 등의 새로운 생명공학의 매우 경쟁적이고 빠르게 발전하는 분야에서는 특별히 요구되고 있다. 충분한 양의 결과나 경쟁자에 의해 앞지름을 당할 위험이 있을 때까지 당신은 기다려야만 하는가, 아니면 출원 날짜를 안전하게 하기 위해 일찍 출원하지만 불충분한 실험 결과의 제출 때문에 거부되는 위험을 감수할 것인가? 발명이 특허출원 되어야 하는가는 특허출원에 대한 주된 대안 즉 비밀의 인지와 함께, 높은 수준의 사업과 상식 수준을 포함한 법적 조언에 의해 도움을 받는 상업적 결정이 되어야 한다. 매우 낮은 비율의 특허만이 큰 경제적 보답을 갖게 되는 진정한 승자가 된다.

특허출원 이전에 공개 발표의 수준은 크게 논쟁이 되는 분야이다. 특허 신청 이전의 출판은 보통 신청의 타당성을 감소시킨다. 역사적으로 '인쇄된 출판'이라는 용어는 어떤 기관의 인쇄에 의해 준비된 책 또는 기타 문건만을 포함한다. 현재 출판이라는 용어는 독점권의 새로운 기준이 되었다. 특허의 잠재적 타당성을 확실하게 하기 위해서는 '침묵은 금'이라는 법칙을 따르는 것이 가장 좋은 길이다.

새로운 효과적인 약품의 특허출원은 제조자로 하여금 특허 기간 동안 경쟁 없이 약품을 높은 이윤에 팔 수 있게 한다. 약품의 특허가 종료되면 다른 사람들이 그것을 일반 품목으로 제조할 수 있으며 이윤폭은 급격히 감소한다. 많은 종의 세포 내에 자연적으로 존재하는 이중가닥 RNA 분자의 임상적 잠재력은 특허 법률을 또 다시 복잡하게 만들 것이 틀림없다!

최근의 보고는 미국의 연구기관들이 상업화를 강조하며 실험실로부터의 아이디어를 실생활로 보다 효율적으로 연결시킨다는 것을 나타내고 있다. 유럽의 주요 연구기관들은 의심의 여지가 없는 높은 수준의 기술을 그와 유사하게 상업화 하고 있지 않으며, 이의 주된 원인은 EU이 본질적으로 다른 특허 법률과 비용 때문일 수 있다. 작은 기관이 그들의 지적재산을 특허출원할 때의 비용이 미국에서는 만이천 유로가 들지만 유럽에서는 사만오천 유로가 든다. 많은 점에서 학계는 생명과학의 진정한 혁신의 주체가 되지만 산업계는 그것을 시장으로 인도한다.

[13.3] 영업 비밀

많은 생명공학 기업들이 특허 신청 대신 그들의 제품 또는 공정을 보호하기 위해 영업 비밀의 사용을 선택한다. 보호될 수 있는 정보의 형태는 예를 들면 단일클론 항체 생산을 위한 혼성세포주(hybridoma cell line); 구체적인 아이디어, 제조법과 생산법; 실험방법 등이 있다. 구연산 산업에서 생산균주와 구체적인 배지 디자인과 조성은 극도의 비밀이며 완전한 내용은 소수인만이 알고 있다.

의심의 여지없이 세계에서 가장 잘 지켜지는 영업 비밀은 코카콜라인데 그 조성은 미국 Atlanta 시의 한 은행에 보관되어 있으며 세계에서 불과 다섯 사람만이 그 조성을 알고 있다고 한다. 그 조성은 100년 이상 비밀로 남아있으며 막대한 상업적 제국으로 발전하고 지속되게 하고 있다.

확실한 개혁의 막대한 잠재적 가치와 연계된 새로운 기술과 제품의 개발에 관련된 높은 경제적 투입은 생명공학 기업이 영업 비밀 도난의 주요 표적이라는 것을 의미한다.

그런 영업 비밀은 만일 그것이 은밀히 보관되고 기업 내에서 은밀한 정보를 보관할 수 있는 적절한 방법을 기업이 가질 때에만 보호될 수 있다. 고용 계약은 기밀관련 조항을 포함할 수 있으며 심지어 고용인이 차후에 경쟁자를 위해 일하는 것을 제한하기도 한다. 이는 위스키 산업 같은 많은 생명공학 기업에서 오랫동안 시행되어 왔다. 영업 비밀의 시행의 장단점은 표 13.2에서 보는 바와 같다.

표 13.2 영업 비밀 체제의 장단점

장점	단점
1. 체제의 정보가 공개되지 않아 경쟁자가 알 수 없다.	1. 다른 사람이 동일한 아이디어를 갖고 그것을 활용할 수 있다.
2. 가능한 보호에 대한 시간제한이 없다.	2. 일부 국가는 기밀 정보의 보호를 인정하지 않을 수 있다.
	3. 기업 내부 과정이 정교하고 시간이 많이 걸리며 지루하게 된다.
	4. 은밀한 절차의 시행이 문제가 될 수 있다.

13.4 식물 육종인 권리

다양한 국가적 및 국제적 협약과 법률 하에 식물 사육자들에게 식물 품종을 위한 등록 체제의 방법에 의해 그들이 만든 품종에 대한 제한된 독점권을 부여함으로써 식물 품종이 보호받는다. 종자 또는 식물을 사용하는 사람들은 법에 의해 육종인에게 사용료를 지불한다. 그러나 농부는 다시 심기 위해 일부 식물 종자를 보관할 수 있다는 중요한 규정이 있다. 구매자는 또한 신품종을 개발하기 위해 그 품종을 사용할 수 있으며 그 경우 본래 품종의 개발자가 아닌 구매자가 신품종에 대한 권리를 갖는다. 재조합 DNA 기술의 발전은 많은 수의 신품종의 개발을 전통적인 유전적 방법보다 더욱 쉽고 신속하게 만들었으며 분명히 식물-품종 권리에 의해 부여되는 보호의 토대를 훼손할 것이다. 식물 유전공학 방법이 크게 시행되고 있는 국가들에서 활발한 법적 토론이 현재 진행 중이다 [전체적인 설명은 Byrne (1992) 참조].

14

생명공학의 안전성

[14.1] 서론

이전 장에서 생명공학의 적용분야는 음료, 빵, 치즈, 유기산, 항생제, 폐수처리와 같은 발효분야, 유전자조작 생물체의 생산과 이를 이용한 백신, 치료제 단백질 등 건강 제품 생산, 단일항체를 이용한 진단 및 치료용 시약 생산을 포함하는 새로운 생명공학 분야로 나누었다. 새로운 생명공학은 백신과 치료용 단백질의 대규모 생산을 위한 유전적으로 조작된 생물체의 생산 및 사용; 농업에서 식물과 동물의 사용과 환경정화에서의 사용; 진단과 치료의 종점으로서 단일항체의 생산을 위한 하이브리도마의 사용, 그리고 논란의 대상이 되고 있는 배아줄기세포를 포함한다. 따라서 생명공학은 광범위한 산업 활동을 포함하며 안전성 현안은 연구실, 생산라인, 생산품 그리고 많은 경우에 이에 따른 환경까지를 고려해야 한다. '생물안전성(biosafety)'이란 생물산업이 커지면서 상업적 대중적 영향이 증대됨에 따라 불가피하게 발생한 산업활동의 새로운 영역이다. 특히 유럽에서 최근 유전자조작(genetically modified, GM) 작물에 대한 우려 속에 대두되는 많은 대중 현안에 의해 이 문제가 커지게 되었다.

모든 생명공학 과정에서 안전성은 최대의 중요성을 갖는다. 표 14.1에 생명공학의 안전성 부분에 대한 주요 고려사항들을 나열하였다.

[14.2] 위험과 위해 개념

생물안전성을 이해하는데 중요한 점은 '위험(hazard)'과 '위해(risk)'라는 용어에 대한 인식과 이해이다. 보건과 안전의 관점에서 '위험'이란 사고나 손상의 잠재성을 갖는 물질, 물체 또는 상황을 말하며

표 14.1 생명공학의 안전성 고려사항

생명공학의 안전성 고려사항
병원성: 인간, 동물, 식물에 감염할 수 있는 생물체와 바이러스 (자연적이거나 유전자 조작된 것이거나)의 잠재적 질병 유발 가능성
미생물생산과 관련하여 독소와 알레르기 문제
기타 보건 관련 영향: 환경 내 항생제 내성 미생물의 증가
생물공학 공정 부유물의 정제와 그에서 유래한 미생물 바이오매스의 살포 관련 문제
공정에 사용된 균주의 오염, 감염, 돌연변이에 관련된 안전문제
재조합 DNA를 포함하는 미생물의 산업적 활용에 따른 안전문제

표 14.2 위험성과 위해성 결정

위험성	위해성
정성적	정량적, 잠재적으로
위험성과 그 원인을 확인하는데 관심이 있음	결과에 관심이 있음
'이런 경우에는?' 이라고도 함	위해성 분석, 위해성 측정, 정량적 위해성 측정이라고 함
팀으로 확인하는 것이 최상임	단일 또는 소그룹으로 확인하는 것이 최상임

'위해'란 이러한 것들이 발생할 수 있는 가능성을 말한다 (표 14.2). 간단히 표현하자면, '위험'은 위험적 잠재성을 갖는 무엇이며 '위해'란 개인이나 환경이 손상을 입을 수 있는 가능성을 말한다. 생물안전성 표준은 국제적인 기술 실무 관련 규정에 의거하며 생물학적 인자가 관여하는 활동에 의해 사람이나 환경이 위험에 처하는 것을 방지하는데 목적이 있다.

[14.3] 생물체의 병원성 문제

많은 미생물은 사람, 동물, 식물에 감염하여 질병을 일으킬 수 있다. 질병이 발생되려면 숙주와 원인 생물체간의 상호작용이 일어나야 한다. 여기에 많은 인자가 관여하는데, 아직 우리는 일부분만을 알고 있다.

산업에서 이용하는 대부분의 미생물은 무해하며, 대부분이 사람과 동물의 식량을 만드는데 직접 이용된다. 그러한 많은 예를 이 책의 다른 데서 언급하였으며, 여기에는 효모, 사상곰팡이, 그리고 많은 세균이 있다. 그들의 안전성은 수 백년 동안의 활용에 의해 잘 확인되었다. 단지 매우 적은 종류의 잠재적으로 위험한 미생물이 *Bordetella pertussis* (백일해), *Mycobacterium tuberculosis* (결핵), 그리고 구제역 바이러스의 백신과 진단시약을 생산하는데 사용되고 있다. 이러한 미생물을 이용하는 경우는 엄격한 통제를 적용하는 것이 일반적이다.

최근에는 과학적으로 많은 진보가 있어 미생물의 유전자를 변형하는 것을 허용하고 있다. 재조합 DNA 기술은 가장 성공적이면서 동시에 대중의 많은 우려를 불러일으켰다. 그러나 이러한 우려는 몇몇 설득력 있는 증거에 의해 많이 완화되었다:

(1) 위해성 평가 연구에 의하면 숙주가 DNA 공여 세포로부터 신규한 위험인자를 획득하는 것을 확인하는데 실패하였다 (표 14.3).
(2) 기본적인 면역기작, 병원성 그리고 감염성질병 발생 과정에 대한 현존하는 정보를 엄격하게 검토한 결과 이미 확립된 통제규격을 보다 완화하도록 하였다.
(3) 상당한 연구결과 관찰된 위험은 없었다.

그러나 재조합 DNA분자를 다룰 때는 항상 주의를 기울여야 한다. 유전자조작 생물체를 검사하거나 수송할 때 국제적인 규칙이 필요하다는 의견이 제안된바 있다. 현존하는 국제 기작은 이미 유전공학과 관련한 잠재적 안전성 현안을 효과적으로 다루고 있다. 유전공학을 적용하는 것이 안전하다는 많은 증거와 생물공학적으로 동/식물을 생산할 때 안전성을 염두에 두고 수행함에도 불구하고 아직도 추측을 통한 유전공학의 잠재적 결과에 근거하여 엄격한 생물안전성 규칙을 추구해야 한다는 의견이 있다. 생명공학의 새로운 기술만큼 과학적으로 상세히 검증된 기술도 없을 것이다. 많은 반대론자들은 선동적이고, 완전히 비과학적인 근거를 이용하여 이러한 귀중한 잠재력을 갖는 기술을 좌절시키려 한다. 이러한 기술의 안전성에 대한 과학적인 연구는 지속적으로 중요한 진행되는 현안이 될 것이다.

표 14.3 위해성 측정

미생물이 사람이나 환경에 악 영향을 줄 수 있는 가능성을 규명.
미생물이 생산 공정으로부터 사고에 의하거나 무의식적이거나 빠져 나갈 수 있는 가능성을 확인.
목적 제품의 안전성과 부산물을 다루는 방법의 안전성 판단.

표 14.4 병원성에 따른 미생물 분류

1 등급 사람에게 질병을 일으킨다고 알려진 바 없으며 환경에도 위협적이지 않은 미생물.
2 등급 사람에게 질병을 일으킬 수 있으며 따라서 실험자에게 위험성이 있는 미생물. 환경에 확산될 가능성은 희박함. 예방이 가능하며 치료도 효과적임.
3 등급 실험자에게는 상당한 위험이 있으나 대중에게는 상대적으로 적은 위해성을 갖는 미생물. 예방이 가능하며 치료도 효과적임.
4 등급 사람에게 치명적인 질병을 일으키고 실험자와 일반 대중에게 심각한 위험성을 갖는 미생물. 일반적으로, 효과적인 예방책이 없으며 효과적인 치료도 알려진 게 없다.
5 등급 사람보다 환경에 더 치명적인 위협이 되는 미생물. 심각한 경제적 손실을 가져올 수 있음. 생명공학과는 별도로 이러한 미생물에 대한 국가적이고 국제적인 목록과 규제가 이미 확립되어있다 (예, 식물검역 목적에서).

유럽생명공학연합의 생물안전성 실무팀이 환경, 대중, 사람, 생산품의 관점에서 생명공학의 안전성 현안에 대한 추천을 제공하고자 결성되었다. 추천내용에는 다음이 포함된다:

- 생명공학의 다양한 적용에 따른 위험인자 확인 및 추적;
- 위해성 분석 및 성량화;
- 생명공학의 안전성과 관련한 국제적 기반 제공;
- 선언과 추천안 제공 (과학/기술에 근거한);
- 생명공학 안전성에 관한 부족한 지식과 부적합한 기술 분야를 확인하고 이러한 분야에 대한 연구/개발 제안;
- 생명공학에 이러한 추천안과 지침을 실행하도록 도움.

미생물의 잠재적 위험 정도의 분류는 유럽생명공학연합에 의해 수립되었다 (그림 14.4).

[14.4] 생물학적 활성을 갖는 생명공학제품의 문제점

백신과 항생제는 분명 생물학적 활성을 갖는 예가 되므로 무분별한 확산을 막기 위하여 주의를 기울여야 한다. 안전한 공정이라 하더라도 오염된 경우 최종 산물에 포함될 수 있는 독소를 생산하여 식중독을 일으킬 수 있다. 생산품의 제제화에 따른 알레르기 반응 또한 방지해야 한다. 항생제의 남용은 식품에 잔류되어 질병을 일으키는 미생물의 항생제 내성으로 발전될 수 있다. 많은 국가들이 농업에서 항생제 사용을 규제하고 있다.

올바르게 적용된다면 생명공학은 안전하며 혁신적인 생명공학으로 얻는 유익은 세계 인류의 보건과 후생 증진을 가져올 것을 확신한다. 그러나 생명공학은 그의 성공을 위하여 항상 신중한 규제를 받아야 한다. 생명공학의 잠재적 위해성은 다룰 수 있으며 이를 위하여 규정들이 만들어져 있다.

[14.5] 생물학전과 생물테러

전쟁에서 생물무기 (예, 미생물이 일으키는 질병)의 사용은 대량파괴 도구로서 손쉽게 제조가능한 화약과 핵전쟁과 더불어 불명예스러운 역사를 가지고 있다. 14세기 중엽에 선 (腺) 페스트 (bubonic plague)에 의해 원인이 되었을 것으로 믿는 흑사병은 유럽, 근동(near east), 북아프리카 지역을 휩쓸었으며, 역사기록에서 의심할 여지없이 가장 치명적인 건강재난이었다. 그때 몽고인들은 포위된 도시들을 공격할 때 그 도시에 페스트에 감염된 사체를 던져서 신속하게 전파되는 전염병으로 사람들을 약화시켜 죽였다. 생물무기의 극적이고 살인적인 사용은 역사 속에 비슷한 사례들이 많이 있다.

생물테러(bioterrorism)는 사람, 동물, 식물을 죽이거나 질병을 일으키기 위해서 살아있는 생물체 또는 병원체로부터 바이러스, 세균, 진균 또는 독소를 국제적으로 위협하기 위하여 사용하는 것으로 정의해오고 있다 (질병예방통제센터, Atlanta, USA). 대량살상무기 가운데, 생물무기는 생물학적 공격으로 그 오염원이 제거되었던 때를 전혀 알지 못하기 때문에 신경가스를 포함하는 화학무기보다 더 파괴적으로 간주하고 있다.

잠재적 생물인자(potential biological agent)는 3가지 군으로 나뉘게 된다 (미국질병통제센터, Center for Disease Control, USA):

- A 군 : 가장 심각한 질병인자 – 소아마비, 탄저, 파상풍, 보튤리즘, 야토병(tularaemia), 그리고 에볼라와 같은 패혈성 바이러스;
- B 군 : 동일한 심각성을 가지며 넓게 산재되나 덜 심각한 질병을 유발하는 인자 – 장티프스, 브루셀라, *Salmomella*와 *E. coli* O157 같은 식중독균;

• C 군 : 미래의 위협적인 감염질병으로 나타날 수 있는 신규 인자.

다수의 목적을 위한 미생물의 생산과 그 산물들의 생산은 현재 전 세계적으로 진행되고 있다. 노하우 (know-how), 기술, 장비, 생산을 위한 재료들은 이제 완전히 합법적, 평화적, 건설적인 목적을 위해 일상적으로 사용되고 있다. 불행하게도 그러한 방법들은 생물무기를 생산하기 위해 사용될 수도 있다. 그 결과, 생물학전 또는 생물테러에서 특정 미생물 또는 사람, 동물, 식물에서 질병을 일으킬 수 있는 특정미생물 또는 그 독소들은 군사적 및 정치적 목적을 이루기 위해서 사용될 수 있다. 핵무기와 화학무기와 같지 않게, 생물무기는 비교적 쉽고 값싸게 생산 및 제조할 수 있으며 소규모로 사용될 수도 있다. 이 방법으로 작은 국가와 테러리스트 단체들은 쉽게 생물무기를 가질 수 있다.

비교적 최근의 과거에, 일본, 러시아, 독일, 미국, 영국 등의 많은 국가들은 전쟁에서 그러한 시스템의 잠재적 사용에 대한 더 큰 인식 하에 집중적인 연구 시설에 집중 투자해 왔다.

1972년에 서명된 생물무기협약 (Biological Weapons Convention, BWC)은 사용금지하기 위한 무기의 전체 카테고리를 신고했던 국가들 간에 최초의 합의였으며, 현재 154개 당사국들 또는 조약회원을 가지고 있다. 서명했던 모든 국가들은 '예방 속성(prophylactic properties)과 다른 평화적 목적을 위한 정당성이 없는 생물학적 제재, 독소, 종류 및 품질의 무기전달메커니즘을 개발, 생산, 비축 또는 취득하지 않는다' 는데 동의하였다. 만일 국가가 생물무기의 개발을 계속한다면 국제법을 위반하는 것이 될 것이다. BWC는 생물무기를 전쟁을 수행하기 위한 불법이며 부도덕한 방법으로서 비난해왔다. 그러나 그것은 단속하기에 매우 어려운 과제이며 국가의 준수를 BWC의 원리로 입증하지 않으면 안된다. 이라크에서 가능한 생물무기에 대한 최근의 국제적 관심은 이것을 입증하고 있다. 최근전쟁에서 전 세계에 걸쳐, 적들 도덕적 관심사 때문이 아니라 오히려 그들이 보복을 두려워했기 때문에 생물무기 사용을 자제해왔다는 것이 명백하다. 국가들이 생물무기의 사용을 잘 자제한다고 할지라도, 이것은 개인 또는 단체로 활동하는 생물테러주의자의 생각이 아닐 것이다. 생물테러주의자는 대규모로 사상자를 야기하는데 목적이 있는 것이 아니라 경제적 그리고 정치적 혼란을 일으키는 것이다. 이것은 최근에 미국 Washington에서 탄저균 포자가 우편으로 여러 공공시설로 보내져 국가적 비상사태를 일으켰고 깨끗이 정화하기 위해 50만~10억달러 정도로 추산되는 최종비용을 소비하는 일이 일어났다.

뉴욕과 미국의 도처에서 9/11 테러리스트의 소행에 뒤이어 미국 정부에서는 생물테러에 대응하기 위한 광범위한 프로그램을 추진하였다. 미국식품의약국 (FDA)은 백신, 의약품, 진단제품의 개발을 위한 프로그램을 개발하고, 국가의 식량공급 시스템을 보호하고 (표 14.6), 바이오테러의 위협에 대응하기 위하여 노력해오고 있다 (생명공학의 모든 면) (표 14.5).

역사적 고려로부터, 백신은 천연두와 같은 많은 치명적인 질병으로부터 사람들을 보호해주었던 가장 비용 효율적인 공중 보건의 중재(single most cost effective public health intervention)의 역할을 수행하였다. 예방접종(vaccination)은 미생물에 기인하는 많은 질병들에 대하여 매우 성공적이었지만, 거기에는 여전히 성공이 제한적이거나 성공적이지 못한 질병이 많이 있다. 더욱이 많은 사람들을 신속하게 예방접종하는데 들어가는 매우 많은 비용과 어려움은 생물테러주의자의 공격을 막기 위해 예방접종을 하는 것이 실질적으로 불가능하게 한다.

표 14.5 사람에 대한 생물테러 또는 생물범죄와 관련된 생물학적 제재

형태	전통적인 생물학적 제재	생물범죄와 생물테러에 사용되는 제재
병원체	천연두 뇌염바이러스 *Bacillus antracis* *Brucella suis* *Yersinia pestis*	*Bacillus anthracis* HIV *Rickettsia prowazekii* (티푸스) *Salmonella* 종 *Yersinia pestis* (흑사병)
독소	보툴린(botulin) 리신(ricin) 포도상구균 장독소 B (staphylococcal enterotoxin B)	보툴린 콜레라 내독소 디프테리아 독소 리신 뱀독소

출처 : adapted from the 2000 NATO *Handbook on the Medical Aspects of NBC Defense Operations*

생물방어(biocefence)를 위한 새로운 접근은 최근 미국에서 생겨나고 있다. 강조되는 부분이 과거 방어전략의 토대가 되었던 예방접종으로부터 광범위 치료와 기술의 개발과 자연면역을 보다 잘 이해하는 방향으로 움직이고 있다. 중증급성호흡기증후군(SARS) 또는 조류독감과 같이 최근에 새로이 출현하는 치명적인 질병의 창궐뿐만 아니라 생물테러주의자들이 미국에서 탄저병과 리신(ricin) 《피마자에서 채취한 백색의 유독한 단백질 가루》 의 사용으로 전담기관이 만들어졌는데, 이 전담기관은 질병재난이 생물테러주의자에 의해 사용될 수 있다는 것을 예상하기 불가능한 것을 알고 있다. 이같이 개발 중인 단일목적의 백신은 그들이 생산되기도 전에 필요없거나 쓸모없게 될 수 있는데서 위험하게 될 수 있다. 그러나 병원균의 동정과 적절한 반응의 신속한 개시가 필수적이어서, 공공기업과 정부기관의 보다 커다란 상호 작용을 얻기 위하여 계획되었다.

사람들에게 직접적으로 잠재적인 생물테러주의자의 공격에 관심이 집중되고 있음과 동시에, 농작물, 가축, 가금류, 어류를 사용하는 농업테러(agroterrorism)는 현재 상당한 주목을 받고 있다(그림 14.6)

세계도처의 식품점에 대한 농업테러주의자들의 공격의 증거는 없지만, 자연 질병창궐의 결과를 주목해야 하는데, 이것은 이것이 일어났을 때 잠재적 피해결과를 적절하게 설명할 수 있다. 영국에서 1996~2002년에 광우병(BSE)은 심각한 동물의 건강과 경제적 파급효과를 가져왔다. 대략(30개월 이상의) 6백만 마리의 소가 50억 파운드의 비용으로 살처분 되었다. 조류독감으로 의심된 아시아에서 처분된 조류에서 초래된 비용은 실로 엄청났다.

동물과 식물 병원균의 도입으로 광범위한 건강, 경제, 정치에 미치는 영향을 파악하는 것은 어렵지 않다. 농업테러 공격에 의한 식품점에서 교란은 전위무역(dislocational trade)과 건강에 미치는 영향 때문에 대규모 금융 손실을 초래하는 엄청난 경제적 불안정을 일으킨다.

표 14.6 농업테러에 사용될 수 있는 선택된 생물학적 병원균

질병	대상 / 벡터	제재
동물 질병		
구제역	가축류	구제역 바이러스
아프리카 돼지열병	돼지	아프리카 돼지열병 바이러스
식물 질병		
곡물의 줄기해충	귀리, 보리, 밀	*Puccinia* 종 (진균류)
남부 옥수수 잎마름병	옥수수	*Bipolaris mayalis* (진균류)
도열병	벼	*Pyricularis grisea* (진균류)
감자 잎마름병	감자	*Phytophthora infestans* (진균류)
감귤 궤양병	감귤	*Xanthomonas axonopodis* (세균)
인수공동전염병		
브루셀라증	가축류	*Brucella melitensis* (세균)
일본뇌염	모기	일본 뇌염 바이러스
피부탄저병	가축류	*Bacillus anthracis* (세균)

예를 들어, 미국에서 모든 대규모 농업생산품들은 유럽, 아시아, 라틴아메리카와 복잡한 상호작용들로 '장래성(futures)'에 연루된다. 어떠한 심각한 혼란은 대규모 손실과 전 세계의 공급 혼란을 초래할 것이다.

농업테러(agroterrorism)의 잠재적 위험을 감소시키기 위해서 무엇을 할 수 있는가? 장기적으로 거기에는 질병내성과 연관된 유전자를 동정하기위해서 유전공학을 통한 병원체 내성 작물을 만드는데 막대한 투자가 있어야만 한다. 이것은 또한 GM 작물의 보다 커다란 양해가 필요할 수 있다. 어떻게 GM 작물을 반대하는 사람들의 새로운 요구와 타협을 이룰 것인가? 커다란 동물유전체의 유용성은 동물병원체에 대해 내성을 가지는 새로운 동물 변종의 개발로 이어질 것이다. 의심할 여지없이 질병내성을 가지는 식물과 동물을 만들기 위해서 유전공학의 사용은 21세기의 주요 필수요건이 될 것이다.

군사적인 측면에서, 생물무기(biological weapon, BW)는 병원성 미생물 또는 독소보다 더 강력하며 4가지 확실한 요소들로 구성된다: (a) 유효탑재물 (생물학적 제재); (b) 탄약 (유효탑재물이 운반도중에 손상되지 않고 병원성을 유지토록 하는 용기); (c) 운반장치 (포탄, 미사일, 항공기 등); 마지막으로 (d) 분산메커니즘 (목표 모집단에 병원균을 살포하기 위한 폭발력 또는 분사장치) [보다 상세한 내용은 Lederberg (1999) 참조]

많은 국가가 생물학전의 잠재성에 대한 광범위한 프로그램을 가지는데 반하여, NATO와 이전 USSR는 전투효과와 지역봉쇄를 예측하는 능력의 부족으로 대량파괴 무기로서 BW 그 자체에 관심을 잃었다. 지금까지 BW의 사용은 생물테러 또는 암살과 같은 일부 에피소드로 한정되어져왔다.

15

유전공학에 대한 대중의 인식: 안전성, 사회적, 도덕적, 윤리적 고찰

[15.1] 서론

생명공학공학을 포함하여 새로운 기술을 대중이 인식하는 방법은 개혁의 시간과 방향성, 새로운 기술과 제품 및 서비스를 받아들이는 비율 혹은 차별 하는 정도에 중대한 영향을 미친다. 또한 대중의 인식은 경제적 풍족함, 교육의 정도, 문화 종교적 가치와 전통 등 몇 가지 차이점을 반영하는 지리학적인 위치에 의해서도 영향을 받는다.

산업화 사회에서 유전공학에 대한 공공 정책의 입안자들은 정부, 산업계, 학계, 그리고 환경 단체들의 일치된 관심에 의해 영향을 받아왔다. 국내외적으로 이와 관련된 정책들은 긴장과 서로 상충하는 분위기에서 발전되어 왔다.

재조합 DNA 연구 초기인 1970년대 초에 잘 알려진 분자생물학자들의 작은 그룹이 새로운 기술의 안전성에 대해 그들의 관심을 표현하기 위해서 모였다. 대중에게 잘 알려진 회의인 캘리포니아에서 개최되는 유명한 (혹은 악명높은) Asilomar Conference는 가능성은 있지만 매우 추상적인 재조합 DNA 기술과 연관된 위험성들과 이것들을 어떻게 운용할 것인가에 대해서 초점을 맞추었다. 불행하게도 이것은 프랑켄슈타인 식품, 안드로메다 스트레인 등의 소동을 일으키는 대중매체의 보도로 인하여 대중들에게 어마어마한 염려를 불러일으켰다. 이 회의와 계속된 대중 매체의 과장 뒤에 미국 보건연구소(National Institute of Health, NIH)는 재조합 DNA 분자를 포함하는 연구를 위한 지침서(Guideline for Research Involving Recombinant DNA Molecules)를 출판하였고, 이는 과학계와 연방 정부 기관에 NIH는 모든 이론적인 위험 시나리오에 대해서 염려하고 있다는 강한 메시지를 보냈다. 슬프게도 이 지침서는 세계 대부분에서 rDNA 규제의 표준서가 되었다. 후에 염려를 나타냈던 대부분의 과학자들이 그들의 지지를 철회하였지만, 피해는 이미 입은 후였다.

회의 이래 30년이 흐른 현재는 위험성에 대한 염려를 반박하고 소동을 일으키는 대중 매체에 의해서 전파된 공포는 근거가 없음을 나타내는 동료들에 의해서 검증된 많은 신뢰할 수 있는 과학 연구들이 있다. 이것은 규칙이 제정되기 전에 새로운 기술이 어떻게 완전하게 평가되어야하는가에 대한 유익한 교훈을 준다.

지난 10여 년간 생명공학에 대한 대중의 의견을 묻는 많은 조사가 수행되었다(Eurobarometer). 최근의 Eurobarometer 조사인 유럽인과 생명공학 2005 (Europeans and Biotechnology 2005)는 대부분의 유럽인들은 인간의 건강에 분명한 이익이 있는 경우 생명공학을 의학에 적용하는 것과 또한 산업적 응용을 지지하는 것으로 확인되었다. 아직도 농업 생명공학에 대해서는 의심의 눈초리가 있지만 새로운 곡물과 제품이 소비자들에게 더 큰 이익을 준다면 더 지지할 것이다. 놀랍게도 소비자들은 GM 작물을 의약품을 생산하는데 이용하는 것은 더 지지하였다. 줄기세포 연구도 큰 지지를 받았다. 일반적으로 1999년 이후에 생명공학이 사회 개선에 공헌을 하는데 대한 더 큰 공감을 얻었다고 본다 (www.ec.europa.eu/research/press/2006/pv1906eu.cfm).

또한 생명공학 특히 GM 곡물에 대한 조직적인 논쟁 및 소위 대중적인 논의 그룹들을 의심의 눈초리로 보는 많은 사람들도 있다. 이런 것들은 '보통' 사람들이 모든 이런 논쟁들에 대해서 들었을 때에 실질적으로 어떻게 생각하는지를 찾기 위한 특이한 실험으로 보인다. 애석하게도 많은 이런 회의들은 기술을 거부하는 열성자들에 의해서 압도당하는데, 이들은 참석하는 이슈에 대해서 신경을 쓰는 잘 조직이 된 일부일 뿐이다. 또한 인기가 있는 대중매체에 속한 더 많은 '과학 통신원'들이 어느 정도의 과학 교육을 받게 되기를 바라자.

이와 같은 대부분의 논쟁들의 핵심은 하나의 주요한 이슈에 있다 – 즉, 법규가 재조합 DNA (rDNA) 기법에 의해 변형되어진 제품들의 특성에 한정되어야 하는지 아니면 rDNA기법의 사용 그 자체를 규제해야 하는지에 대한 것이다. 제품 자체인지 아니면 생산 과정인지에 대한 논쟁은 수년간 계속되어져 왔으며, 이것은 새로운 기술의 개발과 관련된 공공의 정책이 무엇을 나타내야 하는지에 대한 상충된 견해를 드러낸다. 무엇이 대중의 관심일까? 이 모든 것을 과학자들과 기술 개발자들이 결정하도록 해야 하는가 아니면 '대중'이 전반 정책의 결정 과정에 일부가 되어야 하는가? 앞으로 내려져야 할 많은 중요한 결정들은 인류와 지구상의 천연 자원의 미래에 영향을 미칠 것이다. 이와 같은 결정들은 정책 대안들의 효과적인 선택을 위하여 최고의 과학적 정보에 기초하여 만들어 져야 한다.

유전공학에 대한 대중 인식의 주요한 특징은 유전학에 기초한 생명과 진화에 대한 대중의 이해가 지극히 낮고 순진하다는 점이다.

대중의 우려는 정말로 존재하는 것인가, 아니면 잘 조직된 지식을 갖춘 반대자들이 이루어낸 순수한 로비의 산물인가? 유전공학은 프랑켄슈타인 식품과 같은 왜곡된 언론 보도를 받고 있지는 않는가? GM 식물의 안전성과 가능성에 대한 통제된 과학적 연구를 위한 합법적 시험 재배장을 유린하고 파괴하는 기계화에 반대하는 행동주의자들은 그들의 터무니없고 파괴적인 행동을 비난을 받아야 하며 성원을 보내서는 안된다.

생명공학은 다른 많은 새로운 기술들에 대해 무관심하던 대중들에게 있어서 다양한 견해를 불러일으키는 것처럼 보인다. 그들의 의견은 국적, 종교, 윤리, 도덕성, 그리고 핵심 과학의 지식에 의해 영향을 받는다. 위해성 평가는 반대자들에 의해 거의 고려되어 지지 않고 있다. 분명한 것은 민주적인 의사 결정이 이루어져야 하는 경우에 있어서 반드시 수용되어져야 할 다수의 생각이 존재한다는 것이다. 이것이 바로 공공 교육의 필요성이 중요하게 여겨지는 이유이다.

또한 중요한 점은 rDNA와 관련된 수 십 만의 연구와 1년에도 수 백만의 환자들에게 사용되어지는 의학적으로 유용한 제품들의 개발 후에도 인간, 동물 그리고 환경의 안전은 유지되어져 왔다는 것이다. 이것은 높은 수준의 안전과 통제가 새로운 유전공학의 옹호자들에 의해서 지켜져 왔다는 것을 분명히 나타내고 있다.

현재 유전자 변형생물 (GMO) 등에서 비롯되는 부작용들로부터 인간의 건강과 환경을 보호하려는 목적을 가지고 운영하는 종합적인 통제 체계가 EU와 대부분의 서구 국가에 존재한다.

rDNA기술과 관련한 주요한 공공의 이슈들에 대해서는 자세히 검토되어져야 할 것이다.

[15.2] 유전적으로 조작되어진 생물체의 환경으로의 방출

미생물을 이용한 유전공학 실험이 처음 개발된 1970년대에는 많은 분자생물학자들이 이와 같은 기술은 안전하지 않으며 조작되어진 미생물은 반드시 격리되어져서 환경으로 방출되는 것을 방지해야 한다고 믿었다. 과거에 또한 현재까지도 존재하는 근본적인 두려움은 유전공학 미생물들이 실험실에서부터 탈출하여 환경으로 방출되어지는 것이며, 이를 통해 예측 불가능하며 아마도 재앙적인 결과를 불러일으킬까 하는 것이다. 이처럼 방출된 미생물이 '자연의 조화를 깨뜨릴 수'도 있으며 새로운 미생물 안의 '외래 DNA'가 예측 불가능하며 바람직하지 않은 방향으로 대사 활동을 바꿀 수도 있다고 믿고 있었다.

이와 같은 우려에 대하여 안전한 작업과 잠재적 위험에 근거한 격리의 정도에 관한 지침서가 만들어졌다. 그러나 시간과 향상된 기술적 인지를 통하여 또한 인정된 저 위해 시스템을 통하여 관련 규정들의 많은 부분들이 점차적으로 완화되어져 왔다. 인슐린과 인간 성장 호르몬과 같이 많은 중요한 의약품들과 몇몇의 상업적 효소들은 유전자적으로 조작된 특정한 미생물을 이용하여 큰 규모의 격리된 발효 공정을 통하여 만들어진다. 이와 같은 공정의 최종 산물들은 유전적으로 조작되어진 숙주 생물을 포함하지 않으며, 그러하기에 방출의 문제를 야기하지 않는다. 이와 같은 시스템은 잘 운영되어지고 있으며, 이와 같은 운영의 결과로 인한 건강이나 환경의 문제가 오늘날까지 나타나고 있지 않다. 최근까지 치즈 생산에 이용되는 레닛 (키모신)이 유전자 조작 미생물로부터 생산되어져 왔다. 솔직하고 공개된 마케팅 전략은 최종 치즈 제품에 대한 대중의 저항을 불러일으키지 않고 있다.

이와 같이 몇 몇의 사례를 살펴보면 조작된 생물체는 방출과는 무관했으며, 바른 방법으로 폐기되어지도록 생산 단지 안에 남겨져 있었다. 이제는 재조합 미생물이 통제되어질 수 없는 환경, 예를 들면 생물학적 통제, 농업에 이용되는 접종, 활성 백신, 생물환경 정화 등에 고의적으로 방출되어지는 것에 대한 고찰이 이루어지고 있다. 여기에 더해서 우리는 더 많은 수의 재조합 식물들이 실험실과 격리된 온실, 그리고 실험단지로 부터 농부들과 큰 규모의 상업적 과수 화훼업자들의 재배지와 온실로 이동되어지는 것을 목격할 수 있다.

재조합 생물체의 환경 방출과 연관된 위험에는 어떤 것 들이 있는가? 이와 같은 위험은 진정한 위험인가 아니면 대부분이 상상에 의한 것인가? 공상 과학 소설은 외계로부터 도착한 치명적 미생물 또는 식물이 인류와 생물권을 포위하고 파괴한다는 이야기로 넘친다 (예: The Andromeda Strain과 The Day of the Triffids). 재조합 기술의 사용에 반대하는 이들은 이와 같은 허구의 이야기에 사로 잡혀 있으며, 유전자 조작 생물체의 방출을 이에 비교하려고 무던히 노력한다.

증가하는 미생물의 병원성 또는 필수적인 원료 물질들을 파괴하는 미생물의 능력은 유전자 조작 미생물의 잠재적 문제로 자주 인용되어지고 있다. 병원성은 그 자체가 복잡한 여러 인자들에 의한 과정이며, 기존의 안전한 미생물에 유전자를 단순히 삽입한다고 일어나는 것은 아닐 것이다. 또한, 비정상적인 병원성을 갖고 있는 생물체는 결코 사용되도록 허용되지 않을 것이다. 예를 들면 해충의 생물학적 조절을 위하여 방출된 미생물의 경우에 있어서 이와 같은 미생물이 다른 생명체에게 영향을 미치지 않도록 하는 주의가 요구된다. 벨기에에서 미끼 (baits)를 이용한 재조합 광견병 백신의 사용은 야생 동물에 있어 광견병의 수준을 상당하게 감소시켰다. 대중은 이러한 내용을 알게 되었고, 이와 같은 유용한 기술의 사용을 일반적으로 허용하게 되었다.

모든 환경으로의 방출은 주의 깊게 관찰되고 기록된다. 중요한 점은 재조합 미생물이 어떻게 생존하며 환경에서 증식되어지는지를 이해하는 것이다. 재조합 미생물은 안정적으로 존재하는가 아니면 원래의 형태로 돌아가려고 하는가? 그리고 다른 미생물과의 재조합 유전 물질의 교환이 있는가? 토양 미생물은 매우 불규칙하다. 그러나 얼마나 많은 유전자의 교환이 어떻게 발생하는가에 대한 확실한 증거는 없다. 미생물에 대한 많은 생태학적인 감시가 현재 이루어지고 있으며 새로운 방법들이 개발되어 지고 있다. 생태학적 미생물군집은 역동적으로 외부의 침입에 대해 폐쇄적이지 않으며, 또한 모든 혼란 상황을 대처함에 있어서 강하지도 않다. 새롭게 방출된 생물체가 어떻게 반응하며, 어떻게 상호 작용을 하는지의 여부가 이와 같은 복잡한 미생물 집단들이 미생물 생태학자들에게 주는 도전이 될 것이다. 현재는 모든 새로운 유전자 변형 미생물들의 방출 여부는 전문가 위원회에 의해서 사례별로 각각 평가된 후 고려된다. 정보의 기초가 정립되어짐에 따라 새로운 응용을 판단하는 것이 용이해 졌다. 환경으로 방출된 유전자 변형 미생물과 관련하여 여태까지의 사례에서는 기록된 부작용이 없다는 것을 간과해서는 안된다.

재조합 DNA기술은 상업적 식량 생산에 사용되어지는 식물의 특징을 향상시키기 위해 현재 광범위하게 사용되어지고 있다. 이와 같은 작물들의 대개는 결론적으로 상업적 목적을 성취하기 위하여 대규모의 개방된 환경 하에서 재배되어지고 있다. 상업적 재배를 목적으로 조작된 식물의 개발에 있어서 예측되어지는 장애는 그와 같은 식량에 대한 대중의 태도일 것이다. 농업 식물 기술의 올바른 개발을 위하여 반드시 반영되어야 할 주요한 우려들은 무엇인가?

형질전환 작물의 개발은 포장 환경 하에서 새로운 작물의 능력을 검토하기 위하여 2~5년의 포장 재배를 통하여 지속적으로 관찰되어진다. 이와 같은 작업은 일반적으로 실험 재배지로부터 식물이나 화분의 이동이 방지되도록 하는 엄격한 환경 하에서 이루어진다. 미국에서는 1987년 이래로 수 천 건의 형질전환 작물들의 포장 재배가 이루어지고 있으며, 이를 통해 귀중한 정보들이 취득되어지고 있다. 일반적으로 형질전환 작물들은 기존의 작물과 별반 다름없이 보여지고 반응한다. 그러나 포장 재배의 격리된 조건들이 실제의 재배 상황을 충분히 반영하지 못하며, 방출 후에나 나타날 수 있는 잠재적 환경 위험을 간과 할 수 있다는 우려가 나타나고 있다.

유전자변형 작물이 재배지로부터 벗어나 잡초가 될 수 있을까? 모든 상업적 작물들을 고려했을 때, 이 같은 경우가 발생하는 예는 거의 찾을 수 없다. 왜냐하면 이와 같은 작물들은 특정한 재배 관행을 요구하며, 또 토착 야생 식물 군들과 경쟁이 불가능하기 때문이다. 수정이 가능한 야생종과의 유전자 전이의 가능성은 심도 있는 검토가 이루어져왔다. 제초제와 해충 저항성이 도입된 형질 전환 작물들이 다른 종으로 전이가 되어 그들의 '잡초성'이 증가될 수 있을까? 정상적인 조건에서는 가까운 종간의 유전자 전이는 매우 드물며 비일반적인 현상이다. 그리고 이 같은 현상이 형질전환 작물에 있어서 바뀔 것 이라는 증거도 없다. 이와 같은 현상이 이론적으로는 가능할 지라도 실제 상황 하에서는 발생의 빈도가 매우 낮으며 결과는 전무하거나 아무 우려가 없다는 것이다. 그러나 이 같은 결론을 입증하기 위해서는 방출된 형질전환 식물들이 지속적으로 감시되어야 할 것이다. 해충 저항성을 위한 어떤 재조합 유전자들은 해충에게 독이 되는 물질을 식물 내에서 생산한다. 이 같은 물질이 인체에 미칠 가능한 유해에 대해서는 항상 고려하여야 하며, 식품의 안전성을 시험하기 위한 표준화된 기법에 의해서 정기적으로 평가되어야 한다.

[15.3] 유전자 변형과 식량의 이용

현대의 생명공학은 거의 모든 사회에 있는 식품과 음료의 초기 발효에 기원을 두고 있다. 이와 같은 초기 시대 이후로 인간은 식량 생산에 사용되는 개별의 미생물, 식물, 또는 동물들의 유용한 향상을 위하여 선별 과정의 절차를 점진적으로 적용해 왔다. 초기의 방법들이 대개가 경험적이었다면, 유전학에 대한 폭 넓은 지식은 동종간의 선별적 육종으로의 새로운 접근을 허용하였다. 이제는 전통적 방법으로 여겨지고 있는 이 같은 유전 기법은 전세계적으로 수용되어 왔으며, 어떤 대중적 우려도 초래하지 않았었다. 많은 육종 프로그램들에 있어서 유전공학의 응용이 증가하고 있으며, 이것은 전통의 육종을 통해서 이루었었던 동일의 목적 달성을 위한 것이며, 더불어 다음의 2가지 주요 이점을 제공한다.

(1) 유전자의 도입은 기존의 방법보다 더 높은 예측과 정확성을 갖고 조절된다.
(2) 이종간의 유전자 도입은 전통의 방법으로는 불가능한 것이다.

유전공학을 식량 생산에 응용하는 것은 생물체의 유용하고 바람직한 특성들은 증가시키고 바람직하지 않은 특성들은 제거하려는 의도를 갖고 이루어진다. 유전공학과 관련하여 식량업계의 전반적인 목적은 기존의 식량 생산의 양을 향상시키고 품질과 특성을 증가시키며, 새로운 작물을 생산하며, 재정적 이익을 취하려는 것이다. 소비자들은 더 낫고 편리한 제품들에 대해서 더욱 큰 비용의 지출을 마다하지 않으며, 그들의 기대에 미치지 못하는 제품들은 거부한다. 이제 새로운 생명공학은 대중과 개인의 요구에 맞춰 식품을 생산할 수 있는 중요한 기회를 제공하고 있다.

이전 장들에서는 유전공학이 생산자들에게 줄 수 있는 많은 혜택들에 대하여 강조하였었다. 이와 같은 혜택들은 질병과 해충 저항성, 잡초 관리, 동물 성장 호르몬, 향상된 식품 미생물, 새롭게 개발된 제품들, 품질 유지의 제고, 그리고 향상된 품질을 갖춘 '맞춤' 제품들을 포함한다. 이와는 대조적으로, 이와 같은 새로운 접근과 관련하여 있을 수 있는 많은 잠재적 위해, 즉 다른 작물로의 유전자의 비의도적 전이, 제초제 저항성 잡초의 생성, 식물 육종자들의 권리 침해, 단일 종의 재배 증가, 그리고, 기존 경제의 침해 등에 대하여 고찰하는 이들도 있다. 어떤 이들은 유전공학은 통제 불가능한 기술이라고 여기기도 한다.

표 15.1 유럽에 있어서 유전자 조작의 응용에 대한 대중의 태도

	안심	중립	불안
생 플라스틱의 미생물학적 생산	91	6	3
작물 향상을 위한 세포 융합	81	10	10
암과 같은 질병의 치료	71	17	9.5
토마토의 유통 기간 연장	71	11	19
수면에 유출된 기름의 정화	65	20	13
산업 폐기물의 무독화	65	20	13
쥐를 이용하여 항 혈전 효소 생산	65	14	22
의학 연구	59	23	15
약품의 생산	57	26	13
개도국에서 재배할 작물의 생산	54	15	19
유전자 변형기술을 통한 유두염 내성 소의 생산	52	16	31
질병 저항성 작물의 생산	46	29	23
미생물을 통한 키모신 생산	43	30	27
작물의 생산 향상	39	31	29
작물 해충을 공격하기 위해 바이러스 이용	32	26	49
우유의 생산 향상	22	30	47
우수한 품종 소의 복제	7.2	18	72
인간의 외모를 변화시킴	4.5	9.5	84
개량된 동물의 생산	4.5	12	82
생화학 전	1.9	2.7	95

표 15.2 아프리카 국가들에서 농부, 소비자 및 농학자에 의해서 동의가 된 GM 작물

해충 저항성 아프리카 옥수수 변종들
아프리카 바이러스에 내성을 갖는 곡물
생물학적으로 영양이 강화된 곡물
가뭄 내성 곡물
기생 잡초인 줄(Strige)에 내성을 갖는 옥수수

출처 : Thomson(2007)에서 인용.

그러나 강력하고 중요한 점은 식량 생산의 향상을 목적으로 식량 생물체의 조작을 통한 유전공학의 이용이 더욱 증가하고 있다는 것이다. 과학적인 사례는 분명하며 설득력이 있는 반면에, 이에 대한 대중의 인식은 다소 상반되고 있다. 대중은 유전자변형 생물체(genetically modified organism, GMO)로부터 생산된 의약품에 대해서는 쉽게 수용하고 있는 반면에, 식품과 관련하여서는 수용하기를 꺼려한다. 유전공학은 식량 생산에 있어서 '반자연적'이고, 불필요한 것으로 비춰진다. 의학과 관련하여서는 과학적 의견이 대중에 의해서 잘 존중되어지는 반면 식품과 관련하여서는 단순히 상업적 목적만을 추구하는 것처럼 인식되어지고 있다 (표 15.1). 사람들은 투표를 통하거나 공공 의견을 표현함으로써 정부의 정책 결정에 영향을 미칠 수 있다. 어떠한 새로운 기술의 성공을 위해서는 대중의 신뢰를 반드시 얻어야 한다.

특히 EU에서 유전자 변형 곡물에 이념적으로 반대하는 많은 공개토론들이 존재하는데, 다양한 방법을 통하여 인기있는 대중 매체를 활용하고, 대중을 위협하고, 유전공학에 대한 근거없는 통념이나 음모를 과장하는 능력이 있다. 이들은 통제받지 않는 인터넷을 광범위하게 이용한다! 이들의 활동주의적인 신념은 유감스럽게도 GM 식품에 대한 정부의 태도에 영향을 주어서 분자생물학 연구비를 삭감하도록 함으로서 젊은 식물학자들이 미국과 같은 더 희망이 보이는 나라들로 옮겨가도록 하였다. 유사한 방법으로 동물보호론자들은 개인과 연구 장소에서 충돌을 일으키는 전략으로 일부 제약회사의 중앙연구소들이 EU를 버리고 떠나도록 하였다.

또한 EU 정부들이 농업 생명공학에 반감을 보일 때에, 개발도상국의 정부 관료들도 이 견해를 받아들여, 여러 면에서 농업 생명공학이 절실하게 필요한 자신의 나라에 손실을 입혔다 (표 15.2). GM 곡물에 대한 유럽인의 '공포'가 아프리카에서 행동의 선택을 지시해야만 하는가?

그러나 헌신적인 과학자들도 가능하다면 그들의 과학이 주는 의미와 사회에 미치는 영향에 대해서 대중과의 대화에 참여할 의무가 있다. 너무 자주 이런 회의들은 반대하는 압력 단체들에 의해서 지배되고 만다. 장기적으로는 교육을 통하여 대중들이 더 많은 과학적 인식을 갖기를 원하고, 과학도들은 그들의 과학의 사회적 의미에 대해서 공부를 해야만 한다.

인류 식량 공급의 안전은 식품의 소비를 통하여 위해가 생기지 않을 것이라는 합리적 확신의 개념을 기초로 한다. GMO로부터 생산된 식량과 식품의 원료들은 안전하다고 권장되어지기 전에 전통의 상대

품목과 동등하게 안전하거나 더 나은 안전성을 갖고 있다고 여겨져야 한다. 안전성에 대한 최고의 실용적 접근법은 새로운 식품이 유사한 종래의 품목과 비교하여 그것들이 존재하는 곳과 의도된 이용과 노출이 비교적 유사한지를 실질적 동등성에 기초하여 결정하게 된다. 실질적 동등성이 설정되어지면, 더 이상의 안전성에 대한 우려는 통상적으로 예상되지 않는다. 실질적 동등성의 설정이 어려운 경우에 있어서는 알려진 어려움들 또는 새로운 특성들을 안전성의 추가적인 고찰의 대상으로 정해야 한다.

많은 나라들에서 정부 지원의 전문가 위원회들이 식량 생산에 있어서의 GMO들의 안전성을 확인하는데, 이것은 이것들의 사용 또는 대중에게 공급되어지는 제품과 관련하여 기술적인 세부 사항들에 대한 고찰을 말한다. 영국에서는 "새로운 식품과 공정에 대한 자문 위원회(Advisory Committee on Novel Foods and Processes)"가 있으며, 이 위원회는 무보수의 전문가들로 구성되고, 이들의 의견은 최종의 공식적 판단과 공포를 하는 식품 장관에게 전달된다. 이 위원회는 단지 과학적 사실과 제품의 궁극적 안전에 의해서만 영향을 받는다. 이와 같은 위원회들은 관련된 과학적 전문성만이 아니라 강력한 소비자 인도와 윤리에 관한 전문성도 갖고 있다.

유전공학 식품과 관련한 최초의 우려는 주로 안전성 이슈와 관련하여 인식되었다. 그러나 최근에 사회적, 도덕적, 그리고 윤리적 이슈가 정책 결정 과정의 전면에 대두되고 있다 (확장된 논의를 위해서는 Straughan and Reiss, 1996 참고).

다국적 농화학 회사들에 의한 유전공학 작물과 종자에 대한 통제와 개발에 투입된 높은 연구 투자 비용의 회수에 대한 회사들의 필요성에 관한 우려는 단지 높은 기술력의 농부들만이 그와 같은 비용적 부담을 감당할 수 있을 것이라는 의미를 내포한다. 개도국의 농부들에게 있어서는 이 같은 기술의 사용이 현실화 되지 않을 것이다. 또한 제초제 저항성 작물은 농부들을 특정 제초제에 의존하게 되며, 결국은 그 생산 회사에 대해 의존되게 만들 것 이다.

'대체성'의 개념은 어떤 개도국들에 있어서 커다란 극적인 영향을 끼칠 수 있다. 새로운 감미료의 개발은 이미 기존의 사탕수수와 사탕무의 시장을 위축시켰고, 이들의 경제를 저해해 왔다. 이 같은 분야에서 개도국들은 산업화된 국가들에 비하여 분명하게 더욱 큰 고통을 받을 것이다. 유전공학 호르몬을 주입함으로써 적은 수의 소에서 더 많은 양의 우유가 생산될 때 미국과 유럽 연합의 많은 소규모의 농가들은 사업을 접어야 하는 결과가 초래될 수 있다.

그러므로 새로운 유전공학의 많은 면들을 보면 그 곳에는 사회적 비용을 치러야 할 경우도 있을 것이며, 특히 개도국에 있어서는 농업과 관련된 많은 일자리가 줄어들 것이다. 서로 다른 가치들을 판단하는 것은 사회에 미치는 불이익에 대한 혜택을 조정하여 이루어져야 한다. 판단은 여러분이 빈곤 선상의 어느 쪽에 위치하고 있느냐에 따라 달라질 수 있다. 그러나 많은 개도국들이 유전공학과 관련하여 상당한 수준의 투자와 진보를 이루려고 애쓰고 있다는 것을 주지할 필요가 있다. 이와 같은 기술의 분명한 혜택을 개도국들이 함께 누릴 수 있도록 하기 위하여 선진 농업국들로부터 개도국들에 대한 기술적, 재정적 지원이 반드시 지속되어야 한다.

어떤 이들은 유전자 변형은 자연이 이종 사이의 유전적 교류를 방지하기 위해 진화의 과정을 통하여 만든 자연적인 육종의 장애물을 근원적으로 침범한 것으로 여기기도 한다. 여기서 종은 신성불가침 한 것으로 여겨진다. 그러나 많은 분자 생물학자들의 단순 주의적 관점에서 보았을 때, 유전자는 생명의 궁극적 단위가 된다. 유전자는 단지 조작할 수 있는 유기 분자들의 (모든 종류의 세포들에 있어 일반적인) 독특한 집합체일 뿐이다. 결론적으로 그들은 종과 속간의 유전자 전이에 있어서 아무런 윤리적 문제를 찾지 못한다.

동물의 유전공학과 관련하여서는 이와 같은 기술의 '비자연성'이 대중의 불안을 자아낸다는 것에 대해서 의심할 여지가 없다. 그 예로 '인간'의 유전자를 동물에 전이 시키는 것, 즉 새로운 형질전환 생물체가 인간으로부터 유래한 유전자의 복제를 포함하고 있다는 사실을 들 수 있다. 형질전환 유전자가 인간으로부터 유래하였고 그 구조를 지녔을지라도 그것이 직접적 자원이 되지는 않는다. 유전자는 한 생물체로부터 다른 생물체로 바로 이동이 되지 않고, 반드시 복잡한 일련의 시험관 복제 과정을 거쳐야만 한다. 이것은 일련의 증폭 단계를 말하며, 최초의 유전자는 전체의 과정 동안에 여러 번 복제되어 최초의 유전 물질이 대략 1055 배로 희석되어 진다. 원래의 인간의 유전자가 최종 생물체에 있을 가능성은 극미하거나, '형질전환 배아로부터 고유한 인간의 유전자가 회복되어질 가능성은 세계의 대양으로 흘러간 특정한 물 한 방울이 다시 회복될 가능성 보다 훨씬 낮다고 할 수 있다. 형질전환 생물체는 실질적인 인간의 유전자를 포함하고 있지 않고, 대신 인공적으로 생성된 복사된 유전자를 갖고 있으므로 어떤 이들은 형질전환 유전자의 상태를 새로운 생물체로 여겨야 한다고 하기도 한다. 유전자는 본연의 생물학적 역할을 생물체의 세포 내에서의 활동을 통하여 수행한다.

초기의 영국의 보고서 [유전자변형과 식품 사용의 윤리에 대한 위원회(Committee on the Ethics of Genetic Modification and Food Use)에 의해 작성, 1993]에 특정한 형질전환 생물체를 식품에 사용하였을 경우와 관련한 주요 윤리적 측면에서 우려 사항들을 명시하였다:

(1) 인간 유전자가 식량 동물로의 전이 (예: 혈액 응고에 관여하는 단백질인 factor IX 인간 유전자가 양으로 전이)
(2) 특정 종교 집단에 있어서 식용으로 금지된 육류의 동물 유전자가 그들이 먹고 있는 동물(예: 돼지의 유전자가 양으로)로 전이되는 경우 유대인이나 회교도에 있어 종교의 규범을 위반하게 된다.
(3) 어떤 채식 주의자들에게 있어서 특정한 우려를 불러일으킬 수 있는 동물의 유전자가 식량용 식물로 전이된 경우 (특이 극도의 채식 주의자들의 경우)
(4) 인간의 유전자를 포함한 생물체를 동물의 사료로 사용하는 경우 (예: 의학적 가치가 있는 인간의 단백질을 생산하기 위한 변형된 효모를 사용 후 사료로 이용).

광범위한 종교적 믿음을 포함하여 행한 협의 후에, 인간 기원의 복사된 유전자를 포함하는 식품의 사용을 완전히 금지시켜야 한다는 주장에 대하여 결정적인 윤리적 반대가 없다는 결론이 도출되었다. 그러나 보고서는 다른 대안이 있는 경우에 있어서는 식량 생물체 내의 윤리적으로 민감한 모든 유전자의 사용을 권장해서는 안된다고 강하게 권고하였다. 종교적인 이유로 인하여 식이의 제한을 받는 어떤 부류의 집단 안에서 윤리적으로 수용이 불가한 복사 유전자를 포함하는 형질 전환 생물체로부터 만들어진 제품의 경우는 그들의 바른 식품 선택을 위하여 표시가 이루어져야 한다. GMO로부터 유래되어진 식품의 표시와 관련한 사항은 많은 논란의 대상이며, 궁극적으로 세계의 서로 다른 지역에서 서로 다르게 결정되어 질 것이다. 머지않은 미래에 있어서 모든 중요한 식량 생물체들은 개발 과정 중에 있어서 유전 공학이 어떤 형태로든 영향을 취할 것이며, 이것은 복잡한 표시 기준을 초래할 가능성을 크게 한다. 정부 기관, 산업계, 그리고 소비자 단체들 간의 최근의 논의는 윤리적 요구 사항을 충족할 수 있는 궁극적인 표시 또는 현실적인 측면의 표시를 결정하게 될 것이다.

동물의 유전공학은 개발 과정의 결과로서 동물이 고통을 받는 사례가 있을 경우에 있어서 심각한 도덕적 반대를 불러일으킬 수 있다. 이미 육질을 향상시키기 위한 목적으로 형질 전환 성장 호르몬을 투여받은 동물들이 심각한 관절염으로 고통을 받은 사례가 있다.

어떤 종교적 그룹들이 그들이 먹을 수 있는 동물의 종류에 대하여 분명한 구별을 두고 있을지라도, 의학적으로 유래된 제품 (돼지 췌장으로 부터의 인슐린)이나 동물 장기의 이식을 고려할 때는 그 입장이 상당히 다르게 나타난다. 거의 모든 종교적 믿음은 인간 생명의 보존이 최우선 되어야 한다는 견해를 가진다. 그렇기 때문에 특정한 종교적 허용이 이루어지는 경우에 한하여 유대인이나 회교도들에게 돼지로부터 얻은 인슐린이 허용된다. 이와 비슷하게 유대인에게 있어 불가피한 경우에 한하여 돼지 장기의 이식이 허용될 수 있다. 이와 같은 상반된 입장은 인간의 신체가 입을 통하여 섭취되는 경우에 한하여 종교적 위배의 행위로 여겨지며, 다른 방법들, 즉 주사나 수술을 통한 경우에 있어서는 그러하지 않다는 견해에 의해 지지를 받는다.

최근 미국 식품기술전문가 위원회(US Institute of Food Technologists Expert Panel)는 식품 rDNA 생명공학의 지속적인 개발과 사용이 사회에 많은 중요한 혜택을 제공할 것이라고 결론지었다:

- 더 풍부하고 경제적인 식품을 세계에 공급
- 특정 영양소가 부족한 인구 집단을 위한 독특한 성분의 식품을 포함하여 지속적인 영양의 질적 향상
- 유통 기간이 향상된 신선한 과일과 야채
- 건강과 의학적 혜택을 제공하는 기능성 식품, 백신, 그리고 이와 유사한 제품의 개발
- 더욱 효율적인 생산 관행과 증가된 생산성을 통한 농업 생산의 신일보
- 개도국의 비생산적인 유해 토양을 생산성이 있는 경작지로 전환
- 더 나은 농약과 농약 사용 관행, 덜 해로운 동물 폐기물, 향상된 토지의 이용, 그리고 열대 우림과 같이 생태학적으로 민감한 지역의 사용이 감소됨 등을 통한 더욱 더 환경 친화적인 농업 관행.

더 나아가 rDNA 생명공학으로부터 유래된 식품에 대한 일련의 환경과 경제적 우려들에 대하여 위원회는 다음과 같은 결론을 도출하였다:

- 새로운 rDNA 생명공학으로 부터 유래된 식량과 식품들은 종래의 육종 관행과 비교할 때 더 이상의 심각한 환경적 우려나 비의도적 독성의 특징들을 고유하게 나타내지 않는다.
- 기술 개발자, 생산자, 그리고 가공업자, 규제 기관, 기타 등의 적정한 시험은 rDNA 생명공학을 포함하여 모든 기술로 부터 유래된 새로운 식량과 식품에 있어서 계속 되어야 한다.
- 저 개발국들을 포함하여 전 세계에 rDNA 생명공학으로부터 유래된 안전하고 경제적인 식품의 혜택을 제공하는 프로그램들이 개발 되어야 한다.

표 15.3 인간 게놈 연구와 관련한 대중의 우려

시험과 심사 결과에 대한 비밀성
유전자적인 시험과 심사의 범위
차별과 비난
인간 게놈 데이터의 상업적 이용
우생학적 압력
후대에 있어서 생식 세포 유전 치료의 영향

출처 : European Federation of Biotechnology (1995)에서 인용.

[15.4] 인간 유전 연구의 적용

많은 유전적 장애들이 복잡한 유전적 설명과 심지어 환경적 요인들과의 상호 작용을 통하여 일어나는 반면에, 인간의 수천가지 유전 장애들은 단일 유전자에 돌연변이가 일어난 결과로 보인다. 앞서 논의된 인간 게놈 프로젝트의 결과는 이와 같은 기본적 유전 기능 장애에 대한 보다 높은 이해를 제공하고 어떤 경우에 있어서 결함의 완화나 심지어 치유까지도 제공할 수 있다고 여기게 하고 있다. 그러나 유전적 절차에 대한 과학적 도약과 심도있는 이해와 더불어 많은 부분에 있어서 대중의 우려 또한 나타나고 있다 (표 15.3).

게놈 프로젝트를 수행하는 주요국들은 아직 알려지지 않은 윤리적, 법적, 그리고 사회적 이슈에 대한 연구에 지원을 하고 있다. 많은 위원회들이 이와 같이 고도의 복잡한 이슈에 대한 공공의 논의와 이해를 촉진하고 있다. 한편으로는 과학적 발견들이 유전 질환으로 고통받는 수만의 환자들에게 많은 위안이 될 수 있으나 다른 한 편으로는 인류의 앞날에 대하여 환상을 내포하는 질문들을 발생시킨다.

유전적 시험과 선별

유전적 장애가 이 전의 가계에서 나타났던 경우에, 태아가 그와 같은 결함을 갖고 있는지의 여부를 알아보기 위한 태아기 시험이 가능하게 되었다. 부모는 그와 같은 경우에 있어서 낙태를 허용하거나 정상 출산 시에 요구되어 지는 것들에 대해 보다 나은 준비를 할 수도 있다. 여기에서 낙태의 결정을 내림에 있어서 다른 폭 넓은 조건들, 즉 성별, 사소한 질병의 선택을 고려하게 될 지도 모른다는 분명한 우려들이 있다. 개개인의 '유전적 포트폴리오'에 대한 더욱 풍부한 인식이 조만간 가능하게 될 수도 있으며, 아마도 미래에 발생할 심장병과 암등의 의학적 문제들의 진단과 질병이 시작되기에 앞서 치료에 대한 조언이 가능할 수도 있을 것이다. 그러나 과연 인간이 자신의 30~40년 후에 헌팅턴병 (현재로서는 치료가 불가능하고 쇠약해지며, 종종 치명적이다)에 걸릴 것이라는 것을 알기 원할까? 유전적 시험과 선별은 치료법이 있는 질병에 한해서만 이루어져야 한다고 제안되고 있다.

혈액 시료, DNA 등 생물학적 물질의 수집과 장기적인 보관은 시료에 접근하고 이용하는 것에 대한 특별한 윤리적 정치적 이슈를 불러일으킨다. 일치되는 의견은 개개인이 시료의 소유권, 가능한 IP 권리와 개인정보의 보호 및 유전 정보에 대한 비밀 보장에 대한 정책들을 인지하고 있어야만 한다는 것이다.

아마도 이와 같은 유전적 시험과 관련한 가장 큰 우려는 취득된 정보가 보험 회사나 대출 기관에 의해 사용될 수 있다는 것이다. 의심할 여지없이 이와 같은 재정적 기관들은 이 같은 정보를 갖고 그들의 투자에 대한 위험을 경감할 수 있으나, 개인들에 미치는 영향은 파괴적일 수 있다. 윤리 위원회들에서 증가하고 있는 견해는 보험회사가 개개인의 유전 정보를 보험에 가입하기 위한 필수 조건으로 요구해서는 안되며, 그와 같은 정보에 접근이 허용되어서는 안된다는 것이다. 그러나 이것은 아마도 감시와 통제가 불가능한 일일 것이다. 현실에서는 '개인의 미래'가 '하늘'에 있는 것이 아니라 그들의 유전자에 달려 있다는 것이 점점 분명해지고 있다.

인간 유전자 요법

유전자 요법은 체강 또는 생식 세포의 접근으로부터 고려될 수 있다. 윤리적 관점에서 보면 환자에게 단일 유전자의 주입을 포함하는 체강 세포 유전자 요법은 오랜 시간 동안 수용되어 오고 있는 타인으로부터 심장이나 폐를 이식하는 관행과 별 반 차이가 없다. 이와 같은 치료법은 심각한 의학적 장애를 경감시키는 경우에 한 해서만 이용되며, 비 치료적인 적용의 경우는 해당되지 않는다. 유전자 요법의 적용은 제약 업계에 있어서 중요하지만, 주사가 가능한 '제품'의 형태로 판매가 가능한지 아니면 보조적 도움을 통한 투여가 될지의 여부는 불투명하다. 이와 같은 불투명성은 면역요법으로부터 유전적 질병에 이르기까지 잠재적 질병 적용의 폭넓은 다양성으로부터 야기된다. 2가지 경우 모두 값싼 치료법은 아닐 것이다. 체강 유전자 요법은 의학적 안전성, 법적 의미, 그리고 공공의 우려를 만족시키기 위하여 엄격한 감독 하에 이루어져야 한다.

생식 세포 유전자(germ-line gene therapy)요법은 현재 수행되고 있지 않다. 왜냐하면 이것은 기술적으로 상당히 난해하며 윤리적, 사회적으로 수용이 되고 있지 않기 때문이다. 생식 세포간의 충돌은 우생학적으로 커다란 문제를 불러일으킬 수 있으며, 만약 이것이 의미있는 의학적 기법으로 사용되어 지려면 광범위한 논의가 반드시 있어야 한다. 현재 사회 분위기는 안전장치가 지켜지고 효과적인 것을 조건으로, 실험을 위한 제한된 단계의 유전자 치료를 지지하는 것으로 나타난다. 비도덕적인 '선구자적' 의사들은 주의깊게 감독되어야 한다.

줄기세포 기술은 세상에서 가장 치료하기 어려운 소모성 질병들을 치료하는 요법을 제공할 큰 가능성을 갖는 반면에 종교적, 도덕적 염려들을 불러일으켰다. 인간의 여러 주직으로부터 유래한 성체 줄기세포는 이런 논쟁으로부터 벗어나 있지만 인간의 배반포에서 유래된 hES 세포들은 그렇지 못하다.

논쟁의 한편에서는 hES 세포의 도덕성은 인체의 다른 세포의 그것과 다를 것이 없다고 생각하고, 수백만의 고통받는 사람들을 구제할 가능성이 있는 이런 연구를 멈추는 것이 비윤리적이라고 간주한다. 완전히 반대로 종교적 관점에서는 임신과 동시에 배아는 하나의 인간으로서 충분한 도덕적 지위를 받았기 때문에 다른 자들의 이익을 위해서 한 개인을 희생시키는 것은 비윤리적이라고 한다. 과학은 이 상반되는 연구 논쟁으로 야기되는 도덕적 딜레마를 피할 수 있을까?

hES 세포 연구를 비도덕적이라고 꼬리표를 다는 것과 점점 더 얽히고 있는 도덕적 부분을 무시하고 가치있는 연구 진행을 피하는 것은 모두 잘못된 것이다. 과학자와 종교철학자들은 대중들이 이 기술의 진정한 내용이 무엇인지를 알도록 해야만 한다.

논쟁은 배아와 유사-배아(quasi-embryo)를 둘러싸고 돈다. 언제 인간 생명이 시작되는가? 인간의 발생은 배아 세포가 자궁의 벽에 착상되는 것을 절대적으로 필요로 하며, 그렇지 못하면 개인으로 발생될 수 없다. 실험실에서 배아를 인간으로 발생시키는 것은 불가능하다.

요사이 이와 같은 이슈에 대한 가중된 논의들로부터 어떤 일반적 결론들이 나타나고 있다. 즉, 대중은 유전자 기술을 전체적으로 수용하거나 전체적으로 거부하지는 않는다. 어떤 부분들은 환영을 받고 이용될 것이며, 다른 부분들은 덜 또는 전무한 지지를 받을 것이다. 유전공학 공동체는 정보의 일방적 주입이 아니라, 정보를 알리려는 목적을 갖고 있어야 한다. 유전 공학 제품의 소비자와 환자들은 분명하고 명확한 정보를 제공 받아야 한다. 최근 유럽 연합의 '유전공학에 대한 공공의 인식' 회의는 다음과 같은 메세지를 유전공학 업계에 전달하며 회의를 마쳤다: '공공에게 정보를 제공하고 그들의 이야기를 들어라'

대개의 새로운 유전공학 제품과 공정의 과학적인 복잡성을 고려할 때 회사들은 소비자들에게 제품의 장점과 혜택에 대한 적절한 정보를 제공하기 위하여 효과적인 홍보를 하여야 한다. 이와 같이 할 때에 대중들은 상품과 관련하여 정보에 근거한 결정을 내릴 수 있게 된다. 유사하게 과학자들은 대중과 의사소통하는 법을 배워야 하며, 자발적으로 그렇게 하고, 또 이와 같은 의사소통을 자신들의 의무로 여겨야 한다. 새로운 유전공학의 완벽하고 창조적인 결론에 있어 가장 큰 장애물은 과학, 사회, 경제, 또는 환경이 아니라 문화가 될 것이다.

16

미래 전망

생명공학은 매우 많은 방법에서 사람과 행성 간의 관계를 변화시키고 있기 때문에 점진적으로 독창적인 과학으로서 생각되고 있다.

생명공학은 현대 사회의 많은 분야에 확대 적용되는 다양한 유용 기술로 비추어져 왔다. 생물체, 특히 미생물을 주정, 포도주, 그리고·치즈 생산에 적용하는 것은 주로 경험적으로 확립되었기 때문에 이러한 공정의 관리는 과학이라기보다는 예술로 생각하게 되었다. 최근에 이러한 오래된 생명공학 공정은 활발한 과학적 연구와 분석을 통해서 전통적인 경험주의에서 탈피하게 되었다. 미생물 균주 선별에 관한 보다 깊은 이해, 분자생물학과 유전학 그리고 개선된 생물공정 기술에 힘입어 모든 전통적인 생명공학 산업은 커다란 발전을 이루었으며, 계속해서 품질과 안전성, 그리고 저비용 공정을 확립하게 될 것이다.

새루운 생명공학의 중요한 발전은 생명 기작에 대한 이해가 커지고 이러한 이해가 결국에는 인류의 삶을 변화시키며 나아가 농업, 어업, 임업, 환경에 대한 보다 깊은 이해를 제공할 것이라는 기대로부터 나왔다. 생물 종 안에서, 나아가 종 사이에 유전물질을 선별하고 조작할 수 있음으로 해서 사회 유익을 위하여 생물체를 변형 할 수 있는 기회를 얻게 되었다. 인간을 포함한 다른 생물 유전체의 서열을 확인함으로서 새로운 과학 발견의 장을 열었다. 그러나 유전체 서열을 확인하는 것은 그것으로 끝이 아니라, 그것을 통하어 생물체에 어떤 생물학적 의미를 주는지에 대한 지식을 얻는 연구의 시작이 되었다. 현재 염기서열 정보는 종을 확인하거나 진화상의 연관을 확인하고 생물체의 다양성의 근거를 연구하는데 이용하고 있다.

많은 분자생물학자들은 DNA 염기서열 분석을 통해 심장병, 암, 알츠하이머 등 앞으로 개인이 가질 수 있는 질병 발생을 예측 할 수 있을 것으로 전망한다. 이 점은 특히 보험 회사에서 많은 관심을 불러일으켰다. 그러나 생물체의 다양한 적응 체계와 사람 수명에 미치는 환경인자의 역할을 고려하지 않고, 염기서열 분석에만 의존하는 것은 부적합하다. 그러나 수천 개의 단일염기서열 다형성(single nucleotide polymorphism, SNP)을 분석 할 수 있는 새로운 마이크로어레이(microarray) 기술은 단백질체학과 함께 환자의 잠재적인 발병가능성과 다가올 건강문제에 대한 조기 진단을 가능하게 하여 개인으로 하여금 의학적으로 그리고 생활면에서 미리 대처할 수 있게 할 것이다. 동물세포배양과 재조합 DNA 기술은 많은 재조합 단백질을 생산하였다. 예를 들어, 인슐린과 재조합 백신은 현재 광범위한 질병에 대해 상당한 의료효과를 가져다주었다. 이러한 분야에 대한 연구가 계속 될 것은 자명하다.

현재의 유전공학 기술을 생명과학에 적용하는 것은 앞으로 나타날 결과에 비하면 아무것도 아닐 것이다. 나아가 유전체학과 단백질체학을 통해서 분자, 세포, 그리고 개체에 대한 보다 깊이 있는 이해를 얻게 될 것이다. 이러한 연구의 결과는 의사와 환자 모두에게 많은 혜택을 줄 것이다. 우리는 앞으로 인간 개개인에 대한 이해와 이러한 지식이 개인의 건강과 질병 감수성에 어떠한 영향을 미칠지에 대해 많은 것을 알게 될 것이다.

분자유전학 시험은 임상의학과 점차 통합되고 있으며, 이러한 경향은 가까운 장래에 속도가 더 빨라질 것으로 보인다. 그러나 거기에는 사람의 유전적 변이와 질병에 대한 유전적 소질, 치료약에 대한 반응과 약리학적 부작용에 대한 민감성 간의 상관관계의 소유권을 주장하는 특허권자와의 문제들이 충분히 있을 수 있다.

식물 유전공학은 *A. tumefaciens*의 Ti plasmid 가 발견되고 단일 유전자를 대부분의 주요 작물에 도입할 수 있게 된 1980년대 초에야 시작하였다. 이러한 절차는 이제 상당히 쉬운 과정이며, 식물체내에서 나타나는 변화는 미미하여 변형 식물을 원 식물과 구분하기 위하여는 고도의 민감한 생화학적 분석이 필요하다. 식물유전공학기술은 책임감 있고 안전하게 적용되며, 결과물 또한 책임감 있고 안전하게 사용된다는 많은 증거가 있음에도 불구하고 이 기술에 대해 작은 규모이나 조직적으로 반대하는 의견이 큰 목소리를 내고 있다.

새로운 기술의 적용은 자주 대중의 오해와 과학에 대한 불신에 가로막히게 된다. 어떤 기술도 위험부담을 가지고 있지 않은 것은 없었으나, 현재 부유한 선진국가에서는 완전함을 요구한다. 무책임한 언론매체 (어떤 과학적 근거도 없는)는 대중으로 하여금 새로운 기술이 어떠한 위험요소도 없어야 함을 기대하게 하고, 만약 조금이라도 결함 (그것이 사실인지 상상에 의한 것이든지 간에)이 나타나면 이러한 기술의 완전 철폐를 주장할 것이다. 특히 유럽에서 나타난 유전자변형 식품에 대한 지불정지 및 완전 금지요구는 선동적이고 비과학적인 "생물오염(biological pollution)"과 "Frankenstein 식품"과 같은 문구, 그리고 유전자변형 식품을 광우병, 구제역, 핵시설과 비교하는 잘못된 인식에서부터 유래하였다. 유전자변형식품 연구자들은 다른 기술분야에서는 찾아볼 수 없는 사려깊은 연구자세를 가지고 임하였다. 기본 기술은 일상적이며 잘 확립되어있다. 유전공학과 관련하여, 있다면 아주 미미한 위험 요소가 있을 수 있으나, 이것은 현대인의 생활 습관인, 운전, 흡연, 술, 그리고 많은 다른 위험 인자를 감내해야 하는 정도이다.

2001년에 전세계에서 유전자변형 작물이 5백5십만 농가의 5천3백만 헥타르에서 경작되었다. 미국이 전체의 68%를 차지하고, 아르헨티나 (22%), 캐나다 (6%) 그리고 중국 (3%)이 뒤를 이었다. 불가리아, 우루과이, 인도네시아, 브라질, 멕시코를 포함한 많은 다른 국가들이 형질전환 작물을 경작하기 위한 초기단계 국가이다. 형질전환작물은 개발도상국가와 선진국 모두에서 수확량 증대, 이윤증대, 농약사용 경감을 제공한다는 증거가 점차 많아진다. 불행히도 유럽은 정치적, 관료적 장벽으로 인하여 유전자 변형작물을 등록하는데 어려움이 있다. 이러한 러다이트 (luddite, 영국의 산업 혁명 당시 실직을 염려하여 기계 파괴 운동을 일으킨 수공업 노동자) 식의 접근을 정당화할 과학적 근거나 논리는 전혀 없다.

현재 식물유전공학은 단일 유전자 전이에 근거한다. 그러나 식물유전체 연구는 식물의 구조에 영향을 미치는 일련의 유전자군을 확인하였다. 뿌리 굵기, 면적, 잎의 크기 모양 등 식물 구조는 적은 경작지에서 수확량을 증대시키기 위하여 육종학자에게는 중요한 가치가 있다. 현재 식물유전공학은 소비자보다는 농부에게 혜택을 주었다. 그러나 머지않은 장래에는 이러한 경향을 사람과 동물의 영양 측면을 강조하는 쪽으로 바뀔 것이다.

현재의 사람 영양에 관한 지식은 집단수준에서 정의되고, 식품가공업체는 영양불균형을 해소하기 위하여 주 식량에 필수아미노산이나 비타민 같은 식품 첨가물을 넣고 있다. 머지않은 장래에 식물육종학자들과 농부들은 작물을 보다 정확하게 조작하여 영양을 개선하게 될 것이다. 쌀은 비타민 A가 부족하여 쌀을 주식으로 하는 개발도상국가의 어린이들이 실명하게 되는 일이 일어난다. 비타민 A와 철분 함량이 높아진 유전자변형 쌀의 개발은 개발도상국가에 막대한 영양학적 가치를 제공하게 될 것이다. 이 제품에 대한 개발도상국내의 특허는 과학자와 기업체에 의해 전부 포기되어있다. 미래의 식물유전공학 기술은 인간을 위한 식물의 영양개선을 손쉽게 해줄 것이다.

곡류와 같은 작물이 대부분 가축의 사료이기 때문에 소, 돼지, 닭과 같은 개별 가축의 영양요구에 맞추어 이러한 작물을 개량할 수 있을 것으로 기대한다.

형질전환 동/식물, 재조합 단백질과 백신 등의 새로운 생명공학 분야가 인류에게 커다란 유익을 가져오겠으나, 여기에 대해 일부 우려하는 의견도 있다. 일반적으로 생명공학자들은 대중들과 의견 교류를 하지 않는다고 비난받는데, 이는 과학자들이 쉬운 용어로 과학의 원리를 설명하지 못하거나, 하려고 시간을 내지 않기 때문이다. 또한 과학자들은 그들의 연구결과의 미래 전망을 내놓을 때 간접적인 화법을 사용한다. 추측적인 과제를 완성하기 위해서 아직도 생명공학 분야의 방대한 지식을 밝혀내야 한다. 또한 이를 완수하기 위한 시간 계획도 보다 현실적이어야 한다.

대체치료요법에 관한 줄기세포 공학이 가지는 미래의 역할은 일반대중의 관심에 크게 의존된다. 이 주제는 현재 전세계에 걸쳐 널리 연구되고 있으며, 그 해답은 제기되었던 도덕적 및 인종적 문제에서 뿐만 아니라 그러한 세포들이 인간시스템으로 의미있게 통합될 수 있기 전에 해결해야만 하는 많은 기술적 문제점을 극복할 방법을 찾기를 기대하고 있다.

새로운 생명공학 부분의 윤리적이고 도덕적인 현안들은 지속적인 열린 토론과 대화로 다루어야 한다. 정직하고 확신을 주는 사실보다는 공포적인 이야기가 대중의 관심을 끌게 된다. 현 교육의 문제점이기도 하지만, 대부분의 일반인들은 아주 단순한 생명현상에 대해서도 무관심하며 자연적으로 유전공학을 골치 아프고 위협적인 것으로 생각한다.

사실 생명공학으로 만들어지는 대부분의 제품들은 기존 제품생산의 연장선에서 만들어지거나 생산과정의 개량으로 인식할 수 있는 것들이다. 이러한 기술에 의한 생산과정의 작은 개선은 그다지 새로운 것은 아닐지라도 생산 기업에게는 경쟁우위를 제공할 수 있다. 생명공학의 역사를 보면 새로운 제품을 개발하고 이윤과 사회적 혜택을 확대하기 위한 창조적 노력을 유지하기 위하여 산업계와 학계 밀접한 관계를 가져야 함을 알 수 있다.

비록 상당한 생명공학 관련 과학과 공학 지식 그리고 전문가가 생산적인 생명공학 활용을 기다리고는 있지만, 최종 적용속도는 과학/기술에 달려있다기 보다는 다른 중요한 인자들에 달려있다. 이러한 인자들로는 산업투자 정책, 시장 수요 창출, 새로운 제품을 상업화하기 위한 판매기술이 있는데, 무엇보다도 일련의 혁신 기술을 대중이 어떻게 인식하는지가 중요하다.

기후변화는 현재 전세계에 알려진 우려사항이다. 현재 지구온난화의 효과를 거스르기 위한 접근방법들에 관심을 가지고 있다. 생명공학적 연구를 통해서 생물연료 개발은 국제적 공인을 얻었으며 광범위한 옵션이 생물연료가 화석연료에 대한 비용효율을 높이는 대체방법이 될 수 있는지를 규명하는 과정이 진행되고 있다. 생물연료 생산을 위한 기질의 선택과 이용가능성은 지속적으로 검토될 것이다. 생물연료를 위한 배양은 식량으로 대체되어서는 안된다. 곡물 생산성에 나쁘게 영향을 미치지 않고 현저한 생물연료 개발을 위한 충분한 농경지가 확보되어 있는가? 2007년에 생물연료 생산에 사용된 미국의 농경지의 양은 거의 절반까지 달했으며, 이는 경작지의 규모에서 무시할 정도의 증가에 지나지 않았다! 향후 10년간 생명공학은 세계농업에서 세계지배적인 파라다임이 될 것임에 의심할 바 없다.

생물전재에 사용되는 생명공학의 측면적 잠재는 잘 강조되어져 왔다. 그러나 백신과 의약품 개발과 같은 생명공학적 다른 측면에서 많은 테러행위를 잘 막을 수 있다. 생물테러행위에 대한 전쟁에서 생명공학 산업의 역할이 무엇일까? 미국에서 거대한 연구와 상업적 프로그램이 계획되었으나 이행되지 않았다. '생물방어(bioshield), 생물방어 정부조달 프로그램은 관료주의적인 역행정책, 정치적 기회주의, 책임소재 부재, 봐주기, 그릇된 회계관리 등과 동일한 의미를 가진다' (편집자, Nature Biotechnology 2007,23,603). 많은 생명공학 회사들이 참여에 서두르지 않는 것은 놀라운 일이 아니다. 슬프게도 9/11이 발생한지 6년이 지났음에도 여전히 과거와 같은 일관된 계획만이 있을 뿐이다.

생명공학은 미래 사회에 영향을 미칠 보건, 식량, 안전한 환경과 같은 많은 문제들에 대한 답을 지속적으로 찾기 위한 중요한 역할을 담당하게 될 것이다. 이러한 목적을 위하여는 지속적인 과학연구가 매우 중요하다. 그러나 냉혹한 과학연구의 속성이란, 루이스 파스퇴르가 지적한 대로: '밝은 원이 커지면 커질수록, 어두운 그림자의 원둘레 또한 커진다'.

영문용어해설

Activated sludge process (활성 오니 공정) 하수의 유기물을 분해시키기 위하여 하수슬럿지에 존재하는 호기성 미생물을 이용하는 호기성 하수 처리 공정.

Aerated pile (호기 더미) 강제로 산소가 주입되는 폐기물 더미에서 유기 폐기물의 미생물 조성.

Aerobic (호기성) 산소 존재 하에서만 살아가거나 활성을 가지는.

Amino acids (아미노산) 단백질의 기본 구성 요소.

Anaerobe (혐기성 미생물) 산소 부재 시에 자랄 수 있는 미생물.

Anaerobic digestion (혐기적 소화) 공기가 거의 없는 상태에서 유기물질을 이용하여 메탄 가스와 CO_2를 생성하는 미생물 분해 작용; 하수 처리 공정.

Antibiotic (항생물질) 대체로 사람이나 동물에서 미생물의 감염에 대항하는데 사용되는 특별한 형태의 화학 물질. 대부분의 항생물질은 미생물에 의해서 만들어진다. 반합성 항생물질은 화학적으로 변형된 천연 항생물질이다.

Antibody (항체) 특정한 항원에 노출되었을 경우에 면역 체계에 의하여 생산되는 단백질로서, 상보적 항원과 특이하게 반응하는 특성을 가진다.

Antigen (항원) 외부 특정한 분자가 생체 내에 들어올 경우 이에 대한 각각의 특성의 항체를 생산하도록 하여 (면역반응) 이부 물질로서 인지되어 생물체로 도입된 분자.

Antisense genes (안티센스 유전자) 본래 유전자의 발현을 막기 위하여 정상 뉴클레오티드 염기서열의 거울 상(mirror image)이 삽입된 유전자.

Ascites (복수증, 腹水症) 단일클론 항체의 형성을 위한 혼성 세포 (hybridoma cell)를 증식시키기 위하여 널리 이용하고 있는 방법으로 복강내 액체가 축적되는 것.

Bacteriophage (박테리오파아지) 세균 내에서 번식하는 바이러스.

Biodiesel (바이오디젤) 디젤의 대체물로서 미래의 생물연료.

Bioethanol (바이오에탄올) 미생물 활성으로 생성된 에탄올.

Bioethics (생물윤리) 의학 및 생물학 연구에서의 윤리.

Biofuel (생물연료) 생물체에서 직접 유래하는 연료.

Biohazard (생물학적 위험) 생물학 연구 중에 생겨나는 사람의 건강과 환경에 대한 위험.

Biological oxygen demand, BOD (생물학적 산소요구) 호기성 생물체가 유기물질이 포함된 물에서 대사작용에 필요한 산소.

Biomass (생체물질) 태양 에너지가 광합성에 의하여 변환되는 모든 유기물질.

Biopharmaceutical (생물의약) 의약품으로 사용되는 생물학적 거대분자.

Bioreactor (fermentor) (생물반응기) (발효조) 발효 목적으로 사용되는 용기 시스템.

Bioremediation (생물복원) 자연적으로 일어나거나 계획적으로 도입된 미생물을 사용하여 환경오염물질을 제거하거나 분해하는 것.

Biosensor (바이오센서) 특정한 화합물을 탐침하기 위하여 생물 분자를 이용하는 전자 계측 기기.

Bioterrorism (생물테러) 정 규 군대가 아닌 사람에 의한 사람, 동물, 식물에 해를 끼치거나 살상하기 위해서 생물체 (또는 그들의 산물)의 의도적인 사용.

Bioweapon (생물무기) 전쟁무기로서 사용되는 유해한 생물적 요인.

Blastocyst (배반포) 수정한지 약 5일 후에 형성되는 250 개 정도의 세포 덩어리.

Bovine somatotropin (소 소마토트로핀) 재조합 DNA 기술로 생산될 수 있으며 소의 우유생산을 증가시키기 위해 사용되는 동물 성장호르몬.

Callus (캘러스, 유합조직) 계속해서 세포로 분열하여 성장할 수 있는 식물세포.

Cell line (세포주) 시험관에서 무한대로 세포분열을 할 수 있는 세포.

Chimera (키메라) 유전적으로 다른 조직의 혼합물을 포함하는 생물체.

Chromosome (염색체) 유전적 성질을 전달하는 DNA (많은 유전자 포함)와 단백질의 구분단위. 다른 종은 염색체 수가 다름.

Chromosomes (염색체) 세포핵 내의 유전인자를 가지고 있는 DNA 사(絲).

Chymosin (키모신) 치즈 생산에서 우유를 응고시키는 데 사용하는 효소.

Clone (클론) 동일한 조상으로부터 유래한 유전적으로 동일한 세포 또는 개체의 집합체; 모든 클론은 동일한 유전 정보를 지니고 있다.

Cloning (클로닝) 증식, 배 분할, 또는 핵 치환에 의해서 유전적으로 동일한 복사체 (클론)를 만드는 과정.

Composting (퇴비화) 유기물질의 부패과정.

Conjugation (접합) 세포간의 접촉에 의하여 한 세포에서 다른 세포로 유전물질을 옮기는 방법.

Continuous fermentation (연속 발효) 새로운 배지를 넣고 생산물과 미생물을 계속해서 제거하는 발효공정.

Diagnostics (진단학) 진단의 공정이나 기법.

DNA 데옥시리보핵산의 약자로서 유전자를 구성함.

DNA probes (DNA 탐침자) 상보적 (상반되는) DNA 가닥의 존재를 확인하는데 사용되거나 매우 민감한 생물학적 탐침분석으로 이용되는 분리된 하나의 DNA 가닥.

Down stream processing (하위공정) 발효공정 후 생산물의 분리 및 정제과정.

Electroporation (천공) 전기펄스를 사용하여 세포막에 임시구멍을 뚫어 세포내로 DNA 또는 염색체의 도입.

Embryo transfer (배아 전달) 공여 동물로부터 배아의 획득 또는 시험관에서 수용 동물의 자궁에 체외 수정으로 이루어진다.

Embryonic stem cells (ESs) (배아줄기세포) 성인 몸체의 모든 세포를 만들게 되는 배반포(胚盤胞)의

내세포괴에 있는 줄기세포.

Enzyme (효소) 생물학적인 반응을 조절하는 단백질.

Enzyme bioreactor (효소 생물반응기) 효소에 의하여 화학적 전환 반응이 일어나는 반응기.

Fermentation (발효) 미생물에 의하여 포도당 같은 원료 물질을 알코올 같은 생산물로 바꾸는 공정.

Gene (유전자) 유전정보의 단위; 특정한 단백질을 암호화 한 DNA의 한 부분.

Gene transfer (유전자 전달) 자손에서 원하는 특성을 얻기 위하여 외부유전자를 숙주세포로 도입시키는데 사용되는 유전적 또는 물리적 조작.

Genetic engineering (유전공학) 생물체로부터 유전자를 분리하거나 유전자를 실험적으로 조작하거나 다른 세포 시스템에 유전자를 삽입하는데 사용되는 DNA 공학 기술을 포함하는 과학기술.

Genome (게놈) 생물체 또는 염색체의 핵산과 함께 존재하는 개체의 전체 유전자.

Hybridoma (혼성세포) 다량의 특이적 항체를 계속해서 재생산하는 독특한 융합 세포.

Immobilized enzyme (고정화 효소) 계속해서 사용할 수 있도록, 물리적으로 제한되거나, 한정된 공간내에 존재하는 효소.

Immunoassay (면역학적 분석) 항원과 같이 그들의 특성을 통해서 물질을 탐침하고 측정하는 방법.

Intellectual property (지적재산) 독창력의 결과인 무형 재산, 예, 특허 또는 저작권.

Landfill (매립) 폐기물을 땅에 묻는 투기방법.

Ligase enzyme (리가아제 효소) 유전 공학자들이 DNA의 조각을 연결하기 위해 사용하는 효소.

Lignocellulose (리그노셀룰로스) 리그닌과 셀룰로스를 포함한 나무 생체물질의 조성.

Metabolite (대사산물) 생화학 반응에 의해 생산되는 대사물질.

Microarray (마이크로어레이) 생물체로부터 전체, 아군집 (sub-population), 또는 유전자를 나타낼 수 있는 단일가닥 DNA 조각의 격자판을 포함하는 소형으로 제조된 고체 지지체 (일반적으로 유리 슬라이드).

Micropropagation (미세번식법) 다량의 식물을 생산하기 위해 배양되어 자란 분열조직 같은 작은 조직의 조각을 사용하는 방법.

Monoclonal antibody (단일항체) 하나의 기원 혹은 오직 1가지 항원만을 인지하는 세포의 클론으로부터 유래된 항체.

Multipotent cells (다형성능 세포) 충분히 분화된 세포의 한 세트로 만들어질 수 있는 줄기세포.

Mutagen (돌연변이유발원) 유전적 돌연변이의 원인이 되는 물질.

Mutation (돌연변이) 생식 중 유전이 가능한 유전자의 영구적인 변화.

Mycelium (균사체) 진균 균사의 망상조직의 총체적인 용어.

Mycoprotein (곰팡이단백질) 사람이 섭취하기 위한 진균에서 얻어지는 단백질.

Particle gun bombardment (입자총 충격) 식물세포에 유전자를 전달하는 방법. DNA를 미세입자 또는 발사체로 만들어 침전시킨다. 입자들을 빠른 속도로 세포에 주입시켜 DNA를 전달한다.

Patent (특허) 정부행정당국에 의해 주어지는 법령으로 법적 권리, 예, 특허청.

Phenotype (표현형) 유전형에 의해 결정되는 생물체의 특성 (예, 생화학적 또는 생리학적).

Plasmid (플라스미드) 염색체와 분리되어 필수적이 아닌 유전자를 가지고 독립적으로 복제되며 미생물과 효모와 같은 생물체 내에서 발견되는 원형 DNA.

Pluripotent cell (기관형성능 세포) 성체의 모든 형태의 세포를 만들 수 있는 세포지만, 배(胚)로 발생할 수는 없음.

Polymerase chain reaction, PCR (중합효소연쇄반응) DNA의 폴리뉴클레오티드 서열에 따라 대량으로 생산되는 효소 (polymerase) 반응.

Promoter sequence (프로모터 서열) 유전자의 전사를 유도하는 DNA의 염기서열을 지니고 있는 부분.

Protein engineering (단백질공학) 높은 촉매 특이성 또는 열에 대한 안정성 같은 특성을 지니도록 정교하게 구조를 변화시켜 단백질을 만드는 공정.

Proteins (단백질) 아미노산으로 구성된 분자량이 큰 물질로, 유전자에 의하여 합성된다.

Proteome (단백질체) 생물체의 세포나 조직에서 만들어진 단백질의 집합적 덩어리.

Protoplasts (원형질체) 세포벽을 제거하여 둥근 공 모양을 지니고 있는 미생물 또는 식물 세포.

Recombinant DNA (재조합 DNA) 다른 생물체에서 분리된 DNA를 서로 연결한 혼성 DNA.

Restriction enzymes (제한효소) DNA의 특정한 부분을 자르기 위해 분자생물학자에 의해 사용되는 효소.

Restriction fragment length polymorphism, RFLP (제한효소절편길이 다형성) 제한효소에 의해서 잘려져 만들어진 여러 길이의 DNA 조각들.

Scale-up (대형화) 실험실 규모의 실험을 큰 규모의 산업 공정으로 확장.

Single-cell protein (단세포단백질) 사람이나 동물 단백질의 보충제로 사용하기 위해 대량생산된 세포나 미생물의 단백질 추출물.

Somaclonal variation (체세포변이) 순수 혈통의 식물 세포의 배양으로부터 만들어지는 유전적 다양성.

Somatic cells (체세포) 생식라인 (예, 정자 또는 난자) 세포와는 다른 체세포.

Splicing (스플라이싱) 하나의 DNA 분자가 다른 것과 접합되기 위한 목적으로 하는 유전자 스플라이싱 또는 조작.

Stem cells (줄기세포) 무한 분열을 할 수 있어 특수한 세포로 만들어질 수 있는 세포.

Systems biology (시스템 생물학) 복합생물학적 시스템 운용의 기술 및 이해, 그리고 수학적 모델을 개발하기 위한 목표를 가짐; 흔히 대사공학으로 언급되기도 함.

Tissue culture (조직공학) 각각의 세포 또는 식물이나 동물 조직의 세포덩어리를 인위적으로 키우는 과정.

Transduction (형질도입) 바이러스 (박테리오파아지)에 의해 하나의 세균에서 다른 세균으로 세균 유전자의 이동.

Transformation (형질도입) 추가적 DNA 삽입에 의한 새로운 유전적 표지의 획득.

Transgenic organism (변형생물) 부모 생식질에 기원이 다른 DNA가 추가되어 유전적 DNA가 부가된 동물, 식물 혹은 미생물.

Vectors (벡터) 하나의 세포에서 다른 세포로 DNA를 이동시키는 운반체.

Vaccine (백신) 항체생산을 자극하고 질병에 대한 면역을 제공하는데 사용되는 항원성 약제.

한글용어해설

DNA 탐침자 (DNA probe) 상보적 (상반되는) DNA 가닥의 존재를 확인하는데 사용되거나 매우 민감한 생물학적 탐침분석으로 이용되는 분리된 하나의 DNA 가닥.

게놈 (genome) 생물체 또는 염색체의 핵산과 함께 존재하는 개체의 전체 유전자.

고정화 효소 (immobilized enzyme) 계속해서 사용할 수 있도록, 물리적으로 제한되거나, 한정된 공간내에 존재하는 효소.

단백질 (protein) 아미노산으로 구성된 분자량이 큰 물질로, 유전자에 의하여 합성된다.

단백질공학 (protein engineering) 높은 촉매 특이성 또는 열에 대한 안정성 같은 특성을 지니도록 정교하게 구조를 변화시켜 단백질을 만드는 공정.

단백질체 (proteome) 생물체의 세포나 조직에서 만들어진 단백질의 집합적 덩어리.

단세포단백질 (single cell protein) 사람이나 동물 단백질의 보충제로 사용하기 위해 대량생산된 세포나 미생물의 단백질 추출물.

단일항체 (monoclonal antibody) 하나의 기원 혹은 오직 한가지 항원만을 인지하는 세포의 클론으로부터 유래된 항체.

대사산물 (metabolite) 생화학 반응에 의해 생산되는 대사물질.

돌연변이 (mutation) 생식중 유전이 가능한 유전자의 영구적인 변화.

리가아제 효소 (ligase enzyme) 유전 공학자들이 DNA의 조각을 연결하기 위해 사용하는 효소.

리그노셀룰로스 (lignocellulose) 리그닌과 셀룰로스를 포함한 나무 생체물질의 구성.

미세번식법 (micropropagation) 다량의 식물을 생산하기 위해 배양되어 자란 분열조직 같은 작은 조직의 조각을 사용하는 방법.

바이오센서 (biosensor) 특정한 화합물을 탐침하기 위하여 생물 분자를 이용하는 전자 계측 기기.

박테리오파아지 (bacteriophage) 세균 내에서 번식하는 바이러스.

발효 (fermentation) 미생물에 의하여 포도당 같은 원료 물질을 알코올 같은 생산물로 바꾸는 공정.

배아 전달 (embryo transfer) 공여 동물로부터 배아의 획득 또는 시험관에서 수용 동물의 자궁에 체외 수정으로 이루어진다.

벡터 (vector) 하나의 세포에서 다른 세포로 DNA를 이동시키는 운반체.

변형동물 (transgenic organism) 부모 생식질에 기원이 다른 DNA가 추가되어 유전적 DNA가 부가된 동물, 식물 혹은 미생물.

복수증, 腹水症 (ascites) 단일클론 항체의 형성을 위한 혼성세포 (hybridoma cell)를 증식시키기 위하여 널리 이용하고 있는 방법으로 복강내 액체가 축적되는 것.

생물반응기 (발효조) (bioreactor) (fermentor) 발효 목적으로 사용되는 용기 시스템.

생물학적 산소요구 (biological oxygen demand, BOD) 호기성 생물체가 유기물질이 포함된 물에서 대사작용에 필요한 산소.

생체물질 (biomass) 태양 에너지가 광합성에 의하여 변환되는 모든 유기물질.

세포주 (cell line) 시험관에서 무한대로 세포분열을 할 수 있는 세포.

소 소마토트로핀 (bovine somatotropin) 재조합 DNA 기술로 생산될 수 있으며 소의 우유생산을 증가시키기 위해 사용되는 동물 성장호르몬.

대형화 (scale-up) 실험실 규모의 실험을 큰 규모의 산업 공정으로 확장.

스플라이싱 (splicing) 하나의 DNA 분자가 다른 것과 접합되기 위한 목적으로 하는 유전자 스플라이싱 또는 조작.

아미노산 (amino acid) 단백질의 기본 구성 요소.

안티센스 유전자 (antisense genes) 본래 유전자의 발현을 막기 위하여 정상 뉴클레오티드 염기서열의 거울 상(mirror image)이 삽입된 유전자.

연속 발효 (continuous fermentation) 새로운 배지를 넣고 생산물과 미생물을 계속해서 제거하는 발효공정.

염색체 (chromosome) 세포핵 내의 유전인자를 가지고 있는 DNA 사(絲).

원형질체 (protoplast) 세포벽을 제거하여 둥근 공 모양을 지니고 있는 미생물 또는 식물 세포.

유전공학 (genetic engineering) 생물체로부터 유전자를 분리하거나 유전자를 실험적으로 조작하거나 다른 세포 시스템에 유전자를 삽입하는데 사용되는 DNA 공학 기술을 포함하는 과학기술.

유전자 (gene) 유전정보의 단위; 특정한 단백질을 암호화 한 DNA의 한 부분.

유전자 전달 (gene transfer) 자손에서 원하는 특성을 얻기위하여 외부유전자를 숙주세포로 도입시키는데 사용되는 유전적 또는 물리적 조작.

입자총 충격 (particle gun bombardment) 식물세포에 유전자를 전달하는 방법. DNA를 미세입자 또는 발사체로 만들어 침전시킨다. 입자들을 빠른 속도로 세포에 주입시켜 DNA를 전달한다.

재조합 DNA(recombinant DNA) 다른 생물체에서 분리된 DNA를 서로 연결한 혼성 DNA.

접합 (conjugation) 세포간의 접촉에 의하여 한세포에서 다른 세포로 유전물질을 옮기는 방법.

제한효소 (restriction enzyme) DNA의 특정한 부분을 자르기 위해 분자생물학자에 의해 사용되는 효소.

제한효소절편길이 다형성 (restriction fragment length polymorphism, RFLP) 제한효소에 의해서 잘려져 만들어진 여러 길이의 DNA 조각들.

조직공학 (tissue culture) 각각의 세포 또는 식물이나 동물 조직의 세포덩어리를 인위적으로 키우는 과정.

중합효소연쇄반응 (polymerase chain reaction, PCR) DNA의 폴리뉴클레오티드 서열에 따라 대량으로 생산되는 효소 (polymerase) 반응.

체세포변이 (somaclonal variation) 순수 혈통의 식물 세포의 배양으로부터 만들어지는 유전적 다양성.

캘러스, 유합조직 (callus) 계속해서 세포로 분열하여 성장할 수 있는 식물세포.

클론 (clone) 동일한 조상으로부터 유래한 유전적으로 동일한 세포 또는 개체의 집합체; 모든 클론은 동일한 유전 정보를 지니고 있다.

키모신 (chymosin) 치즈 생산에서 우유를 응고시키는 데 사용하는 효소.

프로모터 서열 (promoter sequence) 유전자의 전사를 유도하는 DNA의 염기서열을 지니고 있는 부분.

플라스미드 (plasmid) 염색체와 분리되어 필수적이 아닌 유전자를 가지고 독립적으로 복제되며 미생물과 효모와 같은 생물체 내에서 발견되는 원형 DNA.

하위공정 (down stream processing) 발효공정 후 생산물의 분리 및 정제과정.

항생물질 (antibiotic) 대체로 사람이나 동물에서 미생물의 감염에 대항하는데 사용되는 특별한 형태의 화학 물질. 대부분의 항생물질은 미생물에 의해서 만들어진다. 반합성 항생물질은 화학적으로 변형된 천연 항생물질이다.

항원 (antigen) 외부 특정한 분자가 생체 내에 들어올 경우 이에 대한 각각의 특성의 항체를 생산하도록 하여 (면역반응) 외부 물질로서 인지되어 생물체로 도입된 분자.

항체 (antibody) 특정한 항원에 노출되었을 경우에 면역 체계에 의하여 생산되는 단백질로서, 상보적 항원과 특이하게 반응하는 특성을 가진다.

혐기성 미생물 (anaerobe) 산소 부재시에 자랄 수 있는 미생물.

혐기적 소화 (anaerobic digestion) 공기가 거의 없는 상태에서 유기물질을 이용하여 메탄 가스와 CO_2를 생성하는 미생물 분해 작용; 하수 처리 공정.

형질도입 (transduction) 바이러스 (박테리오파아지)에 의해 하나의 세균에서 다른 세균으로 세균 유전자의 이동.

형질전환 (transformation) 추가적 DNA 삽입에 의한 새로운 유전적 표지의 획득.

호기 더미 (aerated pile) 강제로 산소가 주입되는 폐기물 더미에서 유기 폐기물의 미생물 조성.

호기성 (aerobic) 산소 존재 하에서만 살아가거나 활성을 가지는.

혼성세포 (hybridoma) 다량의 특이적 항체를 계속해서 재생산하는 독특한 융합 세포.

활성 오니 공정 (activated sludge process) 하수의 유기물을 분해시키기 위하여 하수슬럿지에 존재하는 호기성 미생물을 이용하는 호기성 하수 처리 공정.

효소 (enzyme) 생물학적인 반응을 조절하는 단백질.

효소 생물반응기 (enzyme bioreactor) 효소에 의하여 화학적 전환 반응이 일어나는 반응기.

참고 문헌

생명공학의 새로운 발전은 많은 논문들에 담겨져 있다. 특히 참고문헌은 Nature Publishing Group (www.nature.com/nbt/index.html)에서 정기적으로 발행되는 Nature Biotechnology (ISSN 1087-0156)로 만들어졌다.

제1장 : 생명공학의 특성

Acharya, T., Daao, A.S. and Singer, P.A. (2003). Biotechnology and the UN's Millennium Developmental Goals. *Nature Biotechnology* **21**, 1434-6.

Advisory Committee on Science and Technology (1990). *Developments in Biotechnology*. London: HMSO.

BIOTOL (Biotechnology by Open Learning). A series of books. Oxford: Butterworth (Heinemann Ltd).

Budd, R. (1993). *The Uses of Life*: *A History of Biotechnology*. New York: Cambridge University Press.

European Federation of Biotechnology (1998). *Dialogue in Biotechnology*. Briefing Paper 7. Task Group on Public Perceptions of Biotechnology. Holland: EFB.

Fumento, M. (2003). *Bioevolution*: *How Biotechnology is Changing our World*. USA: Encounter Books.

McCormick, D.K. (1996). First words, last words. *Biotechnology* **14**, 224.

Pisano, G.P. (2006). *Science Business*: *the Promise, the Reality and the Future of Biotech*. Harvard: Harvard Business School Press.

제2장 : 생체물질: 생명공학에 사용되는 기질?

Hacking, A.J. (1986). *Economic Aspects of Biotechnology*. Cambridge Studies in Biotechnology 3. Cambridge: Cambridge University Press.

Organisation for Economic Co-operation and Development (1992). *Biotechnology, Agriculture and Food*. Paris: OECD.

제3장 : 유전학과 생명공학

Clark, M. (2006). Immunochemical applications. In *Basic Biotechnology*, 3rd edn, eds. Ratledge, C. and Kristiansen, B. Cambridge: Cambridge University Press, pp. 625-55.

Graham, A. (1994). A haystack of needles: applying the polymerase chain reaction. *Chemistry & Industry* **October**, 718-20.

Harwood, C.R. and Wipat, A. (2006). Genome management and analysis: prokaryotes. In *Basic Biotechnology*, 3rd edn, eds. Ratledge, C. and kristiansen, B. Cambridge: Cambridge University Press, pp. 73-118.

Wells, D.A. and Herron, L.L. (2002). Automated sample preparation for genomics. *Pharma Genomics* **2**, 52-5.

제4장 : 생물공정과 발효공학

Archer, R. and Williams, D.J. (2005). Why tissue engineering needs process engineering. *Nature Biotechnology* **23**, 1353-5.

Chisti, Y.(2006). Bioreactor design. In *Basic Biotechnology*, 3rd edn, eds. Ratledge, C. and Kristiansen, B. Cambridge: Cambridge University Press, pp. 181-200.

Davies, J.E. and Demain, A.L. (1999). *Manual of Industrial Microbiology and Biotechnology*, 2nd edn. Washington, DC: American Society for Microbiology.

Herrera, S. (2005). Struggling to see the forest through the trees. *Nature Biotechnology* **23**, 165-7.

Kamarck, M.F. (2006). Building biomanufacturing capacity - the chapter and verse. *Nature Biotechnology* **24**, 503-5.

Kristiansen, B. and Chamberlain, H. (1983). Fermenter systems. In *The Filamentous Fungi*, Vol. 4. eds. Smith, J.E., Berry, D.R. and Kristiansen, B. London: Edward Arnold, pp. 48-81.

McNeil, B. and Harvey, L.M. (eds.) (1990). *Fermentation: A Practical Approach*. Oxford, New York: Oxford University Press.

Ottens, M. and Wesselingh, J.A. (2006). Downstream processing. In *Basic Biotechnology*, 3rd edn, eds. Ratledge, C. and Kristiansen, B. Cambridge: Cambridge University Press, pp. 219-49.

Stanbury, P.F. and Whitaker, A. (1984). *Principles of Fermentation Technology*. New York: Pergamon press.

Wurm, F.M. (2004). Production of recombinant protein therapeutics in cultivated mammalian cells. *Nature Biotechnology* **22**, 1393-8.

제5장 : 효소공학

Berka, R.M. and Cherry, J.R. (2006). Enzyme Biotechnology. In *Basic Biotechnology*, 3rd edn, eds. C. Ratledge and B. Kristiansen. Cambridge: Cambridge University Press, pp. 477-98.

Godfrey, T. and West, S. (eds.). (1966). *Industrial Enzymology*, 2nd edn. New York: Stockholm Press; London: MacMillan.

Gray, J. (1990). *The Genetic Engineer and Biotechnologist*. Swansea: GB Biotechnology Ltd.

Kirk, O., Borchest, T.V. and Fuglsang, C.C. (2002). Industrial enzyme applications. *Current Opinions in Biotechnology* **13**, 345-51.

Smith, J.E. (1985). *Biotechnology Principles*. Aspects of Microbiology II. Holland: Van Nostrand Reinhold.

Van Beilan, J.B. and Li, Z. (2002). Enzyme technology: an overview. *Current Opinions in Biotechnology* **13**, 138-44.

Wymer, P. (1990). Making sense of biosensors. NCBE Newsletter. Reading, UK: Reading University.

제6장 : 생물학적 연료생산

Bellamy, D. and Barrett, J. (2007). Climate stability: an inconvenient proof. *Civil Engineering* **160**, 66-72.

Bevan, M.W. and Franssen, M.C.R. (2006). Investing in green and white biotechnology. *Nature Biotechnology* **24**, 765-7.

Burke, D. (2007). Biofuels - is there a role for GM? *Biologist* **54**, 52-6.

Herrera, S. (2006). Bonkers about biofuels. *Nature Biotechnology* **24**, 755-60.

House of Lords (2006). The EU strategy on biofuels: from field to fuel. www.publications.parliament.uk/pa/ld200506/lets-elect/ldeu.com/

Loewrier, A. (1998). Biodiesel: tomorrow's liquid gold. *Biologist* **45**, 17-21.

Morton, O. (2006). Biofuelling the future. *Nature* **444**, 669-78.

Schubert, C. (2006). Can biofuels finally take center stage? *Nature Biotechnology* **24**, 777-84.

Smith, P. (2006). Bioenergy: not a new sports drink but a way to tackle climate change. *Biologist* **53**, 23-9.

Stewart, Jr C.N. (2007). Biofuel and biocontainment. *Nature Biotechnology* **25**, 283-4.

The Economist (2007). Iowa's ethanol economy: the craze for maize, 12 May.

The Economist (2007). Really new advances - briefing RNA. 16 June, pp. 91-3.

Vertres, A.A., Innis, M. and Yukawa, H. (2006). Implementing biofuels on a global scale. *Nature Biotechnology* **24**, 761-4.

Webster, B. (2006). Home-grown crops accelerate drive towards biofuels. *The Times*, 23 August. http://business.timesonline.co.uk

Wooley, T. (2006). Biomass and the UK's energy future. *Biologist* **53**, 118-19.

제7장 : 환경 생명공학

Bio-Wise (2001). *Industrial Solid Waste Treatment. A Review of Composting Technology*. Bio-wise, PO Box 83, Didcot, Oxfordshire OX11 OBR.

Bull, A.T. (2003). Clean technology: industry and environment, a viable partnership. *Biologist* **47**, 61-4.

Burke, M. (2004). Prosecuting the polluters. *Chemistry World* **May**, 44-9.

deLorenzo, V. (2006). Blueprint of an oil-eating bacterium. *Nature Biotechnology* **24**, 952-3.

European Federation of Biotechnology (1995). *Environmental Biotechnology*. Briefing paper 4. Task Group on Public Perceptions of Biotechnology. Holland: EFB.

Forster, C.F. (1985). *Biotechnology and Waste-Water Treatment*. Cambridge Studies in Biotechnology 2. Cambridge: Cambridge University Press.

Glick, B.R. (2004). Teamwork in phytoremediation. *Nature Biotechnology* **22**, 526-7.

Meagher, R.B. (2006). Plants tackle explosive contamination. *Nature Biotechnology* **24**, 101-63.

Moser, A. (1994). Sustainable biotechnology development: from high-tech to eco-tech. *Acta Biotechnology* **12**, 2-6.

Organisation for Economic Co-operation and Development (1998). *Biotechnology for Clean Industrial Products and processes Towards Industrial Sustainability*. Paris: OECD.

Rawlings, D.E. and Silver, S. (1995). Mining with microbes. *Biotechnology* **13**, 773-8.

Seshadri, R. and Heidelberg, R. (2005). Bacteria to the rescue. *Nature Biotechnology* **23**, 1236-7.

Vandevivere, P. and Verstaete, W. (2006). Environmental applications. In *Basic Biotechnology*, 3rd edn, eds. C. Ratledge and B. Kristiansen. Cambridge: Cambridge University Press, pp. 403-31.

Verstraete, W. (2002). Environmental Biotechnology for sustainability. *Journal of Biotechnology* **94**, 93-100.

제8장 : 식물과 삼림 생명공학

Bates, S.I., Zhao, J.-Z., Roush, R.T. and Shelton, A.M. (2005). Insect resistance management in GM crops: past, present and future. *Nature Biotechnology* **23**, 57-62.

Bevan, M.W. and Franssen, M.C.R. (2006). Investing in green and white biotechnology. *Nature Biotechnology* **24**, 765-7.

Cohen, J.I. (2005). Poorer nations turn to publicly developed GM crops. *Nature Biotechnology* **23**, 27-33.

Dale, P.J. (2000). The GM debate: science or scaremongering. *Biologist* **47,** 7-10.

Editorial (2004). Drugs in crops - The unpalatable truth. *Nature Biotechnology* **22**, 133.

Editorial (2005). Reburnishing Golden Rice. *Nature Biotechnology* **23,** 395.

Fox, J.L. (2006). Turning plants into protein factories. *Nature Biotechnology* **24**, 1191-3.

Hellwig, S., Drossard, J., Turyman, R.M. and Fischer, R. (2004). Plant cell cultures for the production of recombinant proteins. *Nature Biotechnology* **22**, 1415-22.

Herrera, S. (2005). Struggling to see the forest through the trees. *Nature Biotechnology* **23**, 165-7

Johnson-Green, P. (2002). *Introduction to Food Biotechnology*. Boca Raton, USA: CRC Press.

Marrier, M. (2005). Pharmaceutical crops. In *McGraw Hill Year Book of Science and Technology*, pp. 257-9.

Paine, J.A., Shipton, C.A., Chaggar, S. et al. (2005). Improving the nutritional value of Golden Rice through increased pro-vitamin A content. *Nature Biotechnology* **23**, 482-7.

Parry, B. (2005). Ode to energy crops. *Biologist* **53**, 11-12.

Patera, C. (2007). Blooming biotech. *Nature Biotechnology* **25**, 963-5.

Powell, W. and Hillman, J.R. (eds.) (1992). *Opportunities and problems in Plant Biotechnology*. Edinburgh: The Royal Society of Edinburgh.

Robinson, C. (1999). Making forest biotechnology a commercial reality. *Nature Biotechnology* **17**, 27-30.

Shelton, A.M., Zhao, J.Z. and Roush, R.T. (2002). Economic, ecological, food safety and social consequences of the deployment of *Bt* transgenic plants. *Annual Review of Entomology* **47**, 845-81.

Smith, P. (2006). Bioenergy: not a new sports drink but a way to tackle climate change. *Biologist* **53**, 23-9.

Stewart, C.N. (2003). *Transgenic Plants: Current Innovations and Future Trends*. Norfolk: Horizon Press.

Straughan, R. and Reiss, M. (1996). *Ethics, Morality and Crop Biotechnology*. Biotechnology and Biological Sciences Research Council. www.bbsrc.ac.uk.

Strauss, J.M. and Bradshaw, H.D. (eds.) (2005). *The Bioengineered Forest: Challenges to Science and Society*. Washington, DC: Resources for the Future Press.

The Economist (2005). The story of wheat: ears of plenty, 24 December, pp. 26-30. [An essential read].

The Royal Society (2000). *Transgenic Plants and World Agriculture*. London: The Royal Society.

The Royal Society (2002). *Genetically Modified Plants for Food Use and Human Health - An Update*. London: The Royal Society. www.royalsoc.ac.uk

Williams, C.G. (2005). Framing the issues on transgenic forests. *Nature Biotechnology* **23**, 530-2.

제9장 : 동물과 곤충 생명공학

Barrett, T. and Rossiter, P. (1999). Rinderpest: the disease and its impact on humans and animals. *Advances in Virus Research* **53**, 89-110.

Church, S.L. (2006). Nuclear transfer saddles up. *Nature Biotechnology* **24**, 605-7.

Dove, A. (2005). Clone on the range: what animal biotech is bringing to the table. *Nature Biotechnology* **23**, 283-5.

Fulka, J., Miyashita, N., Nagai, T. and Ogura, A. (2006). Do cloned mammals skip a reprogramming step? *Nature Biotechnology* **22**, 25-6.

Hammer, R.E., Pursel, V.G., Rexroad Jr, C.E., Wall, R.J. and Bolt, D.J. (1995). Production of rabbits, sheep and pigs by microinjection. *Nature* **315**, 680-3.

Handler, A.M. and James, A.A. (eds.) (2000). *Insect Transgenesis Methods and Applications.* Boca Raton, USA: CRC Press.

Holland, A. and Johnson, A. (eds.) (1998). *Animal Biotechnology and Ethics*. London: Chapman and Hall.

Johnson-Green, P. (2002). *Introduction to Food Biotechnology*. Boca Raton, USA: CRC Press.

Liangxue, L., Lai, L., Kang, J.x. *et al.* (2006). Generation of cloned transgenic pigs rich in omega-3 fatty acids. *Nature Biotechnology* **24**, 435-9.

Powell, A.M., Talbot, N.C., Wells, K.D. *et al.* (2004). Cell donor influences success of producing cattle by somatic nuclear transfer. *Biology and Reproduction* **71**, 210-16.

Rudenko, L., Matheson, J.C. and Sundlof, S.F. (2007). Animal cloning and the FDA-the risk assessment paradigm under public scrutiny. *Nature Biotechnology* **25**, 39-43.

Straughan, R. (1999). *Ethics, Morality and Animal Biotechnology*. Biotechnology and Biological Sciences Research Council. www.bbsrc.ac.uk.

Suk, J., Bruce, A., Gert, R. *et al.* (2007). Dolly for dinner? Assessing commercial and regulatory trends in cloned livestock. *Nature Biotechnology* **25**, 47-53.

Wall, R.J., Powell, A.N., Paapa, M.J. *et al.* (2005). Genetically enhanced cows resist intra-mammary *Staphylococcus aureus* infection. *Nature Biotechnology* **23**, 445-50.

Wilmut, I. (2004). Derivation of human embryo stem cells by nuclear replacement for technology development and the study of motor neuron disease. www.hfea.gov.uk

Wimmer, E.A. (2005). Eco-friendly insect management. *Nature Biotechnology* **23**, 432-3.

제10장 : 식품과 음료 생명공학

Angold, R., Beech, G. and Taggart, J. (1989). *Food Biotechnology*. Cambridge: Cambridge University Press.

Berka, R.M. and Cherry, J.R. (2006). Enzyme biotechnology. In *Basic Biotechnology*, 3rd edn, eds. C. Ratledge and B. Kristiansen. Cambridge: Cambridge University Press, pp. 477-98.

Campbell-Platt, G. (1989). *Fermented Foods of the World*: A *Dictionary and Guide*. London: Butterworth.

Chang, S.-T. (1999). World production of cultivated edible and medicinal mushrooms in 1997. *International Journal of Medicinal Mushrooms* **1**, 291-300.

European Federation of Biotechnology (1994). *Biotechnology in Foods and Drinks*. Briefing Paper 2. Task Group on Public Perceptions of Biotechnology. Holland: EFB.

Eggeling, L., Pfefferle, W. and Sahm, H. (2001). Amino acids. In *Basic Biotechnology*, eds, C. Ratledge and B. Kristiansen. Cambridge: Cambridge University Press, pp. 281-304.

Fuller, R. (2004). What is a probiotic? *Biologist* **51**, 232.

Gibson, G. (2005). The rise and rise of probiotics. *Biologist* **52**, 95-8.

Godfrey, T. and West, S. (eds.). (1966). *Industrial Enzymology*, 2nd edn. New York: Stockholm Press; London: MacMillan.

Gray, J. (1990). *The Genetic Engineer and Biotechnologist*. Swansea: GB Biotechnology Ltd.

Johnson-Green, P. (2002). *Introduction to Food Biotechnology*. Boca Raton, USA: CRC Press.

Kirk, O., Borchest, T.V. and Fuglsang, C.C. (2002). Industrial enzyme applications. *Current Opinions in Biotechnology* **13**, 345-51.

McCarthy, K.C. and Rastall, R.A. (2003). Sticking your 'ose in it: prebiotics. *Biologist* **50**, 259-62.

Ratledge, C. and Kristiansen, B. (2006). *Basic Biotechnology*, 3rd edn. Chapter 14: Amino acids; Chapter 15: Organic acids; Chapter 16: Microbial polysaccharides and single cell oils. Cambridge: Cambridge University Press.

Rodger, G. (2001). Production and properties of myoprotein as a meat alternative. *Food Technology* **85**, 36-41.

Scotch Whisky Association. *Scotch Whisky: Questions and Answers*. www.scotch_whisky.org.uk.

Smith, J.E. (1985). *Biotechnology Principles*. Aspects of Microbiology Ⅱ. Holland: Van Nostrand Reinhold.

Sullivan, R., Smith, J.E. and Rowan, N.J. (2006). Medicinal mushrooms and cancer therapy. *Perspectives in Biology and Medicine* **49**, 159-70.

Trinci, A.P.J. (1992). Myco-protein: a twenty year overnight success story. *Mycological Research* **96**, 1-13.

Van Beilan, J.B. and Li, Z. (2002). Enzyme technology: an overview. *Current Opinions in Biotechnology* **13**, 338-44.

Wiebe, H. G. (2004). Quorn™ myco-proteins - overview of a successful fungal product. *Mycologist* **18**, 17-20.

Wood, B.J.B. (ed.) (1998). *The Microbiology of Fermented Foods*, Vols. 1 & 2, 2nd edn. London: Elsevier Applied Science Publishers. [A brilliant comprehensive coverage.]

Wymer, P. (1990). Making sense of biosensors. NCBE Newsletter. Reading, UK: Reading University.

Yokotsuka, T. (1985). Fermented protein foods in the Orient, with emphasis on shoyu and miso in Japan. In *Microbiology of Fermented Foods*, Vol. 1. ed. B.J.B. Wood. London: Elsevier, pp. 351-415.

제11장 : 생명공학과 의학

Bains, W. and Evans, C. (2001). The business of biotechnology. In *Basic Biotechnology*, 2nd edn, eds. C. Ratledge and B. Kristiansen. Cambridge: Cambridge University Press, pp. 255-79.

Clark, M. (2006). Immunochemical applications. In *Basic Biotechnology*, 3rd edn, eds. Ratledge, C. and Kristiansen, B. Cambridge: Cambridge University Press, pp. 625-55.

Focus on Diagnostics (2006). *Nature Biotechnology* **24**(8). [A comprehensive series of papers covering all aspects of molecular diagnostics.]

Forde, G.M.(2005). Rapid-response vaccines - does DNA offer a solution? *Nature Biotechnology* **23**, 1059-62.

Golub, E. (1994). *The Limits of Medicine*: *How Science Shapes Our Hope for the Cure*. New York: Time Books.

Groundsmith, J. (2004). *Viral Fitness. The Next SARS and West Nile in the Making*. Oxford: Oxford University Press.

Hockley, D., Robinson, T. and Fleck, R. (2004). Biological standards: measuring the potency of biological medicines. *Biologist* **51**, 150-4.

Hook, D.J. (2006). Production of antibiotics by fermentation. In *Basic Biotechnology*, 3rd edn, eds. Ratledge, C. and Kristiansen, B. Cambridge: Cambridge University Press, pp. 433-55.

Kresse, G.B. (2006). Recombinant proteins of high value. In *Basic BIotechnology*, 3rd edn, eds. Ratledge, C. and Kristiansen, B. Cambridge: Cambridge Unibersity Press, pp. 499-21.

Schellekens, H. (2004). How similar do 'biosimilars' need to be. *Nature Biotechnology* **22**, 1357-9.

Sheridan, C. (2005). The business of making vaccines. *Nature Biotechnology* **23**, 1359-66.

제12장 : 줄기세포 생명공학

Barfoot, J., Mauelshagen, C., Bruce, D., Henderson, C. and Bowness, M. (ed). (2005). *Stem Cells*: *Science and Ethics*. Edinburgh: The Scottish Institute for Biotechnology Education.

Department of Health and Human Services (2001). *Stem Cells*: *Scientific Progress and Future Research Directions*. http://stemcells.nih.gov/info/scireport

Hoffman, L.M. and Carpenter, M.K. (2005). Characterisation and culture of human embryonic stem cells. *Nature Biotechnology* **23**, 699-708.

O'Donoghue, K. and Fisk, N.M. (2004a). Potential application of stem cells. Part 1. *Biologist* **51**, 125-9.

O'Donoghue, K. and Fisk, N.M. (2004b). Potential application of stem cells. Part 2. *Biologist* **51**, 185-8.

Veeck, L. and Zanimovic, N. (eds). (2003). *An Atlas of Human Blastocysts*. Boca Raton, USA: Parthenon.

Verfaillie, C.M. (2002). Adult stem cells: assessing the case for pluripotency. *Trends in Cell Biology* **12**, 502-9.

Wilan, K.M., Scott, C.T. and Harris, S. (2005). Chasing a cellular fountain of youth. *Nature Biotechnology* **23**, 807-15.

Wilmut, I. (2004). Derivation of human embryo stem cells by nuclear replacement for technology development and the study of motor neuron disease. www.hfea.gov.uk

제13장 : 생명공학적 발명의 보호

Byrne, N. (1992). Patents for plants and genes under the European Patent Convention. *Proceedings of the Royal Society of Edinburgh* **99b**(3/4), 141-52.

Elliott, S.M. (2007). The threat from within: trade secrets' theft by employees. *Nature Biotechnology* **25**, 293-5.

European Federation of Biotechnology (1996). *Patenting in Biotechnology*. Briefing Paper 1. Task Group on Public Perceptions of Biotechnology. Holland: EFB.

Kahn, J. (2006). Patenting race. *Nature Biotechnology* **24**, 1349-50.

Klein, R. D. (2007). Gene Patents and genetic testing in the United States. *Nature Biotechnology* **25**, 989-90.

Teitelbaum, R. and Cohen, M.S. (2004). Publish and perish: what constitutes a bar under the patent law. *Nature Biotechnology* **22**, 1449-51.

White. N.I. (2007). Time Waits for no man: deciding when to file a patent application in Europe. *Nature Biotechnology* **25**, 639-41.

제14장 : 생명공학의 안전성

Block, S.M. (2001). The growing threat of biological weapons. *American Scientist* **89**, 28-37.

Gilmore, R. (2004). US food safety under siege. *Nature Biotechnology* **22**, 1503-5.

Gorka, S. and Sullivan R. (2002). Biological toxins: a weapon threat in the 21st Century. *Security Dialogue* **33**, 141-56.

Grönwall, G.K. (2005). A new role for scientists in the Biological Weapons Convention. *Nature Biotechnology* **23**, 1213-15.

Guillemin, J. (2006). *Biological Weapons: From the Invention of State Sponsored Programs to Contemporary Bioterrorism*. New York: Columbia University Press.

Harley, J.P. (2005). Bioterrorism. *McGraw-Hill Year Book of Science and Technology*. New York: McGraw-Hill, pp. 32-4.

Küenzi, M., Assi, F., Chmiel, A., Collins, C.H. and Donikian, M. (1985). Safe biotechnology: general considerations. *Applied Microbiology and Biotechnology* **21**, 1-6.

Lederberg, J. (ed.) (1999). *Biological Weapons: Limiting the Threat*. Cambridge, Massachusetts: MIT Press.

Lelieveld, H.L.M., Bachmayer, H., Boon, B. and Brunius, G. (1995). Safe biotechnology. Part 6. Safety assessment, in respect of human health of microorganism used in biotechnology. *Applied Microbiology and Biotechnology* **43**, 389-93.

Madden, L.V. and Wheelis, M. (2003). The threat of plant pathogens as weapons against US crops. *Annual Review of Plant Pathology* **41**, 155-76.

The Royal Society (1994). *Scientific Aspects of Control of Biological Weapons*. London: The Royal Society.

Wheelis, M., Rozsa, L. and Dando, M. (eds.) (2006). *Deadly Cultures: Biological Weapons since 1945*. Harvard: Harvard University Press.

제15장 : 유전공학에 대한 대중의 인식: 안전성, 사회적, 도덕적, 윤리적 고찰

Bruce, D.M. (2006). Moral and ethical issues in gene therapy. *Human Reproduction and Genetic Ethics* **12**, 10-23.

Durant, J.R., Evans, G.A. and Thomas, G.P. (1989). The public understanding of science. *Nature* **340**, 11-14.

Hutton, P. (2006). GM foods: what Europeans really think. www.brandenergyresearch.co.uk

Maschke, K.J. (2005). Navigating an ethical patchwork: human gene banks. *Nature Biotechnology* **23**, 539-44.

Millar, H.I. and Conko, G. (2004). *The Frankenfood Myth: How Protest and Politics Threaten the Biotech Revolution*. New York: Praeger Publishers.

Miller, H.I (2006). *Vox populi* and public policy: why should we care? *Nature Biotechnology* **21**, 1431-2.

Scott, C.T. (2005). *Stem Cell Now: From the Experiment That Shook the World to the New Politics of Life*. Pi Press.

Scottish Council on Human Bioethics (2006). Embryonics fetal and post-natal human mixtures: an ethical discussion. *Human Reproduction and Genetic Ethics* **12**, 36-60.

Straughan, R. (1999). *Ethics, Morality and Animal Biotechnology*. Biotechnology and Biological Sciences Research Council. www.bbsrc.ac.uk.

Straughan, R. and Reiss, M. (1996). *Ethics, Morality and Crop Biotechnology*. Biotechnology and Biological Sciences Research Council. www.bbsrc.ac.uk.

Suyder, E.J., Hinman, L.M. and Kalichman, M.W. (2006). Can science resolve the ethical impasse in stem cell research? *Nature Biotechnology* **24**, 397-400.

Thompson, J. (2007). Genetically modified crops - good or bad for Africa? *Biologist* **54**, 129-33.

Turnpenny, L. (2005). Public perception of cloning and embryonic stem cells. *Biologist* **52**, 310-12.

Val Giddings, J.L. (2006). Whither agbiotechnology? *Nature Biotechnology* **24**, 274-6.

제16장 : 미래 전망

Taverne, D. (2005). The new fundamentalism. *Nature biotechnology* **23**, 415-16.

색 인

A

B

C

L

M

N

O

P

ㅈ

ㅊ

ㅋ

ㅌ

ㅍ